# 生物化学

SHENGWU HUAXUE

赵冬艳　主编

化学工业出版社
·北京·

《生物化学》共十二章，从内容上可分为三部分。第一～五章为静态生物化学，介绍糖类、脂类、蛋白质、核酸及酶的结构、性质和功能；第六～十章为动态生物化学，介绍有机物在生物体内的变化过程及其规律，包括生物氧化、糖类代谢、脂类代谢、蛋白质的降解及氨基酸代谢、核酸的降解及核苷酸代谢；第十一章和第十二章为遗传信息的传递与表达，介绍核酸的生物合成和蛋白质的生物合成，即复制、转录和翻译。本书配有电子课件，可从 www.cipedu.com.cn 下载参考。

本书适用于生物技术、农林牧渔、食品科学、食品营养与卫生、药学等相关专业的教学用书，也可以作为其他相关专业的参考用书。

## 图书在版编目（CIP）数据

生物化学/赵冬艳主编．—北京：化学工业出版社，2019.10
ISBN 978-7-122-34994-1

Ⅰ.①生… Ⅱ.①赵… Ⅲ.①生物化学-高等学校-教材 Ⅳ.①Q5

中国版本图书馆 CIP 数据核字（2019）第 166281 号

责任编辑：迟 蕾 李植峰　　　　　　文字编辑：焦欣渝
责任校对：刘 颖　　　　　　　　　　装帧设计：王晓宇

出版发行：化学工业出版社（北京市东城区青年湖南街13号　邮政编码100011）
印　　刷：北京京华铭诚工贸有限公司
装　　订：三河市振勇印装有限公司
787mm×1092mm　1/16　印张17　字数417千字　2020年2月北京第1版第1次印刷

购书咨询：010-64518888　　　　　　　　售后服务：010-64518899
网　　址：http://www.cip.com.cn
凡购买本书，如有缺损质量问题，本社销售中心负责调换。

定　价：48.00元　　　　　　　　　　　　　　　　　　　版权所有　违者必究

# 前　言

生物化学是在分子水平上阐明生命现象本质的科学，它以生物体为对象，研究生物分子的结构与功能、物质代谢与调节、遗传信息传递的分子基础与调控规律。生物化学是生命科学领域的重要基础学科，是普通高等院校生物技术、农林牧渔、食品科学、食品营养与卫生等专业的重要基础课。

进入21世纪，随着分子生物学和生物技术的迅速发展，生物化学研究的许多领域都有新的发现，生物化学的内容在不断地发展和完善，与之相适应，生物化学教材也需要进行更新与补充，这也是本书编写的目的所在。

本书内容深浅适度，对生物化学的基础知识进行了较为详细的阐述，注重内容的连贯性与系统性。与目前多数生物化学教材不同，本书编入了糖类化学和脂类化学的内容，在糖类代谢部分增加了光合作用和乙醛酸循环的内容，使本书的内容更加完整和系统，适用范围更大，在教学中可以根据实际需要进行取舍。

本书由天津农学院赵冬艳主编，天津农学院刘颖、王墨染以及包头师范学院赵艳玲老师参加编写。全书共十二章，其中，刘颖编写第三章，王墨染编写第四章，赵艳玲编写第五～七章，其余内容由赵冬艳编写。

由于编者水平有限，书中难免有不妥及疏漏之处，恳请读者批评指正。

编者
2019年3月

# 目 录

## 绪论
一、生物化学概述 ································································ 1
二、生物化学的研究内容 ······················································ 1
三、生物化学的发展简史 ······················································ 3

## 第一章 糖类化学

### 第一节 单糖 ······································································· 7
一、单糖的结构 ··································································· 7
二、单糖的性质 ································································· 11

### 第二节 低聚糖 ··································································· 15
一、还原性二糖 ································································· 15
二、非还原性二糖 ······························································ 16
三、其他低聚糖 ································································· 16

### 第三节 多糖 ······································································ 17
一、淀粉 ············································································ 17
二、糖原 ············································································ 20
三、纤维素 ········································································ 21
四、其他多糖 ···································································· 21

## 第二章 脂类化学

### 第一节 脂肪 ······································································ 24
一、脂肪的组成和结构 ······················································· 24
二、脂肪的性质 ································································· 26

### 第二节 类脂 ······································································ 28
一、磷脂 ············································································ 28
二、糖脂 ············································································ 30
三、蜡 ··············································································· 30
四、类固醇 ········································································ 31

## 第三章 蛋白质化学

### 第一节 概述 ······································································ 33

一、蛋白质的生物学功能 ……………………………………………………………… 33
　　二、蛋白质的化学组成 ………………………………………………………………… 34
　　三、蛋白质的分类 ……………………………………………………………………… 34
第二节　氨基酸 …………………………………………………………………………… 36
　　一、氨基酸的结构和种类 ……………………………………………………………… 36
　　二、氨基酸的性质 ……………………………………………………………………… 39
第三节　蛋白质的分子结构 ……………………………………………………………… 43
　　一、蛋白质的一级结构 ………………………………………………………………… 43
　　二、蛋白质的空间结构 ………………………………………………………………… 45
　　三、蛋白质分子结构与功能的关系 …………………………………………………… 51
第四节　蛋白质的主要性质 ……………………………………………………………… 53
　　一、蛋白质的两性性质与等电点 ……………………………………………………… 53
　　二、蛋白质的胶体性质 ………………………………………………………………… 54
　　三、蛋白质的沉淀作用 ………………………………………………………………… 54
　　四、蛋白质的变性与复性 ……………………………………………………………… 55
　　五、蛋白质的颜色反应 ………………………………………………………………… 56

## 第四章　核酸化学

第一节　概述 ……………………………………………………………………………… 58
　　一、核酸的种类和分布 ………………………………………………………………… 58
　　二、核酸的功能 ………………………………………………………………………… 58
第二节　核酸的化学组成 ………………………………………………………………… 59
　　一、组成核酸的化学元素 ……………………………………………………………… 59
　　二、组成核酸的基本单位 ……………………………………………………………… 59
　　三、核酸的化学组成 …………………………………………………………………… 59
　　四、生物体中的游离核苷酸及核苷酸衍生物 ………………………………………… 61
第三节　核酸的分子结构 ………………………………………………………………… 63
　　一、核酸分子中核苷酸的连接方式 …………………………………………………… 63
　　二、DNA 的分子结构 …………………………………………………………………… 63
　　三、RNA 的分子结构 …………………………………………………………………… 66
第四节　核酸的理化性质 ………………………………………………………………… 71
　　一、核酸的一般理化性质 ……………………………………………………………… 71
　　二、核酸的紫外吸收性质 ……………………………………………………………… 72
　　三、核酸的变性、复性和分子杂交 …………………………………………………… 72

## 第五章　酶

第一节　酶的概述 ………………………………………………………………………… 76
　　一、酶的化学组成 ……………………………………………………………………… 76
　　二、酶的分子结构 ……………………………………………………………………… 77
　　三、酶的命名及分类 …………………………………………………………………… 78

第二节　酶的催化作用 ………………………………………………………… 81
　　一、酶的催化特点 ………………………………………………………… 81
　　二、酶的活性中心 ………………………………………………………… 83
　　三、酶的催化作用机理 …………………………………………………… 84
　　四、酶原与酶原的激活 …………………………………………………… 87
第三节　影响酶促反应速率的因素 …………………………………………… 88
　　一、底物浓度对酶促反应速率的影响 …………………………………… 88
　　二、酶浓度对酶促反应速率的影响 ……………………………………… 89
　　三、pH 对酶促反应速率的影响 ………………………………………… 89
　　四、温度对酶促反应速率的影响 ………………………………………… 90
　　五、激活剂对酶促反应速率的影响 ……………………………………… 91
　　六、抑制剂对酶促反应速率的影响 ……………………………………… 91
第四节　别构酶、共价修饰酶及同工酶 ……………………………………… 95
　　一、别构酶 ………………………………………………………………… 95
　　二、共价修饰酶 …………………………………………………………… 96
　　三、同工酶 ………………………………………………………………… 96

# 第六章　维生素与辅酶

第一节　水溶性维生素 ………………………………………………………… 98
　　一、维生素 $B_1$ 与焦磷酸硫胺素（TPP） …………………………… 98
　　二、维生素 $B_2$ 与黄素辅酶 …………………………………………… 99
　　三、泛酸（维生素 $B_3$）与辅酶 A ……………………………………… 100
　　四、维生素 PP 和辅酶 Ⅰ、辅酶 Ⅱ ……………………………………… 100
　　五、维生素 $B_6$ 和磷酸吡哆醛 ………………………………………… 102
　　六、生物素（维生素 $B_7$）和羧化辅酶 ………………………………… 102
　　七、叶酸与四氢叶酸 ……………………………………………………… 103
　　八、维生素 $B_{12}$ 和 $B_{12}$ 辅酶 …………………………………… 104
　　九、维生素 C（抗坏血酸） ……………………………………………… 104
　　十、硫辛酸 ………………………………………………………………… 105
第二节　脂溶性维生素 ………………………………………………………… 106
　　一、维生素 A ……………………………………………………………… 106
　　二、维生素 D ……………………………………………………………… 107
　　三、维生素 E ……………………………………………………………… 108
　　四、维生素 K ……………………………………………………………… 108

# 第七章　生物氧化

第一节　生物氧化概述 ………………………………………………………… 109
　　一、生物氧化的特点 ……………………………………………………… 109
　　二、生物氧化中 $CO_2$ 和 $H_2O$ 的生成方式 ………………………… 110

三、生物体内的高能化合物 ……………………………………………………………… 111
　第二节　电子传递链 ……………………………………………………………………… 113
　　一、电子传递链的概念 …………………………………………………………………… 113
　　二、电子传递链的组成 …………………………………………………………………… 114
　　三、线粒体内两条典型的电子传递链 …………………………………………………… 117
　　四、电子传递抑制剂 ……………………………………………………………………… 117
　第三节　氧化磷酸化 ……………………………………………………………………… 119
　　一、生物氧化中 ATP 的生成方式 ……………………………………………………… 119
　　二、氧化磷酸化的作用机理 ……………………………………………………………… 120
　　三、影响氧化磷酸化的因素 ……………………………………………………………… 121

## 第八章　糖类代谢

　第一节　多糖及二糖的酶促降解 ………………………………………………………… 126
　　一、淀粉的酶促降解 ……………………………………………………………………… 126
　　二、二糖的酶促降解 ……………………………………………………………………… 126
　　三、糖原的酶促降解 ……………………………………………………………………… 127
　第二节　糖的分解代谢 …………………………………………………………………… 128
　　一、糖的无氧分解 ………………………………………………………………………… 128
　　二、糖的有氧氧化 ………………………………………………………………………… 134
　　三、磷酸戊糖途径 ………………………………………………………………………… 141
　第三节　糖的合成代谢 …………………………………………………………………… 145
　　一、葡萄糖的合成 ………………………………………………………………………… 146
　　二、蔗糖、淀粉、糖原的合成 …………………………………………………………… 160

## 第九章　脂类代谢

　第一节　脂肪的分解代谢 ………………………………………………………………… 164
　　一、脂肪的酶促降解 ……………………………………………………………………… 164
　　二、甘油的降解及转化 …………………………………………………………………… 164
　　三、脂肪酸的分解代谢 …………………………………………………………………… 165
　第二节　脂肪的合成代谢 ………………………………………………………………… 171
　　一、3-磷酸甘油的生物合成 ……………………………………………………………… 171
　　二、脂肪酸的生物合成 …………………………………………………………………… 171
　　三、脂肪的合成 …………………………………………………………………………… 178

## 第十章　蛋白质的降解及氨基酸代谢

　第一节　蛋白质的酶促降解 ……………………………………………………………… 185
　第二节　氨基酸的分解代谢 ……………………………………………………………… 185

一、氨基酸的一般代谢 ………………………………………………………… 186
　　二、氨和 α-酮酸的代谢 ………………………………………………………… 190
　第三节　氨基酸的合成代谢 ……………………………………………………… 196
　　一、氮素循环 …………………………………………………………………… 196
　　二、氨的同化作用 ……………………………………………………………… 197
　　三、氨基酸的生物合成途径 …………………………………………………… 198

## 第十一章　核酸的降解及核苷酸代谢

　第一节　核酸的降解 ……………………………………………………………… 203
　第二节　核苷酸的分解代谢 ……………………………………………………… 203
　　一、核苷酸的降解 ……………………………………………………………… 203
　　二、碱基的分解代谢 …………………………………………………………… 203
　第三节　核苷酸的合成代谢 ……………………………………………………… 205
　　一、核糖核苷酸的合成 ………………………………………………………… 205
　　二、脱氧核糖核苷酸的合成 …………………………………………………… 211

## 第十二章　核酸的生物合成

　第一节　DNA 的生物合成 ……………………………………………………… 213
　　一、DNA 的复制 ……………………………………………………………… 213
　　二、以 RNA 为模板的 DNA 生物合成——逆转录 ………………………… 221
　　三、DNA 的损伤与修复 ……………………………………………………… 223
　第二节　RNA 的生物合成 ……………………………………………………… 231
　　一、以 DNA 为模板的 RNA 生物合成——转录 …………………………… 231
　　二、RNA 的转录后加工 ……………………………………………………… 238

## 第十三章　蛋白质的生物合成

　第一节　RNA 在蛋白质生物合成中的作用 …………………………………… 244
　　一、信使 RNA …………………………………………………………………… 244
　　二、转移 RNA …………………………………………………………………… 247
　　三、核糖体 RNA ………………………………………………………………… 248
　第二节　蛋白质生物合成的过程 ………………………………………………… 248
　　一、翻译的起始 ………………………………………………………………… 249
　　二、肽链的延伸 ………………………………………………………………… 251
　　三、翻译的终止 ………………………………………………………………… 254

## 参考文献

# 绪论

## 一、生物化学概述

### （一）生物化学的定义

生物化学（biochemistry）是运用化学的理论、方法和技术，从分子水平研究生命现象的一门科学。它以生物体为研究对象，研究生物体的物质组成、分子结构及其功能，生物体内物质代谢及其调控，生物体内遗传信息的传递等。

### （二）生物化学的分类

根据研究内容，生物化学可以分为静态生物化学和动态生物化学。静态生物化学研究生物体的化学物质组成及这些物质的结构、性质和功能；静态生物化学按照研究的物质又可以分为糖类化学、脂类化学、蛋白质化学、核酸化学、酶学等。动态生物化学研究组成生物体的有机化合物在机体内进行的各种化学变化及其联系，即生命物质在体内的物质代谢、能量代谢及代谢调控。分子生物学（molecular biology）是从分子水平上研究生物大分子的结构和功能，从而阐明生命现象本质的科学，其研究内容主要是蛋白质、核酸等生物大分子。

根据研究对象，生物化学可以分为动物生物化学、植物生物化学、微生物生物化学。如果研究对象包括动物、植物和微生物，则称之为普通生物化学。

根据研究领域，生物化学可以分为工业生物化学、农业生物化学、医学生物化学、食品生物化学等。

## 二、生物化学的研究内容

### （一）研究生物体内物质的组成、结构、性质及功能

#### 1. 生物体的化学组成

自然界所有的生物都是由水、无机离子和有机分子组成的。组成生物体最基本的化学元素是 C、H、O、N，这 4 种元素与 S、P、Cl、Ca、K、Na 和 Mg 共 11 种元素，占生物体总质量的 99% 以上，称为常量元素；Fe、Cu、Co、Mn 和 Zn 是存在于生物体中的主要微量元素；Al、As、B、Br、Cr、F、Ga、I、Mo、Se、Si 在细胞中的含量极少。

#### 2. 生物分子

生物分子是生物体和生命现象的结构和功能的基础，是生物化学研究的基本对象。

生物分子分为大分子和小分子两类。多糖、结合状态的脂质、蛋白质、核酸是生物大分子，种类繁多、分子结构复杂，是构成生物体的基本物质，各种生命活动都依赖于生物大分子的特有结构和功能。生物小分子包括大分子的构件分子、参与代谢或代谢调节的分子以及一些次生代谢产物，如单糖（葡萄糖、果糖、半乳糖等）是多糖的构件分子，氨基酸、核苷酸分别是蛋白质、核酸的构件分子；辅酶、维生素、激素则参与代谢或代谢调节；萜类、生

物碱、毒素、抗生素等是植物和微生物体内的次生代谢产物。

### 3. 生物分子结构与功能的关系

分子结构是功能的基础，功能则是结构的体现。DNA 的一级结构决定蛋白质的一级结构，蛋白质的一级结构决定蛋白质的空间结构，蛋白质的空间结构决定蛋白质的生物功能。

生物大分子的功能还通过分子之间的相互识别和相互作用而实现。生物超分子也称为复合物，是生物分子相互作用和识别的一种特殊的中间过程，是许多生命现象的必须阶段，如酶与底物、抗体与抗原以及受体与激素形成的复合物等。研究超分子的形成、解离及其功能是生物化学重要的研究内容。

## (二) 研究新陈代谢及其调控

### 1. 新陈代谢

新陈代谢是生物最基本的特征，新陈代谢包括物质代谢和能量代谢两个方面，这两个方面是相互联系的。生物体内的物质代谢过程包括营养物质的消化吸收、中间代谢及代谢废物的排泄三个阶段，其中，中间代谢是生物化学重要的研究内容。

中间代谢是物质在细胞内所进行的一系列化学反应过程，包括物质的分解与合成。物质在分解过程中产生能量，供生命活动之需；物质的合成需要能量。无论是分解代谢还是合成代谢，都是由若干化学反应完成的，绝大多数的化学反应是在酶的催化下进行的；而且这些化学反应是高度有序的，在细胞中有严格的定位和反应方向。尽管各类有机物中间代谢的途径各异，但其彻底氧化分解的产物都是二氧化碳和水，并且二氧化碳和水以及能量的产生方式有共同的规律。各类有机物的代谢途径之间是相互联系的。

### 2. 代谢调控

生物体内的物质代谢对生物体的生理机能有重要的影响，因此，生物体内存在着精密细致、完善而绝妙的调节机制，以保证物质代谢的正常进行。代谢调节是由一些分子及其有关化学反应完成的。生物体内的代谢调控可以在三个水平上进行：①细胞水平的代谢调节。通过酶的调节作用来实现，包括酶量和酶活性的调节。②激素水平的代谢调节。即通过激素的作用对代谢进行调节，如胰岛素对糖代谢的调节。激素是由动植物分泌的、含量很低、在体内协调组织与组织之间或器官与器官之间物质代谢平衡的一类活性物质，因此，激素水平的代谢调节也称为组织器官水平的代谢调节。③整体水平的代谢调节。人及高等动物除具备酶水平的调节和激素水平的调节之外，还具有整体水平的神经系统的调节。神经系统的调节具有整体性，协调全部代谢。整体水平的调节主要通过神经体液途径进行，绝大多数激素的合成和分泌直接或间接受到神经系统的支配。

## (三) 研究遗传信息的传递、表达及其调控

基因的储存、传递使生物的性状得以代代相传，生命得以延续。基因信息传递涉及到生物的遗传、变异、生长、分化等诸多生命过程，也与多种疾病的发病机制有关。

生物的遗传信息储存在 DNA 的核苷酸排列顺序之中。DNA 通过复制，把遗传信息传递给子代细胞，遗传信息通过转录传递给 RNA，在三种 RNA 的协同作用下，翻译出蛋白质；蛋白质执行各种生物学功能，使后代表现出与亲代相似的遗传特征。这个过程即遗传信息的传递与表达。

遗传信息的传递与表达是极其复杂的过程，除了需要合成核酸、蛋白质的原料之外，还需要众多的酶及蛋白质因子参与构成生物合成体系及参与合成过程的调控。目前，原核生物

遗传信息的传递、表达及其调控研究得比较多，真核生物遗传信息的传递、表达及调控机制还有许多问题尚待深入研究。研究基因在染色体中的定位、核苷酸的排列顺序及功能、DNA复制、RNA转录、蛋白质生物合成过程中基因传递的机制，基因传递与表达的时空调节规律等是生物化学极为重要的研究课题。

### 三、生物化学的发展简史

生物化学与人类的生活和生产活动有密切的关系，我国的古籍中记载了人们酿酒、做酱、制醋等实践活动，如《书经》中就有记载"若作酒醴，尔惟曲糵"，意思是酿酒要用酒曲。《诗经》中也有描写酒的诗句，如《邶风·柏舟》中有"微我无酒，以敖以游"；《豳风·七月》中有"九月肃霜，十月涤场。朋酒斯飨，曰杀羔羊"的诗句，说明酿酒在我国有悠久的历史。公元544年前后，北魏贾思勰所著《齐民要术》中，阐述了酒、醋、酱等的制作过程，可见当时对微生物在生物酿造中的作用已有所认识。唐代孙思邈用米糠熬粥治疗"脚气病"，用猪肝治疗"雀目"，实际上是对维生素的利用（米糠含维生素$B_1$，猪肝含维生素A）。当然，古人并没有酶、维生素这些科学概念，只是对生产、生活经验进行总结和运用。

生物化学作为一门科学，其起源和发展与化学、生物学、生理学的发展密切相关。生物化学18世纪开始萌芽，19世纪初发展，20世纪初期才成为一门独立的学科，最初称为生理化学，1903年，德国人Carl Neuberg（1877—1956）首次使用生物化学（biochemistry）这一名词。生物化学经历了静态生物化学、动态生物化学和机能生物化学的发展时期，目前已发展成为与多个学科交叉，有多个研究领域和分支的现代科学。

#### （一）静态生物化学发展时期

这一时期也称为描述的或有机生物化学发展时期，大约从18世纪中叶到20世纪初。这一时期主要完成了各种生物体化学组成的分析研究，发现了生物体主要由糖类、脂类、蛋白质和核酸四大类有机物质组成。

18世纪的化学家中，最早研究生物化学现象的人是法国的Antoine Lavoisier（1743—1794），他首先研究动物的体温与呼吸，证明动物体的产热是由于体内物质的氧化。他指出：动物摄入的氧是使食物在体内氧化的要素；食物在体内氧化产生二氧化碳和水并放出热量；热分散在体内形成体温，二氧化碳和一部分水由肺呼出。这一研究成果为生物化学的分解代谢研究奠定了基础。

1828年，德国化学家Frederich Wöhler（1800—1882）在实验室用无机化合物氰酸铵（$NH_4CON$）合成了尿素（$H_2NCONH_2$），打破了束缚有机化学发展的"生命力"学说，对生物化学的发展起到了极大的促进作用。

1842年，德国化学家Justus Von Liebig（1803—1873）研究动植物生理，阐明了动物身体的产热是食物在体内"燃烧"而来的，他首先提出将食物成分分为糖类、脂类和蛋白质类物质，对"代谢"进行了定义和阐释。他指出，代谢就是生物体中物质建设和破坏的过程。

1849年，法国微生物学家Louis Pasteur（1822—1895）开始发酵的研究，证明发酵由微生物引起。他认为酵母中存在一种酵素（ferment），这种酵素只能在活细胞中起作用。Liebig进一步指出，酵母的酵素是一种可溶性蛋白质，其作用并不依赖活酵母细胞的完整性，但他认为发酵需要氧气的参与。Pasteur证明了酵母的生醇发酵并不需要氧气参加，在无氧条件下效果更好，对 Liebig 的错误进行了纠正。1878 年，德国生理学家 Wilhelm Kühne（1837—1900）将这种酵素定名为酶（enzyme），代表催化生化反应的一大类特殊的蛋白质。

1897 年，德国化学家 Eduard Buchner（1860—1917）发现酵母无细胞抽提液能使糖发酵，证明使糖类发酵的是酵母细胞中存在的酶而不是酵母，而且这种酶在酵母细胞内外都起作用。这项发现极大地促进了酶学的发展。

德国化学家 Emil Fischer（1852—1919）是使生物化学成为独立学科的最有功劳的人物，被誉为"生物化学之父"。他在 1894 年提出了酶的专一性及锁钥学说；20 世纪初提出了蛋白质是由氨基酸连接成的长链；他对糖类、嘌呤类有机化合物的研究取得了突出的成就，1891 年，他提出了 Fischer 投影式，使得书写含手性碳的化合物的构型简单方便。

### （二）动态生物化学发展时期

这一时期也称为动态的或生理生物化学发展时期，大约从 20 世纪初到 20 世纪 50 年代。这一时期生物化学作为一门独立的新兴科学，进入了快速发展的阶段，其特点是从静态生物化学时期的组分分析和含量测定转向对细胞和机体内发生的代谢过程及其调控进行探讨。这一时期生物化学的主要成就有以下几个方面。

① 发现了必需氨基酸、必需脂肪酸、多种维生素和微量元素，对营养学起了重要的作用。

② 发现、分离及合成多种激素，并对其在代谢调节和生长发育中的作用有相当的了解。

③ 获得了酶的结晶。1926 年，美国生物化学家 James B. Surmner（1887—1955）首次从刀豆中获得脲酶结晶，另一位美国生物化学家 John H. Northrop（1891—1987）在1930～1933 年间发现了胃蛋白酶和胰蛋白酶晶体。

④ 代谢途径的阐明。20 世纪 30 年代，在众多科学家的努力下，糖的无氧分解途径——糖酵解途径被阐明，其中德国生物化学家 G. Embden、O. Meyerhof、J. K. Parnas 的贡献最大。英国生物化学家 Hans A. Krebs（1900—1981）提出了尿素合成的鸟氨酸循环（1933 年 Krebs 和 Henseleit 发现），1937 年，Krebs 提出了生物体内有机物代谢的共同途径——三羧酸循环（柠檬酸循环）。这一时期，几类有机物质（糖类、脂肪、蛋白质和氨基酸）的代谢途径都已经研究清楚。

⑤ 生物能量学的建立。20 世纪 50 年代以来，许多生物化学家在代谢中能量的产生和利用上做出了最基本的阐述。如提出了 ATP 是代谢中能量产生和利用的关键性化合物，提出了电子传递链（呼吸链）和氧化磷酸化理论，建立了生物能量学这一生物化学的分支，使生物化学进入更成熟的发展阶段。

### （三）机能生物化学发展时期

这一时期也称为分子的或综合生物化学发展时期，始于 20 世纪 50 年代。随着物理学、化学等科学的发展及各种实验手段的进步，阐明了生物大分子（蛋白质和核酸）的结构和功能，生物化学的研究重点逐步深入到分子水平，分子生物学迅速兴起。

美国化学家 Linus C. Pauling（1901—1994）与 Robert B. Corey 对 $\alpha$-角蛋白进行 X 射线衍射分析，于 1951 年提出了蛋白质的 $\alpha$-螺旋结构。1953 年，英国生物化学家 Frederick Sanger（1918—2013）测定了牛胰岛素的一级结构，1955 年建立了蛋白质氨基酸的序列分析方法。

1953 年，James D. Watson（1928—）与 Francis H. C. Crick（1916—2004）提出了 DNA 的双螺旋结构模型。这个学说不但阐明了 DNA 的基本结构，并且为 DNA 分子的复制以及遗传信息的传递提供了合理的说明。双螺旋结构模型的提出被认为是 20 世纪最重要的科学成就之一，是生物化学发展史上的里程碑，奠定了分子生物学的基础。

1958 年，F. Crick 首先提出了分子生物学的基本法则——中心法则，揭示了生物体内遗传信息的传递规律及方向，即 DNA→RNA→蛋白质，它说明遗传信息在不同的大分子之间的转移都是单向的，不可逆的，只能从 DNA 到 RNA（转录），从 RNA 到蛋白质（翻译）。1970 年，H. Temin 等从一些含 RNA 的肿瘤病毒中分离出了 RNA 指导的 DNA 聚合酶，发现了反转录现象，于是 F. Crick 对中心法则进行了修订。

1961 年，Francis Jacob（1920—）和 Jacques L. Monod（1910—1976）研究基因调控机理，提出了著名的操纵子学说。乳糖操纵子模型是分子遗传学中继 DNA 分子结构以来的另一项重大成就。1963 年，他们又提出用分子观点解释酶催化活性的理论。

1965 年，我国首次人工合成出有生物活性的结晶牛胰岛素。

20 世纪 70 年代，在分子生物学和分子遗传学基础上建立的基因工程，又称为基因拼接技术或 DNA 重组技术，是在分子水平上对基因进行操作的复杂技术，是将外源基因通过体外重组后导入受体细胞内，使这个基因能在受体细胞内复制、转录和翻译，产生出人类所需要的新的生物类型和生物产品。

20 世纪 70 年代后期，Sanger 和 Walter Gilbet 等设计出测定 DNA 序列的方法。Sanger 发明的测序方法是双脱氧末端终止法，特点是简便、迅速、应用广泛；Walter Gilbet 发明的测序方法是化学裂解法，特点是不需要酶促反应。

1981 年，美国科罗拉多大学的 Thomas Cech 等在研究 rRNA 前体加工成熟时，发现四膜虫的 26S rRNA 前体含有插入序列（IVS），在 rRNA 前体成熟过程中，IVS 通过剪接反应被除去，这一过程并没有蛋白质参与，而是通过 rRNA 的自我拼接完成的。与 Thomas Cech 的研究同时，耶鲁大学的 Sidney Altman 等在从事核糖核酸酶 P（RNase P）的研究中也发现了这种现象。RNase P 是细菌和高等生物细胞里都有的一种 tRNA 加工酶，它能在特定位点上切开 tRNA 前体。Cech 等将这类具有催化功能的 RNA 称为"ribozyme（核酶）"。从人类认识到酶的存在开始到 20 世纪 80 年代初，人们一直认为酶的化学本质是蛋白质，核酶的发现改变了"酶是蛋白质"的传统观念，拓宽了生物催化剂的研究领域，对核酶的结构、催化机制及应用的研究日益深入。

1985 年，美国科学家率先提出"人类基因组测序和作图计划"（简称为 HGP），国际合作始于 1990 年。美国、英国、法国、德国、日本和我国科学家共同参与了这一预算达 30 亿美元的人类基因组计划。该计划的核心是测定人类基因组的全部 DNA 序列，从整体上破译遗传信息，使人类能在分子水平上全面认识自我。2000 年 6 月 26 日，参与 HGP 的各国科学家同时向全世界宣布人类基因组"工作框架图"绘制完成。截止到 2003 年 4 月 14 日，人类基因组计划的测序工作已经完成。

1997 年，英国科学家 Wilmut 和其同事宣布第一头用成年母绵羊体细胞克隆的绵羊多莉诞生。此后，各国科学家相继公布其克隆技术的研究成果。

生物化学是 21 世纪生命科学的带头学科，将在分子、细胞水平上利用多学科手段交叉渗透，对核酸、蛋白质和基因组、核糖体、生物膜等大分子体系，以及免疫、遗传、发育、衰老、死亡等生命现象进行深入研究，揭示生命的奥秘。

### （四）我国生物化学发展概况

我国的生物化学诞生于 20 世纪初，吴宪（1893—1959）是对我国生物化学发展有重要贡献的科学家，1921 年，吴宪从美国回到协和医学院工作，与 Hartley C. Embrey、汪善英讲授生理化学，1924 年，生理化学单独设系，称为生物化学系，吴宪担任系主任。吴宪教授在蛋白质变性理论、血液生化检验、营养分析、免疫化学及内分泌研究等方面做出了重要贡献。郑集是我国营养学的奠基人，也是生物化学的开拓者之一。郑集 1928 年毕业于国立中央大学生物系，1930 年赴美国留学，专攻生物化学，1936 年获博士学位。1943 年，郑集在中央大学医学院创办生物化学研究所，这是中国教育史上第一个培养生物化学研究生的正式机构。20 世纪 40 年代，郑集还出版了英文版生物化学实验教材及《实用营养学》，在营养学、固氮细菌的生长和代谢、工业发酵、植物生长激素、维生素、药物化学等方面进行了科学研究。

新中国成立后，生物化学迅速发展，取得了令人瞩目的成就。1965 年，我国首次合成了具有生物活性的结晶牛胰岛素，1974 年，基本测定了胰岛素分子的全部三维结构。1981 年完成了酵母丙氨酸 tRNA（$tRNA^{Ala}$）的人工合成。1990 年，我国参与人类基因组计划。新时期以来，我国的生物化学在蛋白质、核酸、酶及基因工程等许多领域进行深入研究，取得了显著的成绩。

# 第一章

# 糖类化学

糖类是自然界分布最广泛、含量最丰富的一类有机化合物。绿色植物、藻类及一些微生物（如光合细菌）可以通过光合作用合成糖类。糖类的基本元素组成是碳、氢、氧，大多数单糖符合 $(CH_2O)_n$ 的结构通式，所以，习惯上将糖类也称为"碳水化合物"。但是，符合 $(CH_2O)_n$ 结构通式的化合物不一定都是糖类，如乳酸（$C_3H_6O_3$）、乙酸（$C_2H_4O_2$）、甲醛（$CH_2O$）等；有些糖类则不符合这个通式，如脱氧核糖（$C_5H_{10}O_4$）、鼠李糖（$C_6H_{12}O_5$）等。糖类的化学本质是多羟基醛或多羟基酮及其缩聚物或衍生物。

糖类按水解情况可以分为三类：单糖、低聚糖、多糖。单糖是不能再水解为更小分子的糖，为多羟基醛（如葡萄糖）或多羟基酮（如果糖），是低聚糖和多糖的单体；低聚糖也称为寡糖，是由 2～10 个单糖缩合而成的糖，如蔗糖、乳糖等；多糖是由 10 个以上单糖缩合而成的糖，一般聚合度都大于 20，如淀粉、纤维素、果胶物质等。另外，糖类还可以与其他物质形成复合糖，如糖蛋白、糖脂、糖苷等。

糖类广泛存在于生物机体中，植物体内糖的含量占其干重的 85%～90%，微生物体内糖的含量占其干重的 10%～30%，动物体内含糖量较低，约占其干重的 2%。糖类具有重要的生物学功能。糖类作为生物体的结构成分，植物的根、茎、叶的主要成分是纤维素，肽聚糖是细菌细胞壁的成分，昆虫、甲壳动物的外壳含有几丁质。糖类是生物体的主要能源物质，多糖、低聚糖在生物体内降解为单糖（葡萄糖），氧化分解产生能量，供生命活动之需。糖类作为碳源，为其他生物分子的合成提供碳架，如糖代谢的中间产物是合成氨基酸、核苷酸、脂肪酸的碳架。糖蛋白和糖脂中的糖链在细胞识别、信息传递等方面起重要作用。

## 第一节 单 糖

根据官能团结构，可将单糖分为醛糖和酮糖，前者为多羟基醛，后者为多羟基酮；根据分子中碳原子的数目，可将单糖分为丙糖、丁糖、戊糖、己糖等。自然界最简单的单糖是甘油醛和二羟丙酮，最重要的也是最常见的单糖则是葡萄糖（glucose）和果糖（fructose）。葡萄糖是己醛糖，果糖是己酮糖。

### 一、单糖的结构

#### （一）单糖的链状结构

单糖都有手性碳原子（二羟丙酮除外），因此存在旋光异构体。如，己醛糖的结构式是 $CH_2OH(CHOH)_4CHO$，分子中有 4 个手性碳原子，有 16 个旋光异构体（8 个 D-型，8 个 L-型），葡萄糖是其中之一。单糖的链状结构用费歇尔（Fischer）投影式表示，见图 1-1。

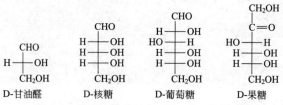

图 1-1　单糖的链状结构（Fischer 投影式）

### （二）单糖的构型

单糖的构型是通过与甘油醛比较而确定的，一般用 D/L 标记法。规定：单糖分子中离羰基最远的手性碳上的羟基，与 D-甘油醛手性碳上的羟基在同一侧的为 D-型，不在同一侧的为 L-型。

单糖分子中如果含有 $n$ 个手性碳原子，则有 $2^n$ 个旋光异构体。互为镜像的一对旋光异构体称为对映体，其比旋光度数值相同，旋光方向相反，如 D-甘油醛和 L-甘油醛。只有一个手性碳原子的构型不同，其余手性碳原子的构型都相同的两个旋光异构体，称为差向异构体，如葡萄糖和半乳糖、葡萄糖和甘露糖是差向异构体，见图 1-2。

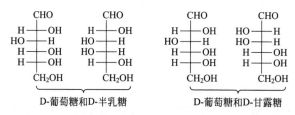

图 1-2　葡萄糖与半乳糖、甘露糖是差向异构体

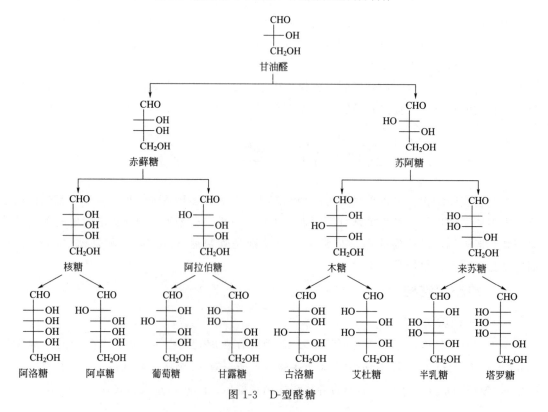

图 1-3　D-型醛糖

自然界中的单糖绝大多数为 D-型。醛糖的 D-型异构体见图 1-3。

### (三) 单糖的环状结构

单糖分子中既含有羰基，又含有羟基，因此可以形成缩醛式的环状结构。下面以葡萄糖为例进行说明。

葡萄糖是多羟基醛，但其化学性质与醛有差别，如葡萄糖不与 $NaHSO_3$ 加成，只与 1 分子 ROH 反应，有变旋现象，这些性质说明葡萄糖除了开链结构外，还存在着环状结构。葡萄糖可以形成六元环和五元环两类环状结构，自然界存在的主要是六元环的葡萄糖（见图 1-4）。

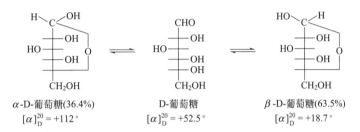

图 1-4　葡萄糖的环状结构（吡喃型）

葡萄糖（单糖）从链状结构转变为环状结构后，C1 转变为手性碳，形成一对非对映异构体，这两个异构体称为异头物，C1 上的羟基称为半缩醛羟基。半缩醛羟基与决定单糖构型的羟基在同一侧的，称为 α-型，不在同一侧的称为 β-型。由于六元环葡萄糖的结构与杂环化合物吡喃相似，故把六元环葡萄糖称为吡喃型，全称为 α（或 β）-D-吡喃葡萄糖；而五元环葡萄糖与呋喃的结构相似，故把五元环葡萄糖称为呋喃型，全称为 α（或 β）-D-呋喃葡萄糖。吡喃和呋喃的结构见图 1-5。

图 1-5　吡喃和呋喃的结构

葡萄糖的 C1 和 C4 构成的环为五元环，见图 1-6。

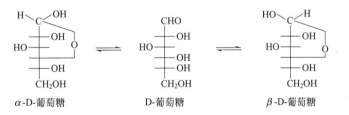

图 1-6　葡萄糖的环状结构（呋喃型）

自然界的葡萄糖多以吡喃型存在，核糖、果糖多以呋喃型存在。

### (四) 单糖环状结构的哈沃斯（Haworth）投影式

单糖环状结构的 Fischer 投影式氧桥过长，不能真实地反映其环状结构的特点，而且书写不方便，故 1926 年，W. N. Haworth 提出用透视式表示单糖的环状结构，这种式子称为 Haworth 投影式（或透视式），简称 Haworth 式。

## 1. 葡萄糖的 Haworth 式

D-葡萄糖由 Fischer 式改写为 Haworth 式的步骤：①将 Fischer 式向右放到水平方向；②将碳链向里面转折，使 C1 和 C6 接近，6 个 C 在一个平面上；③旋转 C4—C5 之间的单键，使—CH₂OH 在平面之上，C5 上的—OH 接近 C1；④C5—OH 中的 O 进攻 C1，与 C1 成键，六元环形成，H 加到羰基 O 上形成半缩醛—OH；⑤半缩醛羟基的位置决定环状结构的 $\alpha$-型或 $\beta$-型（见图 1-7）。

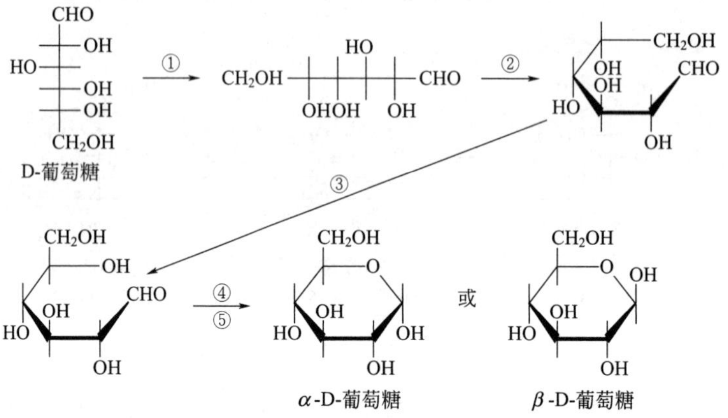

图 1-7 葡萄糖由 Fischer 式改写为 Haworth 式

葡萄糖的 Haworth 式可以简写，糖环用实线表示，用短竖线代表—OH，H 省略不写（见图 1-8）。

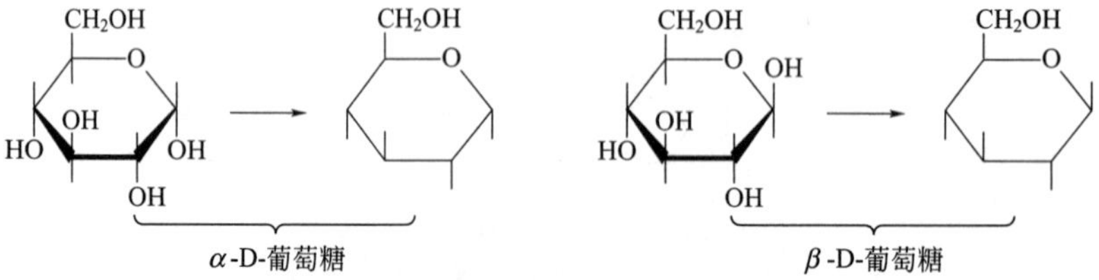

图 1-8 葡萄糖的 Haworth 式及其简写形式

Haworth 式的书写规则：①先写糖环，氧原子写在六元环的右上方（或五元环的正上方）；②碳原子顺时针排列；③Fischer 式中向右的羟基写在平面之下，向左的羟基写在平面之上；④半缩醛羟基在平面之下为 $\alpha$-型，在平面之上为 $\beta$-型；⑤CH₂OH（伯醇基）写在平面之上。

## 2. 其他单糖的 Haworth 式

**(1) 核糖及脱氧核糖**　核糖及脱氧核糖属于戊糖，是核酸的组成成分，RNA 中的戊糖是 $\beta$-D-核糖，DNA 中的戊糖是 $\beta$-D-2-脱氧核糖，其结构见图 1-9。

**(2) 半乳糖**　半乳糖是己醛糖，与葡萄糖是差向异构体，是乳糖的组分，1 分子半乳糖与 1 分子葡萄糖构成乳糖。半乳糖的结构见图 1-10。

**(3) 果糖**　果糖是己酮糖，与葡萄糖是同分异构体。天然果糖是 D 型左旋糖，存在于水果、蜂蜜中，其甜度比葡萄糖和蔗糖都大。1 分子葡萄糖与 1 分子果糖构成蔗糖。天然果糖以呋喃型存在，其结构见图 1-11。

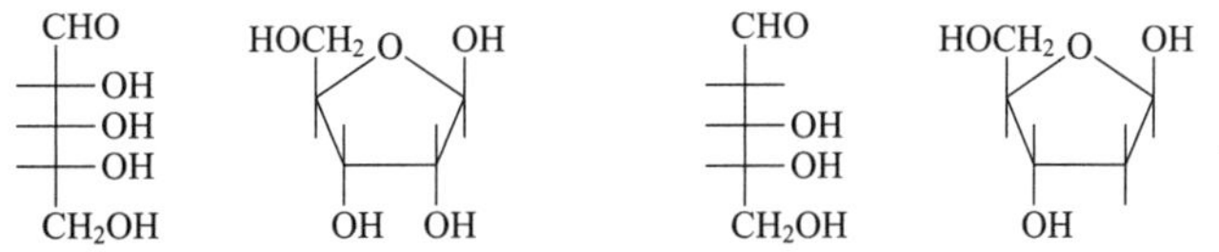

D-核糖 β-D-核糖 D-2-脱氧核糖 β-D-2-脱氧核糖

图 1-9 核糖及脱氧核糖的链状结构和 Haworth 式环状结构

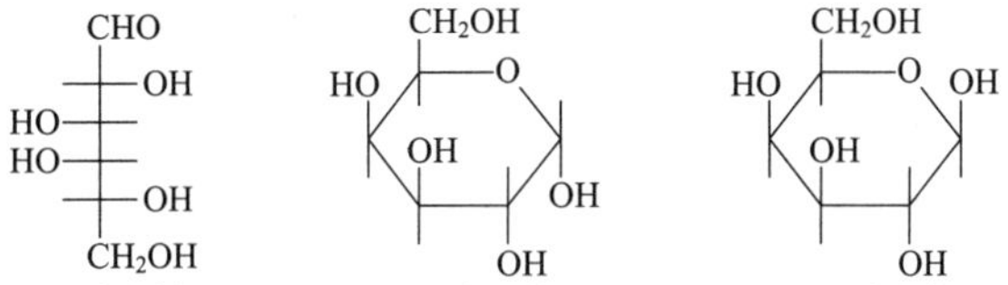

D-半乳糖 α-D-半乳糖 β-D-半乳糖

图 1-10 半乳糖的链状结构和 Haworth 式环状结构

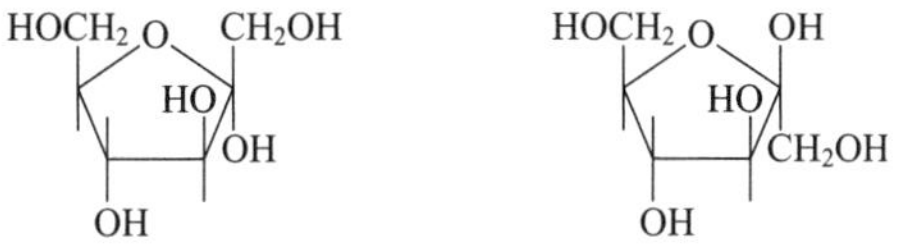

α-D-果糖 β-D-果糖

图 1-11 果糖的 Haworth 式环状结构

**知识拓展** **单糖的构象**

Haworth 式书写简单，是生物化学中表示单糖结构最常用的，但实际上由于单糖分子中碳原子是 $sp^3$ 杂化，成环碳原子及氧原子并不在一个平面上，因此，吡喃环存在两种典型构象，即椅式构象和船式构象，与环己烷相似，椅式构象是优势构象。葡萄糖的椅式构象见图 1-12。

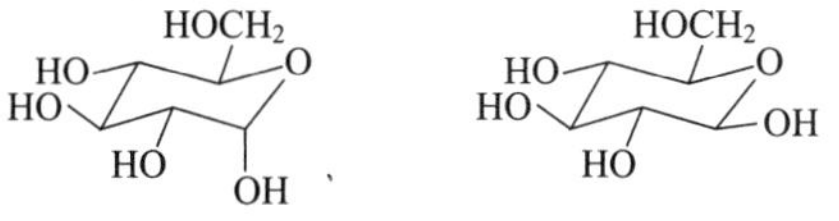

α-D-葡萄糖 β-D-葡萄糖

图 1-12 葡萄糖的椅式构象

从葡萄糖的椅式构象看，β-D-葡萄糖比 α-D-葡萄糖稍稳定。

## 二、单糖的性质

### （一）单糖的物理性质

#### 1. 甜度

单糖和低聚糖都有甜味，甜味的强弱可用甜度来表示。通常以 10%或 15%的蔗糖水溶液在 20℃时的甜度为 100，其他糖与之比较，得到的是相对甜度，也叫比甜度。单糖的甜度因其构型、物理状态不同而异，如 β-D-果糖溶液的相对甜度是 100～175，结晶的相对甜度是 180；α-D-葡萄糖溶液的相对甜度是 40～79，结晶的相对甜度是 74；β-D-葡萄糖溶液的相对甜度比 α-D-葡萄糖的小，结晶的相对甜度是 82。

多糖没有甜味。

**2. 旋光性及变旋现象**

物质能使平面偏振光的振动平面发生旋转的性质称为旋光性，单糖分子中含有手性碳原子，因此有旋光性。具有旋光性的物质称为光学活性物质或旋光性物质，使偏振光振动平面按逆时针方向旋转的物质称左旋体，用"−"表示；使偏振光振动平面按顺时针方向旋转的物质称右旋体，用"+"表示。

比旋光度是旋光性物质的重要物理常数。在 20℃，波长为 589nm（钠光的 D 线），偏振光通过长为 1dm，装有浓度为 1.0g/mL 溶液的旋光管，测得的旋光度为该物质的比旋光度。比旋光度用符号 $[\alpha]_D^{20}$ 表示。几种单糖的比旋光度见表 1-1。

**表 1-1　几种单糖的比旋光度（$[\alpha]_D^{20}$）**

| 单糖 | α-型 | β-型 | 平衡 |
| --- | --- | --- | --- |
| D-(+)-葡萄糖 | +113.4° | +18.7° | +52.5° |
| D-(+)-半乳糖 | +114° | +15.4° | +80.5° |
| D-(+)-甘露糖 | +34° | −17° | +14.6° |
| D-(−)-果糖 | −21° | −133.5° | −92.4° |

糖刚溶解于水时，比旋光度是变化的，一段时间后就稳定在一恒定值上，这种现象称为变旋现象。单糖都有变旋现象。变旋现象的原因是 α-型、β-型异构体的互变平衡。因此，对有变旋现象的糖，在测定其旋光度时，必须使糖液静置一段时间再测定。

**3. 溶解度**

单糖易溶于水，其分子中的多个羟基增加了它的水溶性，尤其是在热水中的溶解度。各种单糖的溶解度不一样，果糖的溶解度最高，其次是葡萄糖。单糖不溶于丙酮、乙醚等有机溶剂。

**（二）单糖的化学性质**

**1. 异构化反应**

单糖与稀碱（或弱碱）作用，分子重排，发生异构化反应。如，葡萄糖与 $Ba(OH)_2$ 溶液反应，得到葡萄糖、果糖、甘露糖的混合物（见图 1-13）。

**2. 氧化反应**

单糖可以被氧化剂氧化，产物因氧化剂不同而异。

碱性条件下，单糖与弱氧化剂作用生成糖酸。常见的弱氧化剂是班氏（Benidict）试剂、斐林（Fehling）试剂和托伦（Tollens）试剂。单糖与 Benidict 试剂或 Fehling 试剂在沸水中共热数分钟，$Cu^{2+}$ 被还原，产生砖红色氧化亚铜沉淀，可用于单糖的定性，由于 Fehling 试剂不稳定，因此常用 Benidict 试剂。单糖与 Tollens 试剂发生银镜反应。

单糖分子中有自由的醛基或游离的半缩醛羟基，因此存在着链状结构与环状结构的互变平衡，能被弱氧化剂氧化，属于还原糖。酮糖与醛糖在弱碱溶液中存在异构化反应，因此，果糖也可以与 Benidict 试剂反应，这一点与酮的性质不同。

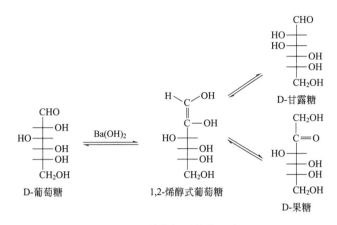

图 1-13 单糖的异构化反应

醛糖能被溴水氧化为糖酸,酮糖不能被溴水氧化,可以用来鉴别醛糖和酮糖。

单糖与 $HNO_3$ 等强氧化剂反应,醛基和伯醇基同时被氧化,形成糖二酸。

在葡萄糖氧化酶的作用下,葡萄糖的伯醇基被氧化,形成葡萄糖醛酸。葡萄糖醛酸可以和钙、铁成盐,作为药物,利于吸收,如葡萄糖醛酸钙。

**3. 还原反应**

单糖可以被还原成多元醇。糖醇主要用于食品加工业和医药。葡萄糖可还原为山梨醇,果糖可还原为山梨醇和甘露醇的混合物,木糖被还原为木糖醇。木糖醇的甜度比蔗糖低,可在无糖食品中作为甜味剂替代蔗糖,目前木糖醇已被广泛用于制造糖果、果酱、饮料等食品。几种糖醇的结构见图 1-14。

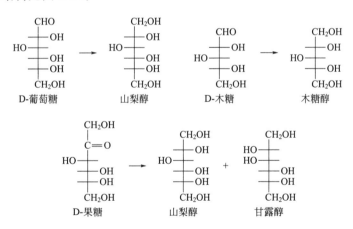

图 1-14 几种糖醇的结构

**4. 酯化反应**

单糖分子中有羟基,能与磷酸、硫酸等脱水生成糖酯,生物体中最常见的糖酯是磷酸糖酯和硫酸糖酯。在生物体中,几种单糖的磷酸酯是糖代谢的中间产物,如甘油醛-3-磷酸、葡萄糖-6-磷酸、果糖-6-磷酸等。葡萄糖的核苷二磷酸酯(如 UDPG)参与多糖的生物合成。几种单糖的磷酸酯见图 1-15。

**5. 成苷反应**

单糖分子上的半缩醛羟基与其他分子的羟基(或活性氢原子)反应,失水而形成的化合

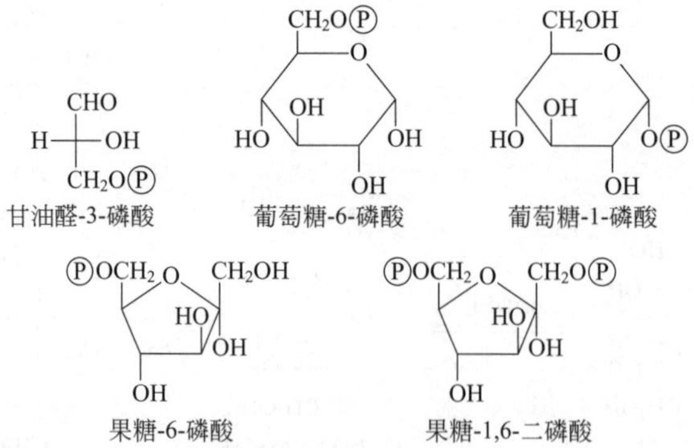

图 1-15 几种单糖的磷酸酯

物，称为糖苷。糖苷中提供半缩醛羟基的部分称为糖基，非糖部分称为配基。糖苷中糖基与配基之间的连接键称为糖苷键。糖苷键有 α-糖苷键和 β-糖苷键两种类型，按位置分 1,4-糖苷键、1,6-糖苷键、1,3-糖苷键等。低聚糖、多糖是单糖通过糖苷键连接而成的。

根据糖基和配基（R）可将糖苷命名为 α(β)-D-R 基某糖苷，如 α-D-甲基葡萄糖苷、β-D-甲基葡萄糖苷，见图 1-16。

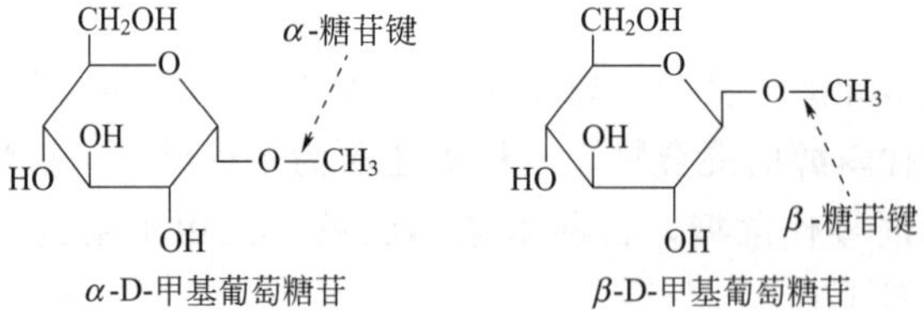

图 1-16 甲基葡萄糖苷的类型和结构

糖苷的性质稳定，其分子中无游离的半缩醛羟基，因此，糖苷无还原性，无变旋现象。

糖苷在自然界中广泛存在，有些糖苷有药用价值，有些则有毒。如银杏中的有效成分银

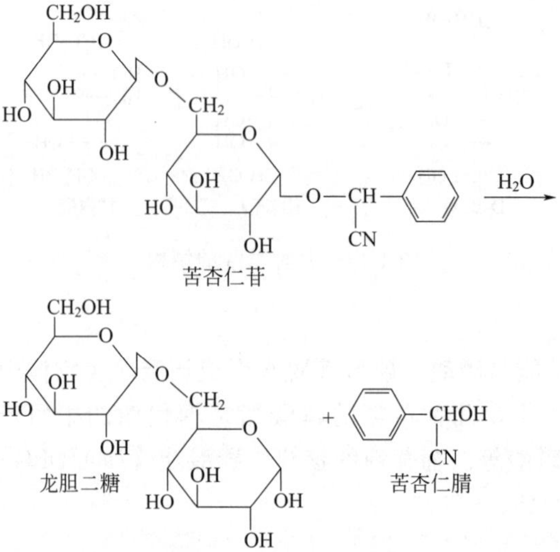

图 1-17 苦杏仁苷的结构及其水解产物

杏黄酮醇苷，具有扩张冠状动脉血管、改善血液循环的作用。黄豆苷（大豆、葛根中含有）可以促进血液循环，提高脑血流量，对心血管疾病有显著疗效。

苦杏仁苷存在于苦桃仁、杏仁、李子仁、木薯等中，水解时产生龙胆二糖（由两个葡萄糖以 $\beta$-1,6-糖苷键形成）和苦杏仁腈，苦杏仁腈水解可以产生苯甲醛和 HCN，所以苦杏仁苷属于生氰糖苷。苦杏仁苷的结构及其水解产物见图 1-17。

花青素是广泛存在于自然界的水溶性色素，花卉、水果、蔬菜呈现的许多颜色（蓝色、紫色、红色、红紫色等）都是由花青素产生的，花青素以与糖类形成糖苷（花青素苷）的形式存在。

# 第二节 低 聚 糖

低聚糖又称寡糖，是由 2～10 个单糖通过糖苷键连接形成的。二糖（双糖）是最常见的低聚糖，它们均溶于水，有甜味，有旋光性，可结晶。二糖根据结构和性质分为还原性二糖和非还原性二糖。

## 一、还原性二糖

还原性二糖是一分子单糖的半缩醛羟基与一分子单糖的醇羟基失水形成糖苷键，分子中有游离的半缩醛羟基，存在链状结构和环状结构的互变平衡，因此，还原性二糖有还原性和变旋现象。麦芽糖和乳糖都是还原性二糖。

**（一）麦芽糖**

麦芽糖是由 1 分子 $\alpha$-D-葡萄糖 C1 上的半缩醛羟基与 1 分子 D-葡萄糖 C4 上的醇羟基之间脱水缩合，通过 $\alpha$-1,4-糖苷键连接而成的。其结构见图 1-18。

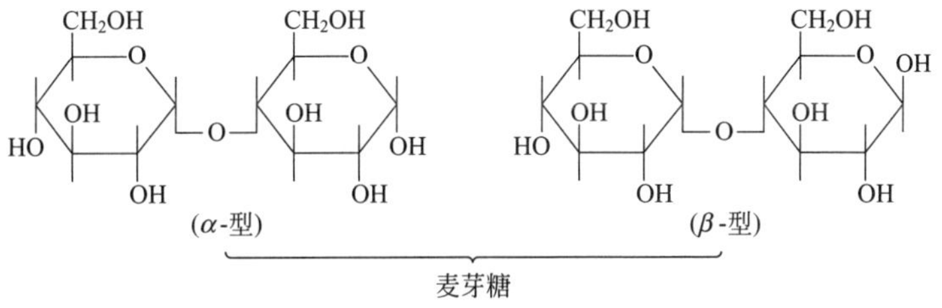

图 1-18 麦芽糖的结构

麦芽糖分子中第二个葡萄糖有游离的半缩醛羟基，因此，在水溶液中，它的环状结构可以变成开链结构，$\alpha$-麦芽糖和 $\beta$-麦芽糖通过开链式结构互变平衡，所以，麦芽糖有变旋现象，有还原性。

麦芽糖为白色晶体，通常为 $\beta$-型。易溶于水，能被酵母直接发酵。麦芽糖是淀粉酶促水解的产物，甜度为蔗糖的 1/3，可作为食品的膨松剂、冷冻食品的填充剂和稳定剂。麦芽糖大量存在于发芽的谷粒，特别是麦芽中。利用大麦芽中的淀粉酶，使淀粉水解为麦芽糖与糊精的混合物，其中麦芽糖约占 1/3，这种混合物称为饴糖。

**（二）乳糖**

乳糖是 1 分子 $\beta$-D-半乳糖的半缩醛羟基与 1 分子 D-葡萄糖的 C4—OH 失水，以 $\beta$-1,4-糖苷键相连而成的。其结构见图 1-19。

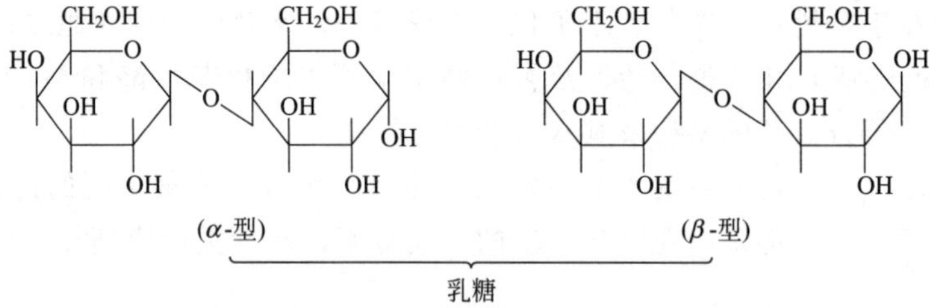

图 1-19 乳糖的结构

乳糖有变旋现象和还原性。乳糖存在于动物的乳汁中，牛乳含乳糖 4.6%～5.0%。乳糖为白色结晶，其溶解度小，甜度仅为蔗糖的 1/6，$\alpha$-异构体比 $\beta$-异构体甜度大，溶解性好。食品工业中乳糖可用于焙烤食品，增加风味。

## 二、非还原性二糖

非还原性二糖是两分子单糖的半缩醛羟基失水，以糖苷键相连，分子中无游离的半缩醛羟基，因此无还原性，也无变旋现象。

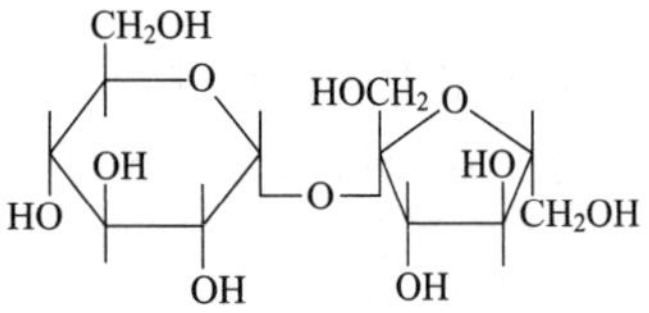

图 1-20 蔗糖的结构

### （一）蔗糖

蔗糖由 1 分子 $\alpha$-D-葡萄糖和 1 分子 $\beta$-D-果糖通过 $\alpha,\beta$-1,2-糖苷键相连而成。其结构见图 1-20。

蔗糖是白色结晶，易溶于水，有旋光性，无变旋现象，无还原性。

在稀酸或转化酶的作用下，蔗糖水解为等量的 D-葡萄糖和 D-果糖，即转化糖，旋光性由右旋转变为左旋，这种作用称为转化作用。蜂蜜中含有大量的转化糖。

蔗糖是植物光合作用的产物，在甘蔗和甜菜中含量丰富，一些甜味水果（如香蕉、菠萝、柿子等）中也富含蔗糖。日常食用的糖主要是蔗糖，红糖、白糖、冰糖都是蔗糖。蔗糖是食品加工中最重要的糖，广泛应用于糕点、饮料和蜜饯等食品中。蔗糖可以被酵母分泌的蔗糖酶所水解，在烘制面包的面团中，蔗糖是不可缺少的添加剂，它不仅有利于面团的发酵，而且在烘烤过程中发生的美拉德反应可以增进面包的风味和色泽。

### （二）海藻糖

海藻糖是由两个葡萄糖分子以 1,1-糖苷键构成的非还原二糖，有 3 种异构体，即海藻糖（$\alpha,\alpha$）、异海藻糖（$\beta,\beta$）和新海藻糖（$\alpha,\beta$）。海藻糖的结构见图 1-21。

海藻糖广泛存在于海藻、真菌、蕨类及酵母中。与其他糖类一样，海藻糖可广泛应用于食品业，包括饮料、巧克力及糖果、烘烤制品和速冻食品。

## 三、其他低聚糖

棉籽糖是自然界中广泛存在的三糖，棉籽糖由 1 分子 $\alpha$-D-半乳糖、1 分子 $\alpha$-D-葡萄糖和 1 分子 $\beta$-D-果糖组成，其结构见图 1-22。

棉籽糖与水苏糖一起组成大豆低聚糖的主要成分，是除蔗糖外的另一种广泛存在于植物中的低聚糖。工业生产棉籽糖主要有两种方法：一种是从甜菜糖蜜中提取；另一种是从脱毒棉籽中提取。

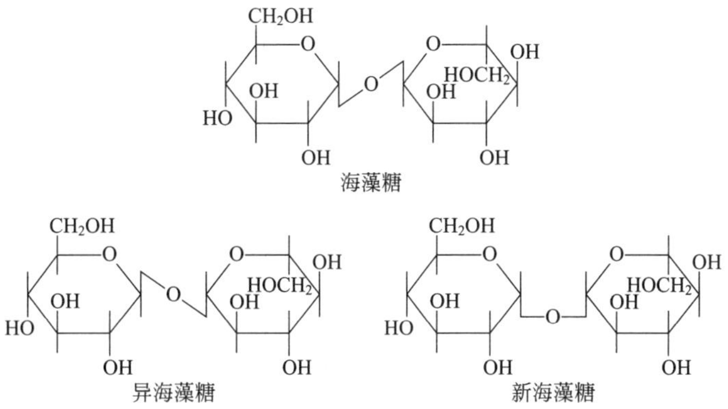

图 1-21　海藻糖的 3 种异构体

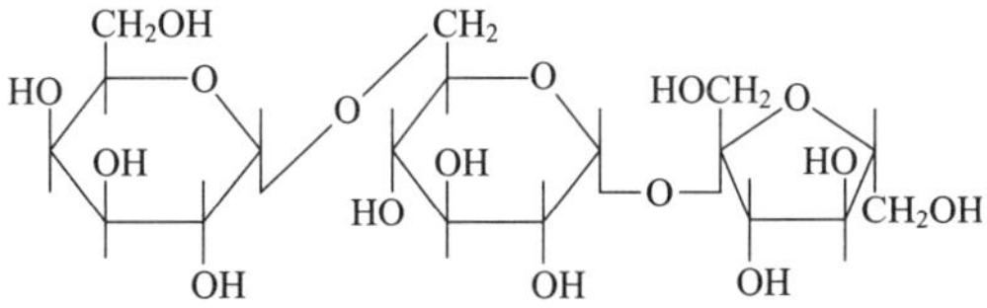

图 1-22　棉籽糖的结构

低聚果糖又称寡果糖或蔗果三糖族低聚糖,是由 1~3 个果糖基通过 $\beta$-2,1-糖苷键与蔗糖中的果糖基结合生成的蔗果三糖、蔗果四糖和蔗果五糖等的混合物。低聚果糖存在于天然植物中,如菊芋、芦笋、洋葱、香蕉、番茄、大蒜、牛蒡、蜂蜜及某些草本植物中。低聚果糖在营养学上属于功能性低聚糖,是一类可溶性膳食纤维。

# 第三节　多　　糖

多糖是由许多单糖分子通过糖苷键结合而成的天然高分子化合物。

多糖按生物学功能可分为结构多糖和储存多糖,植物细胞壁中的纤维素,甲壳动物外壳中的几丁质,细菌细胞壁中的肽聚糖,都是结构多糖,是生物体的结构成分;淀粉、糖原是储存多糖,是生物体能量的储存形式,在体内降解为葡萄糖后氧化分解产生能量,供生命活动之需。

多糖按组成可分为同多糖和杂多糖。同多糖是由相同的单糖组成的多糖,如淀粉、纤维素、糖原等;杂多糖是由不同的单糖构成的多糖,如半纤维素、阿拉伯树胶、海藻胶等。

多糖没有甜味,在水溶液中只形成胶体溶液,没有还原性,有旋光性,但没有变旋现象。

## 一、淀粉

淀粉是植物体内的储存多糖,在种子、块根、块茎中含量丰富,粮食的主要成分是淀粉。淀粉以颗粒状存在于胚乳细胞中。淀粉粒的形状、大小随来源而异,形状有圆形、椭圆形、多角形等,大小在 0.001~0.15mm 之间,马铃薯淀粉粒最大,谷物淀粉粒最小。

淀粉的组成单位是 $\alpha$-D-葡萄糖。

## (一) 淀粉的种类和结构

淀粉分为两类：一类是直链淀粉；一类是支链淀粉。淀粉中直链淀粉含量一般为10%～30%，有的玉米品种直链淀粉含量达50%～85%，称为高直链淀粉玉米，糯玉米中支链淀粉含量高达99%。一些淀粉中直链淀粉和支链淀粉的比例见表1-2。

表1-2 一些淀粉中直链淀粉和支链淀粉的比例

| 两种淀粉的比例 | 淀粉来源 | | | | | | |
| --- | --- | --- | --- | --- | --- | --- | --- |
| | 高直链淀粉玉米 | 玉米 | 糯玉米 | 小麦 | 大米 | 马铃薯 | 木薯 |
| 直链淀粉/% | 50～85 | 26 | 1 | 25 | 17 | 21 | 17 |
| 支链淀粉/% | 15～50 | 74 | 99 | 75 | 83 | 79 | 83 |

### 1. 直链淀粉

直链淀粉是 α-D-葡萄糖通过 α-1,4-糖苷键连接起来的糖链，聚合度为 100～1000。直链淀粉没有分支，其结构见图1-23。

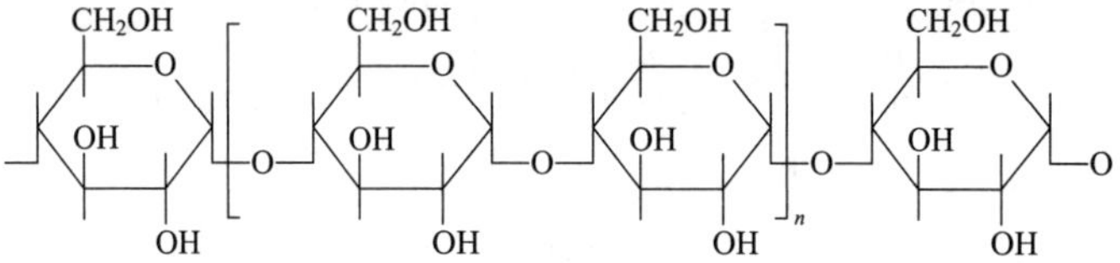

图1-23 直链淀粉的结构

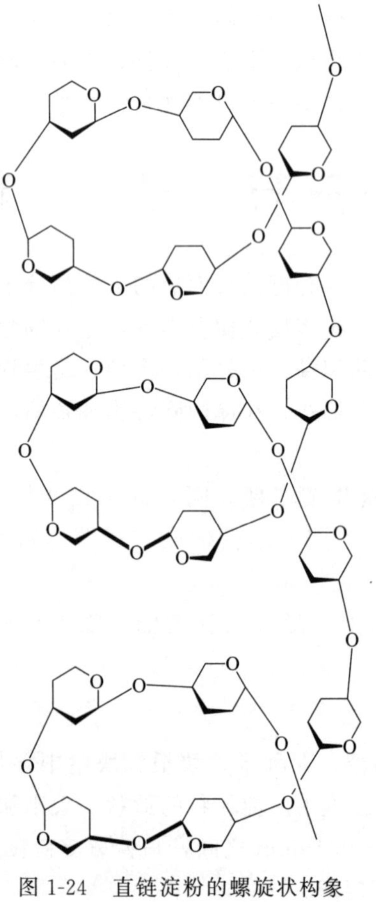

图1-24 直链淀粉的螺旋状构象

直链淀粉通常卷曲成螺旋形，每一圈有6个葡萄糖残基，见图1-24。

### 2. 支链淀粉

支链淀粉有分支，α-D-葡萄糖通过α-1,4-糖苷键连接成主链和支链的糖链，支链通过α-1,6-糖苷键与主链相连。支链淀粉的分子比直链淀粉大很多，聚合度通常为300～6000，分支短链的长度为15～25个葡萄糖基，分支与分支间隔平均为25个葡萄糖残基。支链淀粉的结构见图1-25。

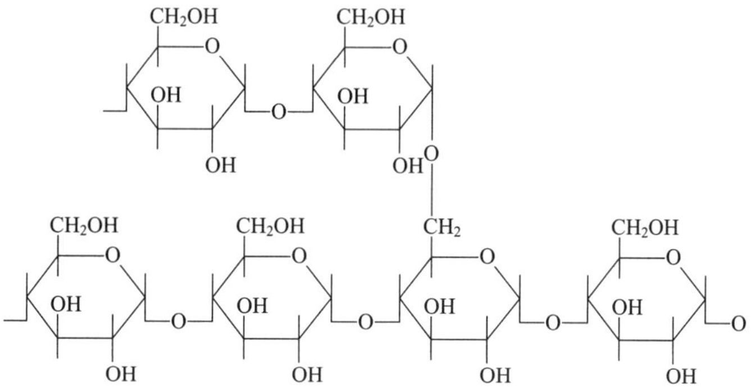

图1-25 支链淀粉的结构

支链淀粉的构象是树枝状的，见图1-26。由于有大量的分支，分子中有大量的非还原端，只有一个还原端。

直链淀粉和支链淀粉在淀粉粒中的排列见图1-27。

### （二）淀粉的性质

#### 1. 淀粉与碘的反应

直链淀粉遇碘呈蓝色，支链淀粉遇碘呈紫红色，糊精遇碘呈蓝紫、紫、橙等颜色。直链淀粉可以吸附碘，使碘吸收的可见光的波长向短波长方向移动，从而呈现蓝色，支

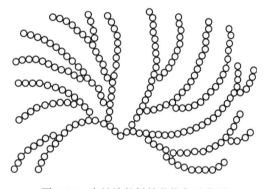

图1-26 支链淀粉树枝状构象示意图

链淀粉和糊精也能吸附碘，但与直链淀粉吸附碘的程度不同，因此呈现的颜色不同。淀粉与碘的呈色反应除淀粉对碘的吸附作用外，主要原因是淀粉能与碘形成包合物。直链淀粉的分子是螺旋状的，每个螺圈有6个葡萄糖残基，每个葡萄糖残基上都有羟基在螺旋的外面，碘

图1-27 直链淀粉和支链淀粉在淀粉粒中的排列示意图

分子与这些羟基作用，使碘分子嵌入淀粉螺旋体的轴心部位，这种作用称为包合作用，生成的淀粉-碘复合物称为包合物。在淀粉与碘生成的包合物中，每个碘分子与6个葡萄糖残基配合，淀粉链以直径1.3nm绕成螺旋状，碘分子处在螺旋的轴心部位。

淀粉与碘生成的包合物的颜色，与淀粉的聚合度有关。直链淀粉没有分支，形成的螺旋结构的螺圈数一般超过了10个，包合物呈现蓝色。支链淀粉有许多分支，支链中的葡萄糖残基平均15~25个，这样形成的包合物是紫色的。糊精的聚合度更低，与碘的颜色反应呈蓝紫、紫、橙、浅黄等颜色。

淀粉与碘在常温下有呈色反应，加热时蓝色消失。

2. 淀粉的水解

淀粉可以在酸或酶的作用下水解。工业上用淀粉作原料，通过水解可以得到不同的产物，如糊精、淀粉糖浆、麦芽糖浆等。

淀粉水解的过程是淀粉→红色糊精→无色糊精→麦芽糖→葡萄糖。

糊精是淀粉水解过程中所产生的分子量不等的多糖苷片段。糊精具有旋光性、黏性、还原性，能溶于水。

3. 溶解性

天然淀粉粒不溶于冷水，在60~80℃热水中，直链淀粉形成溶胶，遇冷形成凝胶；纯支链淀粉易分散于冷水中，在热水中继续加热形成黏性很大的凝胶。

---

**知识拓展　　　　淀粉的糊化**

生淀粉分子靠分子间氢键结合而排列得很紧密，形成束状的胶束，这样的淀粉称为β-淀粉。β-淀粉在水中经加热后，一部分胶束被溶解形成空隙；水分子浸入胶束内部，与余下的部分淀粉分子结合，胶束逐渐被溶解，空隙逐渐扩大；淀粉粒因吸水，体积膨胀数十倍，生淀粉的胶束即行消失，这种现象称为膨润现象。继续加热，胶束则全部崩溃，淀粉粒溶胀破裂，形成半透明的胶体溶液，这种现象称为淀粉的糊化，糊化后的淀粉称为α-淀粉。

粉末水产饲料中的预糊化淀粉即为淀粉糊化后的干燥物，是粉末水产饲料中的营养性黏合原料，用量大，对饲料的质量和成本有很大影响。

水分、温度和时间是淀粉糊化的3个条件。不同来源的淀粉的糊化温度不同。常用糊化开始的温度和糊化完成的温度表示淀粉的糊化温度。颗粒大、结构疏松的淀粉比颗粒小、结构紧密的淀粉易于糊化，糊化温度亦低。含支链淀粉多的淀粉易于糊化，糊化后黏度大；淀粉中直链淀粉含量高，糊化后弹性好。

---

## 二、糖原

糖原是人和动物体内的储存多糖。糖原也是由α-D-葡萄糖构成的多糖，结构与支链淀粉相似，但分支程度更大，每隔4个葡萄糖基就有一个分支，其侧链含有的葡萄糖残基较少。糖原分子比支链淀粉大，高级结构更紧密，更适合其储存功能。

糖原主要以颗粒的形式存在于动物的肝脏和肌肉组织的细胞质中，肝糖原酶促降解为葡萄糖，进入血液，运送到各组织供利用；肌糖原酶促降解的产物主要是葡萄糖-6-磷酸，葡萄糖-6-磷酸氧化分解，为肌肉收缩提供能量。在哺乳动物中，糖原的合成与分解取决于机体的血糖水平。

### 三、纤维素

纤维素是植物细胞壁的主要结构成分，通常与半纤维素、果胶和木质素结合在一起。纤维素是自然界最丰富的有机化合物，植物体的所有木质成分中都含有大量的纤维素，棉花含97%～99%的纤维素，谷类中纤维素含量为30%～43%，木材中纤维素含量为41%～53%。人体消化道内不存在水解纤维素的酶，因此纤维素不能被人体利用。水果、蔬菜中的纤维素含量丰富，是膳食纤维的主要来源。食草动物可以利用纤维素，是因为其消化道中含有能水解纤维素的微生物。

纤维素是 $\beta$-D-葡萄糖以 $\beta$-1,4-糖苷键形成的多糖，分子无分支，聚合度差异很大，有1000～15000 个葡萄糖残基。纤维素的结构见图1-28。

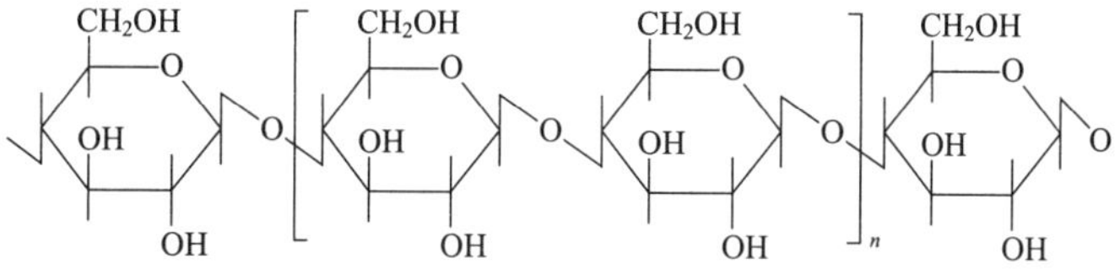

图1-28 纤维素的结构

纤维素分子中的 $\beta$-1,4-糖苷键使纤维素分子形成高刚性的、伸展的构象。线性的纤维素分子之间以氢键相连，形成聚合链束（微晶束），称为纤维。

纤维素不溶于水，由于含有大量的羟基能够吸附水，所以木材受潮会发生膨胀。纤维素不能用稀酸、稀碱水解，在高浓度强酸中加热可水解为纤维二糖。

纤维素作为工业原料，可应用于生产纸张、纺织品、化学合成物、炸药、胶卷、医药、食品等。改性纤维素可用于食品加工，如羧甲基纤维素（CMC），是食品工业中最广泛使用的改性纤维素。

### 四、其他多糖

#### (一) 几丁质

几丁质又称为甲壳素、壳多糖，是甲壳动物和昆虫外骨骼的结构成分，也存在于大多数真菌和许多藻类的胞壁中。构成几丁质的单体是 $N$-乙酰-D-葡萄糖胺。几丁质的结构与纤维素相似，也是线性聚合物，是 $N$-乙酰-D-葡萄糖胺以 $\beta$-1,4-糖苷键相连而成的。其结构见图1-29。

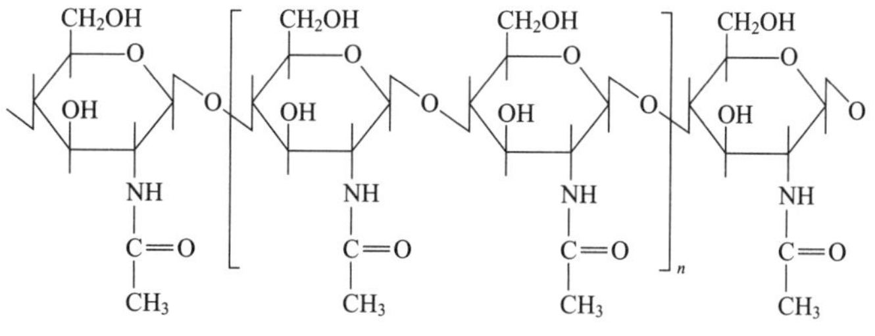

图1-29 几丁质的结构

几丁质在自然界中的含量仅次于纤维素，常与非糖物质如蛋白质结合在一起。几丁质脱去乙酰基的产物去乙酰壳多糖即为壳聚糖，是一种带正电荷的无毒的聚合物，可以用作处理废水和工业废液的吸附剂。高分子科学和生物医学工程研究发现，壳聚糖与人体细胞有良好的亲和性，可用作手术线或烧伤患者防止感染的人造皮肤和外科药用辅料。

几丁质用于制备可溶性甲壳质和氨基葡萄糖，可作化妆品和功能性食品的添加剂，可制备照相感光乳剂等。

### （二）琼胶

琼胶也称为琼脂，是从石花菜、江蓠等红藻中提取分离制成的一种海藻胶。琼胶在食品工业、医药工业、日用化工、生物工程等许多领域有广泛的应用。琼胶是非均匀的多糖混合物，可分离出琼脂糖和琼脂胶两种成分，琼脂糖是主要成分。

琼脂糖是线性分子，是由 $\beta$-D-半乳糖和 3,6-脱水-$\alpha$-L-半乳糖通过 $\beta$-1,4-糖苷键和 $\alpha$-1,3-糖苷键连接交替形成的重复二糖单位，其结构见图 1-30。

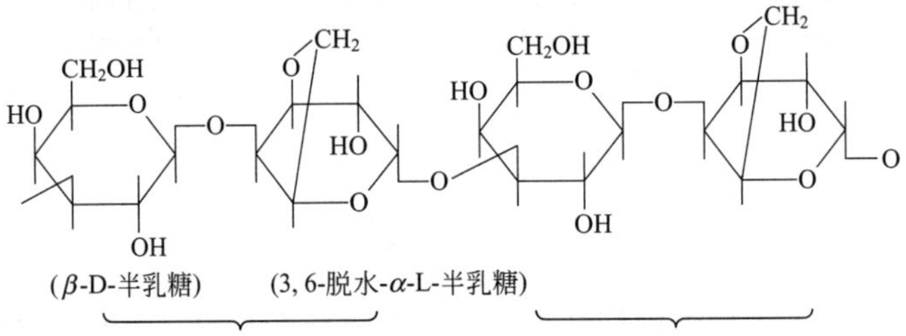

图 1-30 琼脂糖的结构

琼胶中能形成凝胶的成分是琼脂糖，琼脂胶不能形成凝胶。琼脂糖分子中的半乳糖残基，大约每 10 个中有一个被硫酸酯化。

琼脂胶是琼脂糖的衍生物，重复单位与琼脂糖相似，但酯化程度更高，除 5%～10% 的单糖残基被硫酸酯化外，单糖残基还在一定程度上被甲酸和丙酮酸酯化。琼脂胶在琼胶中的含量较少。

琼胶不溶于冷水，溶于热水，1%～2% 的琼胶即可形成凝胶。动物和微生物不能消化琼胶。琼胶在生物学上用于制备微生物的培养基。

除琼胶外，常见的海藻胶还有鹿角藻胶（也称为卡拉胶）和褐藻胶，是从褐藻（如鹿角藻、海带、巨藻等）中提取的。

### （三）肽聚糖

肽聚糖是细菌细胞壁的主要成分。细胞壁对维持细菌的形状和保护细胞膜有重要作用。用革兰染色技术可以把细菌分为两类：革兰阳性（$G^+$）菌和革兰阴性（$G^-$）菌。这两类细菌革兰染色的不同显色反应是由于细胞壁对乙醇的通透性和抗脱色能力的差异，主要是由肽聚糖的厚度和结构决定的。一般来说，革兰阳性菌的细胞壁比革兰阴性菌的细胞壁厚。革兰阳性菌的细胞壁肽聚糖层较厚（30～40nm），多达 20 层，占细胞壁成分的 60%～90%；革兰阴性菌的细胞壁肽聚糖层很薄（15～20nm），在大肠杆菌和其他细菌中仅有单层。

肽聚糖是由连有小肽的聚糖成分组成的。聚糖成分是由交替的两种氨基糖（$N$-乙酰葡萄糖胺和 $N$-乙酰胞壁酸）通过 $\beta$-1,4-糖苷键连接形成的糖链（见图 1-31）。

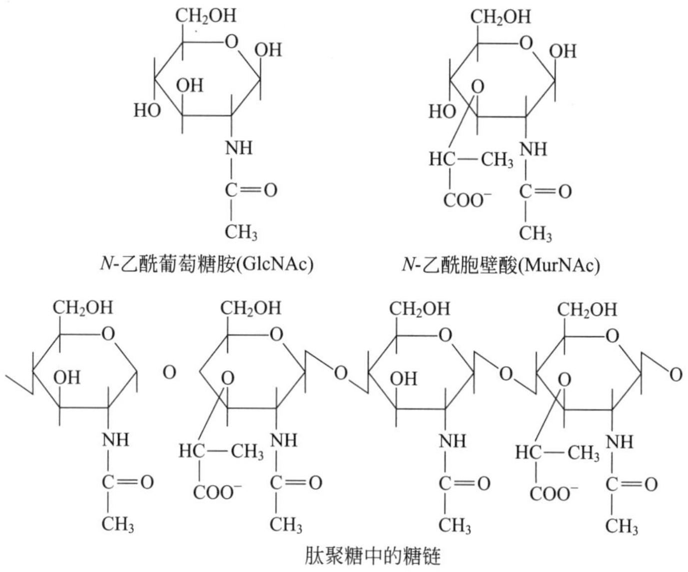

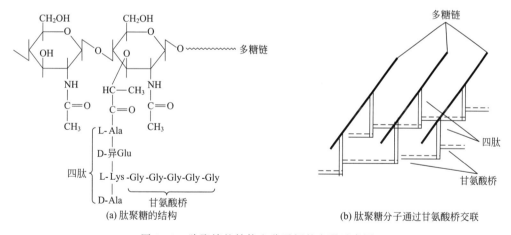

图 1-31 肽聚糖中的两种氨基糖及聚糖链

N-乙酰胞壁酸上连接一个四肽，不同的细菌，四肽中的氨基酸组成有差异，如金黄色葡萄球菌肽聚糖中的四肽氨基酸序列为 L-丙氨酸-D-异谷氨酸-L-赖氨酸-D-丙氨酸。一个肽聚糖分子中的四肽与相邻肽聚糖分子中的四肽通过甘氨酸桥（由 5 个甘氨酸残基构成）相连，形成坚韧的肽聚糖套层（见图 1-32）。

(a) 肽聚糖的结构　　(b) 肽聚糖分子通过甘氨酸桥交联

图 1-32 肽聚糖的结构和分子间的交联示意图

# 第二章 脂类化学

脂类是生物体内不能溶于水而溶于有机溶剂的一类有机物的总称。

脂类是广泛存在于生物体中的天然有机化合物,人们日常食用的植物油(花生油、大豆油、菜籽油、橄榄油、芝麻油等)、动物脂(猪、牛、羊等动物的脂肪)、可可脂、动物羽毛和水果表面的蜡等,都属于脂类。脂类化合物在结构、性质和功能上有较大差异,它们的共同特点是脂溶性,具有酯的结构或成酯的可能。

脂类按化学结构可以分为单纯脂类、复合脂类和衍生脂类。单纯脂类是脂肪酸和醇形成的酯,包括脂肪和蜡。脂肪是脂肪酸与甘油所形成的酯,蜡是脂肪酸与高级一元醇所生成的酯。复合脂类分子中除脂肪酸和醇之外,还含有磷酸、含氮化合物或其他物质,包括磷脂、糖脂、硫脂、脂蛋白等。衍生脂类包括脂肪酸、类固醇、脂溶性维生素、萜类。习惯上把脂肪之外的脂类称为类脂。

脂类具有重要的生理功能。脂肪是生物体重要的能源物质,1g 脂肪氧化可产生 38.9kJ 的能量,而 1g 糖产生的能量是 16.7kJ;脂肪还有防止机械损伤及防止热量散发的保护作用;脂肪还可以作为脂溶性维生素的溶剂,促进维生素的吸收;脂肪还能提供脂肪酸,作为体内激素等生理活性物质合成的前体。磷脂是生物膜的重要结构组分,生物膜中最丰富的脂类是甘油磷脂,动植物细胞膜中还存在其他的类脂,如鞘磷脂和糖鞘脂、类固醇。胆固醇可以转变为多种类固醇激素、维生素 $D_3$、胆汁酸等。糖脂与细胞识别、种特异性、组织免疫等有密切的关系。

脂类是人体重要的营养物质,脂类代谢与人体健康有密切的关系。

## 第一节 脂　　肪

### 一、脂肪的组成和结构

脂肪是 1 分子甘油和 3 分子脂肪酸所形成的酯,因此又称为甘油三酯或三酰甘油。脂肪的结构见图 2-1。

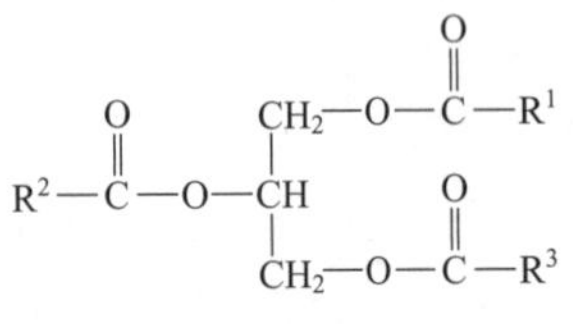

图 2-1 中,$R^1$、$R^2$、$R^3$ 为脂肪酸的烃基,其相同时,称为单纯甘油酯,不同时,称为混合甘油酯。多数天然脂肪是单纯甘油酯和混合甘油酯的混合物。

图 2-1 脂肪的结构

脂肪作为生物体中能源储存物质的原因是脂肪酸中的碳为还原状态,氧化后释放大量的能量。同时,脂肪高度疏水,所占体积小,有机体易于携带。

脂肪在常温下有液态和固态两种存在状态,这与脂肪中脂肪酸的种类和数量有关。常温下为液态的称为油，固态的称为脂，所以脂肪也称为油脂。脂肪的性质主要取决于其所含的脂肪酸。

**（一）脂肪酸**

**1. 脂肪酸的分类**

脂肪酸是脂肪族羧酸，绝大多数没有支链。根据碳原子数目，脂肪酸可以分为短链脂肪酸（$C_6 \sim C_{10}$）和长链脂肪酸（$C_{12} \sim C_{26}$）；按其烃基中是否含有双键，分为饱和脂肪酸和不饱和脂肪酸；按人体能否合成，分为非必需脂肪酸和必需脂肪酸。

**（1）饱和脂肪酸和不饱和脂肪酸** 饱和脂肪酸烃基中没有双键，常温下是固态；不饱和脂肪酸常温下是液态。

不饱和脂肪酸烃基中含有双键，因此也称为烯酸。根据烃基中双键的数目，又分为单不饱和脂肪酸（MUFA）和多不饱和脂肪酸（PUFA）。单不饱和脂肪酸分子中只有一个双键，多不饱和脂肪酸分子中含有2个以上的双键。

脂肪酸可用"碳原子数:双键数$\Delta^{双键位置}$"表示，如：18:0表示十八个碳原子的饱和脂肪酸，即硬脂酸；$18:1\Delta^9$表示十八个碳原子的单不饱和脂肪酸，双键的位置为C9，即油酸。

常见的天然脂肪酸见表2-1。

表2-1 常见的天然脂肪酸

| 名称(俗称) | 简写符号 | 结构式 | 来源 |
| --- | --- | --- | --- |
| 酪酸 | 4:0 | $CH_3(CH_2)_2COOH$ | 奶油 |
| 月桂酸 | 12:0 | $CH_3(CH_2)_{10}COOH$ | 鲸蜡、椰子油 |
| 豆蔻酸 | 14:0 | $CH_3(CH_2)_{12}COOH$ | 肉豆蔻油、椰子油 |
| 软脂酸 | 16:0 | $CH_3(CH_2)_{14}COOH$ | 动植物油 |
| 硬脂酸 | 18:0 | $CH_3(CH_2)_{16}COOH$ | 动植物油 |
| 花生酸 | 20:0 | $CH_3(CH_2)_{18}COOH$ | 花生油 |
| 油酸 | $18:1\Delta^9$ | $CH_3(CH_2)_7CH=CH(CH_2)_7COOH$ | 动植物油 |
| 亚油酸 | $18:2\Delta^{9,12}$ | $CH_3(CH_2)_4CH=CHCH_2-$<br>$CH=CH(CH_2)_7COOH$ | 花生油等植物油 |
| α-亚麻酸 | $18:3\Delta^{9,12,15}$ | $CH_3CH_2CH=CHCH_2CH=CHCH_2$<br>$-CH=CH(CH_2)_7COOH$ | 坚果、亚麻仁油 |
| 花生四烯酸 | $20:4\Delta^{5,8,11,14}$ | $CH_3(CH_2)_4CH=CHCH_2CH=CHCH_2$<br>$-CH=CHCH_2CH=CH(CH_2)_3COOH$ | 卵磷脂、脑磷脂 |

**（2）必需脂肪酸** 必需脂肪酸（EFA）指维持人和动物正常生命活动所必需的，但体内不能合成或合成量不足，必须由食物提供的脂肪酸。

常见的必需脂肪酸有亚油酸、α-亚麻酸。

人体可以合成饱和脂肪酸和单不饱和脂肪酸，如油酸。由于缺乏$\Delta^9$以上的去饱和酶，不能在C9与末端C之间形成2个以上的双键，所以不能合成亚油酸和α-亚麻酸。

营养学上通常把多不饱和脂肪酸（PUFA）分为$n$-3族和$n$-6族（$\omega$-3族和$\omega$-6族），从$CH_3$数，第3个碳原子上有双键的PUFA，称为$n$-3族（$\omega$-3族），第6个碳原子上有双键的PUFA，称为$n$-6族（$\omega$-6族）。亚油酸是$n$-6族，α-亚麻酸是$n$-3族。

**（3）二十碳五烯酸（EPA）和二十二碳六烯酸（DHA）** 这两种PUFA都是$n$-3族，只存在于海水动物的脂肪中（由海洋浮游植物提供），对海水鱼类、甲壳类的幼体发育起重要作用。目前，绝大多数海水鱼类的开口饵料是轮虫，用酵母培养的轮虫存在营养缺陷，即缺乏DHA和EPA，因此，轮虫在使用之前，必须进行营养强化，以提高轮虫体内DHA和EPA的含量。

人体中，$\alpha$-亚麻酸可以转化为EPA和DHA，对维持人体健康有重要意义。

#### 2. 脂肪酸的结构特点

高等动植物体内，脂肪酸碳链的长度多为14~20个碳原子，并且绝大多数为偶数，16~18个碳原子的脂肪酸最常见。12个碳原子以下的饱和脂肪酸大量存在于乳脂中。高等动植物体内的单不饱和脂肪酸，双键多在C9和C10之间，多不饱和脂肪酸的两个双键之间，一般相隔一个亚甲基（—$CH_2$），只有少数植物体中的多不饱和脂肪酸存在共轭双键。高等动植物体内不饱和脂肪酸的双键都是顺式构型。如亚油酸的结构，见图2-2。

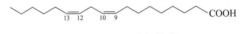

图2-2 亚油酸的结构

### （二）甘油

甘油是无色、无臭、有甜味的黏稠液体，化学名为丙三醇，分子中含有3个羟基，因此能与3分子脂肪酸成酯。甘油能与水混溶，不溶于乙醚、氯仿等有机溶剂。

## 二、脂肪的性质

### （一）物理性质

纯净的脂肪无色、无臭、无味，相对密度小于1。天然脂肪是几种脂肪的混合物，因此无固定的熔点，但有一定的范围。脂肪的熔点与其所含的脂肪酸有关，含饱和脂肪酸较多的脂肪熔点较高，含不饱和脂肪酸较多的脂肪熔点较低。脂肪不溶于水，在酒精、乙酸、丙酮等溶剂中的溶解度较小，一般用乙醚、石油醚提取脂肪。脂肪可以作为脂溶性维生素及色素的溶剂。

### （二）化学性质

#### 1. 水解与皂化

脂肪可以被酸、碱、酶水解。脂肪在碱性条件下的水解反应称为皂化作用（或皂化反应）。脂肪的皂化反应见图2-3。

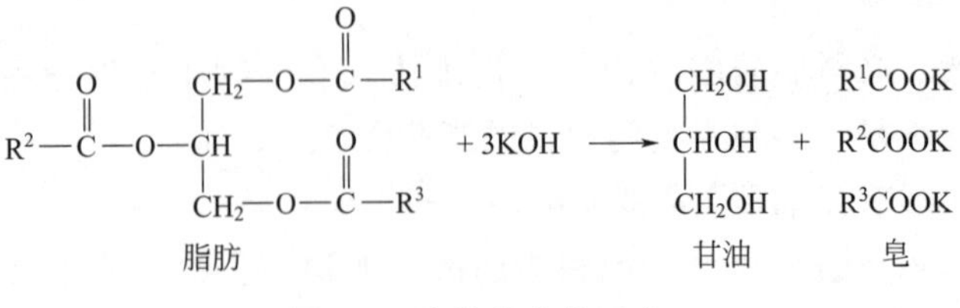

$$R^2-C-O-CH \begin{array}{c} CH_2-O-C-R^1 \\ \\ CH_2-O-C-R^3 \end{array} + 3KOH \longrightarrow \begin{array}{c} CH_2OH \\ CHOH \\ CH_2OH \end{array} + \begin{array}{c} R^1COOK \\ R^2COOK \\ R^3COOK \end{array}$$

脂肪　　　　　　　　　　　甘油　　皂

图2-3 脂肪的皂化反应

完全皂化1g油脂所需KOH的质量（mg）称为皂化价（皂化值）。

$$\text{平均分子量} = \frac{3 \times 56 \times 1000}{\text{皂化价}}$$

根据皂化值的大小可以推断油脂的分子量。油脂的分子量愈小，皂化值愈高。另外，若游离脂肪酸含量增大，皂化值随之增大。油脂的皂化值是指导肥皂生产的重要数据。

2. 加成反应

（1）**氢化** 在催化剂的作用下，脂肪中不饱和脂肪酸的双键可以被加氢饱和，液态的油可以全部氢化或部分氢化，形成固态或半固态的脂，以适应不同的需要。

氢化植物油可以制作人造奶油、代可可脂、植脂末等，对健康的负面影响是部分氢化会产生反式脂肪酸。

（2）**碘化** 脂肪中的不饱和脂肪酸可以与碘加成，生成饱和的卤化脂。

每100g油脂吸收碘的质量（g）称为碘价。

碘价的大小在一定范围内反映了油脂的不饱和程度。由于油脂中各种脂肪酸的含量都有一定的范围，因此，油脂吸收碘的能力就成为它的特征常数之一。根据油脂的碘价，可以判定油脂的干性程度。例如，碘价大于130的属于干性油，可用作油漆，不能作为食用油。各种油脂的碘价大小和变化范围是一定的，如大豆油的碘价一般为124～136，花生油的碘价为83～98。

3. 油脂的酸败

油脂久置于潮湿、闷热的空气中，可以发生氧化、水解等反应，生成低级的醛、酮和羧酸等物质而产生臭味。这种现象称为酸败。

油脂酸败降低油脂的品质，破坏维生素；酸败产生的氧化物损害人体的酶系统（如琥珀酸脱氢酶、细胞色素等）；酸败产生的某些低分子物质有毒。

微生物的作用和油脂的氧化是油脂酸败的主要原因。油脂酸败的类型有水解型酸败、酮型酸败和氧化型酸败三种。水解型酸败和酮型酸败主要是由微生物作用引起的。微生物体内有水解脂肪的酶类，在酶的作用下，部分脂肪水解为甘油和脂肪酸，一些低级的脂肪酸有臭味，这种类型的酸败即为水解型酸败，多发生在未精炼的油脂中。酮型酸败是微生物分泌的酶作用于饱和脂肪酸，发生β-氧化，产生β-酮酸，β-酮酸脱羧产生甲基酮，甲基酮有臭味。氧化型酸败也称为自动氧化型酸败，是油脂的自动氧化引起的。

油脂的自动氧化是活化的不饱和脂肪酸与基态氧发生自由基反应，生成氢过氧化物的过程。油脂在光、热、金属催化剂等的影响下被活化分解成不稳定的自由基R·（RH ⟶ R·+H·），R·与空气中的氧分子结合，形成过氧自由基ROO·，过氧自由基又从其他油脂分子中的亚甲基部位夺取氢，形成氢过氧化物ROOH，同时使其他油脂分子成为新的自由基。这一过程不断进行，可使反应进行下去，使不饱和脂肪酸不断被氧化，产生大量的氢过氧化物，氢过氧化物分解可产生多种自由基。当油脂中产生的大量自由基相互结合时，可形成稳定的化合物，反应终止。油脂自动氧化的过程见图2-4。

不饱和脂肪酸中与双键相邻的亚甲基上的氢因受到双键的活化，特别容易被除去，因此容易在这个位置形成自由基。油脂自动氧化过

第一阶段：链的引发（慢，诱导期）

$$\underset{\text{油脂}}{RH} \xrightarrow[\text{（热，光，金属离子）烃自由基}]{\text{活化}} R· + H·$$

第二阶段：链的增长（快，活性氧吸收期）

$$R· + O_2 \longrightarrow \underset{\text{（过氧化物自由基）}}{ROO·}$$

$$ROO· + RH \longrightarrow R· + \underset{\text{（氢过氧化物）}}{ROOH}$$

（循环往复，产生许多ROOH）

第三阶段：链的终止

$$ROOH \xrightarrow{\text{分解}} R· + RO· + ROO· \text{等}$$
$$ROO· + ROO· \longrightarrow ROOR + O_2$$
$$ROO· + R· \longrightarrow ROOR$$
$$R· + R· \longrightarrow R—R$$

图2-4 油脂自动氧化的过程

程中产生氢过氧化物，本身并无异味，但由于氢过氧化物的不稳定性，会发生分解与聚合反应，生成不同的氧化产物，生成的小分子物质是使油脂产生异味的原因。氢过氧化物的分解首先发生在过氧键位置，然后再形成醛、酮、醇、酸等，是一个复杂的过程。

  油脂的不饱和程度越高，则越容易发生自动氧化。油脂与氧的接触面积越大，温度越高，越容易发生自动氧化。自由基的产生需要能量，光及射线都是有效的氧化促进剂，可提高自由基的生成速度，因而促进油脂的自动氧化。金属离子（特别是过渡金属离子）能缩短自动氧化过程中的诱导期，是助氧化剂，能加速氧化过程。

  酸价（酸值）是衡量油脂质量的一个重要指标。酸价是中和 1g 油脂中的游离脂肪酸所需要的 KOH 的质量（mg）。酸价是脂肪中游离脂肪酸含量的标志，也是衡量脂肪质量的重要标志。酸价越小，说明油脂质量越好，新鲜度和精炼程度越好。油脂酸败后，酸价升高。目前，我国食用植物油标准中规定了油脂的酸价的限量。

# 第二节 类　　脂

  类脂化合物通常是指磷脂、蜡和甾体化合物（类固醇）等，虽然它们在化学组成和结构上有较大差别，但由于这些物质在物态及物理性质方面与油脂类似，因此把它们称为类脂化合物。

## 一、磷脂

  磷脂是含磷酸的复合脂类，是生物膜的结构成分。磷脂可分为甘油磷脂和鞘磷脂两类，这两类磷脂分子中醇的种类不同，甘油磷脂的结构骨架是甘油，鞘磷脂的结构骨架是鞘氨醇。生物膜中最丰富的磷脂是甘油磷脂。

### （一）甘油磷脂

#### 1. 甘油磷脂的结构

甘油磷脂含有甘油骨架。

甘油分子中 C1 和 C2 上的—OH 分别与 2 分子脂肪酸成酯，C3 上的—OH 与 1 分子磷酸成酯，形成的化合物为磷脂酸。磷脂酸是最简单的甘油磷脂，游离存在的磷脂酸很少，仅存在于甘油磷脂的降解过程中或作为代谢中间物出现在生物合成中。磷脂酸的结构见图 2-5。

甘油磷脂可以看作是磷脂酸的衍生物。磷脂酸分子中的磷酸与一个含羟基的化合物失去 1 分子水，形成的化合物即为甘油磷脂。甘油磷脂的结构通式见图 2-6。

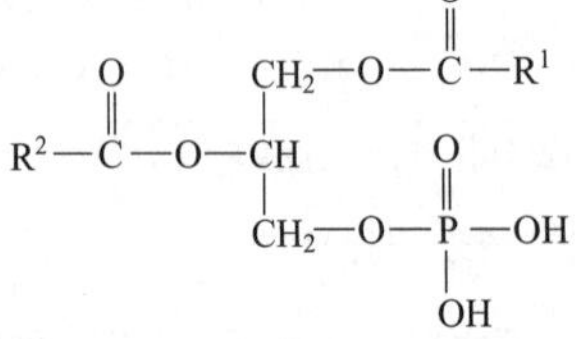

图 2-5　磷脂酸的结构 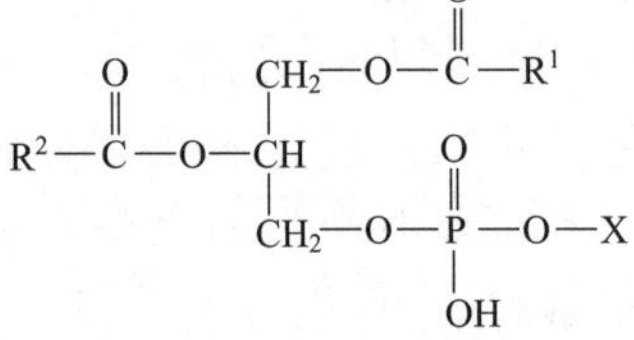　　　图 2-6　甘油磷脂的结构通式

不同的甘油磷脂分子中，X（醇基）不同。通常甘油磷脂中 $R^1$COOH 是饱和脂肪酸，$R^2$COOH 是不饱和脂肪酸。甘油磷脂含极性头部和非极性尾部，为两亲性物质。

## 2. 重要的甘油磷脂

**（1）卵磷脂** 卵磷脂由磷脂酸和胆碱组成，因此称为磷脂酰胆碱。卵磷脂的结构见图 2-7。

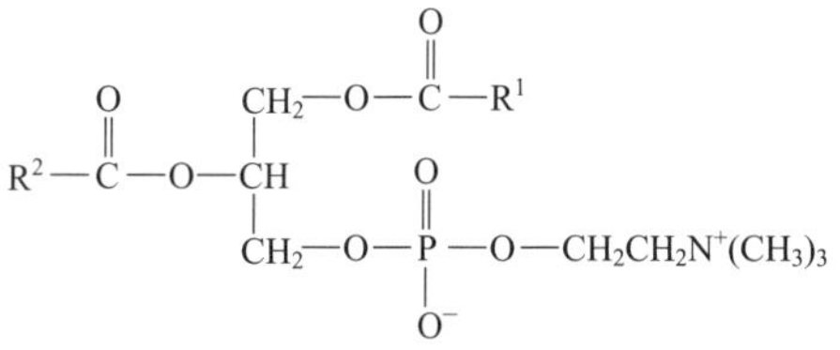

$$\begin{array}{c} \phantom{R^2-C-O-CH}\ CH_2-O-\overset{O}{\overset{\|}{C}}-R^1 \\ R^2-\overset{O}{\overset{\|}{C}}-O-CH \phantom{CH_2-O-P-O-CH_2CH_2N^+(CH_3)_3} \\ \phantom{R^2-C-O-CH}\ CH_2-O-\overset{O}{\overset{\|}{\underset{O^-}{P}}}-O-CH_2CH_2N^+(CH_3)_3 \end{array}$$

图 2-7 卵磷脂（磷脂酰胆碱）的结构

卵磷脂存在于植物的种子、动物的卵和神经组织中，是生物界分布最广的一种磷脂。卵磷脂是生物膜的重要组分，且具有保护生物膜的作用，参与体内脂肪代谢。

**（2）脑磷脂** 脑磷脂包括磷脂酰乙醇胺和磷脂酰丝氨酸两种物质，在动植物中含量丰富。脑磷脂的结构见图 2-8。

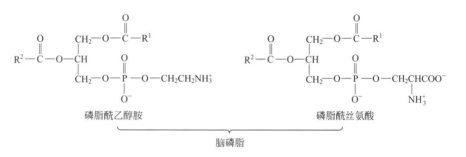

磷脂酰乙醇胺　　　　　　　　磷脂酰丝氨酸

脑磷脂

图 2-8 脑磷脂的结构

## 3. 甘油磷脂的性质

甘油磷脂是白色蜡状固体，溶于非极性溶剂中。甘油磷脂分子中含有不饱和脂肪酸，容易被氧化；可被磷脂酶水解，生成仅含一个脂肪酸的产物（溶血磷脂酸），可使细胞膜溶解。在一定条件下，各种甘油磷脂可以互相转化，如磷脂酰丝氨酸脱羧转化为磷脂酰乙醇胺，磷脂酰乙醇胺甲基化转化为磷脂酰胆碱。

### （二）鞘磷脂

鞘磷脂也称为鞘脂（鞘脂包括鞘磷脂和糖鞘脂），结构骨架是鞘氨醇。鞘氨醇是一个 $C_{18}$ 的不饱和二元醇，在 C4 和 C5 之间有一个反式双键，C2 上有一个—$NH_2$。鞘氨醇 C2—$NH_2$ 与 1 分子脂肪酸以酰胺键连接，形成神经酰胺，是所有鞘脂类代谢的前体。鞘氨醇和神经酰胺的结构见图 2-9。

鞘磷脂由神经酰胺 C1—OH 与磷酰胆碱结合而成，见图 2-10。

组成鞘磷脂的高级脂肪酸中，除软脂酸、硬脂酸和二十四酸外，还有脑神经酸（顺-$\Delta^{15}$-二十四碳烯酸）。鞘脂类在哺乳动物的中枢神经系统组织中含量特别丰富。

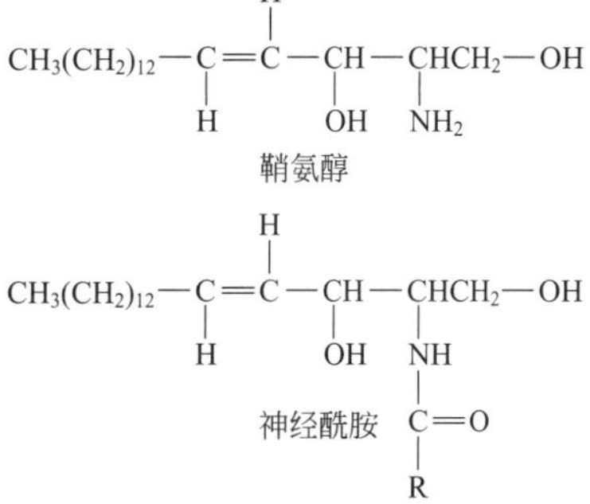

$$CH_3(CH_2)_{12}-\overset{H}{\underset{}{C}}=\overset{}{\underset{H}{C}}-CH-CHCH_2-OH$$
$$\phantom{CH_3(CH_2)_{12}-C=C-}\overset{}{\underset{OH}{\phantom{|}}}\ \ \overset{}{\underset{NH_2}{\phantom{|}}}$$

鞘氨醇

$$CH_3(CH_2)_{12}-\overset{H}{\underset{}{C}}=\overset{}{\underset{H}{C}}-CH-CHCH_2-OH$$
$$\phantom{CH_3(CH_2)_{12}-C=C-}\overset{}{\underset{OH}{\phantom{|}}}\ \ \overset{}{\underset{NH}{\phantom{|}}}$$

神经酰胺 $\ \ \overset{}{\underset{R}{C=O}}$

图 2-9 鞘氨醇和神经酰胺的结构

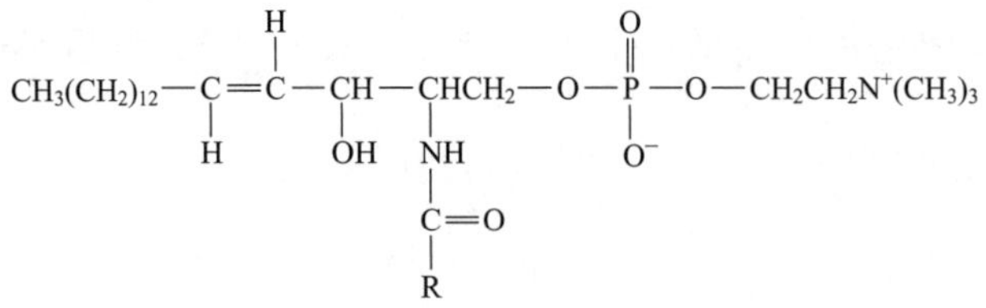

图 2-10 鞘磷脂的结构

## 二、糖脂

### (一) 糖鞘脂

糖鞘脂是糖的半缩醛羟基与神经酰胺 $C_1$—OH 以糖苷键相连而成的，包括脑苷脂和神经节苷脂。

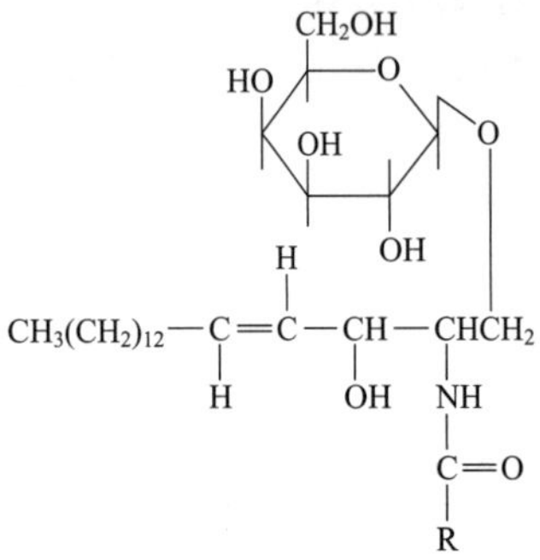

**1. 脑苷脂**

脑苷脂是含有一个单糖残基的糖鞘脂，单糖通过 $\beta$-糖苷键与神经酰胺相连。半乳糖脑苷脂（半乳糖神经酰胺）在动物神经组织的细胞膜中含量丰富，有些哺乳动物的非神经组织细胞膜中含有葡萄糖脑苷脂。半乳糖脑苷脂的结构见图 2-11。

图 2-11 半乳糖脑苷脂的结构

**2. 神经节苷脂**

神经节苷脂是结构最复杂的糖鞘脂，是由含一个或多个唾液酸（N-乙酰神经氨酸）的寡糖链与神经酰胺相连而成的。人神经系统的神经元细胞膜至少含有 15 种神经节苷脂，其功能可能与通过神经元的神经冲动传递有关。

### (二) 甘油糖脂

甘油糖脂是一个或多个单糖基与二酰甘油中的 $C_3$—OH 以糖苷键相连，常见的糖基有半乳糖、6-脱氧-D-葡萄糖、甘露糖和葡萄糖。甘油糖脂存在于植物、微生物、动物神经系统的细胞膜中。

## 三、蜡

蜡是高级脂肪酸与高级一元醇形成的酯。天然蜡中往往含有一些游离脂肪酸和脂肪醇。蜡不能被脂肪酶水解，也不易皂化，对人和动物体无营养价值。植物的叶子和果实、动物的皮肤、羽毛及外骨骼上通常有一薄层的蜡，起防水保护作用。蜡常温下是固体，能溶于醚、苯、氯仿等有机溶剂。常见的天然蜡见表 2-2。

表 2-2 常见的天然蜡

| 名称 | 组成 | |
|---|---|---|
| | 脂肪酸 | 脂肪醇 |
| 鲸蜡 | $CH_3(CH_2)_{14}COOH$ | $CH_3(CH_2)_{14}CH_2OH$ |
| 巴西棕榈蜡 | $CH_3(CH_2)_{14}COOH$ | $CH_3(CH_2)_{28}CH_2OH$ |
| | | $CH_3(CH_2)_{24}CH_2OH$ |
| 白蜡 | $CH_3(CH_2)_{24}COOH$ | $CH_3(CH_2)_{24}CH_2OH$ |

## 四、类固醇

类固醇也称为甾类化合物,是真核生物生物膜的组成成分,也是激素、维生素等生理活性物质的前体。类固醇的结构特点是含有环戊烷多氢菲的母核,见图2-12。

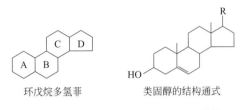

图 2-12 环戊烷多氢菲和类固醇的结构

### (一) 胆固醇

胆固醇是脊椎动物细胞的重要成分,动物的脑、神经组织、卵黄中含量较高,因1784年从胆石中提取出来而得名。植物细胞中一般不存在胆固醇。胆固醇的结构见图2-13。

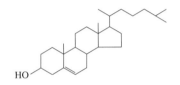

图 2-13 胆固醇的结构

胆固醇在组织中一般以非酯化的游离态存在,但在肾上腺、血浆及肝中,大多与脂肪酸结合成酯。

胆固醇具有重要的生理功能。胆固醇是构成生物膜的重要成分,是胆汁酸盐、类固醇激素的前体,7-脱氢胆固醇可以转变为维生素 $D_3$(见图2-14)。

图 2-14 7-脱氢胆固醇转变为维生素 $D_3$

7-脱氢胆固醇存在于动物的皮下,由胆固醇转化而来。人体中胆固醇的来源一是从食物中摄取,二是体内合成。合成胆固醇的原料是糖代谢和脂肪酸代谢的中间产物乙酰辅酶A,成人每天可以合成1~1.5g胆固醇。

胆汁酸盐作为乳化剂,帮助脂肪的消化吸收。类固醇激素主要有睾酮、雌二醇、孕酮、肾上腺皮质激素等,是胆固醇的衍生物。类固醇激素是信号分子,可传递细胞间的信息。类固醇激素由某一特别组织产生,经血液传递到靶组织,与受体蛋白结合,可调节细胞的代谢及基因表达。

胆固醇分子中的羟基能与脂肪酸成酯,形成胆固醇酯,是血液中脂蛋白的成分。人体中胆固醇含量过高,会引起动脉粥样硬化。

## (二) 其他固醇

植物固醇是植物细胞的重要组分。植物固醇主要有豆固醇和谷固醇,大豆、麦芽中含量较多。真菌、酵母中含有麦角固醇。麦角固醇在紫外线照射下可以转化为维生素 $D_2$(见图 2-15)。

图 2-15 麦角固醇转化为维生素 $D_2$

人体不能合成植物固醇。植物固醇的吸收率低。植物固醇的摄入能降低胆固醇的吸收。

# 第三章

# 蛋白质化学

## 第一节 概 述

蛋白质（protein）是存在于一切生物体中的大分子有机化合物，由 20 种氨基酸通过肽键连接而成。蛋白质是构成生物体最基本的结构物质和功能物质，是生命活动的物质基础，它参与了几乎所有的生命活动过程。

首先提出"蛋白质"这一名称的是荷兰生理学家 G. J. Mulder。19 世纪中叶，G. J. Mulder 从动物组织和植物体液中提取出一种共同物质，并认为这种物质与生命的存在有关，按瑞典化学家 Berzelius 的建议把这种物质命名为"蛋白质（protein）"。"protein"一词源自希腊语，意指"第一的""最重要的""最原始的"。

### 一、蛋白质的生物学功能

**1. 蛋白质是生物体的结构成分**

蛋白质是构成生物体的最基本的结构成分，约占细胞干重的 50%。蛋白质是生物膜的组成成分，细胞膜中 50% 是蛋白质，线粒体膜、叶绿体膜上的蛋白质达 75%。人体的毛发、皮肤、肌肉、骨骼、内脏等组织都是由蛋白质构成的。蛋白质是组织更新和修补的主要原料。

**2. 蛋白质具有多种生物学功能**

（1）**催化作用** 新陈代谢是生命的基本特征。生物体中新陈代谢的绝大多数化学反应是在酶的催化下进行的，酶的化学本质是蛋白质（核酶例外）。

（2）**运输作用** 有些蛋白质具有运输作用，如血红蛋白和肌红蛋白有运输氧的功能，生物膜上的载体蛋白运输氨基酸、葡萄糖等物质，血浆中的载脂蛋白能够结合和运输血脂到机体各组织进行代谢及利用。

（3）**储存作用** 卵清蛋白、种子蛋白都是储藏蛋白，为胚胎发育、种子萌发提供氨基酸。高等植物种子成熟时合成大量的储藏蛋白，特别是在成熟的谷物种子中，储藏蛋白占总蛋白的 50%，在种子萌发和初期生长中提供氨基酸，某些储藏蛋白还能有效抑制细菌和真菌的生长。甲壳动物的无节幼体不摄食，依靠卵黄的营养维持生存。

（4）**运动作用** 动物的肌肉收缩是肌动蛋白和肌球蛋白相互作用引起化学变化的结果。有些单细胞藻类和原生动物具有鞭毛（有些原生动物具有纤毛），这些鞭毛（纤毛）是由蛋白质组成的微管，能利用 ATP 的能量运动。

（5）**免疫保护作用** 生物体用于防御致病微生物或病毒侵害所生产的抗体，是一类具有高度专一性的蛋白质，也称为免疫球蛋白。抗体是经外来抗原刺激由体内的淋巴细胞产生的，当抗原再次入侵时，特异性抗体即与之结合，形成抗体-抗原复合物，使抗原失活，起到保护机体的作用。某些动植物和昆虫能分泌小分子的毒蛋白，起保护作用。

(6) **调节作用** 激素是内分泌细胞分泌的一类化学物质，是动、植物体内的信号分子，起调节代谢的作用。属于蛋白质类激素的有胰岛素、生长激素、甲状腺素等。

(7) **其他** 蛋白质的生物学功能具有多样性和复杂性的特点，除上述生物学功能外，蛋白质在调节体液的渗透压平衡、调节血液酸碱平衡及维护神经系统的正常功能等方面，具有非常重要的作用。

## 二、蛋白质的化学组成

### (一) 蛋白质的元素组成

不同来源的蛋白质都含有 C（50%）、H（7%）、O（23%）、N（16%）和 S（0～3%），有些蛋白质还含有 P、Fe、Cu、Zn、Mo、I 和 Se 等元素。氮是蛋白质的特征性元素，不同来源的蛋白质，含氮量有所不同。蛋白质的平均含氮量为 16%，这是凯氏定氮法测定蛋白质含量的基础。

$$蛋白质含量 = 蛋白质含氮量 \times 6.25$$

式中，6.25 为蛋白质系数，即 1g 蛋白氮相当于 6.25g 蛋白质。值得注意的是，凯氏定氮法测得的样品中的含氮量，既包括蛋白氮，也包括非蛋白氮，因此，计算结果为粗蛋白的含量。

### (二) 蛋白质的分子组成

氨基酸（amino acid）是组成蛋白质的基本单位，天然蛋白质在酸、碱或酶的作用下，水解的最终产物都是各种氨基酸。

构成蛋白质的氨基酸有 20 种。由于蛋白质中氨基酸的种类和连接顺序不同，因此，20 种氨基酸可以形成种类繁多的蛋白质。自然界中大约存在 $10^{10} \sim 10^{12}$ 种蛋白质。

## 三、蛋白质的分类

### (一) 按蛋白质的组成分类

按分子组成，蛋白质可以分为单纯蛋白质和结合蛋白质两类。

#### 1. 单纯蛋白质

单纯蛋白质完全由氨基酸构成，其水解产物只有氨基酸。单纯蛋白质按溶解性可分为 7 类。

(1) **清蛋白（白蛋白）** 清蛋白溶于水、稀酸、稀碱及稀盐。清蛋白存在于动物组织、体液和某些植物的种子中，分子量较低，易溶于水，不能被饱和度 50% 的硫酸铵溶液沉淀，如血清蛋白、乳清蛋白、卵清蛋白、麦清蛋白、豆清蛋白等。

(2) **球蛋白** 球蛋白不溶或微溶于水，溶于稀酸、稀碱和稀盐。可以被饱和度 50% 的硫酸铵溶液沉淀。广泛存在于动物和植物中，如 α-球蛋白和 β-球蛋白等。

(3) **谷蛋白** 谷蛋白不溶于水、稀盐溶液和乙醇，易溶于稀酸和稀碱。谷蛋白是谷类种子的储存蛋白质，如米谷蛋白、麦谷蛋白等。

(4) **醇溶谷蛋白** 醇溶谷蛋白（又称醇溶蛋白）可溶于 70%～80% 的乙醇中，代表性的例子是小麦、玉米中的麦醇溶谷蛋白、玉米醇溶谷蛋白。

麦醇溶谷蛋白和麦谷蛋白是制作面筋的基础。

**(5) 组蛋白** 组蛋白溶于水和稀酸，含精氨酸和赖氨酸等碱性氨基酸特别多，是真核生物染色体的基本结构蛋白。

**(6) 精蛋白** 精蛋白可溶于水或氨水。精蛋白的分子量较小，是一类含碱性氨基酸较多的蛋白质，存在于成熟的精细胞中，与DNA结合在一起，如鱼精蛋白。

**(7) 硬蛋白** 硬蛋白不溶于水、稀盐、稀酸或稀碱。硬蛋白存在于各种软骨、腱、毛发等组织中，是动物体内结缔组织的重要组分，具有支持和保护机体的功能。

**2. 结合蛋白质**

结合蛋白质是由氨基酸和其他物质构成的，其水解产物除氨基酸外还有非蛋白质成分，非蛋白质成分称为辅基。

根据辅基的不同，可将结合蛋白质分为7类，见表3-1。

表 3-1 结合蛋白质的类别

| 类别 | 辅基 | 举例 |
| --- | --- | --- |
| 核蛋白 | 核酸 | 核糖体、烟草花叶病毒 |
| 糖蛋白 | 糖类 | 免疫球蛋白、干扰素、凝集素 |
| 脂蛋白 | 脂类 | 血浆脂蛋白、膜脂蛋白 |
| 磷蛋白 | 磷酸 | 酪蛋白、胃蛋白酶 |
| 血红素蛋白 | 血红素 | 肌红蛋白、血红蛋白、细胞色素c |
| 黄素蛋白 | FAD或FMN | 琥珀酸脱氢酶、脂酰CoA脱氢酶 |
| 金属蛋白 | 金属离子 | 固氮酶、超氧化物歧化酶 |

## （二）按蛋白质的功能分类

按生物学功能，蛋白质可以分为8类，见表3-2。

表 3-2 蛋白质按生物学功能分类

| 类别 | 功能 | 举例 |
| --- | --- | --- |
| 催化蛋白 | 催化生物体内的化学反应 | 酶 |
| 调节蛋白 | 调节机体的代谢活动 | 胰岛素、生长素 |
| 结构蛋白 | 机体结构的构成成分 | 角蛋白、胶原蛋白 |
| 运输蛋白 | 运送各种小分子物质 | 血红蛋白、载脂蛋白 |
| 储藏蛋白 | 储存物质成分 | 酪蛋白、谷蛋白 |
| 运动蛋白 | 机体运动 | 肌动蛋白、肌球蛋白 |
| 防御蛋白 | 抵御异体侵害 | 免疫球蛋白、干扰素 |
| 电子传递蛋白 | 在氧化还原反应中传递电子 | 细胞色素 |

## （三）按蛋白质的分子形状分类

按分子形状，蛋白质可以分为球状蛋白和纤维状蛋白两类。球状蛋白的分子形状近似球形，大部分蛋白质属于球状蛋白，如肌红蛋白、血红蛋白、清蛋白、球蛋白、酶蛋白等，球状蛋白具有不同的生物学功能。纤维状蛋白分子呈纤维状，如胶原蛋白、丝心蛋白、角蛋白等，这类蛋白在生物体内起保护、支持等作用。

# 第二节 氨基酸

## 一、氨基酸的结构和种类

### （一）氨基酸的结构特点

氨基酸（amino acid）是构成蛋白质的基本单位，在化学结构上有共同的特点。氨基酸的结构通式见图 3-1。

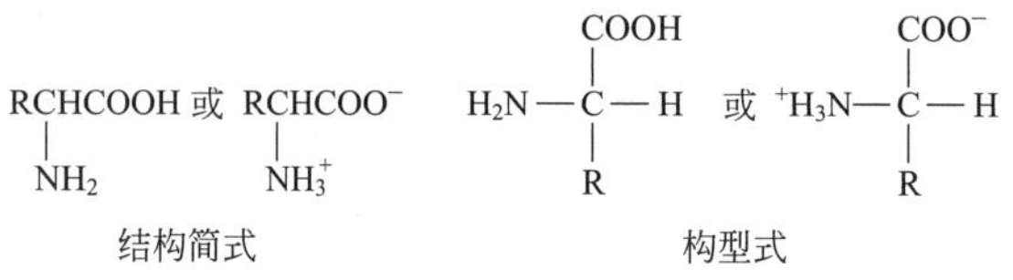

$$RCHCOOH \text{ 或 } RCHCOO^- \quad\quad H_2N-\underset{R}{\overset{COOH}{\underset{|}{C}}}-H \text{ 或 } {}^+H_3N-\underset{R}{\overset{COO^-}{\underset{|}{C}}}-H$$
$$\underset{NH_2}{} \quad \underset{NH_3^+}{}$$

结构简式　　　　　　　　　　　　构型式

图 3-1　氨基酸的结构通式

从图 3-1 可以看出，氨基酸分子中与羧基相连的 $\alpha$-碳原子上连有一个氨基。

除甘氨酸外（甘氨酸的 R 是氢原子），所有氨基酸的 $\alpha$-碳都是手性碳原子，因此有旋光性和旋光异构体。构成蛋白质的氨基酸是 L-$\alpha$-氨基酸。

同一个氨基酸分子上，既含有酸性的羧基，又含有碱性的氨基，因此，氨基酸以兼性离子（两性离子）的形式存在。

构成蛋白质的氨基酸中，脯氨酸是亚氨基酸。

### （二）蛋白质中的氨基酸

构成蛋白质的基本氨基酸有 20 种，这 20 种氨基酸都有相应的密码子，因此称为编码氨基酸。除 20 种基本氨基酸之外，蛋白质中还存在着不常见的氨基酸，这些氨基酸没有相应的密码子编码，因此又称为非编码氨基酸，它们通常是编码氨基酸在酶的修饰下形成的，如胶原蛋白中的羟脯氨酸和羟赖氨酸。随着生物化学技术的发展，在一些特殊的蛋白质中，新发现了氨基酸结构，如谷胱甘肽过氧化物酶中存在硒代半胱氨酸。

### （三）氨基酸的分类

**1. 按 R 的结构分类**

构成蛋白质的 20 种氨基酸，按 R 的结构，可以分为脂肪族氨基酸（15 种）、芳香族氨基酸（3 种）、杂环族氨基酸（1 种）和杂环族亚氨基酸（1 种），见表 3-3。

**2. 按 R 的极性分类**

按 R 的极性，可以将编码氨基酸分为非极性氨基酸（8 种）和极性不带电荷氨基酸（7 种）、极性带正电荷氨基酸（3 种）、极性带负电荷氨基酸（2 种），见表 3-4。

表 3-3  蛋白质中氨基酸的种类和结构

| 类别 | 名称 | 三字母符号 | 结构式 |
|---|---|---|---|
| 脂肪族氨基酸 | 甘氨酸 | Gly | $\text{CH}_2\text{COO}^-$ \| $\text{NH}_3^+$ |
| | 丙氨酸 | Ala | $\text{CH}_3\text{CHCOO}^-$ \| $\text{NH}_3^+$ |
| | 缬氨酸 | Val | $(\text{CH}_3)_2\text{CHCHCOO}^-$ \| $\text{NH}_3^+$ |
| | 亮氨酸 | Leu | $(\text{CH}_3)_2\text{CHCH}_2\text{CHCOO}^-$ \| $\text{NH}_3^+$ |
| | 异亮氨酸 | Ile | $\text{CH}_3\text{CH}_2\text{CH}-\text{CHCOO}^-$ \| \| $\text{CH}_3$  $\text{NH}_3^+$ |
| | 丝氨酸 | Ser | $\text{CH}_2-\text{CHCOO}^-$ \| \| $\text{OH}$  $\text{NH}_3^+$ |
| | 苏氨酸 | Thr | $\text{CH}_3\text{CH}-\text{CHCOO}^-$ \| \| $\text{OH}$  $\text{NH}_3^+$ |
| | 半胱氨酸 | Cys | $\text{CH}_2-\text{CHCOO}^-$ \| \| $\text{SH}$  $\text{NH}_3^+$ |
| | 甲硫氨酸（蛋氨酸） | Met | $\text{CH}_3-\text{S}-(\text{CH}_2)_2\text{CHCOO}^-$ \| $\text{NH}_3^+$ |
| | 天冬氨酸 | Asp | $^-\text{OOCCH}_2\text{CHCOO}^-$ \| $\text{NH}_3^+$ |
| | 天冬酰胺 | Asn | $\underset{\text{NH}_3^+}{\overset{\text{O}}{\text{H}_2\text{NC}}\text{CH}_2\text{CHCOO}^-}$ |
| | 谷氨酸 | Glu | $^-\text{OOCCH}_2\text{CH}_2\text{CHCOO}^-$ \| $\text{NH}_3^+$ |
| | 谷氨酰胺 | Gln | $\underset{\text{NH}_3^+}{\overset{\text{O}}{\text{H}_2\text{NC}}\text{CH}_2\text{CH}_2\text{CHCOO}^-}$ |
| | 赖氨酸 | Lys | $^+\text{H}_3\text{N}(\text{CH}_2)_4\text{CHCOO}^-$ \| $\text{NH}_3^+$ |
| | 精氨酸 | Arg | $\underset{\text{NH}_3^+}{\overset{\text{NH}}{\text{H}_2\text{N}-\text{C}-\text{NH}-(\text{CH}_2)_3\text{CHCOO}^-}}$ |

续表

| 类别 | 名称 | 三字母符号 | 结构式 |
|---|---|---|---|
| 芳香族氨基酸 | 苯丙氨酸 | Phe | C₆H₅—CH₂CHCOO⁻ \| NH₃⁺ |
| | 酪氨酸 | Tyr | HO—C₆H₄—CH₂CHCOO⁻ \| NH₃⁺ |
| | 色氨酸 | Trp | 吲哚—CH₂CHCOO⁻ \| NH₃⁺ |
| 杂环族氨基酸 | 组氨酸 | His | 咪唑—CH₂CHCOO⁻ \| NH₃⁺ |
| 杂环族亚氨基酸 | 脯氨酸 | Pro | 吡咯烷—COO⁻ |

**表 3-4　氨基酸按 R 的极性分类**

| 种类 | 非极性氨基酸 | 极性氨基酸 | | |
|---|---|---|---|---|
| | | 不带电荷 | 带正电荷 | 带负电荷 |
| 名称 | Ala、Val、Leu、Ile、Met、Phe、Trp、Pro | Gly、Ser、Thr、Cys、Tyr、Asn、Gln | Lys、His、Arg | Asp、Glu |

### 3. 按人体能否合成分类

按人体是否能够合成，将氨基酸分为两类：必需氨基酸和非必需氨基酸。

非必需氨基酸是人体可以合成的氨基酸。

必需氨基酸是维持人体正常生理功能必需的而本身不能合成，必须从食物中摄取的氨基酸。

人体有 8 种必需氨基酸，即亮氨酸（Leu）、异亮氨酸（Ile）、缬氨酸（Val）、苏氨酸（Thr）、甲硫氨酸（Met）、苯丙氨酸（Phe）、色氨酸（Trp）、赖氨酸（Lys）。

婴幼儿生长期，组氨酸（His）、精氨酸（Arg）的合成速度不能满足生理需要，这两种氨基酸称为半必需氨基酸。

---

**知识拓展　　　　非编码氨基酸与非蛋白质氨基酸**

非编码氨基酸是存在于蛋白质中但没有相应密码子编码的氨基酸，这类氨基酸是生物体合成蛋白质后，由相应的编码氨基酸在酶的作用下，经羟基化、甲基化、磷酸化等修饰作用形成的。如，4-羟脯氨酸和5-羟赖氨酸存在于胶原蛋白中，是脯氨酸、赖氨酸经专一的羟化酶羟基化而成的，其结构见图3-2。

图3-2 4-羟脯氨酸和5-羟赖氨酸的结构

生物体中有150多种氨基酸并不参加蛋白质的组成，其中一些是新陈代谢的中间产物或重要的代谢前体物质。如D-谷氨酸、D-丙氨酸作为肽聚糖的成分存在于细菌细胞壁中，鸟氨酸、瓜氨酸是动物体内尿素循环（鸟氨酸循环）的中间产物，β-丙氨酸是泛酸（维生素$B_3$）的前体。

**（四）必需氨基酸与蛋白质的营养功能**

人体所需的能量来源于食物中的糖类、脂肪和蛋白质，其中糖类是能量的主要来源，其次是脂肪，蛋白质的主要作用不是供能。我国营养学家建议，成年人每日所需的能量由糖类提供55%～65%，脂肪提供20%～30%，蛋白质提供11%～15%。

蛋白质广泛存在于动植物性食品中，不同来源的蛋白质，由于其氨基酸的种类和比例不同，所以营养价值并不相同。食物蛋白质中必需氨基酸的种类和数量与人体必需氨基酸的种类和数量越接近，必需氨基酸被人体利用的程度越高，蛋白质的营养价值越高。一般来讲，动物性蛋白质的营养价值高于植物性蛋白质，蛋类、奶类、肉类都是优质蛋白质的来源。植物性蛋白质往往缺少一种或一种以上的必需氨基酸，如小麦粉中缺少赖氨酸，玉米中缺少色氨酸等。

## 二、氨基酸的性质

**（一）物理性质**

氨基酸都是无色晶体，熔点较高，一般在200～300℃。

氨基酸有不同的味感，有的无味，有的有甜味，有的有苦味，有的有酸味。谷氨酸的单钠盐有鲜味，是味精的主要成分。

氨基酸一般能溶于水，难溶于有机溶剂。各种氨基酸在水中的溶解度差别很大，所有的氨基酸都能溶于稀酸或稀碱中。

除甘氨酸外，氨基酸都具有旋光性。

色氨酸、酪氨酸和苯丙氨酸分子中有共轭双键，在近紫外区（220～300nm）有较强的吸收光的能力，一般最大吸收峰在280nm。用紫外分光光度法，可快速、简便地测定蛋白质的含量。

**（二）两性性质**

**1. 氨基酸是两性电解质**

氨基酸在结晶形态和水溶液中，以两性离子（兼性离子）形式存在（见图3-3）。两性离子指在同一氨基酸分子上含有等量的正负两种电荷，又称兼性离子或偶极离子。

同一个氨基酸分子上，既有酸性的—COOH，又有碱性的—$NH_2$，因此，氨基酸是两性电解质。α-羧基的$pK_a'$值范围是1.8～2.5，α-氨基的$pK_b'$值范围是8.7～10.7，因此，在

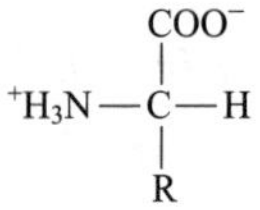

$$^+H_3N-\underset{R}{\underset{|}{C}}-H \quad COO^-$$

图 3-3 以两性离子（兼性离子）形式存在的氨基酸

生理条件下（pH 7.4），—COOH 离子化（—COO⁻），—NH₂ 质子化（—NH₃⁺），氨基酸以两性离子形式存在。

### 2. 氨基酸的等电点

氨基酸分子的解离状态与其所处溶液的 pH 有关。在给定的 pH 下，氨基酸带有不同的净电荷。调节溶液的 pH，使氨基酸净电荷为零时溶液的 pH 为该氨基酸的等电点，用 p$I$ 表示。

氨基酸处于等电点时，所带净电荷为零，在电场中不移动。溶液的 pH 小于氨基酸的等电点时，—COO⁻ 接受 H⁺，氨基酸分子带正电荷，在电场中向负极移动；溶液的 pH 大于氨基酸的等电点时，—NH₃⁺ 解离出 H⁺，H⁺ 与 OH⁻ 结合，氨基酸分子带负电荷，在电场中向正极移动。氨基酸在溶液中的解离状态见图 3-4。

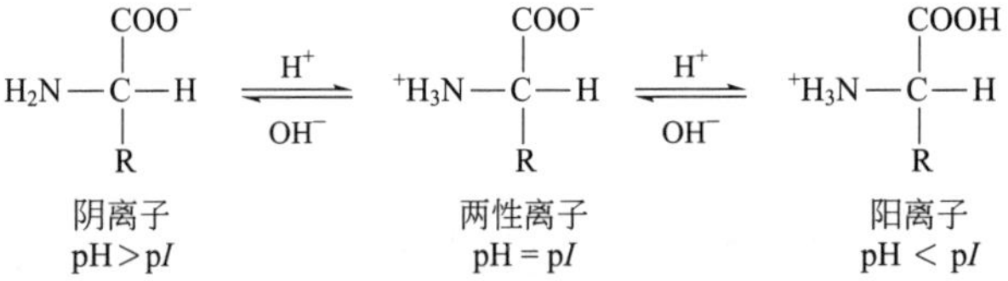

阴离子　　　　两性离子　　　　阳离子
pH > p$I$　　　pH = p$I$　　　　pH < p$I$

图 3-4 氨基酸在溶液中的解离状态

由于氨基酸的 R 基团在某一 pH 溶液中所带的净电荷不同，因此，每种氨基酸都有其等电点。

氨基酸的 α-COOH、α-NH₂ 以及侧链中的酸性基团和碱性基团都可以发生解离，可以用酸碱滴定的方法滴定氨基酸，得到滴定曲线，根据得到的 p$K'$ 的值计算氨基酸的等电点。

一个羧基一个氨基的中性氨基酸，p$I$ = (p$K'_a$ + p$K'_b$)/2；侧链酸性基团的氨基酸，p$I$ = (p$K'_a$ + p$K'_R$)/2；侧链碱性基团的氨基酸，p$I$ = (p$K'_b$ + p$K'_R$)/2。式中，p$K'_R$ 为侧链可解离基团的表观解离常数。氨基酸的 p$K'$ 和 p$I$ 见表 3-5。

表 3-5 氨基酸的 p$K'$ 和 p$I$

| 氨基酸 | p$K'_a$(α-COOH) | p$K'_b$(α-NH₂) | $K'_R$(R 基团) | p$I$ |
| --- | --- | --- | --- | --- |
| 甘氨酸 | 2.34 | 9.60 | | 5.97 |
| 丙氨酸 | 2.34 | 9.69 | | 6.01 |
| 缬氨酸 | 2.32 | 9.62 | | 5.97 |
| 亮氨酸 | 2.36 | 9.60 | | 5.98 |
| 异亮氨酸 | 2.36 | 9.68 | | 6.02 |
| 脯氨酸 | 1.99 | 10.96 | | 6.48 |
| 苯丙氨酸 | 1.83 | 9.13 | | 5.48 |
| 酪氨酸 | 2.20 | 9.11 | 10.07 | 5.66 |
| 色氨酸 | 2.38 | 9.39 | | 5.89 |
| 丝氨酸 | 2.21 | 9.15 | | 5.68 |

续表

| 氨基酸 | $pK_a'(\alpha\text{-COOH})$ | $pK_b'(\alpha\text{-NH}_2)$ | $K_R'$(R 基团) | $pI$ |
|---|---|---|---|---|
| 苏氨酸 | 2.11 | 9.62 | | 5.87 |
| 半胱氨酸 | 1.96 | 8.18 | 10.28 | 5.05 |
| 甲硫氨酸 | 2.28 | 9.21 | | 5.74 |
| 天冬酰胺 | 2.02 | 8.80 | | 5.41 |
| 谷氨酰胺 | 2.17 | 9.13 | | 5.65 |
| 天冬氨酸 | 1.88 | 9.60 | 3.65 | 2.77 |
| 谷氨酸 | 2.19 | 9.67 | 4.25 | 3.22 |
| 组氨酸 | 1.82 | 9.17 | 6.00 | 7.59 |
| 赖氨酸 | 2.18 | 8.95 | 10.53 | 9.74 |
| 精氨酸 | 2.17 | 9.04 | 12.48 | 10.76 |

氨基酸在等电点溶液中溶解度最小。

利用氨基酸等电点的性质，可以用离子交换色谱、等电聚焦电泳等方法分离氨基酸。

### (三) 化学性质

**1. 与茚三酮的反应**

氨基酸与水合茚三酮共热，经氧化、脱氨、脱羧等反应，生成还原型茚三酮。$NH_3$ 与水合茚三酮及还原型茚三酮脱水缩合，生成蓝紫色化合物（脯氨酸与茚三酮反应生成黄色化合物）。反应过程见图 3-5。

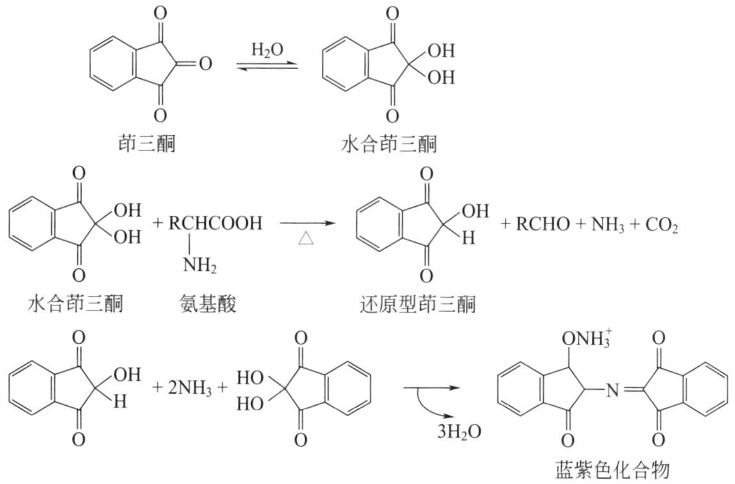

图 3-5 氨基酸与茚三酮的反应

氨基酸与茚三酮的反应是氨基酸定性和定量测定的重要反应。在一定条件下，产生的蓝紫色化合物颜色的深浅，与氨基酸的浓度成正比，用比色法可以测定氨基酸的浓度。用纸色谱法分离氨基酸时，以茚三酮作为显色剂。

**2. 与甲醛反应**

氨基酸在溶液中主要以两性离子形式存在，其氨基与羧基相距很近，所以不能用酸、碱滴定直接测定氨基酸的含量。

氨基酸的氨基可以与甲醛发生反应，生成羟甲基氨基酸和二羟甲基氨基酸，使 $-NH_3^+$ 解离出 $H^+$。反应过程见图 3-6。

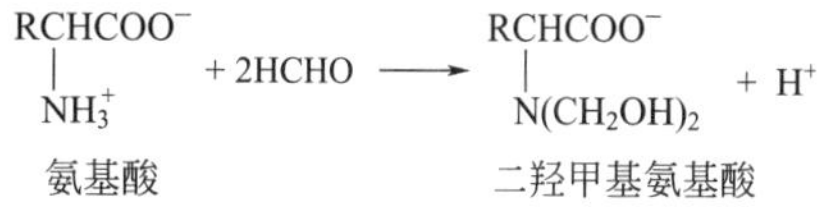

图 3-6 氨基酸与甲醛的反应

甲醛的作用是保护氨基，用酚酞作指示剂，用 NaOH 标准溶液滴定释放出的 $H^+$，由滴定所用 NaOH 的量，就可计算出样品中氨基酸的含量。这种测定氨基酸含量的方法称为甲醛滴定法。

### 3. 与 2,4-二硝基氟苯反应（Sanger 反应）

弱碱溶液中，氨基酸的 $\alpha$-氨基与 2,4-二硝基氟苯（DNFB）作用，生成黄色的 DNP-氨基酸。反应过程见图 3-7。

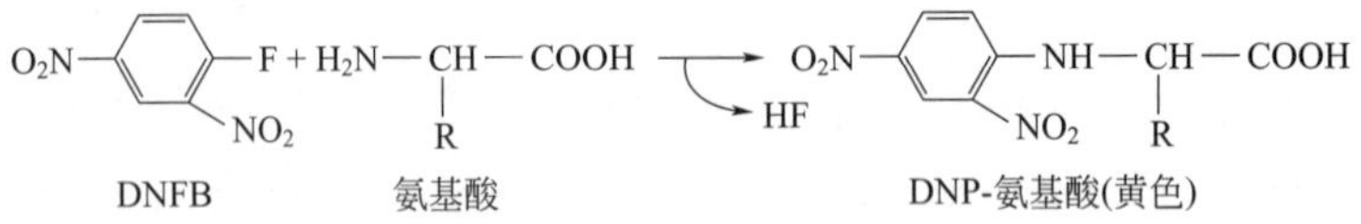

图 3-7 氨基酸与 2,4-二硝基氟苯（DNFB）反应

蛋白质多肽链 N-末端氨基酸的 $\alpha-NH_2$ 也可以与 DNFB 反应，生成 DNP-多肽。当 DNP-多肽被酸水解时，所有的肽键均被水解，只有 N-末端氨基酸仍连在 DNP 上，用有机溶剂将黄色的 DNP-氨基酸抽提出来，进行色谱分析，再与标准氨基酸色谱进行比较，即可得知多肽链 N-末端氨基酸的种类。

英国生物化学家 Frederick Sanger 用 DNFB 法测定了胰岛素中 51 个氨基酸的序列，于 1958 年获得诺贝尔化学奖。因此，DNFB 被称为 Sanger 试剂。

---

**知识拓展**　　　　　　　　与异硫氰酸苯酯反应（Edman 反应）

弱碱条件下，氨基酸的 $\alpha-NH_2$ 与异硫氰酸苯酯（PITC）反应，生成 PTC-氨基酸（苯氨基硫甲酰氨基酸），在无水氢氟酸中，PTC-氨基酸环化变为 PTH-氨基酸（苯乙内酰硫脲氨基酸）。反应过程见图 3-8。

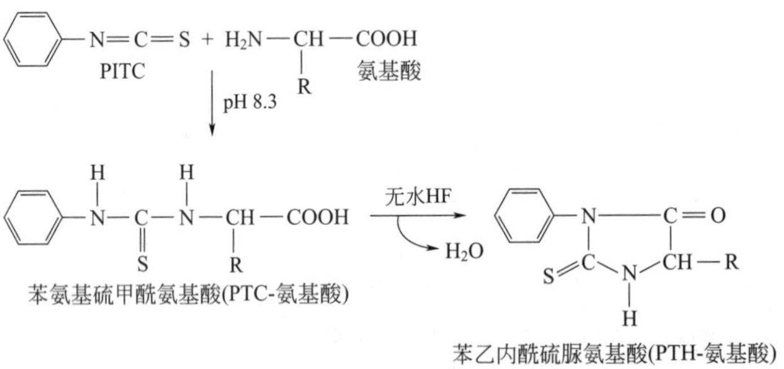

图 3-8 氨基酸与异硫氰酸苯酯（PITC）的反应

蛋白质多肽链 N-末端氨基酸的 $\alpha-NH_2$ 也可以与 PITC 反应，生成 PTC-多肽，在酸性溶液中，释放出 PTC-氨基酸和比原来少一个氨基酸的多肽链，PTH-氨基酸用有机溶剂抽提后，可以用色谱法进行鉴定。剩余的多肽链重复上述反应，即可测定多肽链 N-末端的氨基酸序列。这个反应是瑞典化学家 P. Edman 首先用来进行蛋白质N-末端氨基酸的测序，因此称为 Edman 反应，PITC 称为 Edman 试剂。

> **知识拓展　　　　　　　　与丹磺酰氯反应**
>
> 5-二甲氨基萘磺酰氯（丹磺酰氯，DNS-Cl）与氨基酸的 α-$NH_2$ 反应，产物 DNS-氨基酸有强烈荧光，可用荧光光度计快速检出。反应见图 3-9。 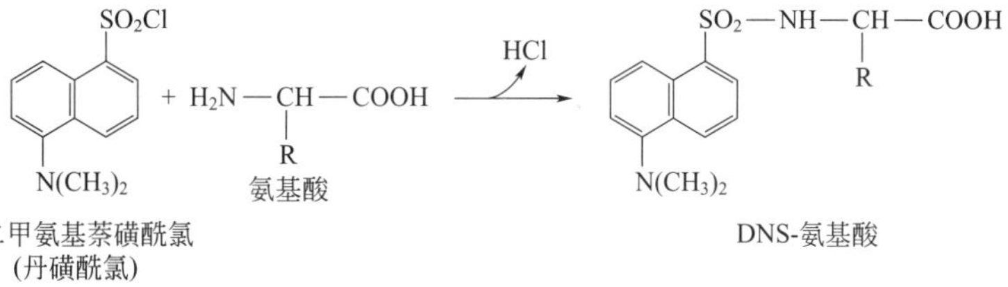
>
> 图 3-9　氨基酸与丹磺酰氯（DNS-Cl）反应
>
> 该法用于测定蛋白质 N-末端氨基酸和微量氨基酸检测，灵敏度比 DNFB 法提高 100 倍，而且 DNS-氨基酸不用抽提，可直接用纸色谱或薄层色谱进行鉴定。

# 第三节　蛋白质的分子结构

蛋白质是由氨基酸构成的生物大分子，其结构十分复杂。构成蛋白质的氨基酸种类和数目各异，有的蛋白质只有一条多肽链，有的蛋白质有两条或多条多肽链。蛋白质的分子结构可以分为四个层次，即一级结构、二级结构、三级结构和四级结构，在二级结构和三级结构之间，还存在超二级结构和结构域两个层次。蛋白质的一级结构又称为初级结构，是蛋白质中氨基酸的排列顺序。蛋白质的二级结构、三级结构和四级结构称为蛋白质的三维结构（也称为空间结构、构象）。蛋白质的一级结构决定空间结构。并非所有的蛋白质都具有四级结构，只有那些具有两条或两条以上多肽链的蛋白质才具有四级结构。具有一条多肽链的蛋白质，最高结构层次是三级结构。

## 一、蛋白质的一级结构

蛋白质的一级结构是指蛋白质多肽链中氨基酸的排列顺序。每种蛋白质都有其特定的氨基酸序列，这是由 DNA 的核苷酸序列决定的。氨基酸通过肽键形成多肽链，肽键是共价键，所以蛋白质的一级结构也就是蛋白质的共价结构。

### （一）肽键和肽

**1. 肽键**

一个氨基酸的 α-羧基与另一个氨基酸的 α-氨基之间失水形成的酰胺键称为肽键（见图 3-10）。

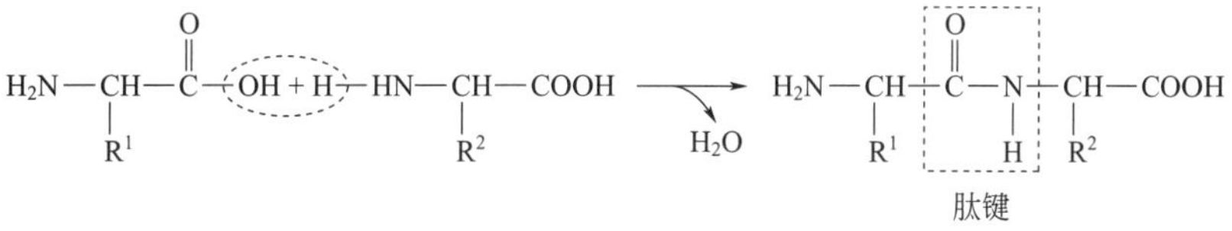

图 3-10　肽键的结构

肽键（—CO—NH—）中的 4 个原子处于一个平面上，N 上的孤对电子与羰基形成 p-π

共轭体系，因此，肽键中的 C—N 键具有部分双键性质，不能自由旋转。C—N 键长为 0.132nm，比典型的 C—N 键（0.145nm）短，比典型的 C=N 键（0.125nm）长。大多数情况下，肽键以反式结构存在。

组成肽键的四个原子及与其相邻的两个 α-碳原子处于一个平面，该平面称为肽键平面（肽平面）。肽平面中，两个 α-碳有顺式和反式两种构型，通常是反式构型（见图 3-11）。

肽键平面中，C—N 键不能旋转，Cα—C 键、Cα—N 键可以旋转。

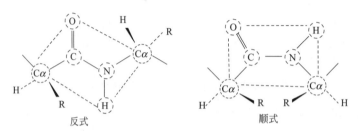

图 3-11 肽键平面的构型

### 2. 肽

氨基酸通过肽键连接起来的化合物称为肽。

两个氨基酸形成的肽称为二肽，三个氨基酸形成的肽称为三肽，许多氨基酸形成的肽即为多肽。氨基酸通过肽键形成多肽链，多肽链再组装成蛋白质。

多肽链中的氨基酸由于形成肽键而失去了一分子水，表现出其分子的不完整，因此称为氨基酸残基。氨基酸形成多肽链后，只在肽链的两端有自由的 α-氨基和 α-羧基，简称 N 端和 C 端。多肽链的书写一般从左到右，从 N 端到 C 端。由于不同的氨基酸只是 α-碳上的 R 基团不同，所以，多肽链中许多肽平面通过其间的 α-碳相连接，即构成多肽链的主链，各个氨基酸残基上的 R 基团组成多肽链的侧链（见图 3-12）。

图 3-12 多肽链

### 3. 天然活性肽

在生物体中，一些分子量比较小的寡肽或多肽以游离状态存在，通常都具有特殊的生理功能，常称为活性肽。如脑啡肽、激素类多肽、抗生素类多肽、谷胱甘肽等。

**(1) 脑啡肽** 脑啡肽是高等动物脑中发现的具有强镇痛作用的五肽，有两种类型的脑啡肽，即 Met 脑啡肽（Tyr-Gly-Gly-Phe-Met）和 Leu 脑啡肽（Tyr-Gly-Gly-Phe-Leu）。

**(2) 激素类多肽** 目前已知很多激素属于肽类物质，如催产素和加压素都是九肽，催产素作用于子宫、乳腺的平滑肌收缩，具有催产及促进乳腺排乳的功能；加压素作用于血管平滑肌收缩，具有增高血压的功能。

**(3) 短杆菌肽** 短杆菌肽是抗生素类多肽，是由短杆菌产生的环状十肽，由五种氨基酸组成。

**(4) 谷胱甘肽** 谷胱甘肽是由谷氨酸、半胱氨酸和甘氨酸组成的三肽，其结构见图 3-13。谷胱甘肽广泛存在于生物体中，参与细胞内的氧化还原反应，是某些酶的辅酶，并对

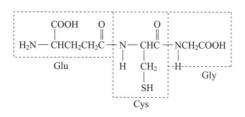

图 3-13 谷胱甘肽的结构

某些巯基酶有激活作用。

谷胱甘肽的功能基团是巯基（—SH），两个还原型谷胱甘肽（GSH）以二硫键相连形成氧化型谷胱甘肽（GS—SG）。

### （二）蛋白质中的二硫键

二硫键（—S—S—）是由两个半胱氨酸残基的巯基形成的，有链间二硫键和链内二硫键两类。链间二硫键可以使两条单独的肽链共价交联，链内二硫键可以使一条链的某一部分形成环。二硫键在稳定蛋白质空间结构方面起重要的作用。

胰岛素是动物胰脏中胰岛β细胞分泌的一种蛋白质激素，具有降低血糖的功能。牛胰岛素是第一个被阐明一级结构的蛋白质，它有 A、B 两条多肽链，A 链由 21 个氨基酸残基组成，B 链由 30 个氨基酸残基组成。A、B 链之间通过 2 个二硫键连接起来，另外，A 链上第 6 位与第 11 位的两个半胱氨酸形成 1 个链内二硫键。牛胰岛素的一级结构见图 3-14。

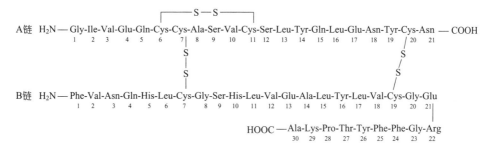

图 3-14 牛胰岛素的一级结构

## 二、蛋白质的空间结构

蛋白质的空间结构又称为三维结构、构象，是指蛋白质分子中，由于单键的自由旋转，引起各原子或基团相对位置的改变，因而产生不同的空间排列形式。天然蛋白质在一定条件下，只有一种或很少几种构象。

### （一）维持蛋白质空间结构的作用力

维持蛋白质空间结构的作用力主要是主链及侧链基团相互作用形成的次级键，除二硫键外，都是非共价键。

#### 1. 氢键

氢键是电负性很强的氧原子或氮原子的孤对电子与 N—H 键或 O—H 键的 H 之间的吸引力。N—H、O—H 称为氢键供体，电负性强的 O、N 称为氢键受体，多肽链的主链和侧链上存在大量的氢键供体和氢键受体，因此，蛋白质分子中存在大量的氢键。

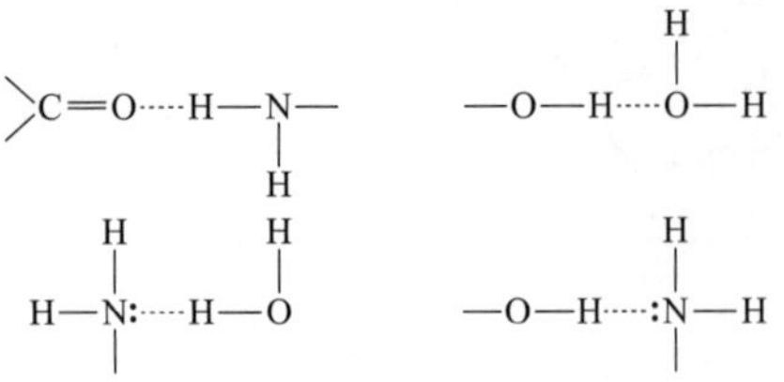

蛋白质中的氢键有三种类型：主链形成的氢键（包括链内氢键和链间氢键）、侧链形成的氢键、侧链基团与介质中水分子形成的氢键。蛋白质中的氢键见图3-15。

氢键是维持蛋白质二级结构的主要作用力。

### 2. 疏水键（疏水作用力）

非极性物质在含水的极性环境中存在时，会产生一种相互聚集的力，这种力称为疏水键或疏水作用力。蛋白质分子中非极性的基团为避开水相而相互聚集，形成疏水键，如丙氨酸、亮氨酸、异亮氨酸、缬氨酸、苯丙氨酸等的侧链基团可以形成疏水键。蛋白质分子中疏水键的形成见图3-16。

疏水键是维持蛋白质高级结构（三、四级结构）的重要因素。

图3-15 蛋白质中的氢键

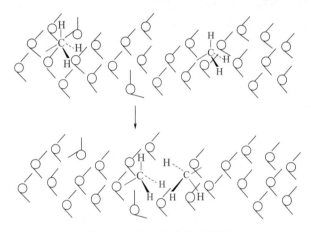

图3-16 疏水键形成示意图

### 3. 离子键（盐键）

离子键又称为盐键，是正、负离子之间的一种静电相互作用。生理条件下，蛋白质分子中的酸性氨基酸残基侧链带负电荷，而碱性氨基酸残基侧链带正电荷，二者之间可形成离子键。蛋白质分子中离子键的形成见图3-17。

### 4. 范德华力

范德华力包括引力和斥力两种作用力，一般指范德华引力。范德华引力产生于极性基团之间和极性基团与非极性基团之间，只有当两个非键合原子处于接触距离（等于两个原子的范德华半径之和）时才能达到最大。范德华力见图3-18。

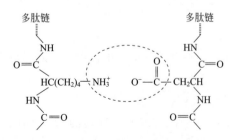

图3-17 离子键（盐键）形成示意图

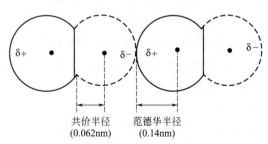

图3-18 范德华力示意图

当两个非键合原子或分子靠得太近时，则产生范德华斥力，使多肽链的构象无法形成。范德华引力较弱，一般为 0.418~0.836kJ/mol。范德华力在维持蛋白质三、四级结构中起重要作用。

**5. 二硫键**

二硫键把不同肽链或同一条肽链的不同部分连在一起，对稳定蛋白质构象起重要作用。维持蛋白质构象的作用力见图 3-19。

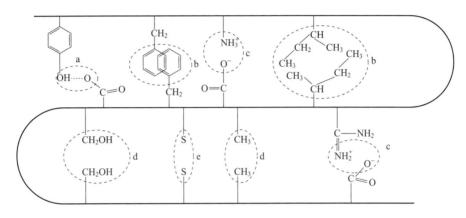

图 3-19 维持蛋白质构象的作用力
a—氢键；b—疏水键；c—离子键；d—范德华力；e—二硫键

### （二）蛋白质的二级结构

蛋白质的二级结构是指多肽链的主链通过氢键维系，盘绕、折叠而形成有规则或周期性的空间排布。蛋白质的二级结构只涉及多肽链主链的构象及链内或链间形成的氢键，主要有 α-螺旋、β-折叠、β-转角、无规则卷曲等类型。

**1. α-螺旋**

多肽链主链按一定方向盘曲成螺旋状，螺圈与螺圈之间靠氢键维系，这种构象称为α-螺旋。α-螺旋是蛋白质中最常见、含量最丰富的二级结构，毛发、皮肤、指甲中的主要蛋白α-角蛋白几乎都是由 α-螺旋组成的纤维状蛋白，球状蛋白中也普遍存在α-螺旋结构，但含量变化较大。

（1）α-螺旋结构的主要特点

① 多肽链中的各个肽平面围绕同一中心轴旋转，形成螺旋结构，螺旋一周，沿轴上升的距离即螺距为 0.54nm，含 3.6 个氨基酸残基；两个氨基酸之间的距离为 0.15nm。

② 氨基酸残基侧链伸向外侧，相邻螺圈之间形成链内氢键。氢键是由每个氨基酸残基的 N—H 与前面第四个氨基酸残基的 C=O 形成的。氢键的走向与轴平行。

③ 绝大部分蛋白质分子的 α-螺旋为右手螺旋。α-螺旋结构及氢键见图 3-20。

（2）影响 α-螺旋结构稳定的因素　多肽链中的氨基酸序列影响 α-螺旋结构的形成及稳定性。如，多肽链中如有脯氨酸，则螺旋被中断，产生一个"结节"，这是因为脯氨酸的亚氨基上的氢参与肽键形成后没有多余的氢原子形成氢键，这样肽链拐弯不再形成 α-螺旋；甘氨酸由于没有侧链的约束，难以形成 α-螺旋所需的二面角；如果多肽链中连续存在带相同电荷的氨基酸，由于同性电荷相斥，也会使α-螺旋不稳定。

**2. β-折叠**

β-折叠是由两条或多条几乎完全伸展的肽链平行排列，通过链间的氢键交联而形成的锯

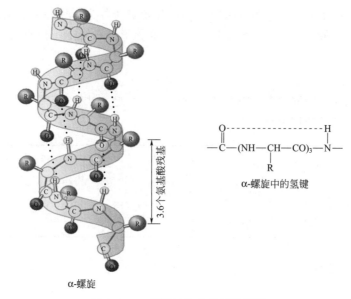

图 3-20　α-螺旋结构及氢键示意图

齿状片层结构。β-折叠主要存在于纤维状蛋白中,也存在于许多球状蛋白中。蚕丝的主要成分是丝心蛋白,丝心蛋白的主要二级结构是 β-折叠。Pauling 和 Corey 依据丝心蛋白的 X 射线衍射图于 1951 年提出了 β-折叠结构。

β-折叠结构的主要特点是:①多肽链主链按层排列,呈锯齿状折叠片平面;②α-碳原子处于折叠的角上,氨基酸的 R 基团与折叠片平面垂直,交替从平面上下伸出;③氢键是由两条肽链之间形成的(也可以在同一肽链的不同肽段之间形成),几乎所有肽键都参与链间氢键的交联,氢键与链的长轴接近垂直。β-折叠结构见图 3-21。

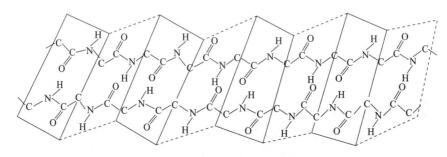

图 3-21　β-折叠结构示意图

β-折叠结构有平行式和反平行式两种类型。平行式 β-折叠中多肽链的走向相同(见图 3-22),反平行式 β-折叠中多肽链的走向相反(见图 3-23)。反平行式 β-折叠结构比较稳定。

**3. β-转角**

β-转角是多肽链中出现 180°回折所形成的一种二级结构。β-转角结构通常由四个氨基酸残基构成,第一个氨基酸残基的—CO 基与第四个氨基酸残基的—NH 基之间形成氢键(见图 3-24),常有 Gly 或 Pro-OH 参与。

β-转角结构广泛存在于球状蛋白分子中,多数都处于蛋白质分子的表面。

**4. 无规则卷曲**

无规则卷曲也叫自由回转,指多肽链主链部分形成的无规律的卷曲构象。无规则卷曲仍

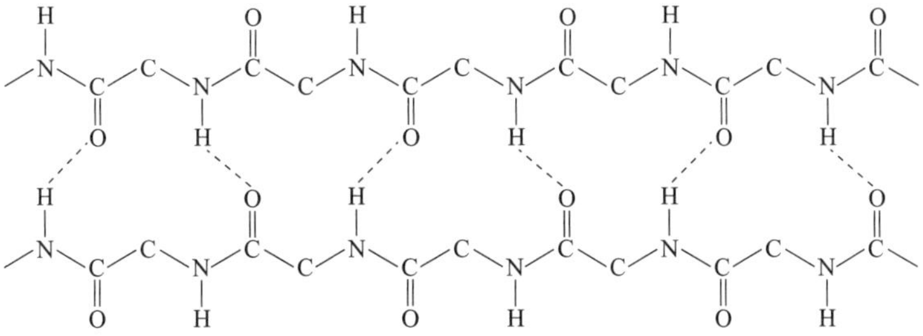

图 3-22 平行式 β-折叠结构示意图

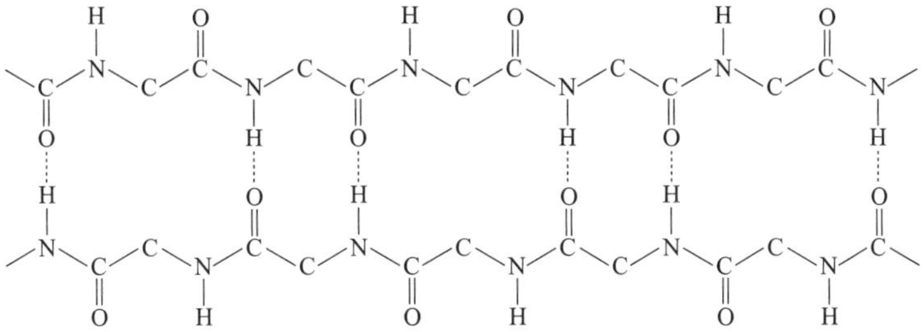

图 3-23 反平行式 β-折叠结构示意图

是紧密有序的稳定结构，通过主链间及主链与侧链间氢键维持其构象，是蛋白质重要的二级结构单元。球状蛋白分子中往往存在大量的无规则卷曲结构。

### （三）蛋白质的超二级结构和结构域

#### 1. 超二级结构

蛋白质分子中相邻的二级结构单位（主要是 α-螺旋和 β-折叠）组合在一起，形成有规则的、在空间上能辨认的二级结构组合体，称为蛋白质的超二级结构。

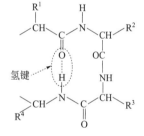

图 3-24 β-转角结构中的氢键示意图

#### 2. 结构域

结构域是指在二级结构或超二级结构的基础上，多肽链进一步卷曲折叠成为相对独立、近似球形的组装体，它是三级结构的组成单位。

结构域通常是几个超二级结构的组合。对于较小的蛋白质分子，结构域与三级结构等同，即这些蛋白为单结构域，如磷酸丙糖异构酶就是单结构域；大的蛋白质分子一般都含有几个结构域，如卵溶菌酶有两个结构域，见图 3-25。

### （四）蛋白质的三级结构

蛋白质的三级结构是蛋白质在二级结构、超二级结构和结构域的基础上，进一步盘曲折叠形成特定的球状分子结构。

蛋白质的三级结构是包括主链和侧链的所有原子的空间排布，在一级结构上离得很远的氨基酸残基可以靠得很近。具有三级结构的多肽链近似球状，非极性侧链埋藏在分子内部，形成疏水核，极性侧链暴露在分子表面。三级结构主要靠氨基酸残基侧链间的疏水作用力维系，二硫键也是维系三级结构的作用力。对于只有一条多肽链的蛋白质，三级结构是其最高结构形式，具有生物活性。

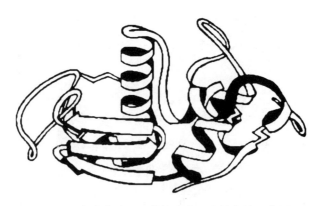

图 3-25 卵溶菌酶三级结构中的两个结构域示意图

肌红蛋白（Mb）是第一个被阐明三级结构的蛋白质。肌红蛋白的主要生物学功能是结合氧。肌红蛋白有一条多肽链，含有 153 个氨基酸残基和 1 个血红素辅基。肌红蛋白的多肽链称为球蛋白，由 8 段长度不等的 α-螺旋组成，螺旋之间通过一些片段连接。肌红蛋白分子近似球状，分子内部几乎都是疏水性氨基酸残基，如亮氨酸、异亮氨酸、缬氨酸、苯丙氨酸及甲硫氨酸，血红素辅基处于疏水性氨基酸残基组成的凹穴中，与多肽链的组氨酸残基相连；分子表面主要是碱性侧链基团的氨基酸残基。血红素中的铁原子（$Fe^{2+}$）是氧的结合部位，与氧结合的肌红蛋白称为氧合肌红蛋白（$MbO_2$），无氧的肌红蛋白称为脱氧肌红蛋白，$MbO_2$ 氧化而形成棕褐色的高铁肌红蛋白（$Fe^{2+} \rightarrow Fe^{3+}$）。铁原子可逆结合氧的过程称为氧合作用。肌红蛋白的三级结构见图 3-26。

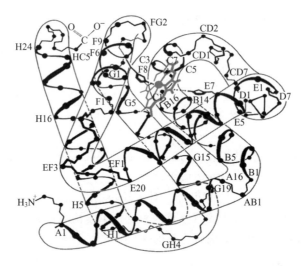

图 3-26 肌红蛋白的三级结构示意图

### （五）蛋白质的四级结构

由两条或两条以上具有三级结构的多肽链聚合而成的有特定三维结构的蛋白质构象，称为蛋白质的四级结构。四级结构中每条具有三级结构的多肽链称为亚基，有两个以上亚基的蛋白质称为寡聚蛋白。寡聚蛋白中，亚基可以相同或不同，亚基之间非共价相连，亚基单独存在时没有活性。

蛋白质四级结构涉及亚基的种类、数量以及各个亚基在寡聚蛋白中的空间排布。稳定四级结构的主要作用力是范德华力、疏水作用力、氢键、盐键等。

血红蛋白（Hb）是血液中红细胞的主要成分，具有运输氧和二氧化碳的功能。血红蛋白分子为球状，是寡聚蛋白，有4个亚基、2条α链、2条β链，每条多肽链上结合一个血红素辅基。α链有141个氨基酸残基，β链有146个氨基酸残基，亚基的结构类似于肌红蛋白。血红蛋白的四级结构见图3-27。

血红蛋白（Hb）与肌红蛋白（Mb）是构成动物肌肉红色的主要色素。

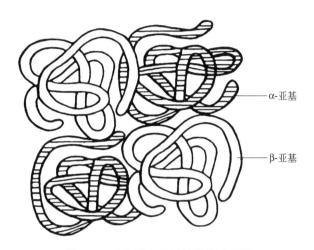

图3-27 血红蛋白的四级结构示意图

## 三、蛋白质分子结构与功能的关系

### （一）一级结构与功能的关系

#### 1. 蛋白质的一级结构决定其空间结构

蛋白质的一级结构决定其空间结构。如核糖核酸酶含124个氨基酸残基，有4对二硫键，在尿素和还原剂β-巯基乙醇的存在下松解为非折叠状态，去除尿素和β-巯基乙醇后，可自动形成4对二硫键，盘曲成天然三级结构构象并恢复生物学功能。牛核糖核酸酶一级结构与空间结构的关系见图3-28。

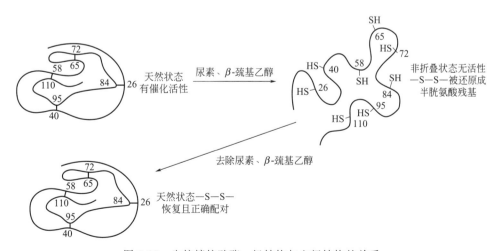

图3-28 牛核糖核酸酶一级结构与空间结构的关系

**知识拓展**             **同源蛋白质的物种差异和生物进化**

（1）同源蛋白质  在不同生物体中行使相同或相似功能的蛋白质，其氨基酸序列具有明显的相似性，称为同源蛋白质。

不同物种的同源蛋白质中，有许多氨基酸残基是完全相同的，称为不变残基，决定蛋白质的空间结构和功能；其他氨基酸残基有很大的变化，称为可变残基，体现种属的特异性。

（2）同源蛋白质的氨基酸序列差异与物种进化  同源蛋白质氨基酸序列的差异反映了物种进化中亲缘的远近。同源蛋白质中，氨基酸序列的差异越小，生物的亲缘关系越近；差异越大，生物的亲缘关系越远，如细胞色素c(Cyt c)。细胞色素c是含有血红素辅基的蛋白质，在生物氧化中起重要作用，它是电子传递链（呼吸链）的组分，起传递电子的作用。脊椎动物的细胞色素c是由104～111个氨基酸残基组成的多肽链，其中有35个氨基酸残基在各种生物中都是不变的。与人相比，不同生物细胞色素c的氨基酸差异数见表3-6。

表3-6  与人相比，不同生物细胞色素c的氨基酸差异数

| 生物名称 | 黑猩猩 | 恒河猴 | 兔 | 猪、羊、袋鼠、牛 | 狗、驴 | 马 | 鸡、火鸡 | 响尾蛇 | 海龟 | 鲤鱼 | 金枪鱼 | 蜗牛 | 天蛾 | 小麦 | 欧防风 | 酵母 |
|---|---|---|---|---|---|---|---|---|---|---|---|---|---|---|---|---|
| 差异数 | 0 | 1 | 9 | 10 | 11 | 12 | 13 | 14 | 15 | 18 | 21 | 29 | 31 | 35 | 43 | 44 |

### 2. 一级结构变异与分子病

基因突变导致蛋白质一级结构改变而产生的遗传病，称为分子病。

镰刀状贫血症是一种分子病。镰刀状贫血症患者的红细胞中存在许多镰刀形的细胞，这种细胞不能像正常红细胞一样通过毛细血管，在低氧分压时，镰刀形红细胞易破裂，导致组织器官缺血受损，影响正常功能。

镰刀状贫血症患者的血红蛋白与正常人的血红蛋白相比，是β链第6位的氨基酸残基从谷氨酸变成了缬氨酸，见图3-29。

```
β-链N-端      1     2     3     4     5     6     7 ……

Hb-A
（正常）      Val—His—Leu—Thr—Pro—Glu—Lys……

Hb-S
（镰刀形）    Val—His—Leu—Thr—Pro—(Val)—Lys……
```

图3-29  镰刀状贫血症患者的血红蛋白与正常人血红蛋白一级结构的差异

谷氨酸（Glu）侧链是带负电荷的极性基团，缬氨酸（Val）侧链是非极性基团，缬氨酸代替谷氨酸后，使血红蛋白表面的荷电性发生改变，引起等电点改变，溶解度降低，聚集成长纤维状血红蛋白，红细胞变成镰刀状，降低了输氧功能。

### （二）蛋白质的空间结构与功能的关系

#### 1. 蛋白质的空间结构决定其生物学功能

蛋白质的生物学功能由其构象（空间结构）决定，只有具备一定的空间结构，才具有相应的生物学功能，空间结构的变化引起蛋白质功能的变化，空间结构被破坏，蛋白质的生物

学功能丧失。

肌红蛋白（Mb）和血红蛋白（Hb）结构的相似性决定了其功能的相似性。肌红蛋白与血红蛋白都能与氧结合，因为它们以血红素为辅基，并且在血红素周围以疏水性氨基酸残基为主，形成空穴，为铁原子与氧结合创造了结构环境。肌红蛋白和血红蛋白结构的差异性决定了其功能的不同。肌红蛋白为单肽链蛋白质，其主要功能是储存氧，并且可以使氧在肌肉内很容易地扩散；血红蛋白由四个亚基构成，其主要功能是运输氧。

2. 别构效应

有些蛋白质是别构蛋白，当一个特定的小分子（如 $O_2$、$CO_2$ 等）与蛋白质（通常是酶）结合时，会引起蛋白质构象的变化，从而导致其功能的变化，这种现象称为别构效应（也称为变构效应）。能与蛋白质分子可逆结合的小分子或蛋白质，称为配基，也称为别构效应剂，有的是别构激活剂，有的是别构抑制剂。

血红蛋白是别构蛋白，它有两种构象：一种是 T 态（紧张态），对氧的亲和力低；另一种是 R 态（松弛态），对氧的亲和力高。Hb 未结合 $O_2$ 时，是 T 态；当 1 个亚基结合 $O_2$ 后，其构象改变，引起其他 3 个亚基的构象变化，整个分子变为 R 态。构象改变使 Hb 结合氧的能力增加。

# 第四节　蛋白质的主要性质

## 一、蛋白质的两性性质与等电点

### 1. 蛋白质是两性电解质

蛋白质是由氨基酸形成的大分子化合物，除了肽链末端的 α-COOH、α-$NH_2$ 外，多肽链侧链尚有许多可解离的基团，如 β-羧基、γ-羧基、ε-氨基、巯基、咪唑基、胍基、酚基等，在一定的 pH 溶液中，这些基团发生不同程度的解离，使蛋白质带不同的电荷。蛋白质分子所带电荷的性质和数量受其氨基酸组成的影响。

### 2. 蛋白质的等电点

蛋白质在某一 pH 溶液中，解离成正、负离子的数量相等，净电荷为零，此时溶液的 pH 称为该蛋白质的等电点（p$I$）。

用 Pr 代表蛋白质，—COOH 代表 Pr 中的酸性基团，—$NH_2$ 代表碱性基团，在不同 pH 溶液中，蛋白质的存在形式见图 3-30。

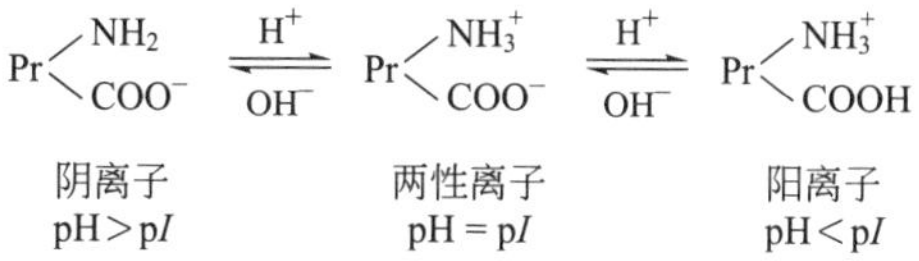

$$Pr\!\!<^{NH_2}_{COO^-} \quad \underset{OH^-}{\overset{H^+}{\rightleftharpoons}} \quad Pr\!\!<^{NH_3^+}_{COO^-} \quad \underset{OH^-}{\overset{H^+}{\rightleftharpoons}} \quad Pr\!\!<^{NH_3^+}_{COOH}$$

阴离子　　　　两性离子　　　　阳离子
pH＞p$I$　　　　pH＝p$I$　　　　pH＜p$I$

图 3-30　蛋白质的存在形式与溶液 pH 的关系

蛋白质的等电点与氨基酸的种类和数量有关。大多数蛋白质的等电点接近于 5.0，在动物组织中（pH 7.0～7.4），蛋白质大多以阴离子形式存在。蛋白质在等电点时，溶解度最小。

### 3. 蛋白质两性解离性质的应用——电泳

带电质点（分子、离子、胶体颗粒）在电场作用下向带相反电荷的电极移动的现象，称为电泳。

在一定 pH 的溶液中，蛋白质分子可带净的负电荷或正电荷，故可在电场中发生移动；由于不同蛋白质分子所带电荷量不同，且分子大小也不同，故在电场中的移动速度也不同。因此，用电泳法可以使溶液中的蛋白质得以分离。

## 二、蛋白质的胶体性质

### 1. 蛋白质在水中能够形成胶体溶液

蛋白质是大分子化合物，其分子量较大，它在水溶液中所形成的颗粒直径在 1~100nm 之间，达到了胶体粒子的直径范围。蛋白质溶液具有布朗运动、丁道尔（Tyndall）现象、不能透过半透膜以及吸附能力等胶体溶液的典型特征。

利用蛋白质的胶体性质可以纯化蛋白质。应用透析法可将非蛋白的小分子杂质除去，如血液透析。

### 2. 维持蛋白质胶体溶液稳定的因素

蛋白质的水溶液是一种稳定的亲水胶体，维持蛋白质胶体溶液稳定的重要因素有两个：

一是蛋白质分子的水膜（水化层）。蛋白质颗粒表面有许多极性基团，可以通过氢键吸附水分子，在其表面形成水化膜。同时，蛋白质表面吸附的水分子还可以再吸附一定的水分子。水膜的存在使蛋白质颗粒稳定地溶于水中。

二是蛋白质分子表面的电荷。非等电点状态下，蛋白质颗粒表面带有同种电荷，电荷的相互排斥作用使蛋白质颗粒彼此隔开，最大限度地分散在溶液中。

如果破坏这两个稳定因素，蛋白质便容易凝集，从溶液中析出。

## 三、蛋白质的沉淀作用

使蛋白质从溶液中析出的现象，称为蛋白质的沉淀作用。

蛋白质沉淀作用的原理是破坏蛋白质分子表面的水膜和电荷，见图 3-31。

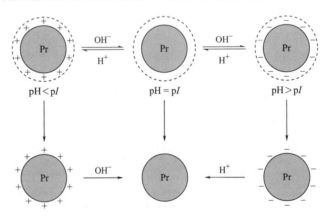

图 3-31　蛋白质的沉淀作用示意图

沉淀蛋白质的方法有盐析法、有机溶剂沉淀法、生物碱试剂沉淀法及重金属盐沉淀法等。

### 1. 盐析法

向蛋白质溶液中加入大量中性盐时，大量的盐离子破坏蛋白质胶体的两个稳定因素，从而使蛋白质从水溶液中沉淀析出的现象，称为盐析。

在相同的离子强度下，盐的种类对蛋白质溶解度的影响有一定的差异。常用的中性盐有硫酸铵、硫酸钠、氯化钠等，硫酸铵是盐析时最常用的中性盐。硫酸铵在低温时的溶解度比其他盐类大，而蛋白质在低温下较为稳定，盐析操作时通常在低温下进行。蛋白质经盐析后能保持生物活性，而且盐是小分子，可用透析法除去。

不同蛋白质盐析时所需盐的浓度不同，所以，可以利用不同浓度的盐溶液，使混合蛋白质溶液中的几种蛋白质分段析出，从而达到分离蛋白质的目的。

值得一提的是，在一定范围内，向蛋白质溶液中加入少量中性盐时，会增加蛋白质的溶解度，这种现象叫做盐溶。盐溶现象是由于低离子强度时，蛋白质分子吸附盐离子后，带电表层使它们彼此排斥，从而增大了溶解度。

### 2. 有机溶剂沉淀法

酒精、甲醇、丙酮等能溶于水的有机溶剂，能破坏蛋白质分子表面的水膜，从而使蛋白质从溶液中沉淀析出。

用有机溶剂沉淀蛋白质通常在低温下进行。在常温下，有机溶剂沉淀法往往引起蛋白质变性；在低温条件下，蛋白质变性进行较缓慢，可以用来制备蛋白质。有机溶剂沉淀法的优点在于不像盐析那样存在有大量的盐类，必须经透析除去，而且有机溶剂很容易通过稀释及蒸发等方法除去。

### 3. 生物碱试剂沉淀法

某些生物碱试剂（如苦味酸、钨酸、鞣酸、碘化钾等）及某些酸（三氯乙酸、水杨磺酸、硝酸等）能与蛋白质结合成不溶性的盐，从而使蛋白质沉淀。在 pH 小于等电点时，蛋白质带正电荷，易与酸根负离子结合成盐，如蛋白质与三氯乙酸的反应，见图 3-32。

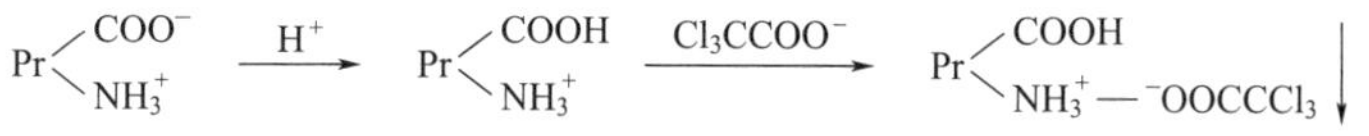

$$Pr\begin{matrix}COO^-\\NH_3^+\end{matrix} \xrightarrow{H^+} Pr\begin{matrix}COOH\\NH_3^+\end{matrix} \xrightarrow{Cl_3CCOO^-} Pr\begin{matrix}COOH\\NH_3^+---OOCCCl_3\end{matrix}\downarrow$$

图 3-32　蛋白质与三氯乙酸的反应

### 4. 重金属盐沉淀法

pH 大于等电点时，蛋白质带负电荷，与金属离子结合成不溶性盐。蛋白质与重金属离子的反应见图 3-33。

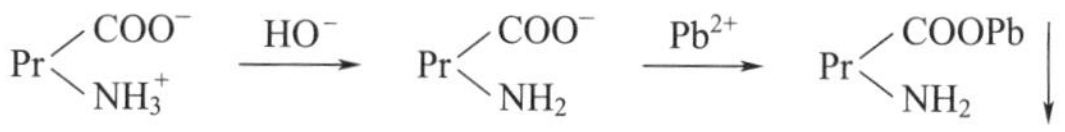

$$Pr\begin{matrix}COO^-\\NH_3^+\end{matrix} \xrightarrow{HO^-} Pr\begin{matrix}COO^-\\NH_2\end{matrix} \xrightarrow{Pb^{2+}} Pr\begin{matrix}COOPb\\NH_2\end{matrix}\downarrow$$

图 3-33　蛋白质与重金属离子的反应

## 四、蛋白质的变性与复性

### 1. 蛋白质的变性

天然蛋白质受某些物理或化学因素的影响，空间结构受到破坏，理化性质改变，生物功能丧失的现象，称为蛋白质的变性。

蛋白质变性的实质是其空间结构受到破坏。维持蛋白质空间结构的作用力只是一些比较弱的次级键（氢键、疏水键、盐键、范德华力等），它们很容易被破坏，使紧密有序的空间结构变成松散的肽链。蛋白质变性不涉及一级结构的变化。

蛋白质变性后，空间结构破坏，生物活性丧失；溶解度下降，黏度增大，扩散系数降低，蛋白质易成絮状凝结；蛋白质变性后，肽链由紧密有序变得松散，容易被酶水解，所以变性蛋白质容易消化吸收。

使蛋白质变性的因素很多，物理因素有加热、高压、紫外线、超声波、剧烈振荡及各种射线等；化学因素有强酸、强碱、重金属盐、有机溶剂、脲、三氯乙酸、苦味酸、浓乙醇等。

蛋白质变性的原理在生产和生活中有广泛的应用。消毒、灭菌就是使微生物蛋白质变性，使其失去致病能力。变性的蛋白质一般易于沉淀，但在一定条件下，变性的蛋白质也可不发生沉淀。

2. 蛋白质的复性

某些变性蛋白质，在除去变性因素后，可以重新获得其天然结构和生物活性，称为蛋白质的"复性"。核糖核酸酶的变性与复性见图 3-34。

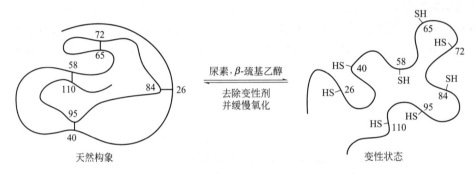

图 3-34 核糖核酸酶的变性与复性示意图

蛋白质的变性大多是不可逆的，只有当蛋白质变性程度不重，可在消除变性因素后使蛋白质恢复其原有的功能。

### 五、蛋白质的颜色反应

1. 双缩脲反应

双缩脲试剂是硫酸铜的碱性溶液，与双缩脲（2 分子尿素失去 1 分子 $NH_3$ 形成的化合物）反应生成紫红色化合物，称为双缩脲反应。含有两个以上酰胺键的化合物都可发生双缩脲反应。蛋白质分子中含有许多和双缩脲结构相似的肽键，因此也能发生双缩脲反应，形成紫红色化合物（图 3-35）。

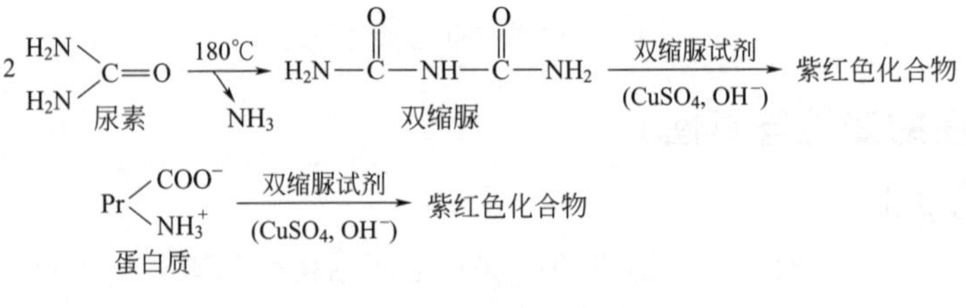

图 3-35 双缩脲反应

可以用此反应来定性测定蛋白质；也可在 540nm 处比色，定量测定蛋白质。

2. 其他颜色反应

蛋白质的其他颜色反应见表 3-7。

表 3-7 蛋白质的其他颜色反应

| 反应名称 | 试剂 | 颜色 | 反应基团 |
| --- | --- | --- | --- |
| 酚试剂反应（福林试剂反应） | 磷钼酸-磷钨酸 | 蓝色 | 酚基 |
| 黄色反应 | 浓 $HNO_3$ 和 NaOH | 黄色 | 苯基 |
| 米伦反应 | $HgNO_3$、$Hg(NO_3)_2$ 及 $HNO_3$ 混合物 | 红色 | 酚基 |
| 乙醛酸反应 | OHC—COOH | 紫色 | 吲哚基 |
| 茚三酮反应 | 茚三酮 | 蓝紫色 | 自由氨基和羧基 |

# 第四章 核酸化学

## 第一节 概 述

核酸（nucleic acid）是存在于所有生物体内，携带和传递遗传信息的生物大分子。1869年，瑞士科学家 F. Miescher 在研究细胞核的化学成分时，从脓细胞中分离得到一种含磷量很高的酸性物质，1872年，又从鲑鱼的精子细胞核中，发现了大量类似的酸性物质，称之为"核素"（即脱氧核糖核蛋白）。1889年，F. Miescher 的学生 R. Altman 从酵母细胞中分离出不含蛋白质的一种类似物质（即核糖核酸），并将其命名为核酸。

核酸是细胞的基本成分，占细胞干重的 5%～15%。核酸是一类重要的生物大分子，担负着生命信息的储存与传递的作用。核酸是现代生物化学、分子生物学的重要研究领域，是基因工程操作的核心分子。

### 一、核酸的种类和分布

核酸按其所含戊糖的种类不同而分为两大类：脱氧核糖核酸（DNA）和核糖核酸（RNA）。RNA 按功能不同分为三大类：信使 RNA（mRNA）、转移 RNA（tRNA）、核糖体 RNA（rRNA）。

生物体内的核酸通常与蛋白质结合在一起，以核蛋白的形式存在于细胞内。

DNA 主要存在于细胞核中。真核细胞内，98% 的 DNA 分布于细胞核的染色体中，其余分布于线粒体和叶绿体中；原核细胞内，DNA 集中在核质区。真核细胞内，90% 的 RNA 存在于细胞质中，10% 的 RNA 存在于细胞核中；原核细胞内，RNA 分散于细胞质中。

### 二、核酸的功能

1. DNA 的功能

DNA 是主要的遗传物质，是遗传信息的载体，负责遗传信息的储存和发布。

DNA 是主要遗传物质的直接证据是 1944 年 O. T. Avery 等进行的肺炎双球菌的转化实验。1952 年，A. Hershy 和 M. Chase 的噬菌体感染实验进一步证明了 DNA 是遗传物质。

2. RNA 的功能

RNA 负责遗传信息的表达。DNA 中储存的遗传信息，通过转录传递给 mRNA，再以 mRNA 为模板合成蛋白质（此过程即翻译）。在遗传信息表达的过程中，三类 RNA 是协同作用的。

mRNA 占总 RNA 的 3%～5%，携带 DNA 的遗传信息并起蛋白质合成的模板作用；tRNA 约占总 RNA 的 15%，在蛋白质合成过程中，解译 mRNA 蕴含的信息，即通过其分子中反密码环中的反密码子识别 mRNA 中的密码子，从而与相应的氨基酸结合并将其携带到核糖体；rRNA 约占总 RNA 的 80%，是核糖体的组成成分，与多种蛋白质一起构成核糖体。核糖体是蛋白质合成的场所。

在某些病毒中，RNA 也是遗传物质。

某些 RNA 具有生物催化剂功能，被称为"核酶"。

# 第二节 核酸的化学组成

## 一、组成核酸的化学元素

组成核酸的基本元素是 C、H、O、N、P。

磷是核酸的特征性元素，其含量比较恒定，一般为 9%～10%，因此，可以通过测定样品中磷的含量来推算核酸的含量。

## 二、组成核酸的基本单位

组成核酸的单体是核苷酸。核酸分子是由 4 种核苷酸通过 3′,5′-磷酸二酯键相连而成的多核苷酸链。

核酸的降解过程见图 4-1。

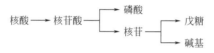

图 4-1 核酸的降解过程

## 三、核酸的化学组成

核酸的基本化学组成是磷酸、戊糖和碱基。

两种核酸化学组成上的区别见表 4-1。

表 4-1 两种核酸化学组成上的区别

| 核酸 | 戊糖 | 碱基 |
| --- | --- | --- |
| 脱氧核糖核酸(DNA) | β-D-2-脱氧核糖 | 腺嘌呤、鸟嘌呤、胞嘧啶、胸腺嘧啶 |
| 核糖核酸(RNA) | β-D-核糖 | 腺嘌呤、鸟嘌呤、胞嘧啶、尿嘧啶 |

### (一) 戊糖

核酸分子中的戊糖均是 β-型，RNA 中的戊糖是 β-D-核糖，DNA 中的戊糖是 β-D-2-脱氧核糖。戊糖的结构见图 4-2。

### (二) 碱基

核酸中的碱基有嘧啶碱和嘌呤碱两种类型，分别是嘧啶和嘌呤的衍生物。嘧啶和嘌呤的结构见图 4-3。

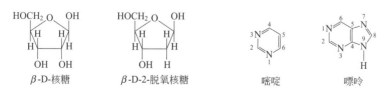

图 4-2 戊糖的结构　　　　图 4-3 嘧啶和嘌呤的结构

嘌呤和嘧啶的分子都是共轭双键体系，成环原子处于同一平面上。嘧啶和嘌呤环上原子的编号是规定的。

1. 基本碱基

**(1) 嘧啶碱** 嘧啶碱有胞嘧啶（C）、尿嘧啶（U）和胸腺嘧啶（T）3 种，其结构见图 4-4。

**(2) 嘌呤碱** 嘌呤碱有腺嘌呤（A）和鸟嘌呤（G）2 种，其结构见图 4-5。

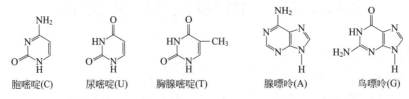

胞嘧啶(C)　尿嘧啶(U)　胸腺嘧啶(T)

图 4-4 嘧啶碱的结构

腺嘌呤(A)　鸟嘌呤(G)

图 4-5 嘌呤碱的结构

2. 稀有碱基

除基本碱基外，核酸中还存在稀有碱基。稀有碱基的种类很多，大多是嘌呤碱或嘧啶碱的不同部位被化学修饰（甲基化最常见）后形成的产物。tRNA 中含有较多的稀有碱基，如二氢尿嘧啶（D）、次黄嘌呤（I）等。另外，还有一些稀有碱基是核酸代谢的中间物（如乳清酸、黄嘌呤等）。核酸中主要的稀有碱基见图 4-6。

5-甲基胞嘧啶　二氢尿嘧啶　次黄嘌呤　7-甲基鸟嘌呤

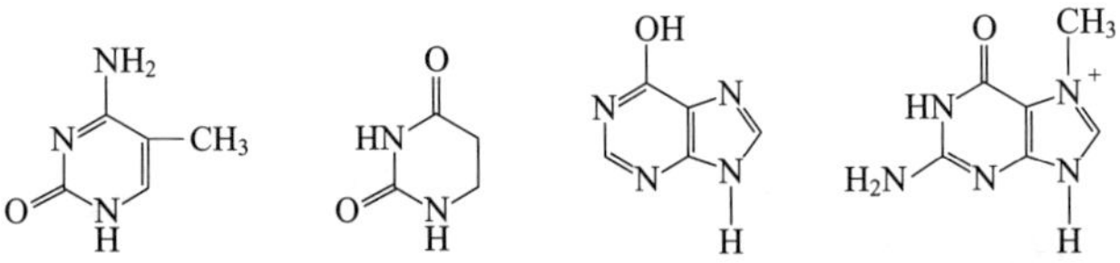

图 4-6 核酸中主要的稀有碱基

## (三) 核苷

核苷是由戊糖和碱基缩合而成的糖苷。戊糖的 C1 与嘧啶碱的 N1 或嘌呤碱的 N9 相连，所以糖与碱基间的连键是 N—C 键，一般称之为 *N*-糖苷键。核苷根据戊糖分为核糖核苷和脱氧核糖核苷，根据碱基分为嘧啶核苷和嘌呤核苷。核苷的结构通式见图 4-7。

图 4-7 核苷的结构通式

核苷分子中，糖环平面与碱基平面是垂直的，连接两个平面的 C—N 键（*N*-糖苷键）可以旋转。戊糖分子中的 C 的编号用 1′，2′，3′……表示，以区别于碱基杂环中的原子的编号。几种核苷的结构见图 4-8。

## (四) 核苷酸

核苷酸是核苷与磷酸通过磷酸酯键形成的化合物，即核苷的磷酸酯。

核苷酸的结构通式见图 4-9。

从图 4-9 中可以看出，戊糖与磷酸以酯键相连，是核苷酸的共同部分。D-核糖中 2′、3′、5′碳原子上有自由—OH，能与磷酸形成酯键，因此可以形成 2′-核苷酸、3′-核苷酸和 5′-核苷酸；D-2-脱氧核糖 2′碳原子上没有—OH，因此能形成 3′-核苷酸和 5′-核苷酸。图 4-9 中的核苷酸为 5′-核苷酸，核酸中的核苷酸都是 5′-核苷酸。

图 4-9 中的核苷酸，分子中只有一个磷酸，称为核苷一磷酸，可以用 NMP 表示（N 代

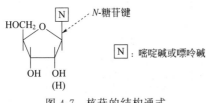

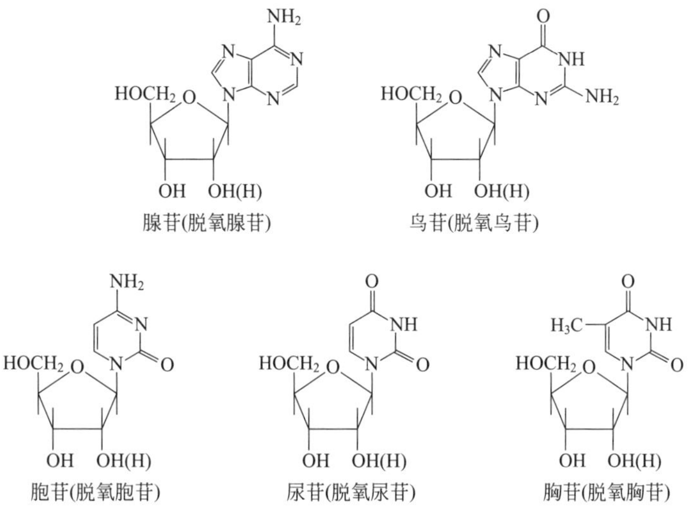

图 4-8 几种核苷的结构

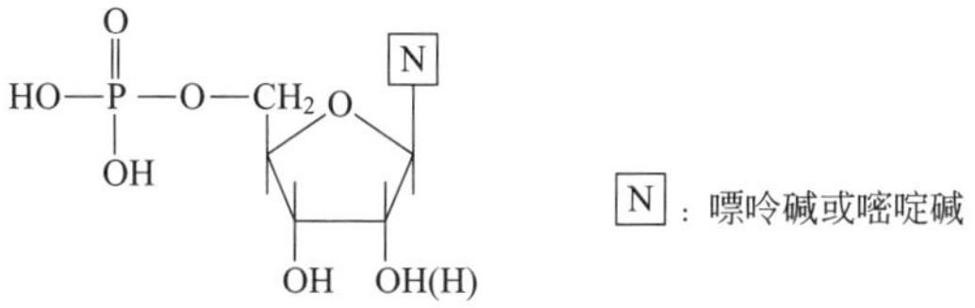

图 4-9 核苷酸的结构通式

表碱基，MP 代表一磷酸），如 AMP 是腺嘌呤核苷一磷酸，简称为腺苷酸，GMP、CMP、UMP 分别简称为鸟苷酸、胞苷酸、尿苷酸。核苷一磷酸进一步磷酸化，可以形成核苷二磷酸（NDP）和核苷三磷酸（NTP）。

核苷酸按戊糖分为核糖核苷酸和脱氧核糖核苷酸，分别是 RNA 和 DNA 的单体。脱氧核糖核苷酸用 dNMP 表示（如脱氧腺苷酸为 dAMP），相应的 dNDP、dNTP 表示脱氧核糖核苷二磷酸、脱氧核糖核苷三磷酸。

核酸中的核苷酸见表 4-2。

表 4-2 核酸中的核苷酸

| 核酸 | 核苷酸 | | | |
|---|---|---|---|---|
| 核糖核酸（RNA） | AMP | GMP | CMP | UMP |
| 脱氧核糖核酸（DNA） | dAMP | dGMP | dCMP | dTMP |

核苷酸按碱基可以分为嘌呤核苷酸和嘧啶核苷酸，其结构见图 4-10。

### 四、生物体中的游离核苷酸及核苷酸衍生物

#### （一）多磷酸核苷酸

多磷酸核苷酸包括 NDP 和 NTP，这类化合物的代表是 ATP（腺苷三磷酸）。ATP 的结构见图 4-11。

用 α、β、γ 表示 ATP 分子中的磷酸残基。ATP 分子中的 3 个磷酸键中，第一个为磷酸酯键，第二个、第三个磷酸键为磷酸酐键，即高能磷酸键，用"～"表示。ATP 含 2 个高能磷酸键，其水解时释放出的能量大于 33.49kJ/mol（普通磷酸酯键为 8.37～12.56kJ/mol）。

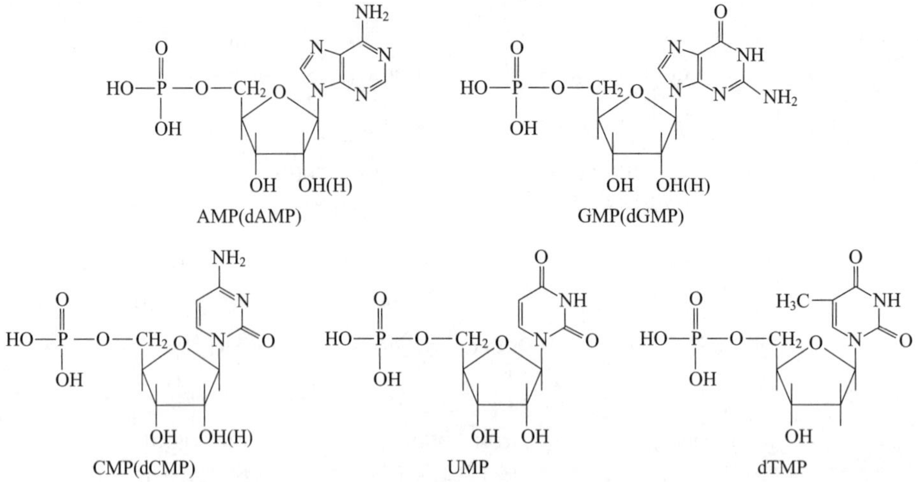

图 4-10 嘌呤核苷酸和嘧啶核苷酸的结构

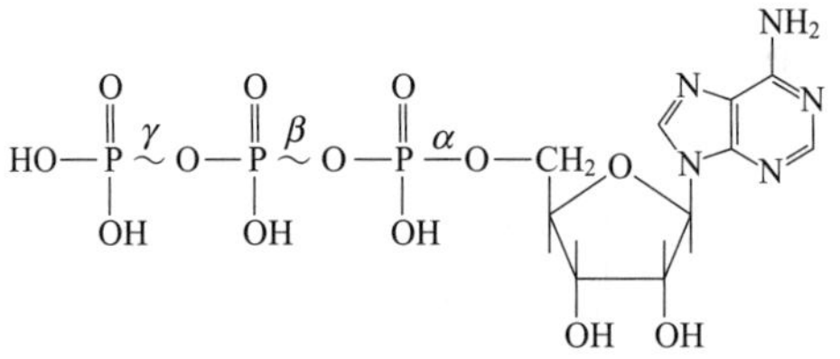

图 4-11 ATP 的结构

NTP 具有重要的生理功能。NTP（包括 dNTP）都是高能磷酸化合物。ATP 是生物体可以直接利用的能量形式，在细胞能量代谢中起着极其重要的作用。NTP 参与生物体内的合成代谢，如 UTP 参与糖原的合成，CTP 参与磷脂的合成，GTP 参与蛋白质的合成。参与核酸生物合成的直接原料不是核苷一磷酸，而是核苷三磷酸。

**（二）环化核苷酸**

ATP 在腺苷酸环化酶的作用下，形成 3′,5′-环腺苷酸（cAMP），GTP 也可以环化形成 cGMP（见图 4-12）。

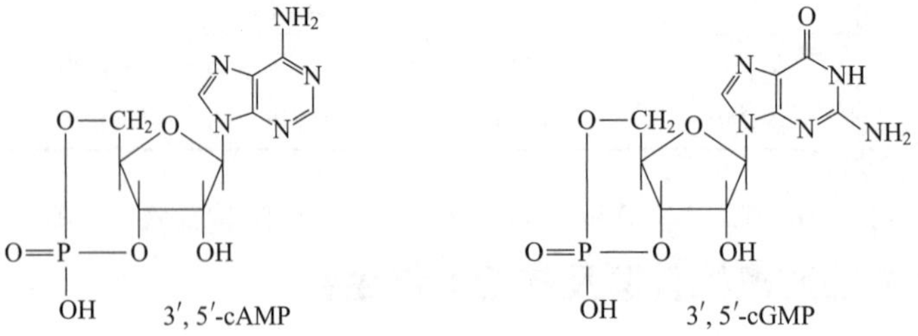

图 4-12 环化核苷酸（cAMP 和 cGMP）的结构

cAMP 和 cGMP 被称为"第二信使"，对物质代谢有调节作用。cAMP 在细胞内的含量很低，是一些激素发挥生理作用的媒介物，许多药物和神经递质也通过 cAMP 起作用。

**（三）辅酶类核苷酸**

某些核苷酸是一些辅酶的组分，如 5′-AMP 是 FAD（黄素腺嘌呤二核苷酸）、$NAD^+$

（辅酶Ⅰ）、$NADP^+$（辅酶Ⅱ）的组分；3'-AMP 是 CoA-SH 的组分。FAD、$NAD^+$、$NADP^+$ 是生物体内多种脱氢酶的辅酶，在生物氧化中起传递氢原子的作用。CoA-SH 则是酰基转移酶的辅酶。

### （四）其他

某些海产动物（如贝类）中，含有较多的次黄嘌呤核苷酸（IMP），也称为肌苷酸，是一种有鲜味的核苷酸，在食品工业中，肌苷酸常与味精（谷氨酸单钠盐）一起配制各种调味品。肌苷酸也是动物屠宰后，肉成熟过程中产生的一种风味物质。

# 第三节　核酸的分子结构

## 一、核酸分子中核苷酸的连接方式

核苷酸以 3',5'-磷酸二酯键连接成多核苷酸链。多核苷酸链中，一个核苷酸的 3'-OH 与下一个核苷酸的 5'-磷酸基脱水形成酯键，一个磷酸与两个戊糖形成酯键，因此称为 3',5'-磷酸二酯键。

多核苷酸链有两个游离端，即 5'-端和 3'-端。5'-端为磷酸基游离的一端，常用 5'-P 表示，3'-端为羟基游离的一端，常用 3'-OH 表示。多核苷酸链具有方向性，书写多核苷酸链必须标明方向，即 5'→3' 或 3'→5'。多核苷酸链的主链是磷酸-戊糖-磷酸-戊糖……形成的骨架，是核酸分子中不变的部分；多核苷酸链中的可变部分是核苷酸中的碱基，为多核苷酸链的侧链。因此，可以用碱基表示核苷酸的排列顺序，如：5'-A-T-G-G-C-T-A……T-A-C-3'。

多核苷酸链和 3',5'-磷酸二酯键的结构见图 4-13。

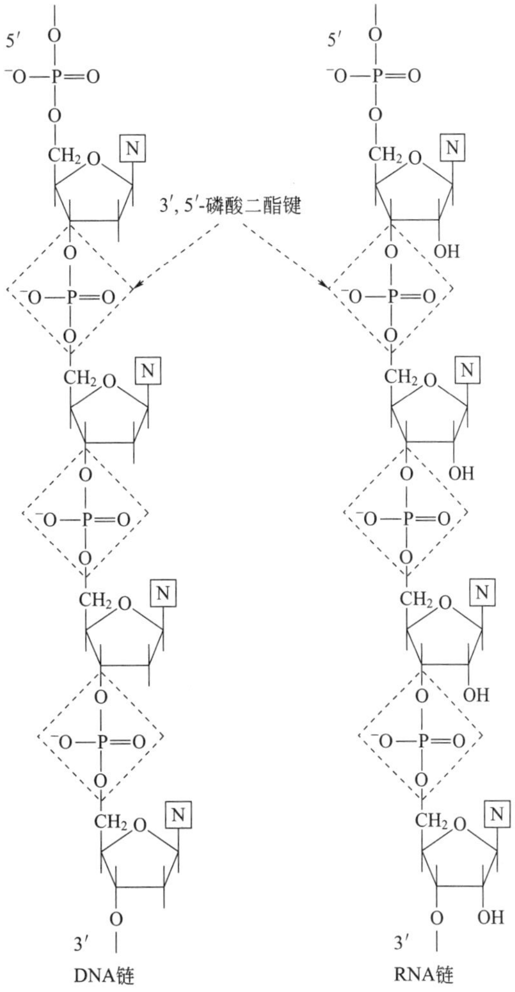

## 二、DNA 的分子结构

### （一）DNA 的一级结构

DNA 是由 dAMP、dGMP、dCMP、dTMP 4 种脱氧核糖核苷酸组成的多核苷酸链。DNA 的一级结构即多核苷酸链中脱氧核苷酸的组成及排列顺序。DNA 的一级结构可以用碱基排列顺序表示。

DNA 的碱基顺序本身就是遗传信息存储的分子形式。生物界物种的多样性即寓于 DNA 分子中四种核苷酸千变万化的不同排列组合之中。

图 4-13　多核苷酸链及 3',5'-磷酸二酯键的结构

## (二) DNA 的二级结构

### 1. DNA 碱基组成的规律——Chargaff 规则

20 世纪 40 年代末期，Erwin Chargaff 应用紫外分光光度法结合纸色谱等简单技术，对多种生物的 DNA 做碱基定量分析，发现了 DNA 碱基组成的基本规律，这个规律被称为 Chargaff 定律，也称为 Chargaff 规则。Chargaff 规则的主要内容如下：

① 所有生物细胞的 DNA 中，腺嘌呤和胸腺嘧啶的物质的量相等，即 A=T；鸟嘌呤和胞嘧啶的物质的量也相等，即 G=C。含氨基的碱基（腺嘌呤和胞嘧啶）总数等于含酮基的碱基（鸟嘌呤和胸腺嘧啶）总数，即 A+C=T+G；嘌呤的总数等于嘧啶的总数，即 A+G=C+T。

② 同一生物的不同组织的 DNA 碱基组成相同，同一种生物 DNA 的碱基组成不随生物体的年龄、营养状态或者环境变化而改变。

③ 不同生物 DNA 的碱基组成不同，可用不对称比率 [(A+T)/(G+C)] 表示。亲缘相近的生物，其 DNA 的碱基组成相近，即不对称比率相近。

Chargaff 规则揭示了所有生物 DNA 碱基组成的定量关系，即 A=T、G=C，暗示 A 与 T、C 与 G 相互配对的可能性，为 Watson 和 Crick 提出 DNA 双螺旋结构提供了重要依据。

### 2. DNA 的二级结构——双螺旋结构

1953 年，J. Watson 和 F. Crick 在前人研究工作的基础上，根据 DNA 结晶的 X 射线衍射图谱和分子模型，提出了著名的 DNA 双螺旋结构模型，并对模型的生物学意义做出了科学的解释和预测。

DNA 的二级结构是由两条反向平行的脱氧核苷酸链围绕同一中心轴盘绕而成的右手双螺旋结构（见图 4-14）。

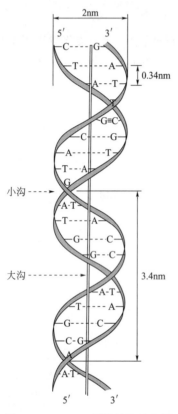

图 4-14 DNA 双螺旋结构示意图

**(1) DNA 双螺旋结构的要点**

① 双螺旋的形状。两条反向平行的多核苷酸链围绕同一中心轴旋转成右手螺旋；多核苷酸链的主链（磷酸基与脱氧核糖以磷酸二酯键相连形成的骨架）位于双螺旋外侧，疏水的碱基位于双螺旋内侧。碱基平面与中心轴垂直。糖环平面与中心轴平行。

② 双螺旋的碱基配对。两条多核苷酸链通过碱基对之间形成的氢键联系在一起。碱基配对的规律是：A-T、C-G，或 T-A、G-C，A 与 T 之间形成两个氢键，C 与 G 之间形成三个氢键。

③ 双螺旋的参数。双螺旋的直径为 2nm，螺距为 3.4nm。相邻两个碱基对的垂直距离为 0.34nm，夹角为 36°。每圈含 10 个碱基对。

④ 双螺旋的大沟和小沟。由于碱基对的堆积和糖-磷酸骨架的扭转，双螺旋表面形成两条沟。大沟宽约 2.2nm，小沟宽约 1.2nm。大沟与小沟对于 DNA 与蛋白质的相互识别极其

重要。

**（2）稳定 DNA 双螺旋结构的因素**

① 氢键。DNA 双螺旋结构在生理条件下是很稳定的。两条多核苷酸链之间形成的氢键（A=T，G≡C）维持螺旋的横向稳定（见图 4-15）。

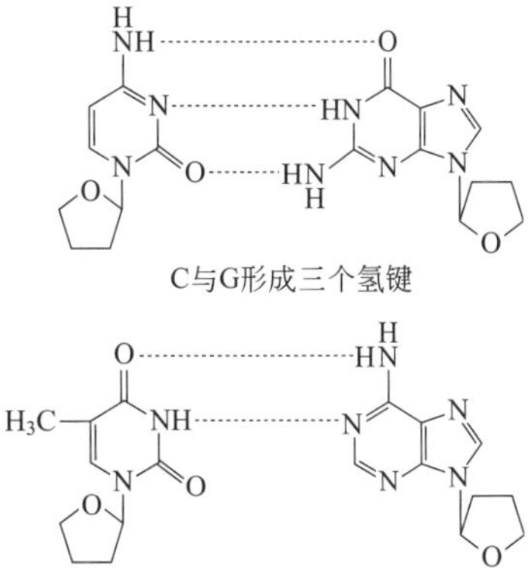

② 离子键。离子键是介质中的阳离子（如 $Na^+$、$K^+$ 和 $Mg^{2+}$）或真核细胞内的组蛋白与磷酸基团的负电荷之间产生的静电作用。这种离子键降低了 DNA 链间的排斥力、范德华引力等。

③ 碱基的堆积力。碱基具有疏水性，大量的碱基在双螺旋内部层层堆积，形成强大的疏水区，与介质中的水分子隔开，有利于互补碱基之间氢键的形成。碱基之间这种在垂直方向的作用力被称为碱基堆积力，是维系 DNA 双螺旋结构稳定的主要作用力。

图 4-15 DNA 碱基对中的氢键

### （三）DNA 的三级结构

DNA 的三级结构是指 DNA 双螺旋结构通过进一步扭曲和折叠所形成的更加复杂的构象，超螺旋是三级结构的主要形式。

天然 DNA 中，真核生物的染色体 DNA、大部分噬菌体 DNA 和一些病毒 DNA 为线形 DNA 分子，细菌的质粒 DNA、病毒 DNA、细菌 DNA、线粒体 DNA、叶绿体 DNA 为双链环状 DNA 分子。

**1. DNA 的超螺旋结构**

环状双螺旋 DNA 可形成超螺旋。绝大多数原核生物 DNA 都是共价封闭环状分子，这种环状双螺旋分子再度螺旋化即成为超螺旋结构。有些单链环形染色体（如 φ×174）或双链线形染色体（如 λ 噬菌体），在其生活周期的某一阶段，也必将其染色体变为超螺旋形式。对于真核生物来说，虽然其染色体多为线形分子，但其 DNA 均与蛋白质相结合，两个结合点之间的 DNA 形成一个突环结构，同样具有超螺旋形式。

环状 DNA 分子主要有松弛环形、解链环形和超螺旋 3 种构象。具有 B-DNA 结构特点的环状 DNA 分子，处于能量最低状态，即为松弛环形 DNA。将正常的 DNA 分子额外地多转几圈或少转几圈，分子内即会产生张力（拓扑张力），环状 DNA 分子或线状 DNA 分子两端被固定，这种张力就不能释放到分子外，为抵消这种张力，DNA 分子就会发生扭曲，这种扭曲的 DNA 就是超螺旋 DNA。正常环状 DNA 和超螺旋 DNA 见图 4-16。

超螺旋按其方向分为正超螺旋和负超螺旋两种。松弛状态的环状 DNA，右旋过度，处于拧紧状态时，DNA 扭曲成左手螺旋以抵消张力，这样的超螺旋为正超螺旋；相反，环状 DNA 左旋过度，双螺旋圈数减少，处于拧松状态时，形成负超螺旋。真核生物中，DNA 与组蛋白八聚体形成核小体结构时，存在着负超螺旋。生物体内大多数 DNA 分子都处于负超螺旋状态。

超螺旋结构对 DNA 的生物学功能有重要意义。超螺旋结构将巨大的 DNA 分子盘绕卷曲成高度致密状态，压缩在一较小体积内，组装到细胞或细胞核中。

**2. 真核生物 DNA 的三级结构**

真核生物中，DNA 和蛋白质构成染色体，是 DNA 的三级结构形式。

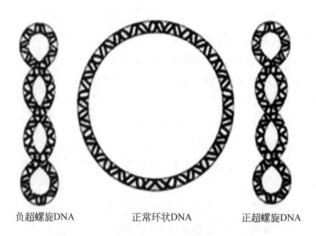

图 4-16　正常环状 DNA 和超螺旋 DNA

染色体的基本组成单位是核小体。

**(1) 核小体的组成和结构**　核小体由 DNA 和组蛋白组成。组蛋白有 5 种，即 $H_1$、$H_2A$、$H_2B$、$H_3$、$H_4$，富含精氨酸和赖氨酸，属于碱性蛋白，在生理条件下带正电荷，有利于与带负电荷的 DNA 的磷酸-戊糖骨架结合。核小体中 DNA 约含有 200 碱基对（bp）。

核小体的结构包括核心颗粒和连接区两部分，在电子显微镜下，核小体是念珠状的。$H_2A$、$H_2B$、$H_3$、$H_4$ 各 2 分子形成组蛋白八聚体，外面缠绕 1.75 圈 DNA（约 146bp）形成核小体的核心颗粒；连接区是两个相邻的核心颗粒之间的一段双螺旋 DNA 链（称为连接 DNA，约 60bp）及结合在连接 DNA 上的组蛋白 $H_1$。组蛋白 $H_1$ 既与连接 DNA 结合，也与核心颗粒结合。核小体的结构见图 4-17。

与伸展的 DNA 相比，DNA 包装成核小体后，长度被压缩了 10 倍。

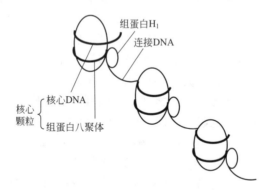

图 4-17　核小体结构示意图

**(2) 核小体组装成染色体**　在核小体基础上，DNA 链进一步折叠成每圈 6 个核小体、直径 30nm 的纤维状结构，这种 30nm 纤维再扭曲，绕染色体骨架形成棒状的染色体。DNA 被压缩了近万倍。

## 三、RNA 的分子结构

### （一）RNA 的一级结构

RNA 是由 AMP、GMP、CMP 和 UMP 四种核苷酸通过 3′,5′-磷酸二酯键相连而成的多核苷酸链。

RNA 的一级结构是多核苷酸链中核苷酸的排列顺序。

RNA 分子为单链，比 DNA 分子小很多。

RNA 除含 A、G、C、U 四种碱基外，尚含有多种稀有碱基和特殊形式的核苷，其中以各种甲基化的碱基和"假尿嘧啶核苷"尤为丰富。

**1. mRNA 的一级结构**

mRNA 携带 DNA 的遗传信息，作为蛋白质合成的模板，指导蛋白质的合成。真核生物和原核生物 mRNA 的结构是有差别的。mRNA 是细胞内最不稳定的 RNA，代谢十分迅速。mRNA 分子中，用于指导蛋白质合成的核苷酸序列称为编码区，编码区两侧的核苷酸序列为非编码区（非翻译区）。

**（1）原核生物 mRNA 的一级结构**　原核生物 mRNA 是多顺反子 mRNA，即每条 mRNA 链上有多个编码区，5'-端和 3'-端各有一段非翻译区。一个编码区加上合成蛋白质所需的调节序列，构成一个顺反子，相当于一个基因。每个顺反子之间有一些间隔（1~40bp），称为顺反子间区。

原核生物 mRNA 中没有修饰碱基。

原核生物 mRNA 的转录和翻译是在同一个细胞空间里同步进行的，蛋白质的合成往往在 mRNA 刚开始转录时即被引发，所以 mRNA 的半衰期很短，平均只有 2min。

原核生物 mRNA 的一级结构见图 4-18。

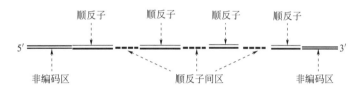

图 4-18　原核生物 mRNA 一级结构示意图

**（2）真核生物 mRNA 的一级结构**　真核生物 mRNA 是单顺反子 mRNA。

真核生物 mRNA 转录生成的是 mRNA 的前体——核不均一 RNA（hnRNA），hnRNA 经过加工，形成成熟的 mRNA。

大多数真核生物 mRNA 5'-端有一个 $m^7GpppNm$ 的"帽子"结构，3'-端有长短不一的多聚腺苷酸（Poly A）的"尾巴"结构。在 mRNA 的 5'-端和 3'-端各有一段非编码区。真核生物 mRNA 的一级结构见图 4-19。

图 4-19　真核生物 mRNA 一级结构示意图

①"帽子"结构。mRNA 的 5'-端的"帽子"结构（$m^7GpppNm$）是转录后加工修饰形成的。"帽子"结构（$m^7GpppNm$）见图 4-20。

"帽子"结构对稳定 mRNA 和翻译有重要意义。"帽子"结构可以保护 mRNA，使其免受核酸外切酶水解；作为蛋白质合成系统的辨认信号，被专一的蛋白质因子识别，启动和加速翻译过程。

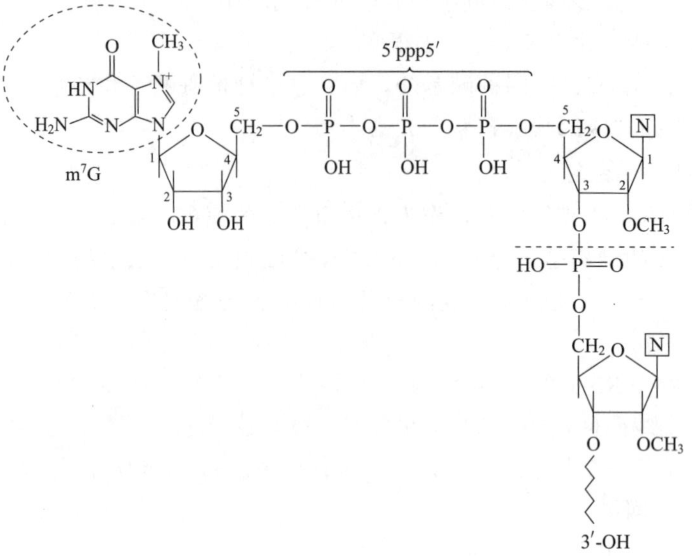

图 4-20　真核生物 mRNA 5'-端的"帽子"结构（m⁷GpppNm）

②"尾巴"结构。绝大多数真核细胞 mRNA 在 3'-端有一段长约 20～200 个多聚腺苷酸（Poly A）的"尾巴"结构。Poly A 是在转录后经 Poly A 聚合酶的作用而添加上去的。

Poly A 保护 mRNA，使其免受核酸外切酶的作用；与 mRNA 从细胞核转移到细胞质有关；与 mRNA 的半衰期有关，新合成的 mRNA，Poly A 链较长，而衰老的 mRNA，Poly A 链缩短。

### 2. tRNA 的一级结构

tRNA 分子较小，一般由 70～90 个核苷酸残基组成。不同的 tRNA 在结构上有共同的特点：①分子中有较多的稀有碱基，最常见的是甲基化的碱基；②分子中某些位置的核苷酸是不变和半不变的；③各种 tRNA 的 3'-端为 CCA，5'-端大多数为 pG，少数为 pC。

### 3. rRNA 的一级结构

rRNA 一般由约 120 个核苷酸组成，是核糖体的组成成分。核糖体是蛋白质和 rRNA 的复合体，含有约 40％的蛋白质和 60％的 rRNA，由大、小两个亚基组成。核糖体的组成见表 4-3。

表 4-3　核糖体的组成

| 来源 | 亚基 | rRNA 种类 | 蛋白质种类 |
| --- | --- | --- | --- |
| 原核生物（70S 核糖体） | 50S | 5S、23S | 34 |
|  | 30S | 16S | 21 |
| 真核生物（80S 核糖体） | 60S | 5S、5.8S、28S | 36～50 |
|  | 40S | 18S | 30～32 |

## （二）RNA 的空间结构

### 1. RNA 的二级结构

**（1）RNA 二级结构的特点**　RNA 是单链，在生理条件下，RNA 单链可以发生自身回折，在互补的碱基对之间形成双螺旋区（局部双螺旋）。双螺旋中碱基配对规律是：A 与 U，G 与 C。RNA 一般都存在局部双螺旋的二级结构，称为发夹式或茎环式，见图 4-21。

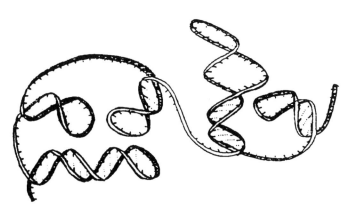

图 4-21　RNA 局部双螺旋结构示意图

**(2) tRNA 的二级结构**　在所有的 RNA 中，tRNA 的结构被研究得最多。不同来源的 tRNA，其二级结构都是三叶草形。三叶草形结构是多核苷酸链形成局部双螺旋的结果，双螺旋区构成"叶柄"，突环构成"叶"。tRNA 三叶草结构包括"四臂四环"，即氨基酸臂、二氢尿嘧啶臂和二氢尿嘧啶环、反密码臂和反密码环、额外环、TψC 臂和 TψC 环。tRNA 的三叶草形二级结构见图 4-22。

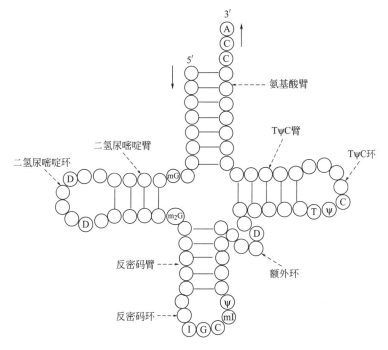

图 4-22　tRNA 三叶草形二级结构示意图

① 氨基酸臂。由 5′-端和 3′-端组成，含 7 对碱基，富含鸟嘌呤，3′-端都有 CCA-OH 结构。氨基酸臂的功能是接受活化的氨基酸。

② 二氢尿嘧啶臂和二氢尿嘧啶环。二氢尿嘧啶臂由 3～4 对碱基组成，连接二氢尿嘧啶环与 tRNA 的其他部分。二氢尿嘧啶环也称为 DHU 环或 D 环，由 8～12 个核苷酸组成，环中含有二氢尿嘧啶（D）。

③ 反密码臂和反密码环。反密码臂中约有 5 对碱基，反密码环由 7 个核苷酸组成，环

中部为反密码子，由 3 个核苷酸组成。反密码子通常有次黄嘌呤核苷酸（IMP）。

④ TΨC 臂和 TΨC 环。TΨC 臂有 5 对碱基，TΨC 环由 7 个核苷酸组成，几乎所有 tRNA 中都含有 TΨC 序列。T 和 Ψ 分别是胸腺嘧啶核苷酸和假尿嘧啶核苷酸。

⑤ 额外环。额外环也称为附加环或可变环，由 3～18 个核苷酸组成，tRNA 不同，该环的大小不同。

2. tRNA 的三级结构

在二级结构的基础上，tRNA 进一步折叠，形成三级结构。20 世纪 70 年代，S. H. Kim 应用 X 射线衍射等结构分析方法，证明 tRNA 具有倒 L 形三级结构。反密码环和氨基酸臂两个功能区位于倒 L 形的两个端点，二氢尿嘧啶区和 TΨC 区构成倒 L 形的拐角。tRNA 的倒 L 形三级结构见图 4-23。

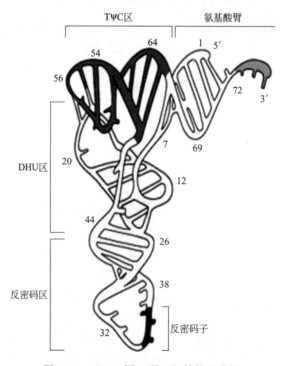

图 4-23　tRNA 倒 L 形三级结构示意图

tRNA 的三级结构与其生物学功能密切相关。所有的 tRNA 折叠后形成大小相似及三维构象相似的三级结构，这有利于携带氨基酸的 tRNA 进入核糖体的特定部位。

> **知识拓展　　　　　　　　基因和基因组**
>
> 1. 基因
>
> （1）基因的概念　"基因"（gene）一词是丹麦遗传学家 W. Johansen 于 1909 年首先提出的。1926 年，T. H. Morgan 出版了专著《基因论》，明确了基因存在于染色体上，一个基因控制一个性状。1941 年，G. Beadle 和 E. Tatum 在分子水平上提出基因的定义，认为基因是遗传物质的一个片段，它编码或决定一个酶，这就是"一个基因一个酶"假说，后来这个假说扩展为"一个基因一个蛋白质""一个基因一条多肽链"。

20世纪50年代以后，随着分子遗传学的发展，尤其是J. Watson和F. Crick提出DNA双螺旋结构以后，人们进一步认识了基因的本质，即基因是具有遗传效应的DNA片段。自从RNA病毒发现之后，人们认识到基因的存在方式不仅存在于DNA上，还存在于RNA上。所以，基因是携带遗传信息的DNA或RNA序列，也称为遗传因子。

(2) 基因的分类　基因根据是否具有转录和翻译功能，分为3种。

① 结构基因。结构基因是编码多肽链的基因。结构基因转录形成mRNA，翻译形成多肽链，组装成蛋白质。结构基因的突变可导致蛋白质一级结构的改变。

② 调节基因。调节基因是不编码多肽链但调节控制结构基因表达的基因。调节基因的突变可以影响一个或多个结构基因的功能，导致蛋白质量或活性的改变。

③ RNA基因。RNA基因只转录产生相应的RNA而不翻译成多肽链，包括rRNA基因和tRNA基因。

2. 基因组

基因组(genome)指细胞或生物体中的全部DNA，包括基因和基因间隔区域。

原核生物和真核生物的基因组都是DNA；病毒基因组有的是DNA，有的是RNA。

原核生物基因组就是原核细胞内构成染色体的一个DNA分子。真核生物染色体位于细胞核内，真核生物的核基因组是指单倍体细胞核内整套染色体所含有的DNA分子。除核基因组外，真核细胞内还有细胞器基因组，即动植物细胞中的线粒体基因组和植物细胞内的叶绿体基因组。

基因组的大小通常以其DNA的含量来表示。进化程度越高的生物，基因组越大，其DNA含量越高，结构也越复杂。目前已完成了多种模式生物（如大肠杆菌、酵母菌、线虫、果蝇等）基因组的测序工作，2001年，人类基因组的测序工作也基本完成。

# 第四节　核酸的理化性质

## 一、核酸的一般理化性质

### 1. 两性性质

核酸分子中含有酸性的磷酸基和碱性的碱基，因此，核酸是两性电解质，能进行两性解离。由于核酸中磷酸基的酸性大于碱基的碱性，所以核酸的等电点偏酸性。DNA的p$I$约为4.0~4.5，RNA的p$I$约为2.0~2.5。

### 2. 溶解度

纯的DNA是白色纤维状固体，纯的RNA是白色粉末状固体。DNA和RNA微溶于水，其钠盐在水中的溶解度较大。核酸能溶于2-甲氧乙醇，而不溶于乙醇、乙醚等有机溶剂中，故实验室中常用乙醇沉淀核酸。

### 3. 稳定性与黏度

天然 DNA 分子的长度可达几厘米，而分子直径只有 2nm，因此，DNA 在机械力作用下极易发生断裂；RNA 分子量小，同样条件下不易断裂。

由于 DNA 分子极度不对称，因此，DNA 溶液的黏度极高，比 RNA 溶液大得多。DNA 变性时双螺旋解开，黏度会降低。

## 二、核酸的紫外吸收性质

在核酸分子中，由于嘌呤碱和嘧啶碱具有共轭双键体系，因而具有独特的紫外线吸收光谱，吸收峰在 260nm（蛋白质的紫外吸收峰在 280nm）。这一性质可作为核酸及其组分定性和定量测定的依据。

利用吸光度的比值 $A_{260}/A_{280}$ 可以鉴别核酸的纯度。纯 DNA 样品 $A_{260}/A_{280}$ 应大于 1.8，纯 RNA 样品则应达到 2.0。

## 三、核酸的变性、复性和分子杂交

### （一）核酸的变性

#### 1. 核酸变性的定义

在某些理化因素的作用下，维持核酸中双螺旋结构稳定的次级键被破坏，双螺旋结构解开成单链的过程称为核酸的变性。

核酸变性的本质是双链间氢键的断裂。RNA 仅局部呈双螺旋结构，其螺旋形结构向线团形结构转化不如 DNA 明显。

**（1）DNA 的变性** 在理化因素的作用下，DNA 分子中的氢键断裂，双螺旋结构解开成为单链的过程称为变性。

**（2）使核酸变性的因素** 使核酸变性的理化因素主要有 pH、加热和变性剂。过量的酸、碱（pH<5.0 或>11.3）、加热可破坏碱基间的氢键，使双链分开；使核酸变性的化学试剂主要有尿素、甲酰胺、乙醇、丙酮等。

#### 2. 核酸变性后的性质变化

变性能导致 DNA 的一些理化性质及生物学性质发生改变，如生物活性部分丧失，溶液黏度降低，溶液旋光性发生改变，紫外吸收增加（增色效应）。

DNA 变性后，由紧密的双螺旋结构变成松散的无规则单链线性结构，因此，溶液黏度明显降低。分子的对称性及局部构型的改变，引起 DNA 溶液比旋光度下降。

DNA 变性后，由于氢键断裂，碱基暴露，在紫外光 260nm 波长处的吸收值明显增加，此现象称为增色效应。

#### 3. DNA 的熔解温度

**（1）DNA 的热变性** 由于温度升高引起的 DNA 变性，称热变性。

**（2）DNA 的熔解温度（$T_m$）** 使 50% DNA 发生变性的温度称为该 DNA 的熔解温度或熔点，也称为解链温度，用 $T_m$ 表示。

DNA 的热变性发生在一个很狭窄的温度范围内，这一过程类似于晶体的熔化。DNA 的热变性是爆发式的，$T_m$ 值一般在 82~95℃。某些 DNA 的 $T_m$ 值见图 4-24。

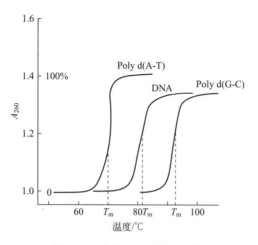

图 4-24 某些 DNA 的 $T_m$ 值

> **知识拓展**
>
> 影响 $T_m$ 值的因素有以下几种：
>
> ① DNA 的均一性。一般 DNA 的均一性越高，其 $T_m$ 值的变动范围越小。如，人工合成的只含有一种碱基对的多核苷酸片段，$T_m$ 值比天然 DNA 范围窄。待测 DNA 样品中，如果组成单一，则 $T_m$ 值范围较窄；如果样品中有不同来源的 DNA，则 $T_m$ 值范围较宽。
>
> ② G-C 对的含量。DNA 中 G-C 对的含量越高，$T_m$ 值越大，这是因为 G-C 对比 A-T 对更为稳定。通过测定 DNA 的 $T_m$ 值，可推算出 G-C 对的含量。其经验公式为：
>
> $$(G+C)\% = (T_m - 69.3) \times 2.44$$
>
> ③ 介质的离子强度。一般说来，在离子强度较低的介质中，DNA 的 $T_m$ 值较低，$T_m$ 值的范围也较窄；而在离子强度较高的介质中，情况则相反。所以 DNA 制品应保存在较高浓度的缓冲液中，故常在 1mol/L 的 NaCl 中保存。

### （二）DNA 的复性

#### 1. DNA 的复性

变性 DNA 在适当条件下，两条彼此分开的单链重新缔合成双螺旋结构的过程称为复性。

热变性 DNA 经缓慢冷却后即可复性。

加热变性的 DNA 经缓慢降温，重新形成双螺旋的过程称为退火；若将加热变性的 DNA 迅速降温，则不能重新形成双螺旋，两条链继续保持分开的状态，这一过程称为淬火。DNA 的变性与复性过程见图 4-25。

DNA 的复性一般只适用于均一性的病毒和细菌 DNA，而对于哺乳动物细胞中的生物非均一 DNA，则很难恢复到原来的结构状态。

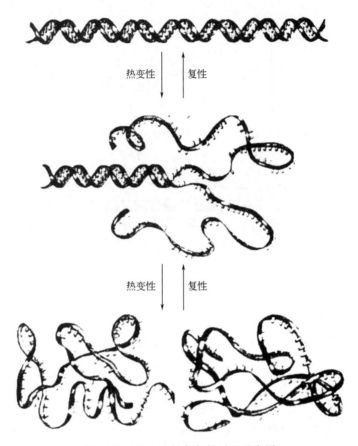

图 4-25 DNA 变性与复性过程示意图

### 2. DNA 复性后的性质变化

复性后 DNA 的一系列理化性质得到恢复，如溶液黏度升高，比旋光度增加，紫外光吸收值下降（减色效应），生物活性部分恢复。

### 3. 影响 DNA 复性的因素

**(1) 温度** DNA 复性速度受温度的影响。复性时温度缓慢下降才可使其重新配对复性。如加热后将其迅速冷却至 4℃ 以下，则不可能发生复性。

DNA 复性的最佳温度是比 $T_m$ 低 25℃，越远离此温度，复性速度就越慢。

**(2) DNA 浓度** DNA 浓度越高，越易复性。在一定时间内，互补的单链 DNA 发生碰撞的概率越高，时间越长，发生复性越多。所以，DNA 浓度越高，两条互补单链相遇的概率越大，复性的速率就增加。

**(3) DNA 序列的复杂度** DNA 分子量越大，序列越复杂，复性所需时间越长。如 Poly d[T] 和 Poly d[A] 由于彼此互补识别很快，故能迅速复性；但序列较复杂的 DNA 分子复性则较慢。

**(4) 溶液的离子强度** 溶液的离子强度对复性速度也有影响，通常盐浓度较高时，复性速度较快。离子强度高时，磷酸基团的负电荷被中和，两条链容易聚集，复性容易进行。

## （三）核酸的分子杂交

### 1. 核酸分子杂交的概念

核酸的分子杂交是指不同来源的单链核酸之间通过碱基互补形成双螺旋结构的过程。所形成的杂合双链分子称为杂交分子。

### 2. 杂交分子的种类

DNA 和 DNA 之间、DNA 和 RNA 之间、RNA 和 RNA 之间都可以进行杂交，即形成 $DNA_1$-$DNA_2$、DNA-RNA、$RNA_1$-$RNA_2$ 杂交分子（见图 4-26）。

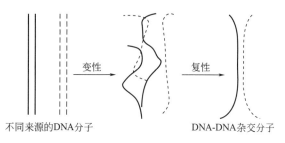

图 4-26　核酸分子杂交示意图

### 3. 核酸分子杂交的应用

核酸分子杂交是基因工程操作的核心技术之一，可用于研究 DNA 分子中某一基因的位置，鉴定两种核酸分子间的序列相似性，检验某些专一序列在待检样品中存在与否，也是基因芯片技术的基础。核酸分子杂交技术在分子生物学、分子遗传学和神经科学等研究领域已得到广泛的应用。

# 第五章 酶

酶（enzyme）是一类由活细胞产生的具有催化作用和高度专一性的生物催化剂。绝大多数的酶其化学本质是蛋白质。各种生物或细胞都能产生自己所需要的酶，在新陈代谢过程中，绝大多数的化学反应都是在酶的催化下进行的。

酶产生于生物体，在细胞内外都起作用。酶与人类的生活关系密切，在工农业生产、食品加工、医学等领域有着广泛的应用。

酶的应用和研究有悠久的历史。公元前两千多年，我国已有酿酒的记载，酿酒、制酱、作饴等是应用微生物中酶的生产活动。对酶化学本质的认识和研究是从19世纪中叶开始的。1857年，法国微生物学家Pasteur认为发酵是酵母细胞生命活动的结果，认为酶必须在有生命的生物体中才起作用。1878年，德国生理学家Kühne首次将酶称为enzyme。1897年，德国化学家Buchner用不含细胞的酵母提取液实现了发酵，证明酶在细胞外依然可起作用。1926年，美国生物化学家Sumner首次从刀豆中提纯出脲酶结晶，证明其为蛋白质，首先提出酶是蛋白质的概念。1930年左右，美国生物化学家Northop分离出胃蛋白酶、胰蛋白酶及胰凝乳蛋白酶，并证明它们都是蛋白质，这样酶的化学本质是蛋白质这一结论才得到科学界的认可。1982年，美国科罗拉多大学的Cech和耶鲁大学的Altman发现了某些RNA也具有酶的催化活性，提出核酶（ribozyme）的概念。1995年，美国生物学家Jack W. Szostak研究室首先报道了具有DNA连接酶活性的DNA片段，称为脱氧核酶（deoxyribozyme）。

因此，现代科学对酶的定义是：酶是由生物活细胞产生的、在体内外均有催化活性的一类生物催化剂，包括蛋白质和核酸。

值得一提的是，虽然某些核酸具有催化功能得到确认，但具有催化作用的蛋白质仍然是酶的主体，我们下面叙述的酶仍然是蛋白质。

## 第一节 酶的概述

### 一、酶的化学组成

根据化学组成，酶可以分两类，即单纯蛋白质酶和结合蛋白质酶。

#### （一）单纯蛋白质酶

单纯蛋白质酶又称为单成分酶，水解产物只有氨基酸。脲酶、蛋白酶、淀粉酶等水解酶类都是单纯蛋白酶。

#### （二）结合蛋白质酶

结合蛋白质酶又称为双成分酶，由蛋白质和非蛋白质两部分组成。许多氧化还原酶类、转移酶类，如细胞色素氧化酶、乳酸脱氢酶、转氨酶等均属于结合蛋白质酶。

结合蛋白质酶中的蛋白质部分叫做酶蛋白，非蛋白质部分叫做辅助因子。酶蛋白与辅助因子在酶促反应中起的作用不同，它们单独存在时均无催化活性，只有两者结合成全酶时才能有催化功能。

$$全酶 = 酶蛋白 + 辅助因子$$

### 1. 酶蛋白

酶催化的生物化学反应称为酶促反应，在酶催化下发生化学变化的物质称为底物（S）。酶蛋白的作用是决定反应的专一性和高效率。

### 2. 辅助因子

辅助因子包括两类：金属离子、小分子有机物。有的酶的辅助因子是金属离子，有的则是小分子有机物。

**（1）金属离子**　作为辅助因子的金属离子常见的有 $Zn^{2+}$、$Mg^{2+}$、$Fe^{2+}$、$Fe^{3+}$、$Cu^{2+}$、$Cu^+$、$Mo^{2+}$ 等，它们有多方面的功能，或是酶活性中心的组成成分，或帮助形成酶分子所必需的空间构象，或在底物与酶分子之间起桥梁作用。

**（2）辅酶和辅基**　辅酶与辅基是酶分子中与酶蛋白结合的小分子有机物。辅酶与辅基的区别在于与酶蛋白的结合，若与酶蛋白结合疏松，可用透析或超滤的方法除去，则称为辅酶；若与酶蛋白结合紧密，不能用透析或超滤的方法除去，则称为辅基。

常见的辅酶和辅基有黄素单核苷酸（FMN）、黄素腺嘌呤二核苷酸（FAD）、辅酶Ⅰ（$NAD^+$）、辅酶Ⅱ（$NADP^+$）、辅酶 A（HS-CoA）等。辅酶（辅基）的作用是在化学反应中传递电子、氢原子或化学基团。大部分辅酶（辅基）分子中含有维生素，主要是 B 族维生素。

生物体内酶的种类很多，但辅酶或辅基的种类却较少。同一种辅酶（辅基）往往能与多种不同的酶蛋白结合，组成催化功能不同的多种全酶。如 $NAD^+$ 可作为多种脱氢酶（如乳酸脱氢酶、3-磷酸甘油醛脱氢酶等）的辅酶。但每一种酶蛋白只能与特定的辅酶（辅基）结合，才能成为一种有活性的全酶。如 3-磷酸甘油醛脱氢酶，酶蛋白只能与 $NAD^+$ 结合，才能催化 3-磷酸甘油醛脱氢；琥珀酸脱氢酶的酶蛋白只能与 FAD 结合，才能催化琥珀酸脱氢。

## 二、酶的分子结构

根据酶蛋白的结构特点，酶可分为单体酶、寡聚酶、多酶体系和多酶融合体。

### 1. 单体酶

单体酶是只有一条多肽链的酶。单体酶的种类较少，一般都是催化水解反应。如牛胰核糖核酸酶是由 124 个氨基酸残基组成的一条多肽链，鸡卵清溶菌酶是由 129 个氨基酸残基组成的一条多肽链。

### 2. 寡聚酶

寡聚酶是由两个以上具有三级结构的亚基以非共价键结合的酶。寡聚酶的亚基相同或不同。寡聚酶分子较大，具有四级结构。大多数酶是寡聚酶，如 3-磷酸甘油醛脱氢酶、RNA 聚合酶等。

### 3. 多酶体系

多酶体系是由几个功能相关的酶嵌合在一起形成的复合体，因此也称为多酶复合体。多酶体系中,每种酶催化一个反应,构成一条代谢途径(或代谢途径的一部分),从而提高酶的催化效率,有利于一系列反应的连续进行。多酶体系中的酶是通过非共价键结合的。

糖代谢途径中的丙酮酸脱氢酶系是由丙酮酸脱羧酶、硫辛酸乙酰基转移酶和二氢硫辛酸脱氢酶组成的多酶体系,催化丙酮酸的氧化脱羧反应。α-酮戊二酸脱氢酶系、脂肪酸合成酶系(哺乳动物中)都是多酶体系。

#### 4. 多酶融合体

多酶融合体指一条多肽链上含有两种或两种以上催化活性的酶。多酶融合体是基因融合的产物。

### 三、酶的命名及分类

#### (一)酶的命名

酶的命名方法有习惯命名法和系统命名法两种。

#### 1. 习惯命名法

1961 年以前使用的酶的名称,都是过去沿用的习惯名。习惯命名的原则如下:

① 根据催化的底物来命名。如催化淀粉、脂肪、蛋白质水解的酶,分别称为淀粉酶、脂肪酶、蛋白酶。

② 根据催化反应的类型来命名。如催化同分异构体相互转化的酶叫做异构酶,催化底物分子水解的酶叫做水解酶,催化一种化合物上的氨基转移到另一种化合物上的酶叫做转氨酶。

③ 结合上述两个原则来命名。如琥珀酸脱氢酶是根据其作用底物是琥珀酸和所催化的反应为脱氢反应而命名的。

④ 在上述命名的基础上,根据酶的来源或其他特点来命名。如胃蛋白酶和胰蛋白酶,指明其来源不同;碱性磷酸酶和酸性磷酸酶则指出这两种磷酸酶所要求的酸碱度不同。

习惯命名法的优点是比较简单,使用方便。缺点是缺乏系统性,存在一酶数名或一名数酶现象。

#### 2. 系统命名法

系统命名法是国际酶学委员会于 1961 年提出的。系统命名要求标明所有底物的名称和催化反应的类型。若酶反应中有两种底物起反应,则两种底物均需标明,并用":"分开。如果底物有立体异构体,要标明构型。催化水解反应的酶,其名称中底物之一的水不必标出。几种酶的名称及催化的反应见表 5-1。

表 5-1 几种酶的名称及催化的反应

| 习惯命名 | 系统命名 | 酶催化的反应 |
| --- | --- | --- |
| 谷丙转氨酶 | L-丙氨酸:α-酮戊二酸氨基转移酶 | L-丙氨酸+α-酮戊二酸⟶丙酮酸+L-谷氨酸 |
| 乳酸脱氢酶 | 乳酸:$NAD^+$ 脱氢酶 | 乳酸+$NAD^+$⟶丙酮酸+$NADH+H^+$ |
| 己糖激酶 | ATP:己糖磷酸基转移酶 | ATP+葡萄糖⟶葡萄糖-6-磷酸+ADP |

#### (二)酶的分类

国际生物化学会酶学委员会(Enzyme Commission)根据酶催化反应的类型,将酶分成六大类:①氧化还原酶类,②转移酶类,③水解酶类,④裂合酶类,⑤异构酶类,⑥合成酶类。

### 1. 氧化还原酶类

氧化还原酶类是催化底物进行氧化还原反应的酶类。反应通式：

$$AH_2 + B \rightleftharpoons A + BH_2$$

氧化还原酶类主要包括脱氢酶和氧化酶，主要区别是脱氢反应的受氢体（通式中的B）不同。脱氢酶催化的反应中，B是脱氢酶的辅酶；氧化酶催化的反应中，B是$O_2$。

乳酸脱氢酶催化的反应见图5-1。

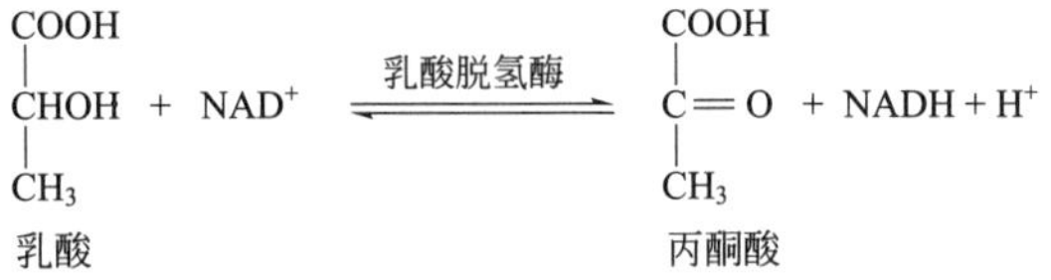

图5-1 乳酸脱氢酶催化的反应

### 2. 转移酶类

催化底物发生基团转移或交换的酶称为转移酶。反应通式为：

$$A—C + B \longrightarrow A + B—C$$

常见的转移酶类有转氨酶、转甲基酶、转酰基酶、激酶等。

激酶属于转移酶类，催化磷酸基团的转移反应，如己糖激酶。己糖激酶催化的反应见图5-2。

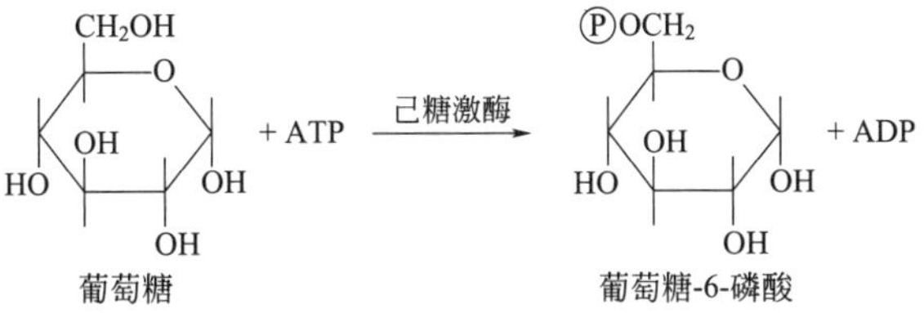

图5-2 己糖激酶催化的反应

### 3. 水解酶类

催化底物进行水解反应的酶叫做水解酶。反应通式为：

$$A—B + H_2O \rightleftharpoons AOH + B—H$$

淀粉酶、蛋白酶、脂肪酶等都属于水解酶类。葡萄糖-6-磷酸酶属于水解酶类，其催化的反应见图5-3。

图5-3 葡萄糖-6-磷酸酶催化的反应

### 4. 裂合酶类

催化从底物上移去一个基团的反应或其逆反应的酶叫做裂合酶（裂解酶）。反应通式为：

$$A—B \rightleftharpoons A + B$$

裂合酶类催化底物共价键断裂，使一分子底物生成两分子产物，主要包括醛缩酶、水化酶及脱氨酶等。醛缩酶催化的反应见图5-4。

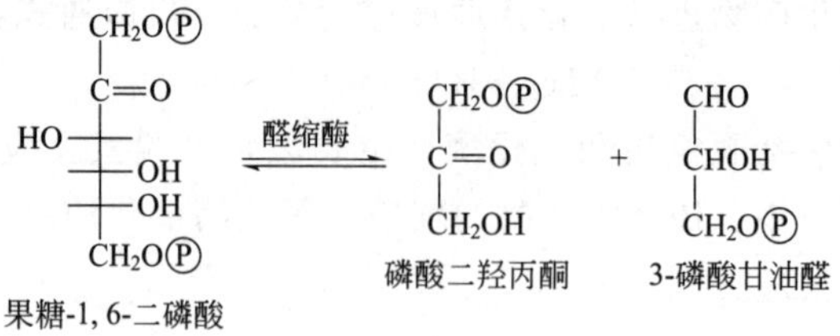

图 5-4 醛缩酶催化的反应

**5. 异构酶类**

异构酶类是催化各种同分异构体相互转化的酶。反应通式为：

$$A \rightleftharpoons B$$

如，磷酸丙糖异构酶催化磷酸二羟丙酮和3-磷酸甘油醛的转化，反应见图5-5。

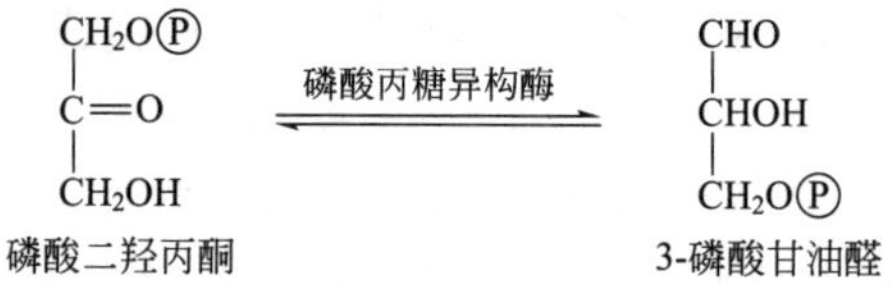

图 5-5 磷酸丙糖异构酶催化的反应

**6. 合成酶类**

合成酶类催化与ATP分解相偶联的两个分子合成一个分子的反应。这类酶的主要特点是必须由ATP供能，合成反应利用ATP的一个高能键或两个高能键释放的能量。反应通式为：

$$A + B + ATP \longrightarrow AB + ADP + Pi$$
$$A + B + ATP \longrightarrow AB + AMP + PPi$$

如，脂酰CoA合成酶催化的反应，见图5-6。

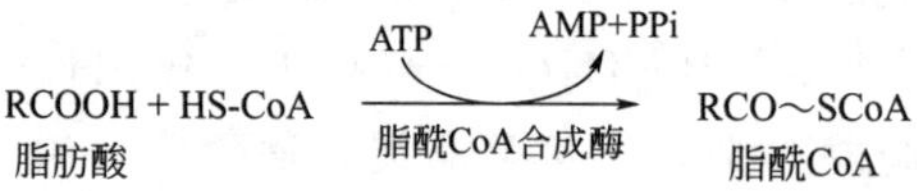

图 5-6 脂酰CoA合成酶催化的反应

## （三）酶的编号

每一种酶有一个编号，由4个数字组成，编号前冠以"EC"，为酶学委员会（Enzyme Commission）的缩写。编号中，第一个数字表示该酶所属的大类；第二个数字是大类中的亚类，亚类表示的是底物中被作用的基团或键的特点；第三个数字为亚类中的亚亚类；第四个数字是该酶在亚亚类中的顺序号。如苹果酸脱氢酶（苹果酸:$NAD^+$氧化还原酶）的编号是EC 1.1.1.37，其含义是该酶属于第一大类，即氧化还原酶类；第一大类中的第一亚类，反应基团为=CHOH；第一亚类中的第一亚亚类，受氢体为$NAD^+$；该酶在亚亚类中的序号是37。

# 第二节 酶的催化作用

## 一、酶的催化特点

### (一) 酶与一般催化剂的共性

酶作为生物催化剂，既具有一般催化剂的特点，又有其不同之处，酶和一般催化剂的共同点是：①用量少而催化效率高。②不改变化学反应的平衡点，仅能改变反应速率。③可降低反应的活化能。活化能是指在一定温度下 1mol 底物全部进入活化态所需要的自由能。④只催化热力学上允许进行的反应。

### (二) 酶的催化特性

#### 1. 酶催化效率高

酶的催化效率极高，催化速率比非催化反应高 $10^8 \sim 10^{20}$ 倍，比一般无机催化剂催化的反应速率要高 $10^7 \sim 10^{13}$ 倍。

例如，铁离子和过氧化氢酶都能够催化 $H_2O_2$ 分解为 $H_2O$ 和 $O_2$。1mol 过氧化氢酶每秒钟可催化 $5 \times 10^6$ mol $H_2O_2$ 分解；在同样条件下，铁离子催化剂只能催化 $6 \times 10^{-4}$ mol 的 $H_2O_2$ 分解。

#### 2. 酶具有高度的专一性

和一般催化剂相比，酶对所作用的底物有严格的选择性，即一种酶只能作用于一类物质或一种物质，这种特性叫做酶的专一性（特异性）。如淀粉酶只能催化淀粉水解而不能催化蔗糖水解，α-淀粉酶和 β-淀粉酶都能水解淀粉分子中的 α-1,4-糖苷键，而不能水解 α-1,6-糖苷键。

#### 3. 酶易失活

酶来源于生物细胞，是生物大分子，其催化活性与空间结构密切相关，所以，酶对环境条件的变化极为敏感，凡是能够破坏酶空间结构的因素（如强酸、强碱、高温等）都能使酶被破坏而完全失活。

#### 4. 酶的活性可调控

生物体的代谢活动是有序进行的，并互相协调，这是由于生物体对酶的催化作用能够通过多方面的因素进行调节和控制。生物体对酶的调节和控制，表现在对酶浓度和酶活性的调控。对酶浓度的调控，是通过在基因水平上诱导或抑制酶的合成实现的。对酶活性的调控，可以通过别构调节、共价修饰调节、酶原激活、激活剂和抑制剂调节等多种方式实现。

---

**知识拓展　　　　　　　酶的专一性**

酶的专一性是酶催化作用的重要特性，根据各种酶对底物选择性的严格程度不同，可将酶的专一性分为绝对专一性、相对专一性和立体异构专一性。

1. 绝对专一性

一种酶只能作用于一种特定的底物，对其他物质（包括底物的衍生物）不能起催化作用，这种专一性称为绝对专一性。如，脲酶只能催化尿素的水解，脲酶具有绝对专一性。脲酶催化的反应见图 5-7。

$$H_2N-\overset{\overset{O}{\|}}{C}-NH_2 + H_2O \xrightarrow{\text{脲酶}} 2\,NH_3 + CO_2$$
尿素

图 5-7　脲酶催化的反应

### 2. 相对专一性

有的酶对底物的专一性程度相对较低，能作用于一类底物，这种专一性称为相对专一性。相对专一性又分为基团专一性和键专一性。

（1）基团专一性　有的酶要求作用于底物的某一化学键和该化学键某一侧的基团，对该化学键另一侧的基团并不要求，这种专一性叫做基团专一性。

如，$\alpha$-D-葡萄糖苷酶要求底物必须是 D-葡萄糖通过 $\alpha$-糖苷键所形成的糖苷，不要求 R 基团。因此，它既可以催化麦芽糖水解，也可以催化蔗糖水解，但不能催化纤维二糖（2 分子 $\beta$-D-葡萄糖形成的二糖）水解。$\alpha$-D-葡萄糖苷酶催化的反应见图 5-8。

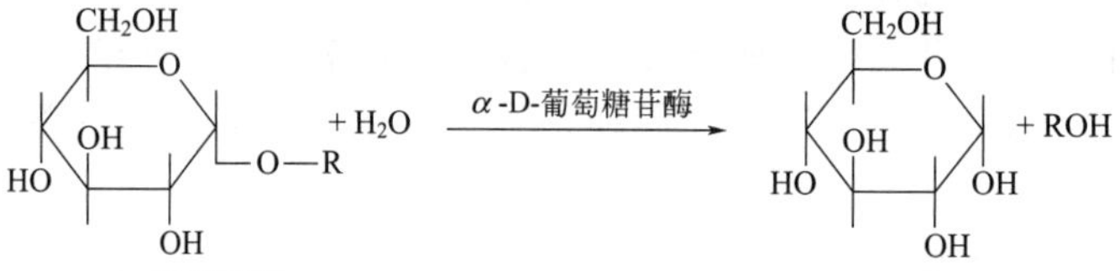

图 5-8　$\alpha$-D-葡萄糖苷酶催化的反应

消化道蛋白酶也具有基团专一性，它们都可以水解肽键，但对构成肽键的氨基酸有要求。如，胰蛋白酶水解赖氨酸、精氨酸等碱性氨基酸的羧基形成的肽键；胰凝乳蛋白酶水解苯丙氨酸、酪氨酸、色氨酸等芳香族氨基酸的羧基形成的肽键；胃蛋白酶水解芳香族氨基酸及其他疏水性氨基酸的氨基形成的肽键。

（2）键专一性　键的专一性是指酶只对底物分子中的化学键严格要求，而对键两端的基团并无严格要求。

如，酯酶催化酯键的水解，可水解任何酸和醇所形成的酯，只是对不同的酯类来说，水解的速率是不同的。酯酶催化的反应见图 5-9。

$$R-\overset{\overset{O}{\|}}{C}-OR' + H_2O \xrightarrow{\text{酯酶}} RCOOH + R'OH$$
酯

图 5-9　酯酶催化的反应

### 3. 立体异构专一性

有些酶只催化一种立体异构体发生某种化学反应，而对另一种异构体则不起作用。酶对立体异构体的选择性称为立体异构专一性。立体异构专一性又分为几何异构专一性和旋光异构专一性。

（1）几何异构专一性　有的酶只能选择性催化某种几何异构体（顺反异构体）底物的反应，而对另一种构型则无催化作用。这种对于几何异构体底物的严格的选择性称为几何异构专一性。

如，延胡索酸酶只能催化延胡索酸（反丁烯二酸）水合生成苹果酸，而对马来酸（顺丁烯二酸）则不起作用。其催化的反应见图 5-10。

$$\begin{array}{c} HCCOOH \\ \| \\ HOOCCH \end{array} + H_2O \xrightarrow{\text{延胡索酸酶}} \begin{array}{c} HO-CHCOOH \\ | \\ CH_2COOH \end{array}$$

延胡索酸　　　　　　　　　　苹果酸

图 5-10　延胡索酸酶催化的反应

（2）旋光异构专一性　当底物具有旋光异构体时，酶只能作用于其中的一种，这种专一性称为旋光异构专一性，也称为光学异构专一性。

如，L-谷氨酸脱氢酶只对 L-谷氨酸氧化脱氨基起作用，对 D-谷氨酸和其他氨基酸不起作用。其催化的反应见图 5-11。

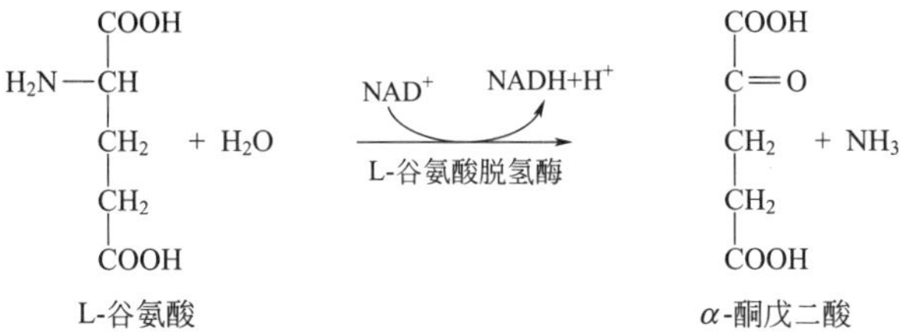

$$\begin{array}{c} COOH \\ | \\ H_2N-CH \\ | \\ CH_2 \\ | \\ CH_2 \\ | \\ COOH \end{array} + H_2O \xrightarrow[\text{L-谷氨酸脱氢酶}]{NAD^+ \quad NADH+H^+} \begin{array}{c} COOH \\ | \\ C=O \\ | \\ CH_2 \\ | \\ CH_2 \\ | \\ COOH \end{array} + NH_3$$

L-谷氨酸　　　　　　　　　　α-酮戊二酸

图 5-11　L-谷氨酸脱氢酶催化的反应

## 二、酶的活性中心

### （一）必需基团与活性中心的概念

酶是大分子化合物，有复杂的结构，但是，酶在发挥催化作用时，并不是整个分子都参加，而是只有少数氨基酸残基的侧链基团直接参与酶的催化反应。这些与酶的催化活性直接有关的基团叫做酶的必需基团或活性基团。

常见的必需基团有丝氨酸的羟基、组氨酸的咪唑基、半胱氨酸的巯基、天冬氨酸和谷氨酸的侧链羧基等。这些必需基团可能在同一条多肽链上，但相距很远，或者不在同一条多肽链上，但它们在空间结构上的位置比较集中，占据一定的空间部位。

酶分子中，由必需基团相互靠近所构成的，能直接结合底物并催化底物发生化学反应的空间部位称为酶的活性中心（活性部位）。

酶的必需基团分两类：一类是构成活性中心的必需基团；一类是活性中心外的必需基团。活性中心外的必需基团不直接参与酶的催化作用，其主要功能是参与维持活性中心的构象。

### （二）酶活性中心的组成

酶的活性中心上的必需基团可分为两类，即结合基团和催化基团，构成酶活性中心的两个功能部位。

结合基团是与底物结合的部位，特异性地与底物结合，决定酶的专一性；催化基团是促使底物发生化学变化的部位，决定酶所催化反应的性质。酶的活性中心见图 5-12。

### （三）酶活性中心的特点

酶的活性中心是酶表现催化活性的关键部位，活性中心的空间结构一旦被破坏，酶就丧

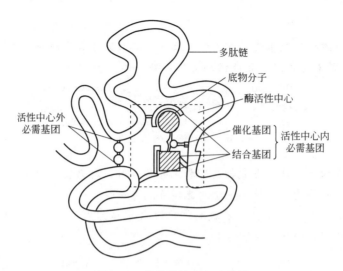

图 5-12 酶的活性中心示意图

失催化活性。

酶的活性中心具有如下特点：①酶的活性中心只占酶分子总体积的一小部分，一般位于酶表面的凹穴处，有一定的大小和空间形状；②构成活性中心的大多数氨基酸残基是疏水性的，因此，酶的活性中心是非极性环境，有利于酶和底物的结合；③底物通常以次级键与酶的活性中心结合，有利于产物的生成；④酶活性中心的空间结构不是刚性的，当它与底物结合时，可以受底物的诱导而发生某些变化，使之更适合于和底物的结合。

### 三、酶的催化作用机理

#### （一）酶作用专一性的机理

酶具有专一性，对底物的催化有选择性。为解释酶专一性的机理，1890年，E. Fischer 提出了锁钥学说（lock and key）。锁钥学说认为酶和底物结合时，底物的结构和酶的活性中心的结构十分吻合，就好像一把钥匙配一把锁一样。锁钥学说把酶的活性中心看成是固定不变的，不能解释同一个酶可以催化可逆反应的现象。1958年，D. E. Koshland 提出了诱导契合学说（induced-fit hypothesis）。

诱导契合学说认为，底物与酶接近时，诱导酶的活性中心构象发生变化，使之利于与底物结合；同时，底物分子也受酶的诱导发生相应的变化。

诱导契合学说比较圆满地阐明了酶作用专一性的机理，即酶的活性中心的构象不是刚性的、僵硬的，而是具有一定柔性的，底物分子可以诱导酶活性中心的空间结构发生改变，使活性中心区域的有关基团达到正确的排列和定向，形成更适合与底物结合的空间结构，同时，底物的结构也发生某些互相适应的变化。酶作用专一性学说见图 5-13。

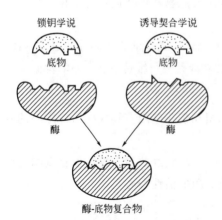

图 5-13 酶作用专一性学说示意图

#### （二）酶催化高效性的机理

**1. 酶可以降低反应的活化能**

酶的催化作用具有高效性，主要原因在于酶能大幅度降低反应的活化能，从而使反应易于进行。

在一个化学反应体系中，并不是所有的反应物分子都能发生反应。只有那些能量已达到或超过了某一限度的分子，才能发生有效碰撞（发生化学反应），这样的反应物分子叫做活化分子。活化能是指在一定温度下 1mol 底物分子全部成为活化分子所需要的自由能。在某一反应体系中，活化分子数越多，反应速率越快。活化分子数的多少与活化能的高低有关。活化能较高，活化分子数较少；反之，活化能较低，活化分子数较多。

酶催化的高效性，在于酶能降低反应的活化能。如，蔗糖水解反应的活化能是 1338.8kJ，用酸催化时活化能降低为 1046kJ，用蔗糖酶催化时活化能降低为 39.3kJ。反应中自由能的变化见图 5-14。

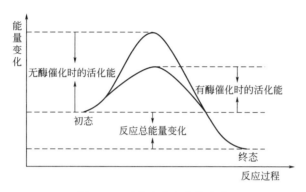

图 5-14　反应中自由能的变化

**2. 中间产物学说**

中间产物学说可以解释酶为什么能降低反应的活化能。

中间产物学说认为，酶催化某一化学反应时，酶与底物首先结合生成一种不稳定的中间产物——酶-底物复合物，然后这个中间产物再分解释放出原来的酶，并生成产物。此过程可以用下式来表示：

$$E+S \rightleftharpoons E\text{-}S \longrightarrow E+P$$
$$\text{酶　底物　　中间产物　　产物}$$

酶促反应过程中，由于酶与底物先形成中间产物，改变了原来的反应途径，使反应的活化能大大降低，从而加快了反应速率。

大量的实验证明了中间产物是客观存在的。例如，用电子显微镜能直接观察到核酸和核酸聚合酶形成的中间产物。

---

**知识拓展　　　　　与酶的高效性有关的主要因素**

多方面的因素使酶具有高度的催化效率。

（1）邻近与定向效应

① 邻近效应。邻近效应是指酶的活性中心与底物靠近（对于双分子反应来说也包括酶与两个底物分子的邻近），增加了酶活性中心附近底物的有效浓度，从而加快反应速率。

② 定向效应。定向效应是指在反应中酶和底物的反应基团彼此相互严格地定向，即酶活性中心的催化基团定向于底物的反应基团。

只有既邻近又定向，底物分子才能迅速形成过渡态，加速反应的进行（见图 5-15）。

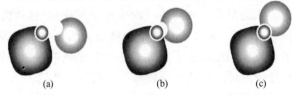

图 5-15　邻近与定向效应示意图
(a) 反应基团与催化基团既不邻近也不定向；(b) 反应基团与催化基团邻近但不定向；(c) 反应基团与催化基团既邻近又定向

（2）底物分子敏感键扭曲变形　底物与酶结合的过程是诱导契合的过程，一方面，底物向酶的活性中心靠近并结合时，底物诱导酶活性中心的构象发生改变；另一方面，酶也诱导底物的构象发生改变，使底物分子中的敏感键扭曲变形，底物转变为过渡态结构，与酶形成互相契合的中间复合物，降低反应的活化能，加快反应速率。酶和底物分子诱导契合过程见图 5-16。

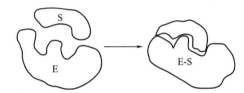

图 5-16　酶和底物分子诱导契合过程示意图

（3）酸碱催化　根据布朗斯特酸碱理论，酸是能给出质子的物质，碱是能接受质子的物质。酶活性中心某些氨基酸的侧链基团，可以作为质子供体（酸）或质子受体（碱）参与催化反应。在生化反应中，质子转移是最常见的反应。很多反应会形成一些不稳定的带电中间产物，它们容易裂解而终止反应。酶利用生理条件下（pH 近中性），活性中心某些氨基酸侧链可以给出或接受质子，起到酸碱催化的作用，来移去或引入底物或中间产物所带的质子，使底物形成稳定的过渡态，从而更容易转化成产物，加速反应的进行。

在酸碱催化中，组氨酸（His）的咪唑基是最重要的催化基团。咪唑基的 pK 为 6.0~7.1，生理条件下，一半以质子供体形式存在，一半以质子受体形式存在，在酶促反应中发挥作用。除组氨酸外，在酸碱催化中发挥作用的氨基酸侧链基团由谷氨酸、天冬氨酸、赖氨酸、精氨酸、半胱氨酸和丝氨酸等极性氨基酸提供，见表 5-2。

（4）共价催化　根据路易斯的酸碱理论，酸是能接受电子对的物质（电子受体），碱是能给出电子对的物质（电子供体）。路易斯酸是缺电子的，是亲电基团，在反应中进攻反应物电子密度大的部位；路易斯碱是富电子的，是亲核基团，在反应中进攻反应物电子密度小的部位。

所谓共价催化，是酶活性中心的亲核基团或亲电基团，与底物形成一个活性很高的共价中间物，此中间物极易形成过渡态，反应活化能大大降低，从而提高了反应速率。许多酶催化的基团转移反应都是通过共价催化进行的。

表 5-2　酶分子中广义酸碱的功能基团

| 氨基酸残基 | 质子供体(酸) | 质子受体(碱) |
|---|---|---|
| 谷氨酸(Glu)<br>天冬氨酸(ASP) | —COOH | —COO$^-$ |
| 赖氨酸(Lys)<br>精氨酸(Arg) | —NH$_3^+$ | —NH$_2$ |
| 组氨酸(His) | 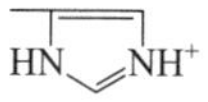 HN⟨imidazole⟩NH$^+$ | 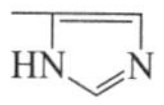 HN⟨imidazole⟩N |
| 半胱氨酸(Cys) | —SH | —S$^-$ |
| 丝氨酸(Ser) | —OH | —O$^-$ |
| 酪氨酸(Tyr) | 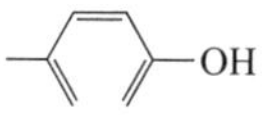 ⟨phenyl⟩—OH | 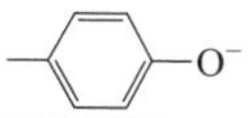 ⟨phenyl⟩—O$^-$ |

亲核催化是酶促反应中最常见的共价催化形式。酶活性中心中的亲核基团，如丝氨酸的羟基、组氨酸的咪唑基、半胱氨酸的巯基等，攻击底物分子中电子密度小的部位，二者形成共价键，酶和底物形成一个不稳定的中间物，进而转变为产物。亲核催化见图5-17。

$$A—B\ +\ :X\ \longrightarrow\ A—X+B\ \xrightarrow{H_2O}\ A\ +\ :X\ +\ B$$
　　底物　　亲核基团

图 5-17　共价催化机制中的亲核催化

亲电催化是由酶活性中心的亲电基团攻击底物分子中电子密度大的部位，形成过渡态中间物，催化反应进行。酶分子中的亲电基团通常为金属离子（如 $Fe^{3+}$、$Mg^{2+}$、$Mn^{2+}$ 等），赖氨酸侧链的 ε-氨基也是亲电基团。

(5) 微环境效应　由于构成酶活性中心的大多数氨基酸残基是疏水性的，所以，酶活性中心是一个疏水的微环境，在低介电微环境中，酶的催化基团与底物带电基团之间的静电作用较强，有利于催化基团与底物敏感键的相互作用，增加反应能力，提高反应速率。

## 四、酶原与酶原的激活

### (一)酶原

有些酶在细胞内合成或初分泌时只是酶的无活性前体，此前体物质称为酶原。

许多与消化有关的蛋白酶在细胞内合成时是以酶原的形式存在的。胰蛋白酶、胰凝乳蛋白酶、弹性蛋白酶等，其活性中心都含有丝氨酸残基，因此称为丝氨酸蛋白酶。这几种酶是在细胞内合成的，但并不会水解细胞中的其他蛋白质，原因在于其在细胞内以酶原的形式存在，没有催化活性。

### (二)酶原的激活

**1. 酶原的激活**

在一定条件下，酶原转化为有活性的酶的过程称为酶原的激活。
酶原激活的实质是形成或暴露出酶的活性中心。

**2. 酶原激活的机理**

酶原的激活是在特定条件下，一个或几个特定的肽键断裂，水解掉一个或几个短肽，使酶分子构象发生改变，形成或暴露出酶的活性中心。胰蛋白酶原的激活过程见图5-18。

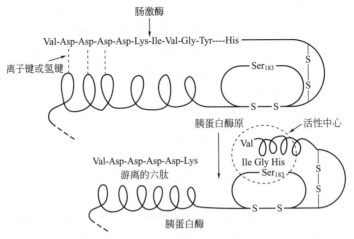

图 5-18　胰蛋白酶原激活示意图

如图 5-18 所示，胰蛋白酶刚从胰脏细胞里分泌出来时，是不具活性的胰蛋白酶原，由 245 个氨基酸残基组成。当它随着胰液一起流到小肠后，在有 $Ca^{2+}$ 存在的环境下，酶原就会在小肠黏膜所分泌的肠激酶的作用下，从肽链 N-端水解掉一个六肽，使酶分子空间构象发生某些改变，从而形成酶的活性中心，成为有活性的胰蛋白酶。

#### 3. 酶原激活的生理意义

消化道蛋白酶以酶原激活的方式调节酶活性有重要的生物学意义。一是保护作用，避免细胞产生的酶对细胞进行自身消化，并使酶在特定的部位和环境中发挥作用，保证体内代谢的正常进行；二是储存作用，有的酶原可以视为酶的储存形式，在需要时，酶原适时地转变成有活性的酶，发挥其催化作用。

# 第三节　影响酶促反应速率的因素

酶促反应动力学是研究各种因素对酶促反应速率的影响，并加以定量描述。影响酶促反应速率的因素很多，主要有酶浓度、底物浓度、pH、温度、激活剂和抑制剂等。

酶促反应速率可以用单位时间内底物的消耗量或产物的生成量来表示。酶促反应速率是指反应的初速率。以产物浓度对反应时间作图，得到反应过程曲线。曲线的斜率就是不同时间的反应速率。

## 一、底物浓度对酶促反应速率的影响

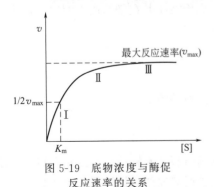

图 5-19　底物浓度与酶促反应速率的关系

### （一）底物浓度与酶促反应速率的关系

当酶浓度及其他条件不变的情况下，底物浓度对酶促反应速率的影响呈矩形双曲线的关系（见图 5-19）。

从图 5-19 中可以看到，曲线分为三个阶段：Ⅰ是当底物浓度较低时，反应速率与底物几乎成正比，这时底物浓度增加，反应速率也随之增加；Ⅱ是当底物浓度较高时，反应速率的增加趋于缓慢，这时底物浓度增加，反应速率虽然也在增加，但二者不再成正比关系；Ⅲ是当底物浓度很大而达到一定程度时，反应速率达到最大值，这时反应速率不再随底物的增加而改变。

底物浓度对酶促反应速率的影响可用中间产物学说加以说明。根据中间产物学说，酶先与底物结合成中间产物，然后中间产物再分解成产物并释放出酶，其他条件不变时，$v$ 由 ES 的浓度决定，ES 的浓度越大，$v$ 越大。

反应体系中 E 的浓度是一定的。当底物浓度很低时，只有一部分酶和底物结合，此时若增加底物浓度，则有更多的中间产物生成，反应速率也随之增加，因而反应速率与底物浓度成正比。当底物浓度较高时，反应体系中的酶量减少，增加底物浓度，中间产物增加的量较少，反应速率不再按正比例加快。当底物浓度增加到一定程度，酶已全部与底物结合，即使再增加底物浓度，也不会有更多的中间产物生成，酶促反应已达到最大反应速率，此时再增加底物浓度，反应速率也不再变化了。

### （二）米氏方程

1913 年，Michaelis 和 Menten 根据中间产物学说推导出酶促动力学的基本原理，并归纳为一个数学式加以表达——米氏方程：

$$v = \frac{v_{\max}[S]}{K_m + [S]}$$

式中，$v$ 为反应速率；$K_m$ 为米氏常数；[S] 为底物浓度；$v_{\max}$ 为最大反应速率。

**1. 米氏常数的含义**

米氏常数是当酶促反应速率达到最大反应速率的一半时的底物浓度。它的单位是 mol/L，与底物浓度的单位一致。

当反应速率 $v$ 等于最大反应速率（$v_{\max}$）的一半时，即 $v = 1/2 v_{\max}$ 时，代入米氏方程得：$K_m = [S]$。

**2. 米氏常数（$K_m$）的意义**

**（1）不同的酶具有不同的 $K_m$ 值，它是酶的一个重要的特征物理常数** $K_m$ 值是在固定底物、一定温度和 pH 条件下测定的，在不同条件下有不同的 $K_m$ 值。

**（2）$K_m$ 值表示酶与底物之间的亲和程度** $K_m$ 值大表示亲和程度小，酶的催化活性低；$K_m$ 值小表示亲和程度大，酶的催化活性高。

## 二、酶浓度对酶促反应速率的影响

当底物浓度足够大，其他条件固定，反应系统中不含有抑制酶活性的物质，以及无其他不利于酶发挥作用的因素时，酶促反应的速率随着酶浓度的增大而增大，且成正比关系（见图 5-20）。

## 三、pH 对酶促反应速率的影响

### （一）pH 对酶活性的影响

酶对环境中的 pH 十分敏感，每种酶只有在一定的 pH 范围内才能表现出活性，超过这个范围，酶就会失去活性。酶表现最大活性（酶促反应速率最大）时的 pH，称为酶的最适 pH。高于或低于最适 pH，酶的活性都降低，偏离最适 pH 越远，酶的活性越低，甚至变性失活。典型的酶促反应速率和 pH 的关系呈钟形曲线，见图 5-21。

生物体内大多数酶的最适 pH 在 4.0～8.0 之间。植物和微生物体内的酶，其最适 pH 多在 4.5～6.5 之间；动物体内大多数的酶，其最适 pH 接近中性，一般为 6.5～8.0 之间。但也有例外，胃蛋白酶的最适 pH 为 1.5，精氨酸酶（肝脏中）的最适 pH 在 9.7。

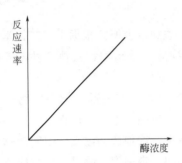

图 5-20　酶促反应速率与酶浓度的关系

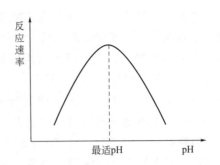

图 5-21　酶促反应速率与 pH 的关系

最适 pH 不是酶的特征性常数，它受底物浓度、缓冲液种类、反应温度和时间以及酶纯度等因素的影响。

### （二）pH 影响酶促反应速率的原因

**1. pH 影响酶和底物的空间构象**

酶只有在一定的 pH 范围内才具有稳定的构象，不适合的酸碱条件会引起酶空间结构的改变，使酶活性降低甚至变性失活。当底物是蛋白质、核酸等生物大分子时，pH 的变化也会引起底物分子构象的变化，使之不利于与酶的结合。

**2. pH 影响酶和底物的解离状态**

酶活性中心催化基团的解离状态，对酶的催化反应非常重要。如，溶菌酶活性中心的催化基团是谷氨酸和天冬氨酸的侧链羧基，只有谷氨酸取—COOH、天冬氨酸取—COO⁻解离状态时，酶才具有活性。另外，pH 还可以影响底物的解离状态，从而影响酶与底物的结合，引起反应速率的变化。

## 四、温度对酶促反应速率的影响

### （一）酶促反应速率与温度的关系

酶促反应速率与温度的关系见图 5-22。

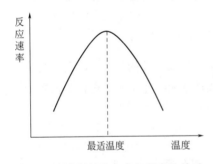

图 5-22　酶促反应速率与温度的关系

酶活性最高时的温度称为最适温度。温血动物体内的酶，最适温度在 35~40℃ 之间，植物酶的最适温度在 40~50℃ 之间，细菌 *Taq* DNA 聚合酶的最适温度为 70℃。

最适温度不是酶的特征性常数，它受底物的种类和浓度、溶液的离子强度、pH、酶的作用时间等因素的影响。

### （二）温度对酶活性具有双重影响

温度对酶促反应速率具有双重影响。

一方面，在一定的温度范围（0~40℃）内，酶促反应速率随着温度的升高而加快。在一定温度范围内，温度每升高 10℃，反应速率增加的倍数，称为温度反应系数（$Q_{10}$），大多数酶的 $Q_{10}$ 为 1~2。低温抑制酶的活性，但酶不会失活。如：唾液淀粉酶在 0℃ 时不水解淀粉，当温度从 0℃→37℃ 时，活性逐渐加大。

另一方面，超过最适温度，酶促反应速率随温度升高而下降，较高温度会使酶变性失活。绝大多数的酶在60℃以上就会失去活性。但也有耐高温的酶，如α-淀粉酶在70℃仍有较高的活性。

生物制品一般保存在低温下，是为了降低酶的活性，延长保存期。食品不能在低温下长时间保存，也是因为低温下微生物体内的酶并未失活。水果加工过程中，为了避免酶促褐变影响产品品质，有时采用短时高温使酚酶失活。

### 五、激活剂对酶促反应速率的影响

能增进酶的活性，加速酶促反应进行的物质称为激活剂。

激活剂对酶促反应速率的影响主要通过两方面的作用来实现：一是提高酶的活性；二是激活酶原。激活剂包括三类：无机离子、小分子有机物、具有蛋白质性质的大分子物质。

1. 无机离子

无机离子包括金属离子和阴离子，主要是金属离子。

**(1) 金属离子**  主要有 $K^+$、$Na^+$、$Mg^{2+}$、$Zn^{2+}$、$Fe^{2+}$、$Ca^{2+}$ 等，如 $Mg^{2+}$ 是多种激酶和合成酶的激活剂。金属离子的作用主要是：①作为酶的辅助因子，与酶结合，成为活性中心的组分，协助酶催化底物反应；②维持酶催化的活性构象。

**(2) 阴离子**  作为酶激活剂的阴离子不多，常见的是 $Cl^-$、$Br^-$ 等。$Cl^-$ 对唾液淀粉酶有激活作用。

2. 小分子有机物

小分子有机物可分为两类：一类是某些还原剂；一类是金属螯合剂。

**(1) 还原剂**  这类激活剂的作用是维持巯基酶的还原状态，使酶分子中的二硫键还原成巯基而被激活，从而提高酶活性。如半胱氨酸、还原型谷胱甘肽、抗坏血酸等。

**(2) 螯合剂**  螯合剂能除去酶中的金属离子（重金属杂质），从而解除重金属对酶的抑制作用，如EDTA（乙二胺四乙酸）等。

3. 具有蛋白质性质的大分子物质

具有蛋白质性质的大分子物质专指某些酶类，其作用是激活酶原，如肠激酶。

### 六、抑制剂对酶促反应速率的影响

有些物质能与酶分子上的某些必需基团结合（作用），使酶活性中心的空间结构和性质发生改变，导致酶活力下降或丧失的现象，称为酶的抑制作用。能够引起酶的抑制作用的化合物称为抑制剂（I）。抑制剂对酶的作用有选择性，通常只对一种酶或一类酶起作用。

酶的失活作用是使酶蛋白变性而引起酶活力丧失的作用，而抑制作用不引起酶蛋白变性。加热、强酸、强碱等因素破坏酶分子的构象而使酶变性失活，不属于抑制作用。抑制剂常用来研究酶的作用机制和解释代谢途径。天然的抑制剂是作为酶的调节剂，而许多药物是根据酶的抑制作用原理设计的。

酶的抑制作用分为可逆抑制作用和不可逆抑制作用两类。

#### （一）可逆抑制作用

可逆抑制作用是抑制剂与酶以非共价键结合，可用透析、超滤等方法除去抑制剂，使酶恢复活力。

根据抑制剂与底物的关系，可逆抑制分为竞争性抑制、非竞争性抑制和反竞争性抑制三种。

1. 竞争性抑制作用

某些抑制剂的化学结构与底物相似，因而能与底物竞争与酶活性中心结合，这种抑制作

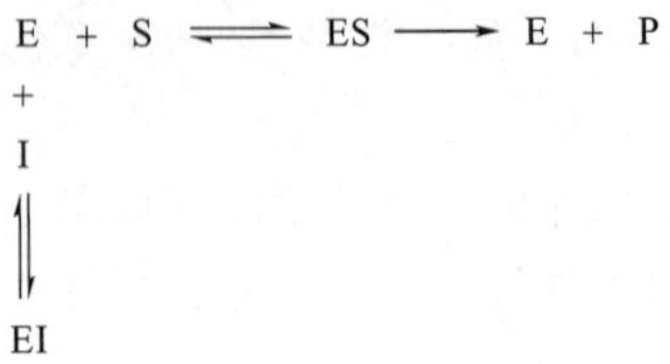

$$E + S \rightleftharpoons ES \longrightarrow E + P$$
$$+$$
$$I$$
$$\updownarrow$$
$$EI$$

图 5-23 竞争性抑制作用

用称为竞争性抑制作用。

由于抑制剂与底物的结构相似，两者都能与酶的活性中心结合，存在竞争的关系，所以，当抑制剂与酶结合以后，就妨碍了底物与酶的结合，减少了底物与酶的作用机会，因而降低了酶的活性。竞争性抑制作用的作用方式见图 5-23。

从图 5-23 可以看出，S、I 都与酶结合，酶能够形成 ES 的比例取决于 S 和 I 的相对浓度及其与酶的亲和性。由于竞争性抑制剂与酶的结合是可逆的，只要反应系统中加入的底物浓度足够高，就有可能使全部 EI 解离为 E 和 I，E 和底物形成 ES，从而恢复酶的全部活性。因此，竞争性抑制的显著特点是其抑制作用可通过增大底物浓度来解除，酶促反应速率仍然可以达到最大值，即 $v_{max}$ 不变。竞争性抑制剂存在时，酶与底物的亲和性降低，即 $K_m$ 增加。

琥珀酸脱氢酶能催化琥珀酸脱氢生成延胡索酸，丙二酸、戊二酸与酶的底物琥珀酸的结构相近，可作为琥珀酸脱氢酶的竞争性抑制剂。磺胺类药物的抑菌机制也是竞争性抑制作用，见图 5-24。

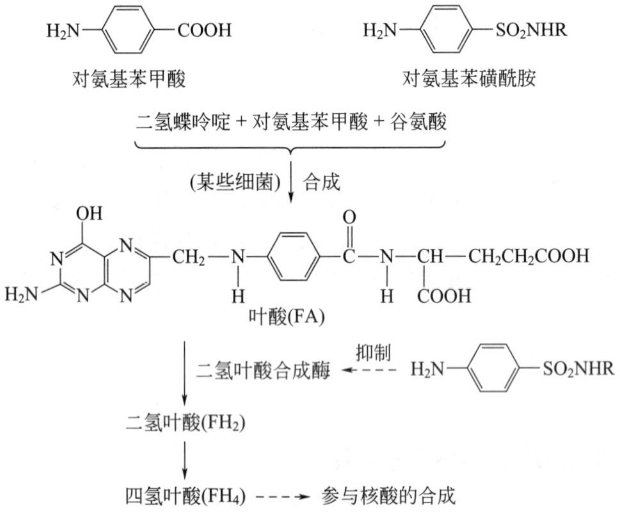

图 5-24 磺胺类药物的抑菌机制

人体可以从膳食中摄取叶酸，在体内经二氢叶酸还原酶作用，形成四氢叶酸。某些细菌是以二氢蝶呤啶、对氨基苯甲酸和谷氨酸为原料，合成叶酸，然后在二氢叶酸合成酶的作用下，形成二氢叶酸，再转化为四氢叶酸。磺胺类药物（对氨基苯磺酰胺）与对氨基苯甲酸的结构相似，可作为二氢叶酸合成酶的竞争性抑制剂，抑制细菌四氢叶酸的合成，从而抑制细菌的生长繁殖。

**2. 非竞争性抑制作用**

抑制剂与底物无竞争关系，二者可以同时在酶的不同部位与酶结合，形成酶-底物-抑制剂三元复合物，这种复合物不能进一步形成产物，因而造成酶的活性降低，这种抑制作用称为非竞争性抑制作用。

非竞争性抑制作用中，抑制剂先与酶结合并不影响酶再与底物结合，底物和酶先结合也不影响抑制剂与酶的结合。非竞争性抑制作用的强弱取决于抑制剂的绝对浓度，而不能通过增大底物浓度的方法来消除抑制作用。非竞争性抑制作用的作用方式见图 5-25。

图 5-25 非竞争性抑制作用　　图 5-26 反竞争性抑制作用

由于非竞争性抑制剂与酶活性中心之外的基团结合，不影响酶与底物的结合，所以，非竞争性抑制作用中，$K_m$ 不变，$v_{max}$ 减小。

某些金属离子（$Cu^{2+}$、$Ag^+$、$Hg^{2+}$）通常能与酶分子的调控部位中的—SH 作用，改变酶的空间构象，引起非竞争性抑制。

**3. 反竞争性抑制作用**

反竞争性抑制剂不与游离的酶结合，只与 ES 结合，形成 ESI 复合物，ESI 不能分解形成产物，从而降低酶的活性。

反竞争性抑制中，由于 E 与 S 结合成 ES 后才与 I 结合，因而用增加底物浓度的方法不能解除抑制，$v_{max}$ 变小。反竞争性抑制剂的存在增加了酶和底物的亲和性，所以 $K_m$ 变小。反竞争性抑制作用的作用方式见图 5-26。

反竞争性抑制作用比较少见，通常只出现在多底物的反应中。

## （二）不可逆抑制作用

不可逆抑制作用是抑制剂以共价键与酶活性中心的必需基团结合，使酶活性降低或失活。不可逆抑制作用的抑制剂不能用超滤、透析法除去，有时可以通过化学反应解除抑制，使酶恢复活性或恢复部分活性。

不可逆抑制作用分为专一性不可逆抑制作用和非专一性不可逆抑制作用两种。

**1. 非专一性不可逆抑制作用**

非专一性不可逆抑制作用是抑制剂作用于酶的一类或几类基团引起的抑制作用。

有机磷化合物、有机汞化合物、有机砷化合物、氰化物等都是酶的不可逆抑制剂。

**（1）有机磷化合物**　有机磷化合物可以使活性中心含丝氨酸残基的水解酶类失活。这类活性中心含丝氨酸残基的水解酶称为丝氨酸蛋白酶或丝氨酸酯酶。某些有机磷化合物可以作为杀虫剂用于农业上。有机磷杀虫剂能毒杀昆虫，正是由于它能与胆碱酯酶的活性中心——丝氨酸的羟基结合，使酶的活性受到抑制，导致乙酰胆碱不能被催化分解而大量堆积，造成昆虫神经高度兴奋而最终死亡。

有机磷化合物不可逆抑制乙酰胆碱酯酶，使乙酰胆碱不能分解为乙酸和胆碱，引起一系列神经中毒症状，如出汗、震颤、语言失常、精神错乱等，因此称为神经毒剂。急性有机磷农药中毒，临床上使用羟胺（$NH_2OH$）取代结合在酶上的磷酸基，可解除抑制。

如，二异丙基氟磷酸（DFP）是一种有机磷化合物（神经毒剂），与酶活性中心的丝氨酸残基共价结合，生成二异丙基磷酰丝氨酸，不可逆地抑制胆碱酯酶的活性。DFP 的作用机理见图 5-27。

**（2）烷化剂**　这类抑制剂可共价结合在酶的活性中心，使酶蛋白分子上的—$NH_2$、—SH、—COOH 等发生烷基化作用，使酶失活。

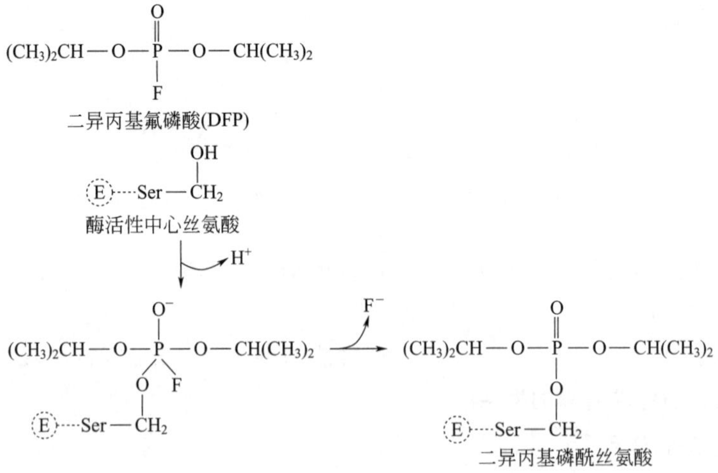

图 5-27 二异丙基氟磷酸（DFP）的作用机理

如，有机汞、有机砷化合物可与酶活性中心半胱氨酸的—SH 共价结合，抑制含—SH 的酶。

**（3）氰化物、硫化物、CO** 这类抑制剂络合金属离子，使含金属离子的酶失活。

如，氰化物与细胞色素 c 氧化酶中铁卟啉的 $Fe^{3+}$ 结合，阻断电子的传递，从而阻抑细胞呼吸。

**（4）重金属盐** 高浓度重金属盐，可使酶变性失活；低浓度时，抑制酶的活性。用金属螯合剂（EDTA）可以解除抑制。

### 2. 专一性不可逆抑制作用

专一性不可逆抑制作用是抑制剂专一作用于酶活性中心的必需基团引起的抑制作用。

专一性不可逆抑制剂包括 $K_s$ 型和 $K_{cat}$ 型两类。

**（1）$K_s$ 型抑制剂** $K_s$ 型抑制剂又称为亲和标记试剂，与底物的结构类似，但带有一个活泼基团，可与酶分子必需基团结合而抑制酶的活性。

胰凝乳蛋白酶的 $K_s$ 型抑制剂是对甲苯磺酰-L-赖氨酰氯甲酮（TLCK），其结构与酶的底物对甲苯磺酰-L-赖氨酰甲酯（TLME）相似，TLCK 进入胰蛋白酶活性部位，与 His57 共价结合引起酶失活。TLCK 和 TLME 的结构见图 5-28。

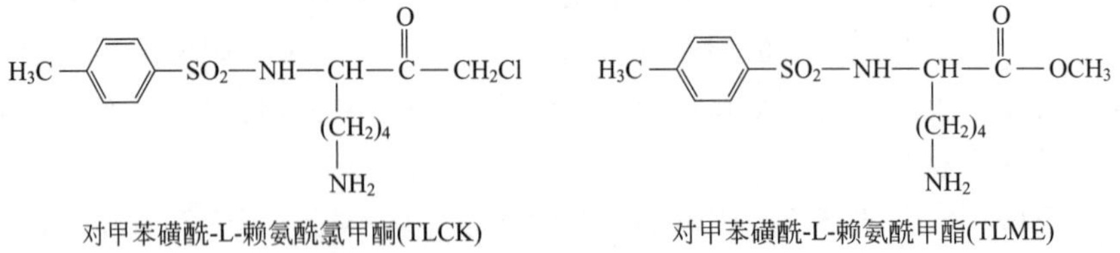

图 5-28 TLCK 和 TLME 的结构

**（2）$K_{cat}$ 型抑制剂** $K_{cat}$ 型抑制剂又称为自杀性底物。自杀性底物分子中有潜在的活性基团（潜伏反应基团），在酶的作用下，潜在的活性基团暴露或活化，与酶分子的必需基团共价结合，从而使酶失去活性。

自杀性底物与酶的天然底物相似，对人体无毒或毒性极小，在药物设计和临床实践中有重要意义。

# 第四节　别构酶、共价修饰酶及同工酶

## 一、别构酶

### （一）别构酶的概念

别构酶也叫变构酶，是指那些处于代谢途径的关键部位，对代谢反应起重要调节作用的酶，其活性受其构象变化的调节。

别构酶一般是寡聚酶，由两个或两个以上的亚基组成，分子中具有与底物结合的活性部位和与调节物结合的调节部位（也称变构部位）。活性部位和调节部位可能位于相同亚基的不同位置，也可能位于不同的亚基上。每个别构酶分子有一个以上的活性部位和调节部位，可结合一个以上的底物分子和调节物分子。

别构酶催化的反应，反应速率与底物浓度的关系不符合米氏方程，不是矩形双曲线，而是 S 形曲线或表观双曲线。

### （二）别构调节

#### 1. 别构调节与别构效应剂

别构调节是通过调节物或效应物分子与别构酶分子中的调节部位非共价可逆结合，引起酶活性部位的构象变化，使酶活性发生变化的一种调节作用。别构调节也称为别构效应。

引起别构调节的物质称为别构效应剂，包括别构激活剂和别构抑制剂。凡是使酶活性增加的调节物称为别构激活剂或正效应剂；反之，称为别构抑制剂或负效应剂。别构激活剂一般是别构酶的底物或其他分子，别构抑制剂是抑制酶促反应的调节物，一般是别构酶的产物。

一些理化因素如加热、冷冻、尿素、有机汞等，可使酶失去对调节物的敏感性，但酶的催化活性并没有改变，这种现象称为脱敏。

#### 2. 协同效应

别构酶的活性部位与别构部位虽然在空间上彼此分开，但能互相影响产生协同效应。所谓的协同效应是指一个调节物与酶结合后对另一个调节物与酶结合的影响。

**（1）正协同效应和负协同效应**　一个分子与酶结合后产生有利于第二个分子与酶结合的影响，称为正协同效应；反之，为负协同效应。

**（2）同促效应和异促效应**　协同效应发生在同种分子之间（如底物）称为同促效应，发生在不同分子之间（如调节物与底物）称为异促效应。

多数别构酶既受底物调节，也受底物之外的代谢物调节，兼有同促效应和异促效应。

**（3）协同效应实例**　大肠杆菌的天冬氨酸转甲酰酶（ATCase）是研究得最多的别构酶。ATCase 催化氨甲酰磷酸和天冬氨酸合成氨甲酰天冬氨酸，这是嘧啶核苷酸（UMP）合成途径中的第一个关键反应，该反应由 ATP 供能。ATCase 是嘧啶核苷酸合成途径的调节酶，ATP 和 CTP 都是 ATCase 的别构效应剂。ATP 结合在酶的调节部位，对酶起正协同异促效应，是别构激活剂；CTP 与 ATP 竞争结合在酶的调节部位，对酶起负协同异促效应，是别构抑制剂。

## 二、共价修饰酶

### （一）共价修饰酶的概念

共价修饰酶也称为共价调节酶，这类酶存在活性型和相对无活性型两种形式，通过共价修饰、去修饰使这两种形式发生可逆转变。

共价修饰指在专一性酶的催化下，某种小分子基团共价地结合到被修饰的酶分子上，从而改变酶的活性，共价结合的小分子基团也可以被其他酶水解除去。

共价修饰的常见类型有磷酸化/去磷酸化、乙酰化/去乙酰化、甲基化/去甲基化、尿苷酰化/去尿苷酰化、腺苷化/去腺苷化、S—S/2SH，其中磷酸化/去磷酸化最普遍。

### （二）糖原磷酸化酶和糖原合成酶的共价修饰调节

糖原磷酸化酶和糖原合成酶是典型的共价修饰酶，其活性是通过磷酸化/去磷酸化调节的，见图5-29。

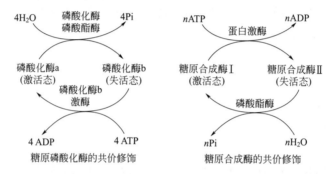

图5-29　糖原磷酸化酶和糖原合成酶的共价修饰（磷酸化/去磷酸化）

## 三、同工酶

### （一）同工酶的概念

同工酶是指催化相同的化学反应，而酶蛋白的分子结构、组成却不同的一组酶。

同工酶存在于同一种属的生物体内、同一个体的不同组织中，也可以存在于同一细胞的不同亚细胞结构中。

同工酶具有不同的理化性质、免疫学性质。同工酶之所以能催化相同的化学反应，是因为它们的活性中心在结构上相同或者至少非常相似。

同工酶一般是寡聚蛋白。原级同工酶指不同基因编码的同工酶，次级同工酶指酶蛋白合成后由于修饰加工形成的不同分子形式。

### （二）乳酸脱氢酶（LDH）同工酶

乳酸脱氢酶（LDH）有5种同工酶，都是四聚体。乳酸脱氢酶有H（心肌型）和M（骨骼肌型）两种类型的亚基。

乳酸脱氢酶5种同工酶亚基的组成见图5-30。

乳酸脱氢酶同工酶催化丙酮酸与乳酸之间的氧化还原反应，其中$LDH_1$在心脏中的含量较高，$LDH_5$在肌肉组织中的含量较高。

### （三）同工酶的意义

同工酶在代谢调节上起着重要的作用。临床上，同工酶谱的改变有助于对疾病的诊断，

图 5-30　乳酸脱氢酶的同工酶亚基组成示意图

如某组织病变时，可能有某种特殊的同工酶释放出来，由于同工酶的分子结构不同，电泳速度不同，因此，用电泳法可以得到同工酶的电泳图谱。同工酶可以作为遗传标志，用于遗传分析研究。

# 第六章 维生素与辅酶

维生素（vitamin）是维持机体正常生理活动所必需的一类小分子有机物。

维生素不是机体组织和细胞的组成成分，也不产生能量。维生素的主要生理功能是对物质代谢起重要的调节作用，因为许多维生素是辅酶或辅基的组成成分，有的维生素本身就是辅酶，参与体内的代谢过程。虽然机体对维生素的需要量很少，但人和动物体不能合成维生素，必须从食物中摄取，所以，会发生维生素缺乏症。

维生素是一大类化学结构与生理功能各不相同的物质，因此，很难按化学性质或生理功能进行分类。根据维生素的溶解性，将其分为水溶性维生素和脂溶性维生素两大类。水溶性维生素包括 B 族维生素和维生素 C。B 族维生素包括维生素 $B_1$、维生素 $B_2$、维生素 PP、维生素 $B_6$、维生素 $B_{12}$、泛酸、生物素、叶酸等。水溶性维生素是作为辅酶或辅基的组成成分参与物质代谢。脂溶性维生素有维生素 A、维生素 D、维生素 E、维生素 K，可直接参与代谢的调节作用。

## 第一节 水溶性维生素

除维生素 $B_{12}$ 外，水溶性维生素均可以在植物体内合成。水溶性维生素在体内不能存储，因此必须经常从食物中摄取。

### 一、维生素 $B_1$ 与焦磷酸硫胺素（TPP）

**1. 维生素 $B_1$ 的结构**

维生素 $B_1$ 又称为硫胺素，分子中有嘧啶环和噻唑环。维生素 $B_1$ 的结构见图 6-1。

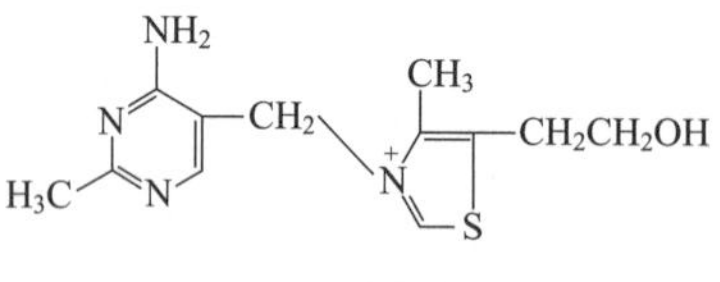

图 6-1 维生素 $B_1$ 的结构

**2. 维生素 $B_1$ 的辅酶形式——焦磷酸硫胺素（TPP）**

（1）**维生素 $B_1$ 是焦磷酸硫胺素（TPP）的组分** 维生素 $B_1$ 在体内经硫胺素激酶催化，可与 ATP 作用，形成 TPP。TPP 的结构见图 6-2。

（2）**TPP 的生理功能** TPP 是 α-酮酸脱羧酶的辅酶，参与催化糖代谢中 α-酮酸（丙酮酸或 α-酮戊二酸）的氧化脱羧反应。在磷酸戊糖途径（HMP 途径）中，TPP 是转酮醇酶的辅酶。因此，TPP 在糖代谢中起着非常重要的作用。

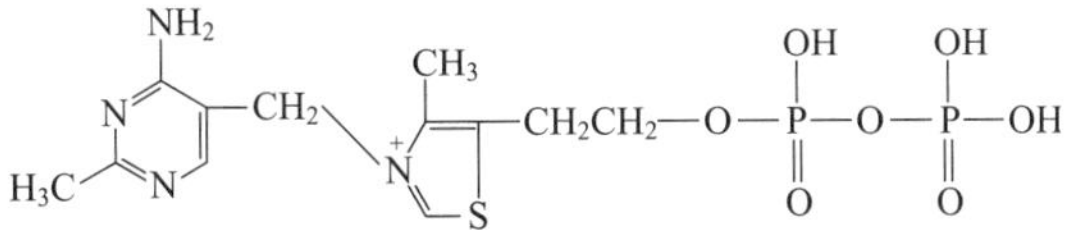

图 6-2  焦磷酸硫胺素（TPP）的结构

**3. 维生素 $B_1$ 的性质、来源及缺乏症**

维生素 $B_1$ 为白色针状结晶，干燥结晶态对热稳定，在酸性溶液中对热较为稳定，加热到 120℃也不被破坏。在中性及碱性溶液中易被氧化。维生素 $B_1$ 是最容易破坏的维生素之一，食品加工中的热烫、预煮、在碱性条件下加热以及用 $SO_2$ 处理，均可以使其被破坏。

维生素 $B_1$ 在谷类种子外皮和胚芽、酵母、豆类中含量很丰富，也存在于动物性原料的心、肝、肾、脑、蛋类中。

维生素 $B_1$ 是容易缺乏的维生素之一。维生素 $B_1$ 缺乏时，以 TPP 为辅酶的酶（如 $\alpha$-酮酸脱羧酶）活性受抑制，糖代谢受阻，能量供应不足，影响神经组织和心肌的代谢机能。出现多发性神经炎、四肢麻木、心肌炎等症状，称为"脚气病"。所以维生素 $B_1$ 俗称"抗脚气病维生素"。

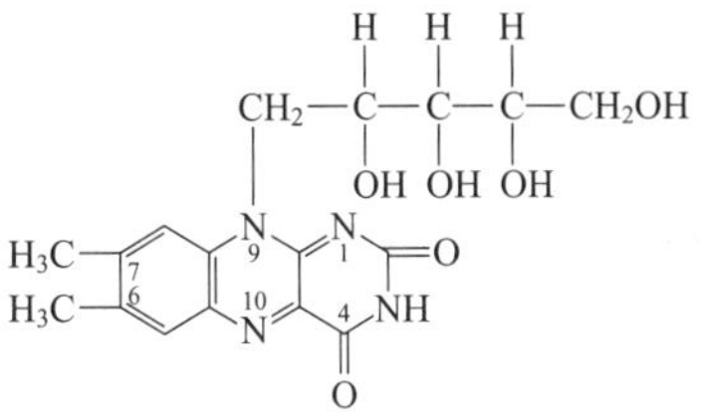

## 二、维生素 $B_2$ 与黄素辅酶

**1. 维生素 $B_2$ 的结构**

维生素 $B_2$ 又称为核黄素，化学名为 6,7-二甲基-9-核糖醇基异咯嗪。维生素 $B_2$ 的结构见图 6-3。

图 6-3  维生素 $B_2$ 的结构

**2. 维生素 $B_2$ 的辅酶形式——黄素单核苷酸（FMN）、黄素腺嘌呤二核苷酸（FAD）**

**(1) 维生素 $B_2$ 是 FMN 和 FAD 的组成成分**  维生素 $B_2$ 在生物体内以黄素单核苷酸（FMN）和黄素腺嘌呤二核苷酸（FAD）的形式存在，它们是多种氧化还原酶的辅基，称为黄素辅酶，其结构见图 6-4、图 6-5。

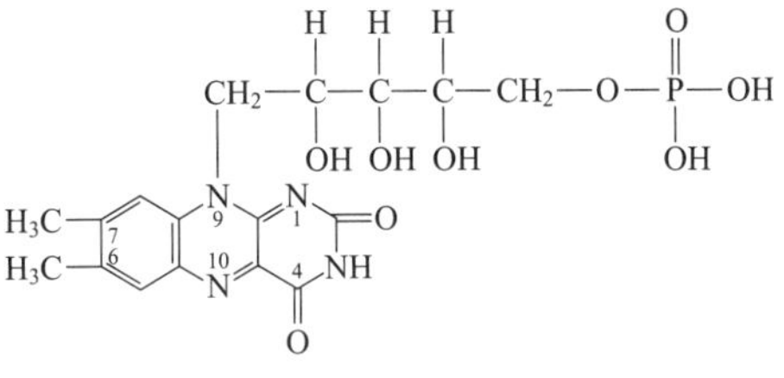

图 6-4  黄素单核苷酸（FMN）的结构 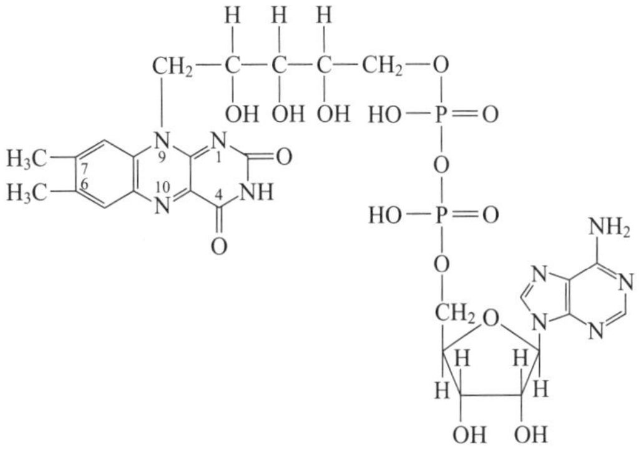　　图 6-5  黄素腺嘌呤二核苷酸（FAD）的结构

**(2) FMN 和 FAD 的生理功能**  FAD 和 FMN 是黄素蛋白的辅基，在生物氧化过程中传递氢原子。在生物氧化过程中，FMN 和 FAD 通过分子中异咯嗪环的第 1 位和第 10 位氮原子能可逆地加氢或脱氢，把氢从底物传递给受体（见图 6-6）。

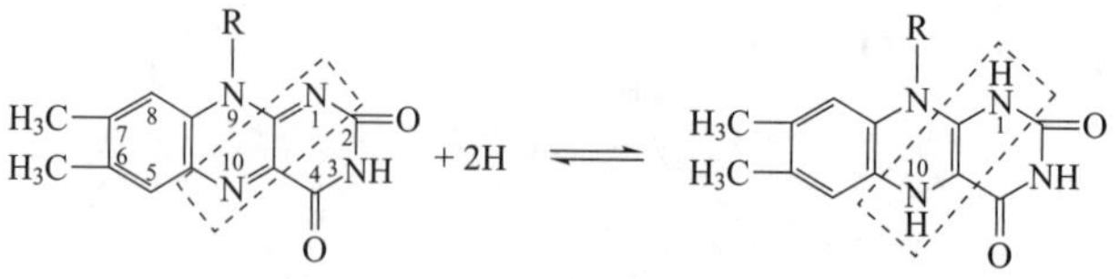

$$[FAD(FMN) + 2H \rightleftharpoons FAD(FMN)H_2]$$

图 6-6  FAD（FMN）在生物氧化过程中传递氢原子

#### 3. 维生素 $B_2$ 的性质、来源及缺乏症

维生素 $B_2$ 为橘黄色针状结晶，溶于水和乙醇，在酸性溶液中耐热、稳定，在碱性溶液中受光照射极易被破坏。食品加工时，维生素 $B_2$ 常因曝光、热烫而损失。

维生素 $B_2$ 分布甚广，小米、绿叶蔬菜、黄豆、小麦及动物的肝、肾、心脏、蛋及乳中含量较多，酵母中含量也丰富。

维生素 $B_2$ 缺乏可导致口角炎、脸部局限性脂溢性皮炎、角膜血管变化、品红色舌、舌乳头消失。维生素 $B_2$ 的需要量与蛋白质摄入量成正比。

### 三、泛酸（维生素 $B_3$）与辅酶 A

#### 1. 泛酸的结构

泛酸又称为维生素 $B_3$、遍多酸，化学名为 $\beta,\beta$-二甲基-$\alpha,\gamma$-二羟基丁酰-$\beta$-丙氨酸。泛酸的结构见图 6-7。

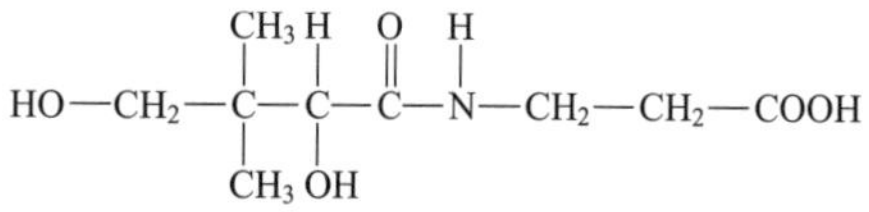

图 6-7  泛酸的结构

#### 2. 泛酸的辅酶形式——辅酶 A（CoA-SH）

泛酸是辅酶 A（CoA-SH）的组分。

CoA-SH 是酰基转移酶的辅酶，CoA-SH 与酰基结合成硫酯，在代谢过程中起酰基载体的作用。CoA-SH 的功能基团是—SH。泛酸也是酰基载体蛋白（HS-ACP）的组分。CoA-SH 的结构见图 6-8。

#### 3. 泛酸的性质、来源及缺乏症

泛酸为浅黄色的黏性油状物，呈酸性，易溶于水和乙醇。在中性溶液中耐热，在酸或碱性溶液中加热则易被分解破坏，对氧化剂及还原剂极为稳定。

泛酸在自然界中分布广泛，在酵母、肝脏、谷物及豆类中含量丰富，肠内细菌亦能部分合成，因此，人体极少出现泛酸缺乏症。

### 四、维生素 PP 和辅酶Ⅰ、辅酶Ⅱ

#### 1. 维生素 PP 的结构

维生素 PP 又称为维生素 $B_5$，俗称"抗癞皮病维生素"，包括烟酸（尼克酸）和烟酰胺（尼克酰胺）两种。维生素 PP 是吡啶的衍生物，是结构最稳定的维生素，在体内烟酸可以转化为烟酰胺。其结构见图 6-9。

#### 2. 维生素 PP 的辅酶形式——$NAD^+$（CoⅠ）、$NADP^+$（CoⅡ）

**（1）烟酰胺是 $NAD^+$（CoⅠ）和 $NADP^+$（CoⅡ）的组分**  烟酰胺在生物体内是 $NAD^+$（烟酰胺腺嘌呤二核苷酸，又名 CoⅠ）及 $NADP^+$（烟酰胺腺嘌呤二核苷酸磷酸，又名 CoⅡ）的组成成分。$NAD^+$ 和 $NADP^+$ 的结构见图 6-10。

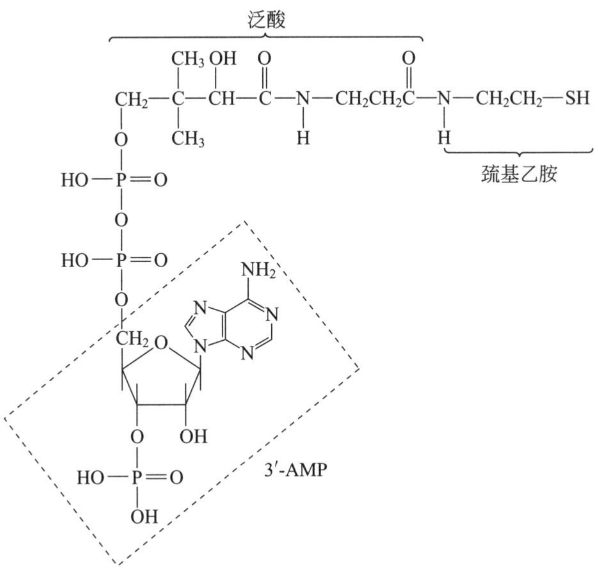

图 6-8　CoA-SH 的结构

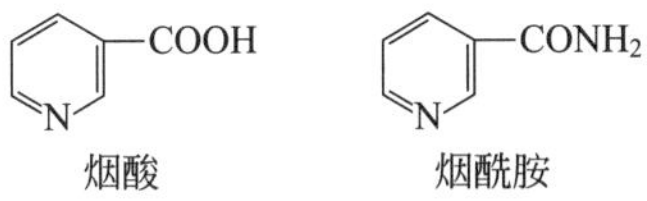

图 6-9　维生素 PP 的结构

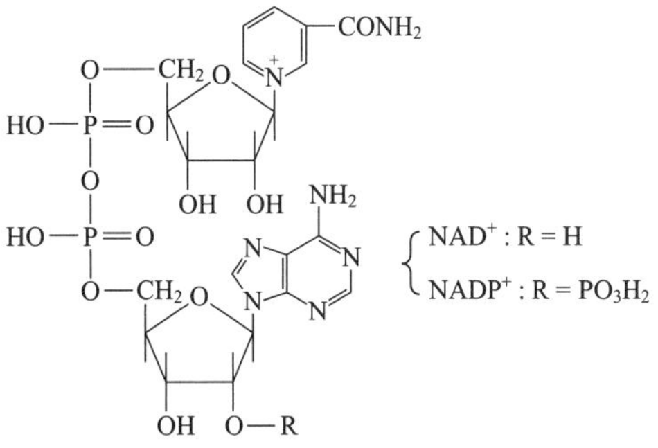

图 6-10　$NAD^+$ 和 $NADP^+$ 的结构

**（2）$NAD^+$ 和 $NADP^+$ 的生理功能**　$NAD^+$ 和 $NADP^+$ 是体内许多脱氢酶的辅酶，在生物氧化过程中起着递氢的作用。糖、脂肪及蛋白质代谢中均需要此类辅酶参加。

这两种辅酶结构中的烟酰胺部分具有可逆地加氢和脱氢的特性，因此可以传递氢原子，见图 6-11。

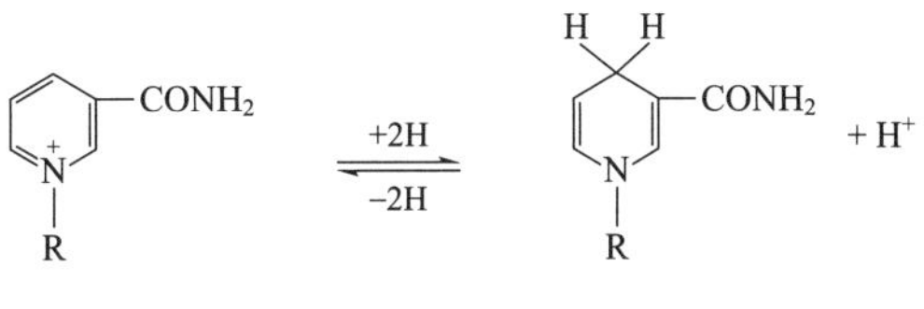

图 6-11　$NAD^+$ 和 $NADP^+$ 在生物氧化过程中传递氢原子

### 3. 维生素 PP 的性质、来源及缺乏症

维生素 PP 是维生素中结构最简单、性质最稳定的一种，不易被酸、碱、热破坏。

维生素 PP 在自然界中分布很广，酵母、米糠、肉类、豆类、蔬菜都是它的主要来源。人体可将食物中的部分色氨酸转为维生素 PP 来合成 $NAD^+$，但转化率较低。烟酸的主要食物来源有肉类和坚果，玉米中烟酸和色氨酸的含量较低。

当体内缺少维生素 PP 时，会妨碍 $NAD^+$（$NADP^+$）的合成，影响生物氧化，使新陈代谢发生障碍。人体缺乏维生素 PP 时会患"癞皮病"，表现为皮炎、腹泻、痴呆等。一般情况下，人体很少缺乏维生素 PP。

## 五、维生素 $B_6$ 和磷酸吡哆醛

### 1. 维生素 $B_6$ 的结构

维生素 $B_6$ 又名吡哆素，包括吡哆醇、吡哆醛和吡哆胺。这三种物质在体内可以互相转化。维生素 $B_6$ 是吡啶的衍生物，其结构见图 6-12。

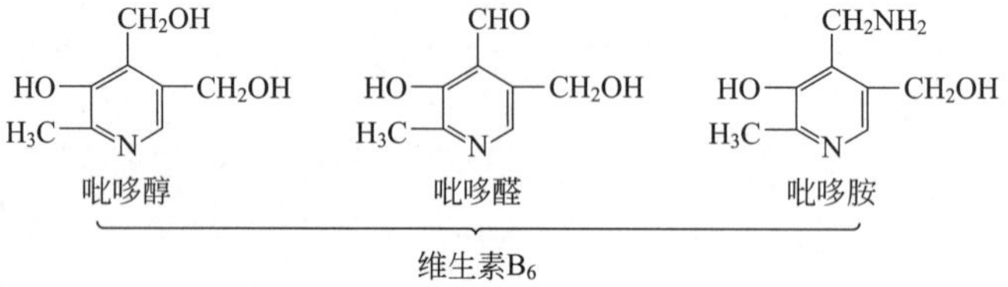

图 6-12　维生素 $B_6$ 的结构

### 2. 维生素 $B_6$ 的辅酶形式——磷酸吡哆醛

维生素 $B_6$ 在体内经磷酸化作用转化为相应的磷酸酯，参加代谢的主要是磷酸吡哆醛和磷酸吡哆胺。磷酸吡哆醛的结构见图 6-13。

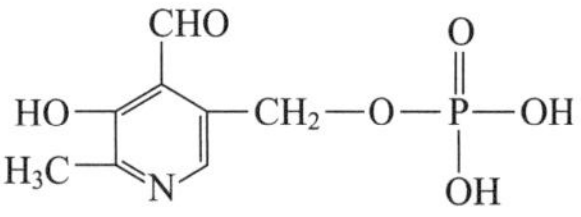

磷酸吡哆醛是氨基酸转氨酶、脱羧酶和消旋酶的辅酶，在氨基酸代谢中起重要作用。

图 6-13　磷酸吡哆醛的结构

### 3. 维生素 $B_6$ 的性质、来源及缺乏症

维生素 $B_6$ 都是无色晶体，在酸性溶液中稳定，在碱性溶液中加热易被破坏，对光敏感，受紫外线照射易被破坏。

维生素 $B_6$ 在自然界中分布很广，其中含量较多的食物是蛋黄、鱼肉、奶、全谷、白菜及豆类。肠道细菌也可合成一部分维生素 $B_6$，一般情况下人体不会缺乏。若长期缺乏维生素 $B_6$ 会导致皮肤、中枢神经系统和造血系统的损害。

## 六、生物素（维生素 $B_7$）和羧化辅酶

### 1. 生物素的结构

生物素又称为维生素 $B_7$、维生素 H。生物素具有尿素与噻吩相结合的骈环，并带有戊酸侧链，其结构见图 6-14。

### 2. 生物素的生理功能

生物素是多种羧化酶（如丙酮酸羧化酶、乙酰辅酶 A 羧化酶）的辅酶，与专一性的酶蛋白结合，参与体内 $CO_2$ 的固定和羧化过程。

生物素的羧基与酶蛋白中赖氨酸的 $\varepsilon$-$NH_2$ 以酰胺键相连，$CO_2$ 首先与尿素环上的一个 N 结合，然后再将生物素上结合的 $CO_2$ 转给适当的受体。

生物素是酵母和单细胞藻类的生长因子。

### 3. 生物素的性质、来源及缺乏症

生物素为无色针状结晶，能溶于热水，不溶于有机溶剂，在通常环境下相当稳定，但高温和氧化剂可使其丧失活性。

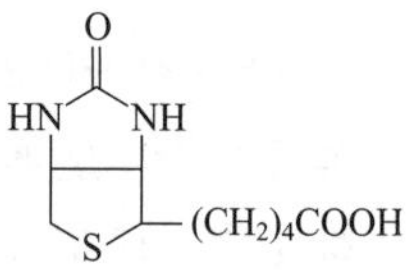

图 6-14　生物素的结构

生物素来源广泛，人体一般不易发生缺乏症。生鸡蛋清中有一种

抗生物素的蛋白质能和生物素结合，使生物素失去作用，所以长期食用生鸡蛋可产生缺乏症，出现食欲不振、舌炎、皮屑性皮炎、毛发脱落等。

## 七、叶酸与四氢叶酸

### 1. 叶酸的结构

叶酸（FA）也称为维生素 $B_{11}$、蝶酰谷氨酸，因其在绿叶蔬菜中含量丰富，故名叶酸。叶酸结构见图6-15。

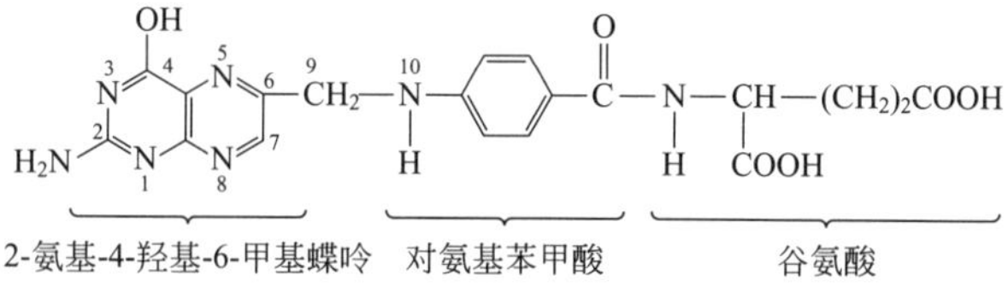

图6-15 叶酸（FA）的结构

### 2. 叶酸的辅酶形式——四氢叶酸（$FH_4$）

**（1）四氢叶酸（$FH_4$）是叶酸的辅酶形式** 四氢叶酸（$FH_4$）是叶酸加氢还原的产物，动物体内叶酸转化成四氢叶酸的途径见图6-16。

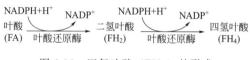

图6-16 四氢叶酸（$FH_4$）的形成

**（2）四氢叶酸（$FH_4$）的生理功能** $FH_4$是转一碳单位酶系的辅酶，它是甲基、亚甲基、甲酰基、次甲基等一碳单位的载体，参与嘌呤、嘧啶、丝氨酸、甘氨酸等的合成。

$FH_4$携带一碳单位的部位是N5和N10。$FH_4$与一碳单位形成的各种化合物见图6-17。

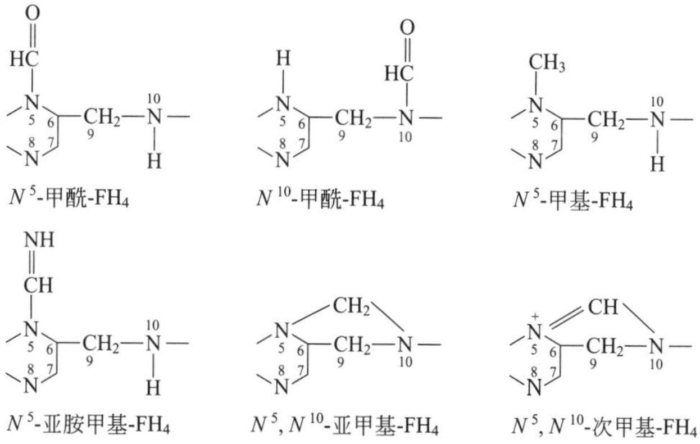

$N^5$-甲酰-$FH_4$   $N^{10}$-甲酰-$FH_4$   $N^5$-甲基-$FH_4$

$N^5$-亚胺甲基-$FH_4$   $N^5,N^{10}$-亚甲基-$FH_4$   $N^5,N^{10}$-次甲基-$FH_4$

图6-17 $FH_4$与一碳单位形成的化合物

### 3. 叶酸的性质、来源及缺乏症

叶酸是黄色结晶，微溶于水，在酸性溶液中不稳定，易被光破坏。

叶酸广泛分布于动植物中。绿叶蔬菜、谷物、大豆以及其他豆类和多种动物产品中叶酸的含量都很丰富。

由于叶酸间接与核酸和蛋白质的生物合成有关，缺乏时可引起多种病症，如巨幼红细胞性贫血等。

## 八、维生素 $B_{12}$ 和 $B_{12}$ 辅酶

### 1. 维生素 $B_{12}$ 的结构

维生素 $B_{12}$ 含有金属元素钴（Co），故又称为钴胺素。维生素 $B_{12}$ 的结构十分复杂，包括数种物质，共同特点是分子中含有由吡咯构成的咕啉环、5,6-二甲基苯并咪唑、3′-磷酸核糖。钴原子位于咕啉环的中央，其上结合不同的基团，形成不同的钴胺素。维生素 $B_{12}$ 的结构见图 6-18。

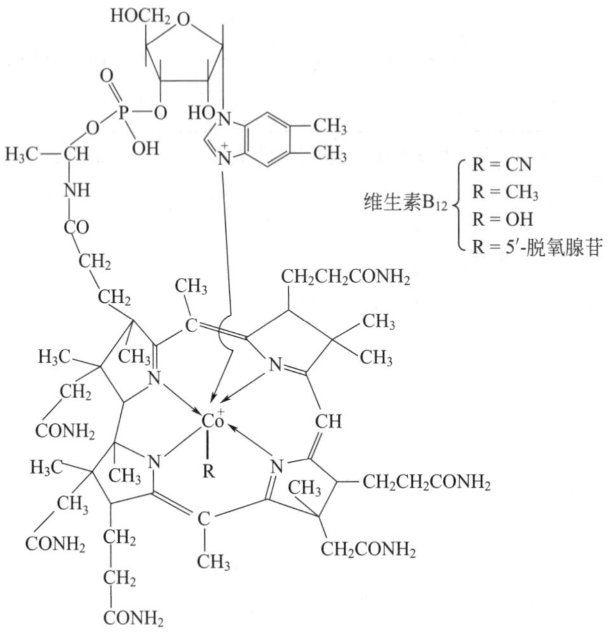

图 6-18 维生素 $B_{12}$ 的结构

### 2. $B_{12}$ 辅酶

5′-脱氧腺苷钴胺素是维生素 $B_{12}$ 在体内的主要存在形式，称为 $B_{12}$ 辅酶。

$B_{12}$ 辅酶是某些变位酶、甲基转移酶的辅酶，并常与叶酸的作用相关联。

### 3. 维生素 $B_{12}$ 的性质、来源及缺乏症

维生素 $B_{12}$ 为粉红色针状晶体，熔点甚高，能溶于水和酒精，水溶液在弱酸中相当稳定，强酸、强碱下极易分解，日光、氧化剂及还原剂均易破坏维生素 $B_{12}$。

维生素 $B_{12}$ 主要来源于动物性食品，肝、瘦肉、鱼、牛奶及鸡蛋是维生素 $B_{12}$ 的主要来源，高等植物中维生素 $B_{12}$ 的含量极少。在一定条件下，肠道细胞也可合成一些维生素 $B_{12}$。

一般情况下维生素 $B_{12}$ 不会缺乏，但严格的素食者易患维生素 $B_{12}$ 缺乏症。人体胃黏膜能分泌一种糖蛋白，可作为维生素 $B_{12}$ 的载体，将其从肠道转移到血液中，有些人因遗传缺陷，不能产生这种载体，因而会导致维生素 $B_{12}$ 缺乏。

缺乏维生素 $B_{12}$ 时表现为急性贫血及相关症状。

## 九、维生素 C（抗坏血酸）

### 1. 维生素 C 的结构

维生素 C 又称为抗坏血酸，自然界存在的、有生理活性的维生素 C 是 L-抗坏血酸，其

化学结构为一烯醇式己糖酸内酯。维生素 C 有还原型和氧化型两种形式,都具有活性,但氧化型维生素 C (脱氢抗坏血酸)进一步水解生成二酮古洛糖酸则失去活性。维生素 C 的结构见图 6-19。

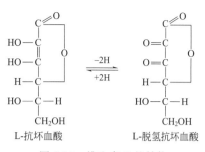

图 6-19　维生素 C 的结构

### 2. 维生素 C 的生理功能

**(1) 维生素 C 在体内作为还原剂发挥作用**　维生素 C 有较强的还原性,能参与体内的氧化还原反应,保护巯基,维持巯基酶的活性状态。

维生素 C 能使 $Fe^{3+}$ 还原为 $Fe^{2+}$,有利于铁的储存与动员。

**(2) 参与体内的羟化反应**　维生素 C 对于许多物质的羟化反应都有重要作用。

胶原蛋白是细胞间质的重要成分,胶原蛋白合成时,多肽链中的脯氨酸和赖氨酸残基需要分别被羟化。维生素 C 是脯氨酸羟化酶的辅助因子,所以维生素 C 可促进胶原蛋白的合成。

**(3) 其他**　维生素 C 还具有其他生理功能,如抑制胆固醇合成关键酶的活性等。

### 3. 维生素 C 的性质、来源及缺乏症

维生素 C 是无色晶体,易溶于水及乙醇,不溶于大多数有机溶剂。结晶维生素 C 稳定,在水溶液中极易氧化,遇空气、热、光、碱等物质,特别是有氧化酶及铜、铁等金属离子存在时,可促进其氧化破坏过程。

植物组织中含有抗坏血酸氧化酶,在组织完整时其催化作用不明显。当组织破坏,又与空气接触时,抗坏血酸迅速地被氧化而失去活性。抗坏血酸氧化酶对热不稳定,加热至 100℃、1min 后立即失活,在蔬菜、水果加工中,进行短时间的热处理,可以减少维生素 C 的损失。

维生素 C 主要来源于新鲜的蔬菜、水果,尤其以猕猴桃、鲜枣、柑橘类及青椒、菜花、豆芽等的含量最为丰富。

维生素 C 是最不稳定的一种维生素,因此容易引起缺乏症。

维生素 C 缺乏时,胶原蛋白合成受阻,毛细管壁脆性增大,通透性增强,易破裂引起出血,这种维生素 C 缺乏症称为坏血病。

## 十、硫辛酸

### 1. 硫辛酸的结构

硫辛酸是一个含硫的 $C_8$ 羧酸,有氧化型和还原型两种形式,其结构见图 6-20。

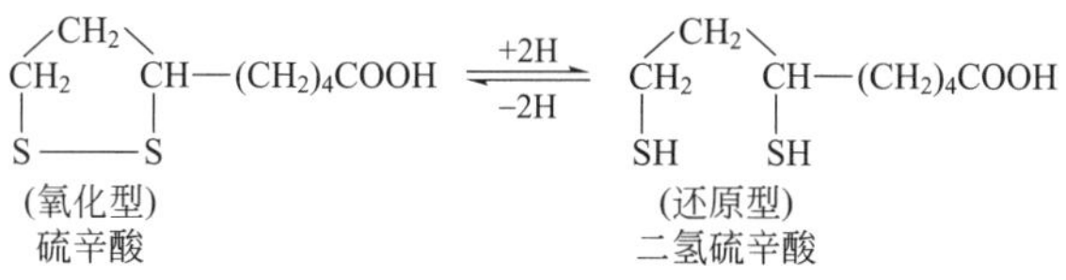

$$\begin{array}{c} CH_2 \\ CH_2 \quad CH-(CH_2)_4COOH \\ | \qquad | \\ S\!\!-\!\!-\!\!-\!\!S \\ \text{(氧化型)} \\ \text{硫辛酸} \end{array} \quad \xrightleftharpoons[-2H]{+2H} \quad \begin{array}{c} CH_2 \\ CH_2 \quad CH-(CH_2)_4COOH \\ | \qquad | \\ SH \quad SH \\ \text{(还原型)} \\ \text{二氢硫辛酸} \end{array}$$

图 6-20　硫辛酸的结构

### 2. 硫辛酸的生理功能

硫辛酸是酵母和微生物等的生长因子,而不是动物必须从食物中取得的维生素。

硫辛酸是丙酮酸和 α-酮戊二酸脱氢酶系的辅酶,起酰基载体的作用,也可以传递氢。

## 第二节 脂溶性维生素

脂溶性维生素不溶于水,在食物中,它们常和脂类物质共同存在,因此,脂溶性维生素的吸收与脂类的吸收密切相关。脂溶性维生素可以在体内储存,摄入量过高会引起中毒症。

脂溶性维生素不是辅酶的组分,但在生命活动中有重要的生理功能。

### 一、维生素A

#### 1. 维生素A的结构

维生素A有维生素$A_1$、维生素$A_2$两种,是不饱和一元醇类。维生素$A_1$又称为视黄醇,维生素$A_2$称为3-脱氢视黄醇。天然维生素A主要以维生素$A_1$的形式存在。维生素A的结构见图6-21。

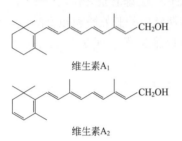

图6-21 维生素A的结构

#### 2. 维生素A的生理功能

维生素A的主要生理功能是维持上皮组织健康及正常视觉,促进年幼动物的正常生长。

在体内,视黄醇可以氧化为视黄醛(全反式),全反式视黄醛可以转化成11-顺式视黄醛。维生素A与暗视觉有关。眼球视网膜上有两类感觉细胞,即圆锥细胞和杆细胞。圆锥细胞对强光和颜色敏感,杆细胞对弱光敏感,对颜色不敏感。杆细胞中含有视紫红质,视紫红质的浓度决定眼睛对弱光感受的强弱,缺乏视紫红质,眼睛对弱光的感受能力下降。视紫红质是由视蛋白与11-顺式视黄醛(也有9-顺式视黄醛)结合成的一种蛋白质。因此,维生素A与暗视觉有关。视物过程中维生素A的变化见图6-22。

#### 3. 维生素A的性质、来源及缺乏症

维生素A是淡黄色晶体,其化学性质活泼,在有氧条件下,容易被空气或氧化剂所氧化,光照也能加速维生素A的氧化分解。在缺氧条件下,对热相当稳定。

维生素A仅存在于动物性食品中,以肝脏、蛋黄、乳制品中含量丰富。植物中虽然不含维生素A,但许多植物如胡萝卜、绿叶蔬菜、玉米等含各种类胡萝卜素(其中最重要者为$\beta$-胡萝卜素,见图6-23),在小肠和肝脏中能转化为维生素A。这些本身不是维生素A,但在体内可转化为维生素A的物质,称为维生素A原。

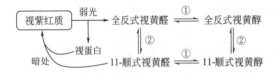

图6-22 视物过程中维生素A的变化
①醇脱氢酶;②异构酶

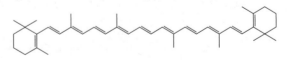

图6-23 $\beta$-胡萝卜素的结构

维生素A是维持一切上皮组织健康所必需的,缺乏时,上皮细胞分泌黏液的功能丧失,上皮组织干燥、增生、过度角化,抵抗微生物感染的能力降低。

缺乏维生素A时,视紫红质的合成减少,对弱光的敏感度降低,使暗适应时间延长,严重缺乏时可造成夜盲症。维生素A俗称"抗干眼病维生素"。

## 二、维生素 D

### 1. 维生素 D 的结构

维生素 D 又称为抗佝偻病维生素、钙化醇，有维生素 $D_3$ 和维生素 $D_2$ 两种，通常指维生素 $D_3$。维生素 D 是类固醇衍生物，动物皮下的 7-脱氢胆固醇和酵母细胞中的麦角固醇经阳光中的紫外线照射，分别可转化为维生素 $D_3$ 和维生素 $D_2$，见图 6-24。

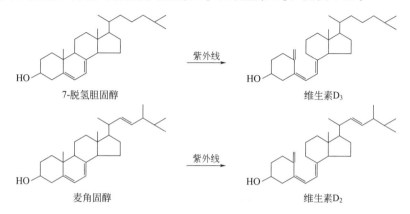

图 6-24　7-脱氢胆固醇及麦角固醇分别转化为维生素 $D_3$ 和维生素 $D_2$

### 2. 维生素 D 的生理功能

维生素 D 最基本的功能是调节钙和磷代谢。维生素 D 促进肠道钙、磷的吸收，提高血液钙和磷的水平，促进骨的钙化。此外，维生素 D 与肠黏膜细胞的分化有关。

维生素 D 在体内的活性形式是 1,25-二羟维生素 $D_3$。维生素 $D_3$ 通过血液循环进入肝脏，羟化为 25-羟维生素 $D_3$，到达肾脏后再次羟化，生成活性形式的 1,25-二羟维生素 $D_3$，见图 6-25。

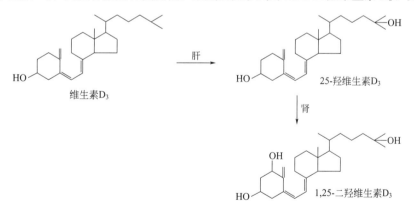

图 6-25　维生素 D 的活性形式 1,25-二羟维生素 $D_3$ 的生成

### 3. 维生素 D 的性质、来源及缺乏症

维生素 $D_3$ 和维生素 $D_2$ 都是无色结晶，性质比较稳定，对热、氧、酸、碱均较稳定，不易破坏。但在酸性溶液中，维生素 D 会逐渐分解。油脂氧化酸败后酸值增加，可引起维生素 D 的破坏。

维生素 D 在动物的肝、奶及蛋黄中的含量较多，尤以鱼肝油中的含量最丰富。

由于维生素 D 与机体内钙、磷代谢密切相关，所以缺乏时，儿童将引起佝偻病，成人可引起骨质软化病或骨质疏松症。

## 三、维生素 E

### 1. 维生素 E 的结构

维生素 E 又叫做生育酚,目前发现的有 6 种,其中 α-生育酚、β-生育酚、γ-生育酚、δ-生育酚有生理活性,α-生育酚的效价最高,其结构见图 6-26。

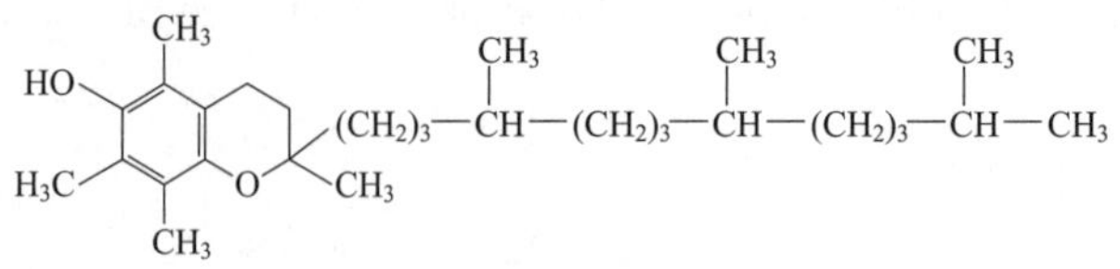

图 6-26　α-生育酚的结构

### 2. 维生素 E 的生理功能

维生素 E 是一种天然抗氧化剂,具有很强的抗氧化功能,保护细胞膜上的不饱和脂肪酸免于氧化,保护体内细胞免受自由基的损害,维持巯基酶的活性,促进血红素的合成。

### 3. 维生素 E 的性质、来源及缺乏症

维生素 E 是黄色油状物,不溶于水,易溶于油、脂肪、丙酮等有机溶剂。对热及酸稳定,对碱不稳定,对氧十分敏感,油脂酸败加速维生素 E 的破坏。

植物能合成维生素 E,谷类粮食都含有丰富的维生素 E,特别是种子的胚芽中。小麦胚油、豆油、花生油和棉籽油中维生素 E 的含量也很丰富,豆类及蔬菜中也含有维生素 E。

由于食物中维生素 E 的来源充足,故人体不易发生维生素 E 缺乏症。

## 四、维生素 K

### 1. 维生素 K 的结构

维生素 K 是 2-甲基-1,4-萘醌的衍生物,常见的有维生素 $K_1$ 和维生素 $K_2$,其结构见图 6-27。

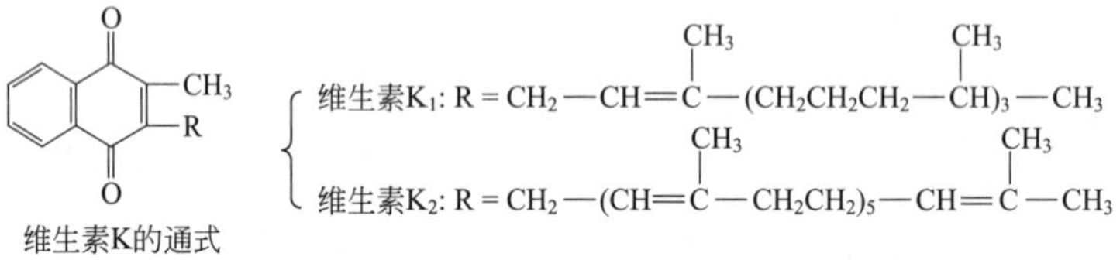

图 6-27　维生素 K 的结构

### 2. 维生素 K 的生理功能

维生素 K 促进合成凝血酶原,调节凝血因子的合成,故又称凝血维生素。维生素 K 具有醌类化合物结构,是呼吸链的一部分,参与细胞的生物氧化过程。

### 3. 维生素 K 的性质、来源及缺乏症

维生素 K 为黄色油状物,耐热,对碱、强酸、光和辐射不稳定。

绿叶蔬菜如苜蓿、菠菜和白菜等含有丰富的维生素 $K_1$,动物肝脏、蛋中含较丰富的维生素 $K_2$,人体的肠道细菌能合成部分维生素 $K_2$。

一般情况下,人体不会缺乏维生素 K。

水产动物比陆生动物更容易缺乏维生素 K,主要原因是:①水产动物的食物在消化道的存留时间短,消化道很难通过发酵产生维生素 K;②水产动物易发生疾病,在饵料中使用抗生素的频率比陆生动物更高,使其发酵能力更低;③水产动物的红细胞膜结构不致密,不易凝血。

# 第七章
# 生物氧化

新陈代谢是生物体的基本特征，包括物质代谢和能量代谢两个方面，这两方面是相互联系的。物质代谢包括分解代谢和合成代谢两种类型，分解代谢释放能量，合成代谢需要能量。

分解代谢是将生物大分子分解成小分子并伴随着放能的过程。分解代谢分三个阶段：①蛋白质、多糖、脂肪等降解为构件分子。蛋白质、多糖、脂肪等有机物，在酶的作用下，分别降解为各自的构件分子，即氨基酸、葡萄糖及其他单糖、甘油、脂肪酸等。②构件分子转变为代谢中间产物。构件分子在细胞中各自经历复杂的代谢途径，转化为共同的中间产物，即乙酰CoA。③乙酰CoA彻底氧化为$CO_2$和$H_2O$。分解代谢的前两个阶段，蛋白质、多糖、脂肪等经历的代谢途径是不同的，而分解代谢的第三个阶段，即乙酰CoA彻底氧化为$CO_2$和$H_2O$，是蛋白质、多糖、脂肪共同的代谢途径。

合成代谢是由小分子合成生物大分子并伴随着耗能的过程。合成代谢分三个阶段：①以分解代谢的终产物（小分子）为合成的前体。如，核酸分解代谢的产物磷酸核糖、碱基以及其他小分子物质氨基酸、$CO_2$等，可以作为合成核苷酸的前体；$NH_3$则是合成氨基酸的原料。②由前体小分子合成各种生物大分子的构件分子。如，植物体通过光合作用合成葡萄糖，动物体通过糖的异生作用合成葡萄糖；动植物体都以乙酰CoA为原料合成脂肪酸。③由构件分子合成生物大分子。如，植物体利用葡萄糖合成淀粉、纤维素等多糖，动物体利用葡萄糖合成糖原。合成代谢需要能量及还原力，而且同一物质的合成代谢不是分解代谢的逆反应，它们在细胞中的反应部位及反应途径不同。

生物体进行的一切生命活动都需要能量，能量来自于体内糖类、蛋白质、脂肪等有机物的氧化，即有机物的分解代谢。自养生物通过光合作用，利用$CO_2$合成有机物，把光能转化为化学能；异养生物只能利用现成的有机物作为能源。因此，光能是生物体内能量的最初来源。生物氧化是糖类、蛋白质、脂肪等有机物质在活细胞内氧化分解，产生$CO_2$和$H_2O$并放出能量的过程。生物机体利用呼吸时吸入的氧，把糖类、蛋白质、脂肪等有机物氧化为$CO_2$和$H_2O$，因此，生物氧化也叫做"呼吸作用"或"组织呼吸"。虽然各类有机物分解代谢的途径复杂又不相同，但是它们在彻底氧化为$CO_2$和$H_2O$时，都有一段相同的过程。生物氧化即讨论各类有机物在细胞内氧化时所共同经历的一段终端氧化过程。

## 第一节 生物氧化概述

### 一、生物氧化的特点

有机物在生物体内的氧化，本质上与有机物在体外燃烧相同，产物都是$CO_2$和$H_2O$，释放的能量也相同。但与有机物燃烧相比，生物氧化在反应条件、过程、方式及能量释放等方面有显著不同。生物氧化的特点主要表现在以下几个方面：

1. 反应条件

生物氧化是在生物体活细胞内进行的，反应条件是水环境、体温、pH 近中性。

2. 反应过程

生物氧化是在一系列酶的催化下所进行的有序反应，其过程是分阶段逐步进行的。

3. 反应方式

生物氧化的反应方式主要是脱氢反应、脱电子反应及加氧反应。

4. 能量释放

生物氧化过程中产生的能量是逐步释放的。有机物氧化中释放的能量，除一部分以热能的形式散失外，相当一部分能量驱动 ADP 磷酸化为 ATP，即转化为生物体能够利用的能量形式，以满足机体各种生理活动的需要。

5. 细胞定位

真核生物细胞内，生物氧化多在线粒体内进行；原核生物细胞内，生物氧化在细胞膜上进行。

## 二、生物氧化中 $CO_2$ 和 $H_2O$ 的生成方式

### （一）$CO_2$ 的生成

生物氧化中产生的 $CO_2$ 是有机物中的碳原子被氧化的结果。有机物在代谢过程中，产生含有羧基的中间化合物（如丙酮酸、草酰琥珀酸、$\alpha$-酮戊二酸等），然后含羧基的化合物脱羧产生 $CO_2$，即 $CO_2$ 是有机物脱羧形成的。

脱羧反应有直接脱羧和氧化脱羧两种方式，根据脱去 $CO_2$ 的羧基在有机酸中的位置，分为 $\alpha$-脱羧和 $\beta$-脱羧。

**1. 直接脱羧**

含羧基的化合物从分子中直接脱去羧基，称为直接脱羧。如，发酵过程中，丙酮酸直接脱羧，产物为乙醛和 $CO_2$，丙酮酸属于 $\alpha$-酮酸，因此，该脱羧反应是 $\alpha$-直接脱羧，见图 7-1。

$$CH_3COCOOH \xrightarrow{\text{丙酮酸脱羧酶}} CH_3CHO + CO_2$$
丙酮酸 → 乙醛

图 7-1 直接脱羧

**2. 氧化脱羧**

含羧基的化合物在脱羧过程中伴随着氧化作用，称为氧化脱羧。如，丙酮酸脱氢酶系催化的反应，见图 7-2。

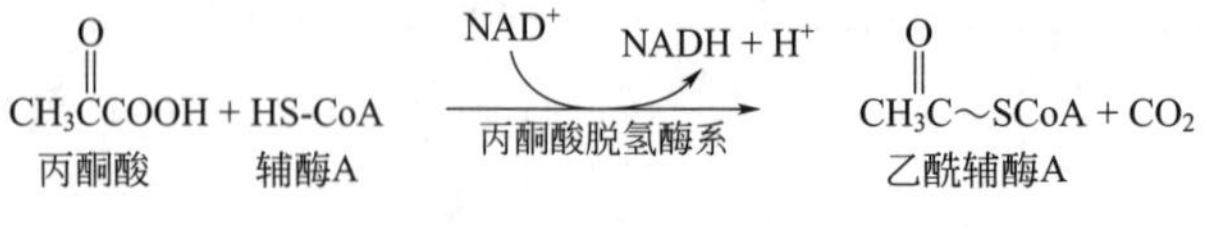

$$CH_3COCOOH + HS\text{-}CoA \xrightarrow[\text{丙酮酸脱氢酶系}]{NAD^+ \quad NADH+H^+} CH_3C\sim SCoA + CO_2$$
丙酮酸　辅酶A　　　　　　　　　　乙酰辅酶A

图 7-2 氧化脱羧

### （二）$H_2O$ 的生成

生物氧化中 $H_2O$ 的生成方式有两种：一种是底物直接脱水生成；一种是由电子传递链（呼吸链）生成。

## 1. 底物直接脱水

这种生成水的方式仅是少数，生物氧化过程中水绝大部分是在呼吸链中生成的。

糖酵解途径中，烯醇化酶催化 2-磷酸甘油酸脱水，形成磷酸烯醇式丙酮酸，是底物直接脱水，见图 7-3。

## 2. 由电子传递链（呼吸链）生成

这是生物氧化生成水的主要方式，即有机物中的氢被氧化，这是一个复杂的过程。

代谢物（如丙酮酸、琥珀酸、苹果酸等）上的氢原子，必须在相应的脱氢酶的催化下才能脱落，氢原子的受体是脱氢酶的辅酶（辅基）。氢原子经过一系列传递体的传递，与被氧化酶激活的氧结合，生成水。生物氧化中水的生成方式见图 7-4。

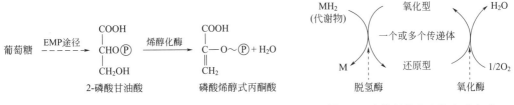

图 7-3 底物直接脱水　　　　图 7-4 生物氧化中水的生成方式

### 三、生物体内的高能化合物

糖类、脂肪和蛋白质等有机物分子中蕴藏着大量的能量，这些能量通过生物氧化释放出来，一部分能量以热能的形式维持体温或散失于环境中，一部分能量则用于形成高能化合物，特别是高能磷酸化合物，供机体利用。

#### （一）高能化合物的概念

高能化合物是指含有高能键的化合物。

通常将水解时可以释放出 20.93kJ/mol 以上自由能的化学键称为高能键（用 "～" 表示高能键）。高能化合物含有高能键，以高能磷酸化合物最为常见。

#### （二）高能化合物的类型

生物体内的高能化合物根据高能键的类型，可以分为三类：高能磷酸化合物、高能硫酯化合物、高能甲硫键型化合物。

##### 1. 高能磷酸化合物

磷酸基团水解时放出大量自由能的磷酸化合物称为高能磷酸化合物。高能磷酸化合物可以分为磷氧键型和磷氮键型两类。

**(1) 磷氧键型高能磷酸化合物**　磷氧键型（—O～P）高能磷酸化合物有焦磷酸化合物、烯醇式磷酸化合物、酰基磷酸化合物。

焦磷酸化合物是核苷三磷酸（NTP，N 代表碱基），其中最主要的是 ATP。NTP 分子中含有 3 个磷酸基团，形成 2 个磷酸酐键和 1 个磷酸酯键。磷酸酯键水解时释放的自由能较低（9.21kJ/mol），磷酸酐键是高能键，水解时释放大量的自由能（30.55kJ/mol）。烯醇式磷酸化合物的代表是磷酸烯醇式丙酮酸。酰基磷酸化合物有 1,3-二磷酸甘油酸、氨甲酰磷酸等。

磷氧键型高能磷酸化合物的结构见图 7-5。

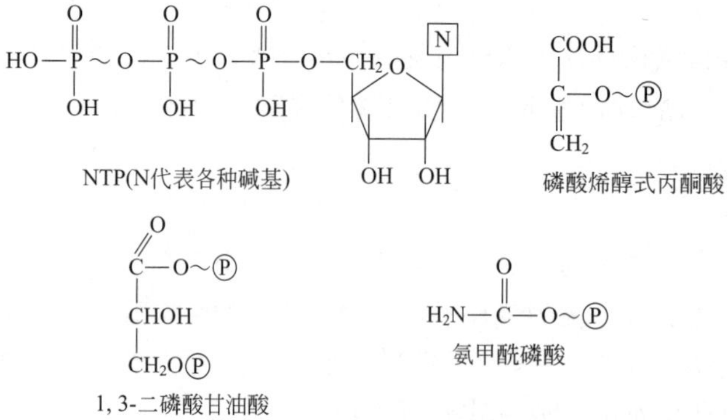

图 7-5　磷氧键型高能磷酸化合物 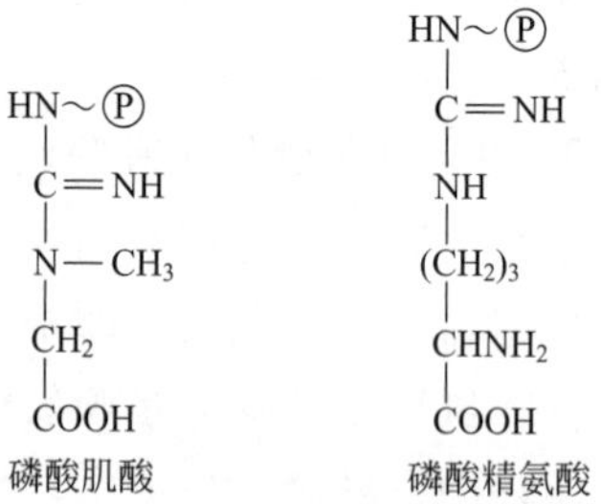　　　　图 7-6　磷氮键型高能磷酸化合物

**(2) 磷氮键型高能磷酸化合物**　磷氮键型（—N～P）高能磷酸化合物主要有磷酸肌酸和磷酸精氨酸，其结构见图 7-6。

### 2. 高能硫酯化合物

高能硫酯化合物含有高能硫酯键（R—CO～S—），以乙酰 CoA 最常见（见图 7-7）。

图 7-7　高能硫酯化合物　　　　图 7-8　高能甲硫键型化合物

### 3. 高能甲硫键型化合物

高能甲硫键型化合物含有高能甲硫键（CH₃～S—），以 S-腺苷甲硫氨酸为代表。S-腺苷甲硫氨酸是甲硫氨酸的活化形式，是生物体内最重要的甲基供给者，可以参与多种转甲基反应，生成多种含—CH₃ 的生理活性物质（如胆碱、肉毒碱、肌酸等）。高能甲硫键型化合物的结构见图 7-8。

### （三）ATP 在能量转换中的作用

#### 1. ATP 是能量"通货"

ATP 是生物体可以直接利用的能量形式，糖类、脂肪、蛋白质氧化释放的能量必须转化成 ATP 才能被生物体利用。ATP 在细胞的产能和耗能过程中起桥梁的作用，它是能量的携带者和传递者，而不是能量的永久储存库。因此，ATP 被称为生物体中能量的"通货"。

生物体内的产能反应中，相当一部分能量转化成 ATP 的形式。在生物体的需能反应中，ATP 可以水解为 ADP＋Pi 或 AMP＋PPi，释放出蕴藏的能量，供生命活动之需。

#### 2. ATP—ADP 循环

ATP—ADP 循环是生物体内 ATP 生成和利用形成的循环，是生物系统中能量交换的基本形式。有机物氧化产生的能量促使 ADP 磷酸化为 ATP，ATP 分解形成 ADP 和 Pi，释放出能量供生物体进行各种生理活动，如合成生物大分子、肌肉收缩、主动运输、信息传递等。ATP—ADP 循环见图 7-9。

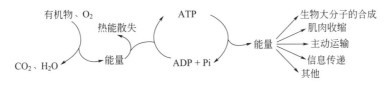

图 7-9　ATP—ADP 循环

### 3. ATP 水解产生的能量用于生物体的合成反应

生物体内，合成酶类催化的反应需要 ATP 水解产生的能量。如，丙酮酸羧化为草酰乙酸的反应、脂肪酸活化为脂酰 CoA 的反应等，都和 ATP 的水解相偶联。

### 4. ATP 是机体其他能量形式的来源

ATP 可以将其高能磷酸基团转移给 GDP、UDP、CDP 等，使之转化成相应的 GTP、UTP、CTP 形式参与细胞内的合成反应。如，糖原合成需要 UTP，蛋白质合成需要 GTP。

### （四）高能磷酸键的储存

ATP 一旦生成，便立即投入使用，它不是生物体中的储能物质。磷酸肌酸和磷酸精氨酸分别是脊椎动物和无脊椎动物体内的储能形式，其分子中所含的高能磷酸基团不能被生物体直接利用。

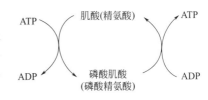

图 7-10　能量的储存

当机体 ATP 浓度高时，ATP 中的高能磷酸基团转移给肌酸（精氨酸），生成磷酸肌酸（磷酸精氨酸）；ATP 浓度低时，磷酸肌酸（磷酸精氨酸）将高能磷酸基团转移给 ADP，生成 ATP，以供生命活动之需（见图 7-10）。

## 第二节　电子传递链

真核生物细胞的线粒体内膜是能量转换的重要部位，电子传递链和氧化磷酸化有关的组分都存在于线粒体内膜上。原核生物细胞没有线粒体，它的部分质膜有能量转换作用。

线粒体由外膜、内膜、膜间隙及基质构成。线粒体外膜平滑，通透性高，仅有少数酶结合于其上。线粒体内膜的通透性很低，仅允许不带电荷的小分子物质通过，大分子和离子通过内膜时需要特殊的转运系统；内膜上有电子传递链及氧化磷酸化的有关成分；内膜向线粒体基质褶入形成嵴，嵴能显著扩大内膜表面积。膜间隙是内外膜之间的腔隙。基质是内膜和嵴包围的空间，其中含有大量的酶（催化三羧酸循环、脂肪酸 $\beta$-氧化、氨基酸分解代谢的酶类均位于基质中）、线粒体 DNA 和核糖体。

### 一、电子传递链的概念

代谢物上的氢被脱氢酶激活脱落后，经过一系列电子传递体的传递，最终传递给被氧化酶激活的氧，从而生成水，同时放出能量的全部体系，称为电子传递链，亦称呼吸链。

真核生物中，电子传递链存在于线粒体内膜上；原核生物中，电子传递链存在于细胞膜上。

脱氢反应是生物氧化最主要的反应方式，代谢物脱下的氢最终与氧结合生成水，这个过程中伴随着能量的产生。真核生物线粒体内膜（原核生物细胞膜）上存在着一系列电子传递

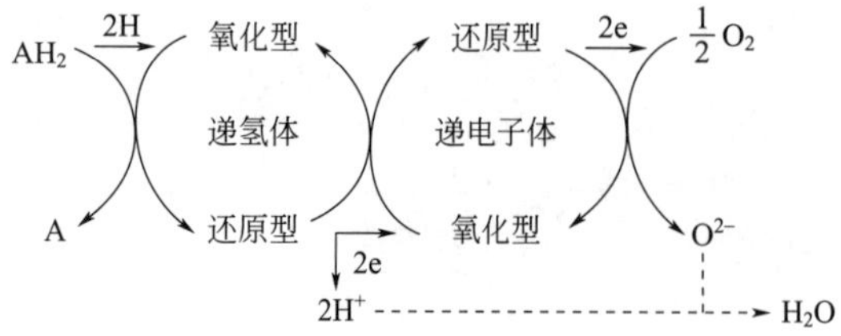

图 7-11 电子传递链示意图

体（包括递氢体和递电子体），它们按一定顺序排列在一起，把代谢物脱下的氢传递给分子氧。氢（电子）的传递过程是一系列的氧化还原反应过程，分子氧是电子的最终受体，它被激活成为 $O^{2-}$，与 $2H^+$ 结合成 $H_2O$。在电子传递过程中，有机物的能量释放出来。电子传递链见图 7-11。

## 二、电子传递链的组成

### （一）电子传递链的各组分及其作用

电子传递链的组分即电子传递体，包括黄素蛋白类、铁硫蛋白类、辅酶 Q（泛醌）类和细胞色素（Cyt）类，除辅酶 Q 外，其余组分都是蛋白质。

**1. 黄素蛋白类**

黄素蛋白是以 FAD 或 NFN 为辅基的脱氢酶。

黄素蛋白有两类：一类催化代谢物（如琥珀酸）脱氢，以 FAD 为辅基；另一类催化 NADH 脱氢，以 FMN 为辅基。

FAD（FMN）接受 2H 形成 FAD（FMN）$H_2$ 后，把 2H 传递给 CoQ。FAD（FMN）的作用机理见图 7-12。

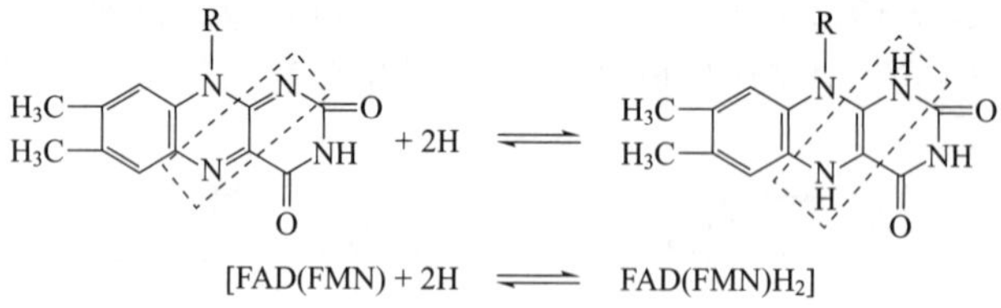

$$[FAD(FMN) + 2H] \rightleftharpoons FAD(FMN)H_2$$

图 7-12 黄素蛋白的作用机理

**2. 铁硫蛋白（Fe-S）类**

铁硫蛋白（Fe-S）也叫铁硫中心，是含铁硫络合物的蛋白质。铁硫蛋白分子中含有等量的非卟啉铁和对酸不稳定的硫，铁原子与蛋白质中半胱氨酸上的—SH 相连。铁硫蛋白有多种形式，最常见的是 2Fe-2S 和 4Fe-4S。铁硫蛋白通过铁离子的变价传递电子，是一种单电子传递体（每次传递 1 个电子），见图 7-13。

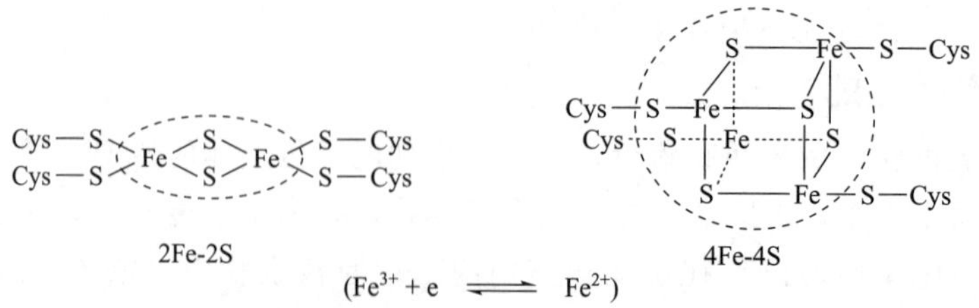

$$(Fe^{3+} + e \rightleftharpoons Fe^{2+})$$

图 7-13 铁硫蛋白及电子传递

Fe-S 在电子传递链中与黄素蛋白或细胞色素结合成复合物的形式存在。

### 3. 辅酶 Q（CoQ）类

CoQ 又称为泛醌，是一种脂溶性的醌类物质，广泛存在于生物体中，其分子中有一个长的异戊二烯侧链（一般为 6~10 个异戊二烯单位），见图 7-14。

CoQ 通过分子中的苯醌结构接受来自 $FADH_2$ 或 $FMNH_2$ 上的氢原子，形成二氢泛醌，能可逆地传递氢原子（见图 7-15）。

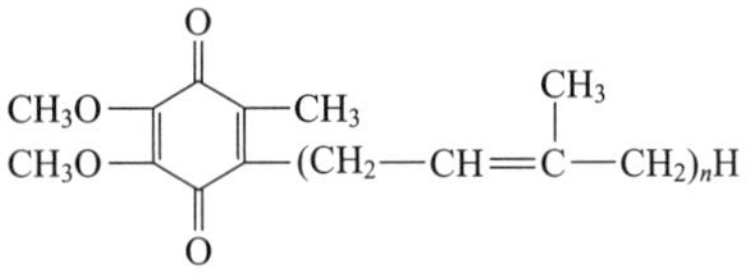

图 7-14　CoQ（泛醌）的结构 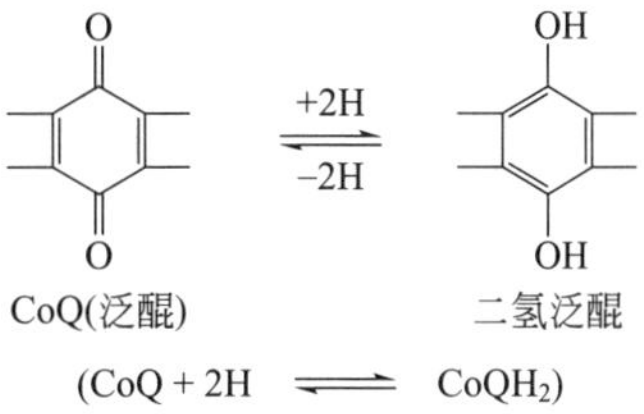　　图 7-15　CoQ 的作用机理

CoQ 是一种中间递氢体，不能直接从代谢物上受氢，它是电子传递链中唯一的非蛋白质组分。

### 4. 细胞色素（Cyt）类

细胞色素（Cyt）是一类含有铁卟啉辅基的色素蛋白，其在电子传递链中的作用是传递电子。细胞色素分子中含有铁，依靠铁化合价的变化传递电子，与铁硫蛋白一样，为单电子传递体。

电子传递链中的细胞色素有 Cyt b、Cyt c、Cyt $c_1$、Cyt a、Cyt $a_3$ 5 种，其中 Cyt b、Cyt c、Cyt $c_1$ 的辅基是血红素，Cyt a、Cyt $a_3$ 的辅基是血红素 A。血红素 A 与血红素的区别是铁卟啉上的取代基不同，见图 7-16。

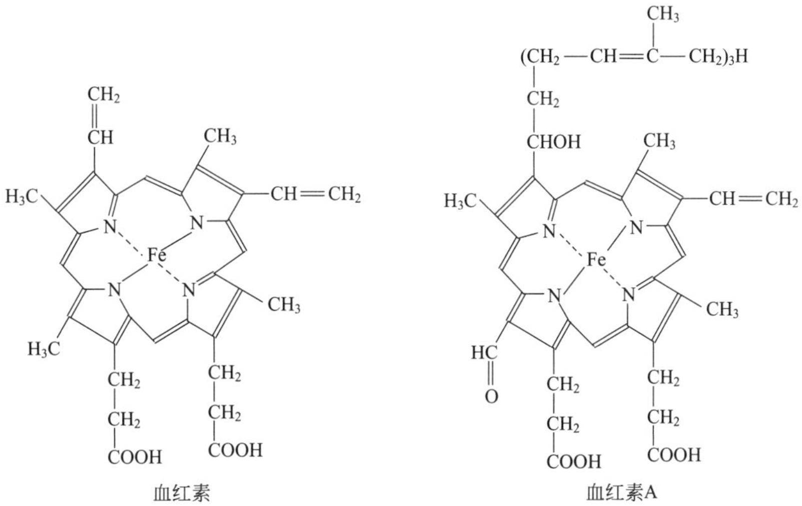

图 7-16　血红素和血红素 A 的结构

Cyt a 和 Cyt $a_3$ 结合紧密，无法分离，以复合物的形式存在，故称为 Cyt $aa_3$。Cyt $aa_3$ 是电子传递链的末端组分，它能把电子直接传给分子氧，使氧被激活（形成 $O^{2-}$），所以 Cyt $aa_3$ 称为末端氧化酶。Cyt $aa_3$ 除含有 Fe 外，还含有两个 Cu，依靠 Cu 化合价的变化把

电子传递给分子氧。在电子传递链中，Cyt $aa_3$ 位于 Cyt c 之后，其作用是使 Cyt c 氧化，所以又称为 Cyt c 氧化酶。

### （二）电子传递链的组成

#### 1. 电子传递链的组成

电子传递链的各组分紧密地镶嵌在线粒体内膜上，并非都独立存在，除 CoQ 和 Cyt c 两个游离组分外，其余组分则结合成功能相关的电子传递复合体，并按一定顺序排列。

两个游离组分 CoQ 和 Cyt c 把四种复合体连接成完整的呼吸链。

#### 2. 电子传递复合体

线粒体上构成电子传递链的电子传递复合体有四种，即复合体 Ⅰ、复合体 Ⅱ、复合体 Ⅲ 和复合体 Ⅳ。

**（1）复合体 Ⅰ** 复合体 Ⅰ 称为 NADH 脱氢酶（或 NADH-CoQ 氧化还原酶），含有 25 种不同的蛋白质，包括以 FMN 为辅基的黄素蛋白和多种铁硫蛋白。复合体 Ⅰ 的作用是把 NADH 脱下的氢传递给 CoQ（见图 7-17）。

$$MH_2 + NAD^+ \xrightleftharpoons{\text{脱氢酶}} M + NADH + H^+$$
代谢物

$$NADH + H^+ + CoQ \xrightleftharpoons{\text{复合体 Ⅰ}} NAD^+ + CoQH_2$$

图 7-17 复合体 Ⅰ 的作用

**（2）复合体 Ⅱ** 复合体 Ⅱ 称为琥珀酸脱氢酶（或琥珀酸 CoQ 氧化还原酶），含有 4~5 种不同的蛋白质，包括以 FAD 为辅基的黄素蛋白、铁硫蛋白和 Cyt b。复合体 Ⅱ 的作用是催化代谢物（如琥珀酸）脱氢，把氢传递给 CoQ（见图 7-18）。

$$\begin{array}{c} CH_2COOH \\ | \\ CH_2COOH \end{array} + FAD \xrightleftharpoons{\text{琥珀酸脱氢酶}} \begin{array}{c} HCCOOH \\ \| \\ HOOCCH \end{array} + FADH_2$$
琥珀酸 　　　　　　　　　　　　　　延胡索酸

$$FADH_2 + CoQ \xrightleftharpoons{\text{复合体 Ⅱ}} FAD + CoQH_2$$

图 7-18 复合体 Ⅱ 的作用

**（3）复合体 Ⅲ** 复合体 Ⅲ 称为 CoQ-Cyt c 氧化还原酶，含有 9~10 种不同的蛋白质，包括 Cyt b、Cyt $c_1$、Cyt c 及铁硫蛋白。复合体 Ⅲ 的作用是把来自于 CoQ 的电子传递到 Cyt c（见图 7-19）。

$$CoQH_2 + 2Cyt\ c(Fe^{3+}) \xrightleftharpoons{\text{复合体 Ⅲ}} CoQ + 2Cyt\ c(Fe^{2+})$$
$$(2H \longrightarrow 2H^+ + 2e)$$

图 7-19 复合体 Ⅲ 的作用

**（4）复合体 Ⅳ** 复合体 Ⅳ 称为 Cyt c 氧化酶，由 13 种不同的蛋白质组成，包括 Cyt $aa_3$ 和含铜蛋白。复合体 Ⅳ 的作用是催化电子从还原型 Cyt c 传递给分子氧（见图 7-20）。

$$2Cyt\ c(Fe^{2+}) + 1/2O_2 \xrightleftharpoons{\text{复合体 Ⅳ}} 2Cyt\ c(Fe^{3+}) + O^{2-}$$

图 7-20 复合体 Ⅳ 的作用

#### 3. 电子传递体的排列顺序

电子传递链中的电子传递有着严格的方向和顺序，即电子从电负性较大（或氧化还原电位较低）的传递体依次通过正电性（或氧化还原电位）较高的传递体逐步流向氧分子，见图7-21。

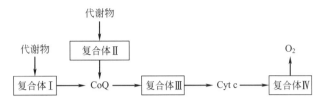

图 7-21 电子传递链中电子传递体的排列顺序

### 三、线粒体内两条典型的电子传递链

在具有线粒体的生物中，依据代谢物脱下的氢的初始受体不同，典型的电子传递链有两条，即 NADH 电子传递链和 $FADH_2$ 电子传递链。NADH 电子传递链由复合体Ⅰ、CoQ、复合体Ⅲ、Cyt c 和复合体Ⅳ组成；$FADH_2$ 电子传递链由复合体Ⅱ、CoQ、复合体Ⅲ、Cyt c 和复合体Ⅳ组成。

#### （一）NADH 电子传递链

代谢过程中，有机物在以 $NAD^+$ 为辅酶的脱氢酶作用下脱氢，生成的 NADH 经复合体Ⅰ把氢传递给 CoQ，形成 $CoQH_2$，$CoQH_2$ 将 $2H^+$ 释放于介质中，2 个电子经复合体Ⅲ传递给 Cyt c，再经复合体Ⅳ传递给分子氧（$1/2O_2$），形成 $O^{2-}$，$O^{2-}$ 与 $2H^+$ 结合生成水，此电子传递链即是 NADH 电子传递链。

NADH 电子传递链是生物氧化中电子传递的主路。在糖类、脂肪、蛋白质分解代谢的许多反应中，底物脱下的氢经此电子传递链氧化为水。NADH 电子传递链中电子的传递过程见图 7-22。

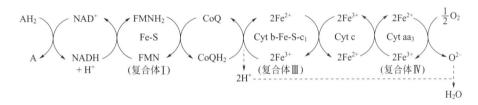

图 7-22 NADH 电子传递链中电子的传递过程

#### （二）$FADH_2$ 电子传递链

代谢过程中，有机物在以 FAD 为辅基的黄素蛋白的催化下脱氢，生成的 $FADH_2$ 经复合体Ⅱ将氢原子传递给 CoQ，形成 $CoQH_2$。$CoQH_2$ 将 $2H^+$ 释放于介质中，电子经复合体Ⅲ、Cyt c、复合体Ⅳ传递给分子氧，形成 $O^{2-}$。$O^{2-}$ 与 $2H^+$ 结合生成水。此电子传递链即是 $FADH_2$ 电子传递链，也称为琥珀酸氧化电子传递链。

$FADH_2$ 电子传递链不如 NADH 电子传递链普遍，因为只有少数代谢物（如琥珀酸、脂酰 CoA 等）是在黄素蛋白（辅基是 FAD）的作用下脱氢的。

$FADH_2$ 电子传递链中电子的传递过程见图 7-23。

除上述两条典型的电子传递链外，生物体中还存在着其他的电子传递链，有的是中间传递体不同，有的是缺少 CoQ，但电子传递的顺序基本相同。生物进化越高级，电子传递链越完善。

### 四、电子传递抑制剂

能够阻断电子传递链中某部位电子传递的物质称为电子传递抑制剂。

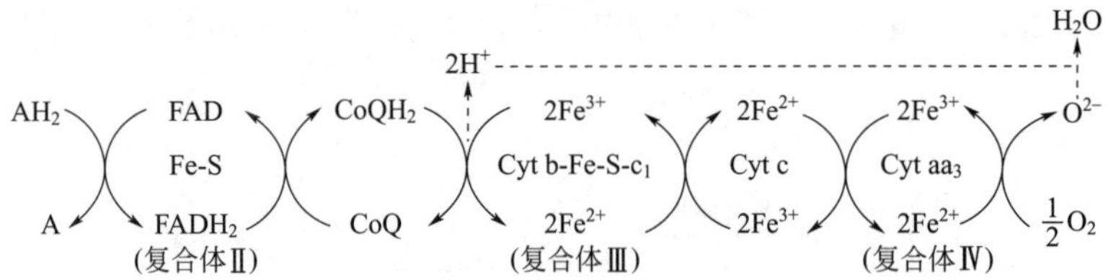

$$AH_2 \rightleftharpoons \begin{matrix} FAD \\ Fe\text{-}S \end{matrix} \rightleftharpoons \begin{matrix} CoQH_2 \\ CoQ \end{matrix} \xrightarrow{2H^+} \begin{matrix} 2Fe^{3+} \\ Cyt\ b\text{-}Fe\text{-}S\text{-}c_1 \\ 2Fe^{2+} \end{matrix} \rightleftharpoons \begin{matrix} 2Fe^{2+} \\ Cyt\ c \\ 2Fe^{3+} \end{matrix} \rightleftharpoons \begin{matrix} 2Fe^{3+} \\ Cyt\ aa_3 \\ 2Fe^{2+} \end{matrix} \rightleftharpoons \begin{matrix} H_2O \\ O^{2-} \\ \frac{1}{2}O_2 \end{matrix}$$

图 7-23 $FADH_2$ 电子传递链中电子的传递过程

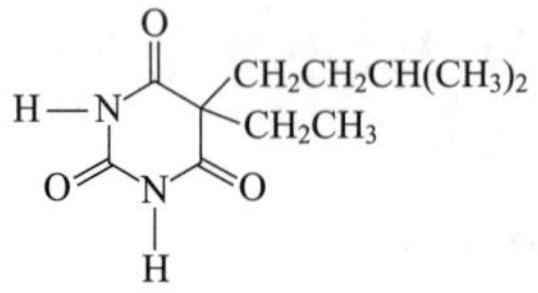

### 1. 鱼藤酮、安密妥、杀粉蝶菌素

这类电子传递抑制剂阻断电子由 $NADH+H^+$ 向 CoQ 的传递，即抑制复合体Ⅰ。鱼藤酮是一种毒性很强的植物，常用作杀虫剂。鱼藤酮、安密妥、杀粉蝶菌素的结构见图 7-24。

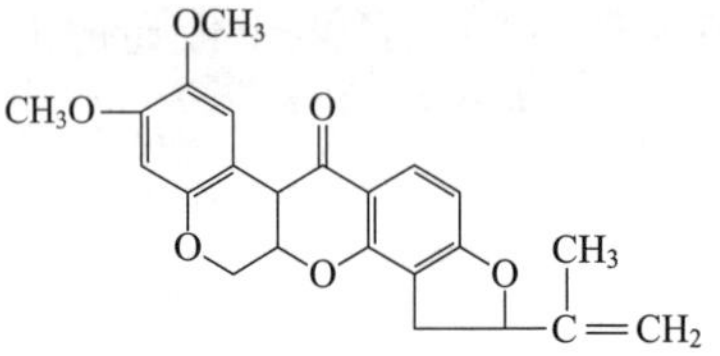

图 7-24 鱼藤酮、安密妥、杀粉蝶菌素的结构

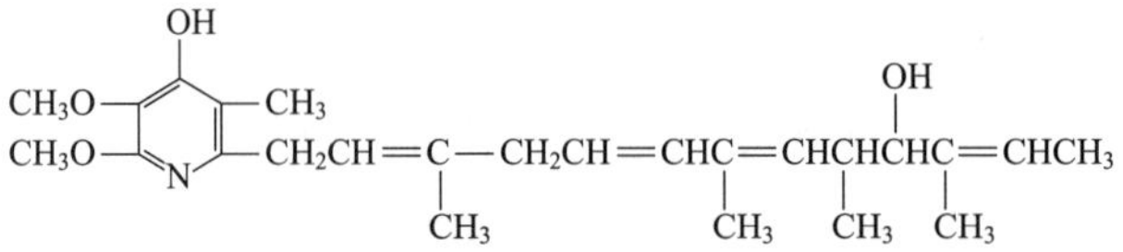

### 2. 抗霉素 A

抗霉素 A 抑制电子从 Cyt b 到 Cyt $c_1$ 的传递。抗霉素 A 的结构见图 7-25。

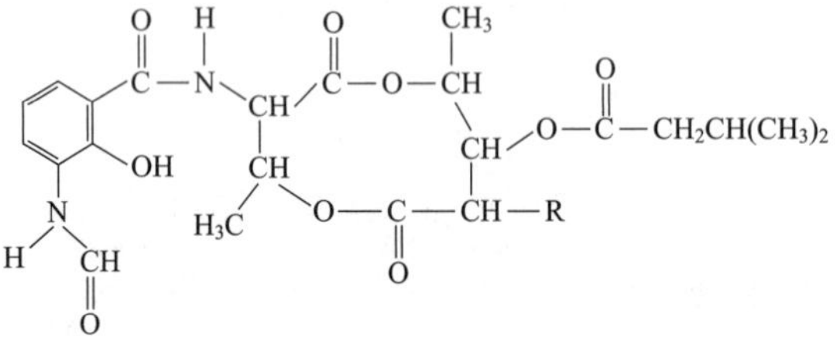

抗霉素 A[$A_1$: R=$(CH_2)_5CH_3$; $A_2$: R=$(CH_2)_3CH_3$]

图 7-25 抗霉素 A 的结构

### 3. 氰化物、叠氮化合物、CO

这类电子传递抑制剂阻断电子从 Cyt $aa_3$ 向 $O_2$ 的传递。

各类电子传递抑制剂的作用部位见图 7-26。

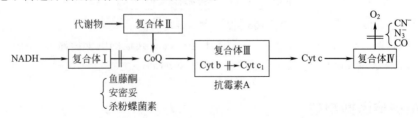

图 7-26 电子传递抑制剂的作用部位

## 第三节 氧化磷酸化

### 一、生物氧化中 ATP 的生成方式

ATP 是生物体可以利用的能量形式，有机物在生物氧化中释放的能量必须要转化成 ATP 才能为生物体利用。细胞内的 ATP 是由 ADP 的磷酸化作用形成的。ATP 的生成方式有底物水平磷酸化和电子传递磷酸化（也称为氧化磷酸化）。

#### （一）底物水平磷酸化

底物氧化过程中，能量重新集中和分布，形成某些高能中间代谢产物（高能磷酸化合物或高能硫酯化合物），在酶的作用下，高能磷酸基团转移给 ADP，从而形成 ATP，这种生成 ATP 的方式称为底物水平磷酸化。底物水平磷酸化的通式见图 7-27。

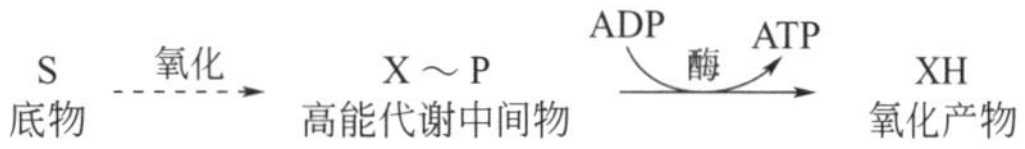

图 7-27 底物水平磷酸化的通式

有机物在生物氧化过程中产生的能量，只有极少的一部分直接生成 ATP，糖代谢中只有三处底物水平磷酸化，见图 7-28。

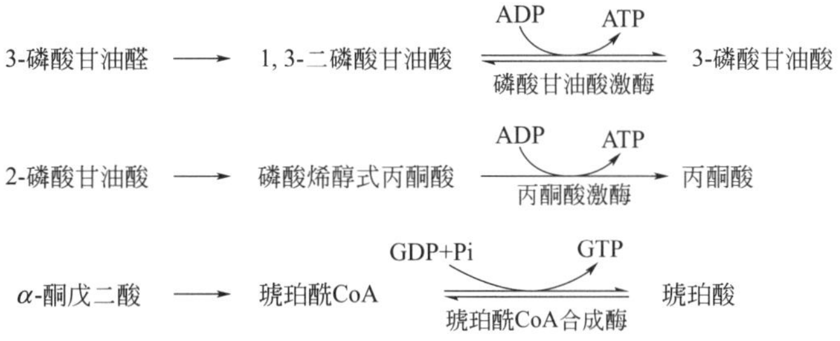

图 7-28 糖代谢中的底物水平磷酸化

底物水平磷酸化是机体获能的一种方式，与 $O_2$ 无关。底物水平磷酸化是厌氧微生物获能的主要方式。

#### （二）氧化磷酸化

**1. 氧化磷酸化的概念**

代谢物脱下的氢通过电子传递链传递给分子氧生成水释放能量的同时，偶联 ADP 磷酸化生成 ATP 的过程，称为电子传递磷酸化，也称为氧化磷酸化。

有机物在生物氧化过程中产生的能量，绝大部分是先储存在还原型辅酶（如 NADH、$FADH_2$）中，然后还原型辅酶中的氢原子（电子）在电子传递链中传递，最终与分子氧结合生成水，在此过程中释放出能量，驱动 ADP 磷酸化形成 ATP，即 ATP 的生成与电子传递是相偶联的。

氧化磷酸化是需氧生物生成 ATP 的主要方式。

**2. 氧化磷酸化的偶联部位**

电子传递过程中释放的能量促使 ADP 磷酸化形成 ATP，形成 1mol ATP 至少需要 30.55kJ 的能量，电子传递时释放的能量大于 30.55kJ/mol 的部位即是氧化磷酸化的偶联部位。NADH 电子传递链中有三个部位（$FADH_2$ 电子传递链中有两个部位）有较大的自由能

变化，电子传递时释放的能量大于 30.55kJ/mol，能促使 ADP 磷酸化为 ATP。这三个部位是 $NADH+H^+$ 和 CoQ 之间、Cyt b 和 Cyt c 之间、Cyt $aa_3$ 和 $O_2$ 之间。氧化磷酸化的偶联部位见图 7-29。

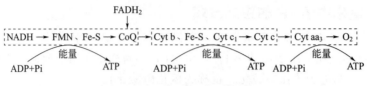

图 7-29 氧化磷酸化的偶联部位

氧化磷酸化的偶联部位是通过实验确定的。实验方法通常是测定线粒体及其制剂的 P/O 比值或测定电子在电子传递链中经过相邻传递体时的自由能降等。自由能有较大变化的部位即是氧化还原电位有较大变化的部位。

### 3. P/O 值

P/O 值是指底物脱氢氧化时，每消耗 1mol 氧原子生成水，ADP 磷酸化所消耗的无机磷的物质的量。

氧化磷酸化的效率可以通过 P/O 值来测定。由 P/O 比值可以间接测出 ATP 的生成量。NADH 电子传递链的 P/O 值为 2.5，即消耗 1mol 氧原子可以生成 2.5mol ATP；$FADH_2$ 电子传递链的 P/O 值为 1.5，即消耗 1mol 氧原子可以生成 1.5mol ATP。

## 二、氧化磷酸化的作用机理

### （一）化学渗透假说

#### 1. 氧化磷酸化机理的假说

氧化磷酸化的机理目前存在三种假说，即化学渗透假说、化学偶联假说和构象偶联假说，其中化学渗透假说得到了比较普遍的接受。

化学偶联假说（1953 年）认为，电子传递反应释放的能量通过一系列连续的化学反应形成高能共价中间物，该中间物随后裂解，将其能量转移到 ADP 中形成 ATP。构象偶联假说（1964 年）认为，电子沿电子传递链传递时，使线粒体内膜的某些蛋白质组分的构象发生了变化，形成一种高能构象，当这种高能构象复原时，释放能量，促使 ADP 磷酸化形成 ATP。

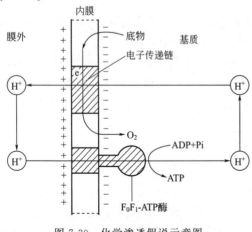

图 7-30 化学渗透假说示意图

#### 2. 化学渗透假说

化学渗透假说是英国科学家 Petr Mitchel 于 1961 年提出的，目前被多数人认可，其证据来自于 $F_0F_1$-ATP 酶（ATP 合酶）的分离和纯化。化学渗透假说认为，电子传递释放的能量和 ATP 的合成是与一种跨线粒体内膜的质子梯度相偶联的。即电子传递释放的能量驱动 $H^+$ 从线粒体基质跨过内膜进入膜间隙，从而形成跨膜的 $H^+$ 梯度及电位梯度，这个跨膜的电化学电势驱动 ATP 的合成。化学渗透假说见图 7-30。

化学渗透假说的要点：①电子传递链中的递氢体和递电子体交替排列，有序地定位于完整的线粒体内膜上，使氧化还原反应定向进行；②电子传递链具有 $H^+$ 泵的作用，能定向地将 $H^+$ 从基质泵到内膜外；③由于线粒体内膜对 $H^+$ 的不通透性，使内膜外侧的 $H^+$ 不能重回内膜内侧，这样就使内膜外侧的 $H^+$ 浓度高于基质中的 $H^+$ 浓度，膜外电位高于膜内电位，结果造成线粒体内膜内外的电化学梯度（包括 $H^+$ 浓度梯度和跨膜电位梯度）；④当存在足够的跨膜电化学梯度时，强大的质子流通过嵌在线粒体内膜上的 $F_0F_1$-ATP 酶返回基质，质子电化学梯度蕴藏的自由能释放，促使 ADP 磷酸化为 ATP。

### （二）$F_0F_1$-ATP 酶

$F_0F_1$-ATP 酶又称为 ATP 合酶，是镶嵌于线粒体内膜上的 ATP 合成酶系。它是带柄的球状小体，由头部（$F_1$）、柄部及基部（$F_0$）三部分组成。$F_1$ 由 5 种多肽链 9 个亚基构成，单独存在时不能催化 ATP 合成，但能催化 ATP 水解为 ADP 和 Pi；柄部是一种对寡霉素敏感的蛋白，称为 OSCP，连接 $F_1$ 和 $F_0$，有控制质子流动的作用；$F_0$ 也由几种蛋白质组成，被包埋于线粒体内膜中，是质子的通道。$F_0F_1$-ATP 酶的结构见图 7-31。

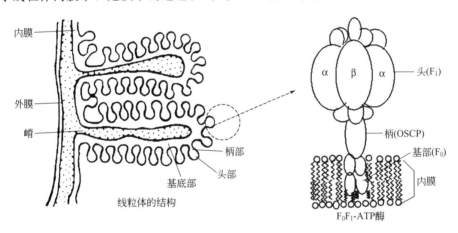

图 7-31　$F_0F_1$-ATP 酶结构示意图

## 三、影响氧化磷酸化的因素

**1. 呼吸控制**

呼吸控制，即 ADP 浓度对氧化磷酸化的调节作用。

当机体的需能活动增加时，ATP 消耗增多，ADP 浓度升高，$F_0F_1$-ATP 酶的活性增加，氧化磷酸化速度加快；相反，机体耗能减少时，ADP 浓度下降，氧化磷酸化速度减慢。这种调节可以使 ATP 的生成速度适应机体的生理需要。

**2. 激素（甲状腺素）的调节**

甲状腺激素是调节机体能量代谢的重要激素。

甲状腺激素可以诱导细胞膜上 $Na^+,K^+$-ATP 酶的合成，加速 ATP 分解为 ADP 和 Pi，从而加快氧化磷酸化的速度。因此，甲状腺功能亢进患者的基础代谢率增高。

**3. 抑制剂的影响**

**（1）电子传递抑制剂**　能够阻断电子传递链中某部位电子传递的物质称为电子传递抑制剂（详见本章第二节）。

**(2) 氧化磷酸化抑制剂** 氧化磷酸化抑制剂指直接作用于线粒体 $F_0F_1$-ATP 酶从而抑制 ATP 合成的一类物质。氧化磷酸化抑制剂可同时抑制电子传递和 ADP 磷酸化。如寡霉素可与 $F_0F_1$-ATP 酶柄部 OSCP 结合,阻止 $H^+$ 通过 $F_0$ 返回线粒体基质,抑制 ATP 合成。同时,由于 $H^+$ 在线粒体内膜外侧的积累,影响了呼吸链的质子泵功能,使电子无法传递。

**(3) 氧化磷酸化解偶联剂** 解偶联剂破坏氧化与磷酸化作用的偶联,但不阻碍电子传递。因此,解偶联剂抑制 ATP 的生成,使电子传递过程中产生的能量以热的形式散失。解偶联剂可以增加线粒体内膜的通透性,使质子可以不受控制地扩散穿过内膜,使跨膜质子梯度不能形成,从而引起解偶联。常见的解偶联剂有 2,4-二硝基苯酚、褐色脂肪组织等。

① 2,4-二硝基苯酚。2,4-二硝基苯酚(DNP)是典型的化学解偶联剂。DNP 是弱酸性亲脂化合物,能容易地穿过线粒体内膜。在膜间隙(酸性侧)结合 $H^+$,成为中性不带电状态,扩散穿过内膜。在基质(碱性侧),它释放 $H^+$,从而消除了质子梯度,抑制 ATP 的合成。2,4-二硝基苯酚(DNP)的作用机制见图 7-32。

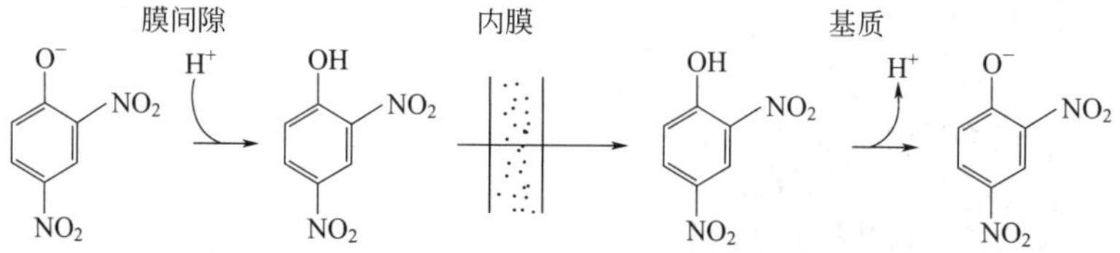

图 7-32 2,4-二硝基苯酚(DNP)的作用机制

② 褐色脂肪组织。褐色脂肪组织是天然的解偶联剂。褐色脂肪组织又称褐色脂肪,由含有大量脂肪和大量线粒体的细胞组成。人类、新生无毛哺乳动物及冬眠哺乳动物在颈部和背部都含有褐色脂肪组织。褐色脂肪组织含有一种蛋白质性质的激素,称为产热素。产热素能构建一种质子通道,使膜间隙的质子不通过 $F_0F_1$-ATP 酶返回基质,消除跨膜的质子浓度梯度,抑制 ATP 的合成。电子传递产生的能量以热量的形式释放以增加动物的体温。

**(4) 离子载体抑制剂** 离子载体抑制剂是一类脂溶性物质,能与某些阳离子结合,插入线粒体内膜的磷脂双分子层,成为除 $H^+$ 以外的其他一价阳离子的载体。这类离子载体增加了线粒体内膜对一价阳离子的通透性,消除了跨膜的电位梯度,从而抑制 ATP 的形成。如,由链霉菌产生的抗生素缬氨霉素能与 $K^+$ 结合,与 $K^+$ 形成脂溶性复合物,穿过线粒体内膜。

---

**知识拓展**         **非线粒体生物氧化体系**

糖、脂肪、蛋白质是在线粒体中氧化的,线粒体电子传递链是一切动物、植物、微生物的主要氧化途径。一些非营养物质(如药物、激素、色素等)的代谢是在非线粒体中进行的。非线粒体生物氧化体系主要有微粒体生物氧化体系和过氧化物氧化体系。非线粒体生物氧化体系中,有机物的氧化与 ATP 的产生无关。

非线粒体生物氧化体系中的氧化反应,按参与的酶分为需氧脱氢酶催化的生物氧化、氧化酶催化的生物氧化、加氧酶催化的生物氧化、过氧化氢酶和过氧化物酶催化的生物氧化、超氧化物歧化酶催化的生物氧化。

### 一、需氧脱氢酶催化的生物氧化

需氧脱氢酶是以 FAD 或 FMN 为辅基的脱氢酶，代谢物脱下的 H 与 $O_2$ 直接结合成 $H_2O_2$。无 $O_2$ 条件下，需氧脱氢酶以亚甲基蓝或其他适当的物质作为受氢体。

需氧脱氢酶常被称为氧化酶，如 D-氨基酸氧化酶、胺氧化酶、醛氧化酶、黄嘌呤氧化酶等。胺氧化酶催化的反应见图 7-33。

$$RCH_2NH_2 + H_2O + O_2 \xrightarrow{\text{胺氧化酶}} RCHO + NH_3 + H_2O_2$$
胺           醛

图 7-33 胺氧化酶催化的反应

### 二、氧化酶催化的生物氧化

**1. 多酚氧化酶系统**

多酚氧化酶系统存在于微粒体中，是含铜的末端氧化酶，是由脱氢酶、醌还原酶和酚氧化酶组成的多酶复合体。

多酚氧化酶普遍存在于植物体内，催化多酚类物质的氧化，某些水果、蔬菜的酶促褐变都是多酚氧化酶作用的结果。多酚氧化酶系统催化的反应见图 7-34。

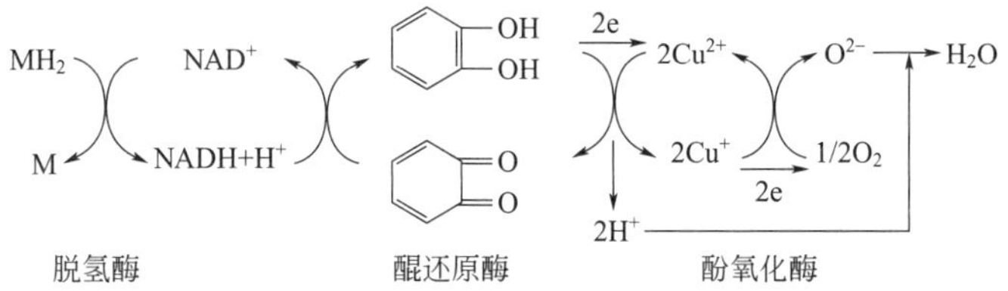

图 7-34 多酚氧化酶系统催化的反应

**2. 抗坏血酸氧化酶系统**

抗坏血酸氧化酶是一种含铜的氧化酶，广泛分布于植物中（特别是黄瓜、南瓜中），在有氧条件下，催化抗坏血酸氧化（见图 7-35）。

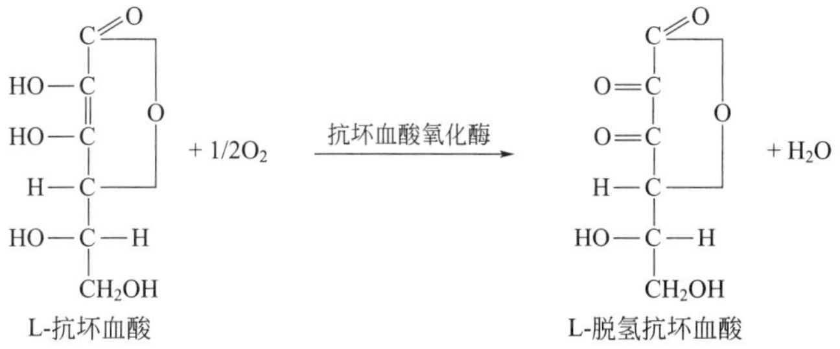

图 7-35 抗坏血酸氧化酶催化的反应

抗坏血酸氧化酶还可以与其他酶偶联，共同构成抗坏血酸氧化酶系统，通过对 $O_2$ 的利用，防止 $O_2$ 对巯基蛋白质的氧化，延缓衰老进程（见图 7-36）。

### 三、加氧酶催化的生物氧化

加氧酶存在于肝细胞微粒体中，有单加氧酶和双加氧酶。

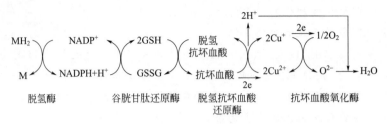

图 7-36　抗坏血酸氧化酶与其他酶偶联

**1. 单加氧酶**

单加氧酶又称为羟化酶，催化氧分子中 1 个氧原子加到底物上，另 1 个氧原子被 NADPH 还原生成水，即 $RH + NADPH + H^+ + O_2 \longrightarrow ROH + NADP^+ + H_2O$。

单加氧酶可使多种脂溶性物质氧化，并可参与某些毒物（如苯胺、苯并芘等）和药物（如吗啡、氨基比林等）的解毒转化和代谢清除反应。

**2. 双加氧酶**

双加氧酶又称为转氧酶，催化 2 个氧原子直接加到底物分子特定的双键的两个碳原子上。如 $\beta$-胡萝卜素双加氧酶催化 $\beta$-胡萝卜素形成 2 分子视黄醇（维生素 $A_1$），见图 7-37。

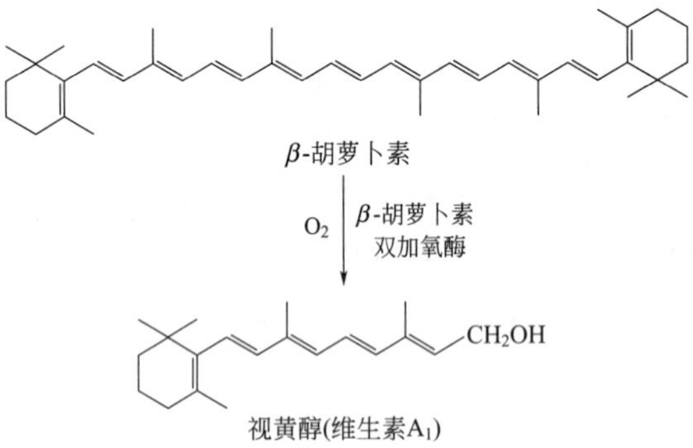

图 7-37　双加氧酶催化的反应

### 四、过氧化氢酶和过氧化物酶催化的生物氧化

某些组织产生的过氧化氢具有一定的生理意义，但对大多数组织来说，$H_2O_2$ 是一种毒物。过氧化氢酶和过氧化物酶都能分解 $H_2O_2$。

过氧化氢酶和过氧化物酶存在于过氧化物体中，都是以铁卟啉为辅基的酶。过氧化氢酶在体内分布很广，可催化 2 分子 $H_2O_2$ 反应生成 $H_2O$，并放出 $O_2$，由于其催化效率高，所以体内不会因 $H_2O_2$ 蓄积而引起中毒。过氧化物酶催化 $H_2O_2$ 氧化许多芳香族胺类和酚类，催化底物脱氢，使 $H_2O_2$ 还原成 $H_2O$。过氧化氢酶和过氧化物酶催化的反应见图 7-38。

$$2H_2O_2 \xrightarrow{\text{过氧化氢酶}} 2H_2O + O_2$$

$$R-H_2 + H_2O_2 \xrightarrow{\text{过氧化物酶}} R + 2H_2O$$

图 7-38　过氧化氢酶和过氧化物酶催化的反应

## 五、超氧化物歧化酶催化的生物氧化

### 1. 活性氧的形成

在许多酶促反应或非酶促反应中，或在某些环境因素（如电离辐射、强光等）的影响下，生物体内会产生活泼的含氧物质，统称为活性氧。蛋白质、膜脂等生物大分子极易受到这类活性氧的攻击，损伤严重时易导致代谢紊乱和疾病。

活性氧是氧的不完全还原形式，包括超氧阴离子、过氧化氢和羟自由基。任何来源的电子，如半胱氨酸的巯基或还原型维生素C，都很容易使氧发生不完全还原，形成活性氧。活性氧的形成见图7-39。

$$O_2 + e^- \longrightarrow O_2^- \cdot \text{ 超氧阴离子}$$

$$O_2 + 2e^- + 2H^+ \longrightarrow H_2O_2 \text{ 过氧化氢}$$

$$O_2 + 3e^- + 3H^+ \longrightarrow H_2O + OH \cdot \text{ 羟自由基}$$

图7-39 活性氧的形成

活性氧的反应性极强，对机体有害，其中羟自由基是最强的氧化剂，也是最活跃的诱变剂，当机体受电离辐射时就会产生这种自由基。

### 2. 超氧化物歧化酶

超氧化物歧化酶简称SOD，是一类含金属的酶类，广泛存在于生物体中。SOD是超氧阴离子清除剂，催化超氧阴离子形成$H_2O_2$，生成的$H_2O_2$由过氧化氢酶分解（见图7-40）。

$$2O_2^- \cdot + 2H^+ \xrightarrow{SOD} H_2O_2 + O_2$$

超氧阴离子

图7-40 超氧化物歧化酶清除超氧阴离子的反应

超氧阴离子还可以通过第二条途径形成过氧化氢。超氧阴离子首先接受一个质子形成过氧羟自由基，然后2个过氧羟自由基自发结合形成$H_2O_2$（见图7-41）。

$$O_2^- \cdot + H^+ \longrightarrow HO_2 \cdot$$

超氧阴离子　　　过氧羟自由基

$$HO_2 \cdot + HO_2 \cdot \longrightarrow H_2O_2 + O_2$$

图7-41 超氧阴离子形成过氧化氢的反应

# 第八章

# 糖类代谢

　　糖类的化学本质是多羟基醛或多羟基酮及其缩聚物或衍生物，糖类的主要生理功能是为机体提供能源和碳源。食物中含量最丰富的糖类物质是淀粉，还有少量的二糖和单糖等。通常人体所需能量的50%～70%来自于糖类的氧化分解。淀粉及各种二糖都必须在酶的作用下降解为单糖后，才能被小肠黏膜细胞吸收，进入血液循环。葡萄糖在机体糖类代谢中处于中心位置。葡萄糖是淀粉、糖原等多糖的组成单位，也是蔗糖、乳糖等二糖的组成成分，其他单糖都可以进入葡萄糖代谢途径中进行代谢。

　　糖类代谢包括分解代谢和合成代谢两个方面。糖类分解代谢的终产物是 $CO_2$ 和 $H_2O$。绿色植物和某些微生物通过光合作用合成糖类物质，动物体则利用某些非糖物质合成葡萄糖和糖原。

## 第一节　多糖及二糖的酶促降解

### 一、淀粉的酶促降解

　　生物体内淀粉的酶促降解有两条途径：一条是水解途径，产物是葡萄糖；另一条是磷酸解途径，产物是葡萄糖-1-磷酸。人体内淀粉降解的途径是水解途径。

　　催化淀粉水解的酶主要有α-淀粉酶、β-淀粉酶和α-1,6-糖苷键酶（脱支酶）。α-淀粉酶是一种内切酶，随机地水解淀粉分子内部的α-1,4-糖苷键。β-淀粉酶是一种外切酶，它作用于淀粉分子非还原端的α-1,4-糖苷键，每次切下一个麦芽糖分子，并使之转化为β-型。α-淀粉酶和β-淀粉酶都不能水解α-1,6-糖苷键。α-1,6-糖苷键酶（脱支酶）可以水解支链淀粉中的α-1,6-糖苷键。

　　食物中的淀粉被摄入口腔后，唾液淀粉酶（α-淀粉酶）可作用于淀粉分子的α-1,4-糖苷键，但食物在口腔中停留的时间很短，故淀粉的水解程度有限。当食物进入胃中，唾液淀粉酶受到胃酸及胃蛋白酶的水解而被破坏，淀粉的水解停止。当食糜进入十二指肠后，被胰液中的淀粉酶水解为麦芽糖、异麦芽糖、低聚麦芽糖、α-糊精及少量葡萄糖。小肠黏膜上皮细胞表面的麦芽糖酶和α-糊精酶，将麦芽糖、低聚麦芽糖等进一步水解为葡萄糖。

### 二、二糖的酶促降解

　　食物中的二糖主要有蔗糖、麦芽糖和乳糖等，它们可以被相应的蔗糖酶、麦芽糖酶、乳糖酶水解为单糖。这几种酶都存在于小肠黏膜上皮细胞的表面。

　　淀粉、二糖降解为单糖后，被小肠黏膜细胞吸收。以葡萄糖的吸收速率为100，各种单糖的吸收速率：半乳糖(110)＞葡萄糖(100)＞果糖(43)＞甘露糖(19)。

## 三、糖原的酶促降解

### (一) 糖原酶促降解的过程

糖原的酶促降解需要糖原磷酸化酶、寡聚葡萄糖转移酶和脱支酶的协同作用。

糖原磷酸化酶作用于糖原的α-1,4-糖苷键,催化糖原的磷酸解。糖原磷酸化酶从糖原的非还原端开始,依次切下一个葡萄糖残基,使之转化成葡萄糖-1-磷酸。当磷酸解进行到距α-1,6-糖苷键分支点还剩4个葡萄糖残基时,糖原磷酸化酶停止催化作用。

寡聚葡萄糖转移酶将3个葡萄糖残基转移到另一糖链的非还原端,这时分支点上只剩下1个葡萄糖残基以α-1,6-糖苷键与糖链结合。

脱支酶催化α-1,6-糖苷键水解,脱下葡萄糖。

剩下的糖苷链继续在糖原磷酸化酶的催化下进行磷酸解。

在糖原磷酸化酶、寡聚葡萄糖转移酶和脱支酶的协同作用下,糖原分子最终被降解成葡萄糖-1-磷酸和少量葡萄糖(见图8-1)。

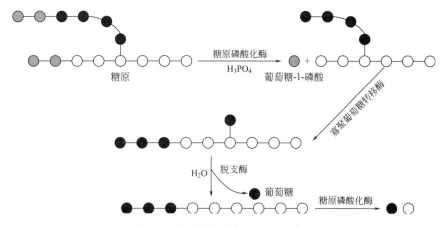

图 8-1　糖原酶促降解的过程示意图

### (二) 糖原降解产物葡萄糖-1-磷酸的转化

**1. 葡萄糖-1-磷酸转变为葡萄糖-6-磷酸**

葡萄糖-1-磷酸在磷酸葡萄糖变位酶的催化下,转变为葡萄糖-6-磷酸(见图8-2)。

图 8-2　葡萄糖-1-磷酸转变为葡萄糖-6-磷酸

**2. 葡萄糖-6-磷酸的去向**

葡萄糖-6-磷酸不能透过细胞膜。肝脏中存在葡萄糖-6-磷酸酶,可将葡萄糖-6-磷酸水解成葡萄糖,葡萄糖可以透过细胞膜进入血液,补充血糖,因此,肝糖原可以维持血糖浓度的稳定。肌肉中不存在葡萄糖-6-磷酸酶,葡萄糖-6-磷酸不能水解成葡萄糖,所以,肌糖原降解产生的葡萄糖-6-磷酸直接进入糖酵解途径氧化产能,供肌肉收缩之需。

# 第二节　糖的分解代谢

生物体通过葡萄糖的分解获得能量。葡萄糖的分解代谢途径主要有三种：无氧分解、有氧氧化、磷酸戊糖途径。

## 一、糖的无氧分解

### （一）糖酵解的概念

在无氧或相对缺氧状态下，葡萄糖经一系列化学反应降解为乳酸并伴随着 ATP 生成的过程，称为糖的无氧分解，亦称为糖酵解。

糖酵解是动物、植物及微生物中普遍存在的葡萄糖分解代谢途径。为纪念三位生物化学家对阐明糖酵解途径的贡献，该途径也称为 Embden-Meyerhof-Parnas 途径，简称 EMP 途径。

在所有的生物体中，葡萄糖的分解代谢都经过从葡萄糖到丙酮酸的阶段，无论是无氧还是有氧条件，其反应过程都是相同的。当葡萄糖降解到丙酮酸后，丙酮酸的进一步代谢取决于生物的种类与环境。无氧条件下，人和动物体中，丙酮酸还原为乳酸，微生物则进行乳酸发酵或生醇发酵；有氧条件下，丙酮酸被彻底氧化为 $CO_2$ 和 $H_2O$。

因此，糖酵解这一概念有狭义及广义之分。狭义的糖酵解，指糖的无氧分解，即葡萄糖降解为乳酸并产生 ATP 的过程；广义的糖酵解，指生物体中，葡萄糖分解代谢途径中从葡萄糖降解到丙酮酸的过程。

糖酵解在细胞液中进行。

### （二）糖酵解的反应过程

1 分子葡萄糖经过糖酵解途径被降解成 2 分子乳酸。糖酵解共 11 步化学反应，可人为划分为四个阶段：①生成果糖-1,6-二磷酸；②生成磷酸丙糖；③生成丙酮酸；④生成乳酸。

**第一阶段**　生成果糖-1,6-二磷酸，包括 3 步反应。

#### 1. 葡萄糖的磷酸化

在己糖激酶的催化下，葡萄糖磷酸化为葡萄糖-6-磷酸（见图 8-3）。

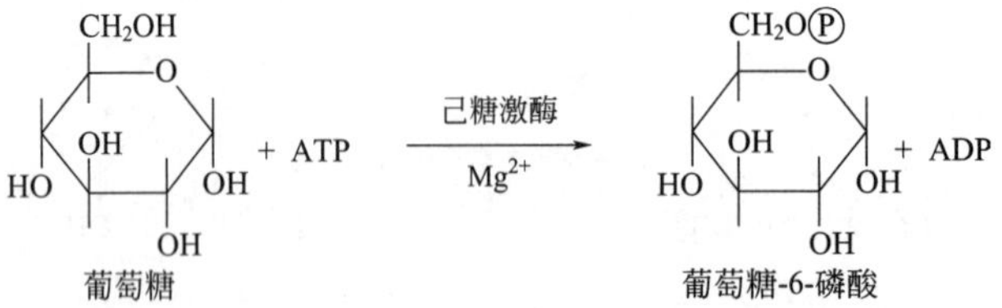

图 8-3　葡萄糖磷酸化为葡萄糖-6-磷酸

该反应不可逆，需要 $Mg^{2+}$ 作为辅助因子。

此反应是耗能的，消耗 1 分子 ATP。

己糖激酶的专一性不强，也可催化其他己糖磷酸化。此反应也可在葡萄糖激酶的催化下进行，但葡萄糖激酶存在于肝脏中，只能催化葡萄糖磷酸化，并且只有在进食后，肝内葡萄糖浓度高时才起作用。

己糖激酶是 EMP 途径中的一个关键性酶。

## 2. 果糖-6-磷酸的生成

葡萄糖-6-磷酸在磷酸己糖异构酶的催化下，转化为果糖-6-磷酸，这是醛糖-酮糖之间的异构化反应（见图8-4）。

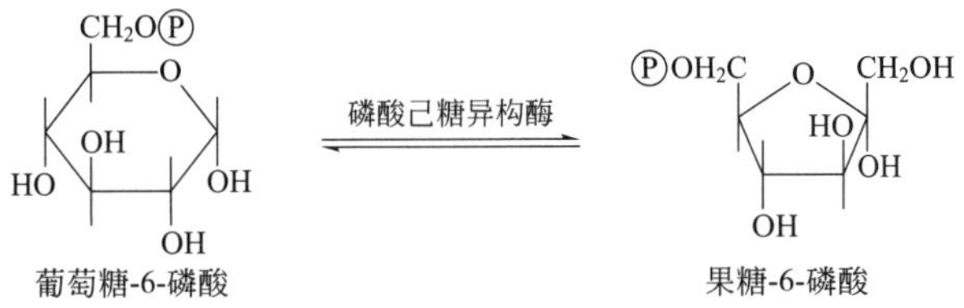

图 8-4　葡萄糖-6-磷酸转化为果糖-6-磷酸

## 3. 果糖-1,6-二磷酸的生成

果糖-6-磷酸在磷酸果糖激酶的催化下，进一步磷酸化为果糖-1,6-二磷酸（见图8-5）。

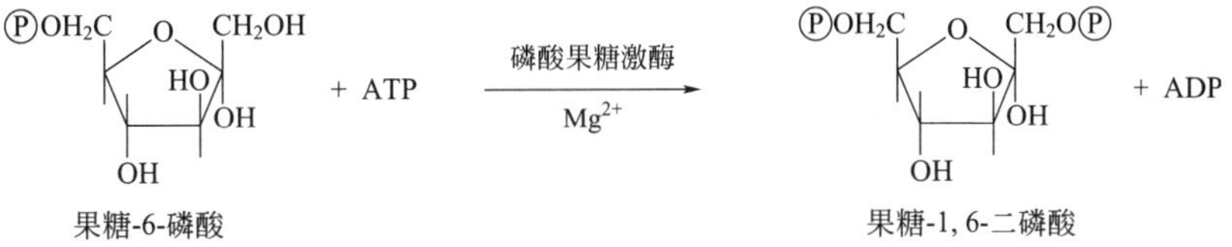

图 8-5　果糖-6-磷酸磷酸化为果糖-1,6-二磷酸

该反应不可逆，是耗能反应，消耗1分子ATP。磷酸果糖激酶是EMP途径中的一个关键性酶（限速酶）。

**第二阶段**　生成磷酸丙糖，包括2步反应。

## 4. 果糖-1,6-二磷酸的裂解

在醛缩酶的催化下，果糖-1,6-二磷酸裂解为两个磷酸丙糖：磷酸二羟丙酮和3-磷酸甘油醛（见图8-6）。

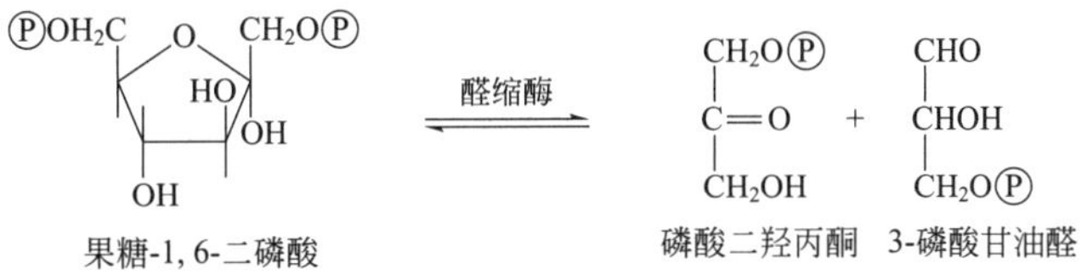

图 8-6　果糖-1,6-二磷酸裂解为磷酸二羟丙酮和3-磷酸甘油醛

该反应在热力学上不利于向右进行，但由于后面的反应中3-磷酸甘油醛不断被消耗，所以驱动反应向裂解成三碳糖的方向进行。

## 5. 磷酸丙糖的异构化

果糖-1,6-二磷酸裂解生成的2分子磷酸丙糖中，只有3-磷酸甘油醛才能参加糖酵解的下一步反应，所以磷酸二羟丙酮需要在磷酸丙糖异构酶的催化下，转化为3-磷酸甘油醛（见图8-7）。

反应至此，1分子葡萄糖降解为2分子3-磷酸甘油醛，消耗2分子ATP。

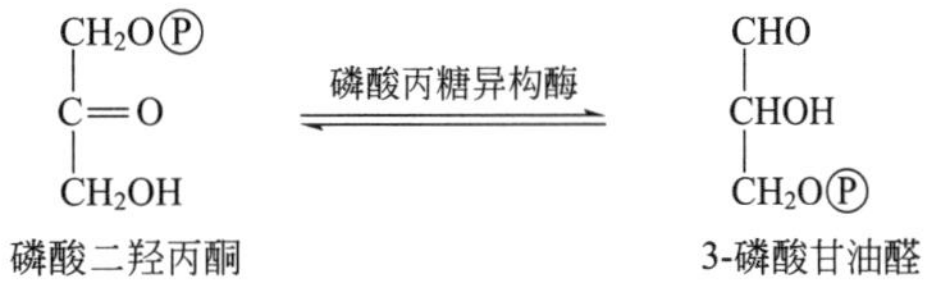

图 8-7　磷酸二羟丙酮异构为3-磷酸甘油醛

**第三阶段** 生成丙酮酸，包括 5 步反应。

### 6. 3-磷酸甘油醛氧化为 1,3-二磷酸甘油酸

在 3-磷酸甘油醛脱氢酶的催化下，3-磷酸甘油醛被氧化为 1,3-二磷酸甘油酸。这是糖酵解中唯一的一步氧化还原反应。通过脱氢、磷酸化反应，分子内部的能量重新分布和集中，形成高能磷酸化合物——1,3-二磷酸甘油酸（见图 8-8）。

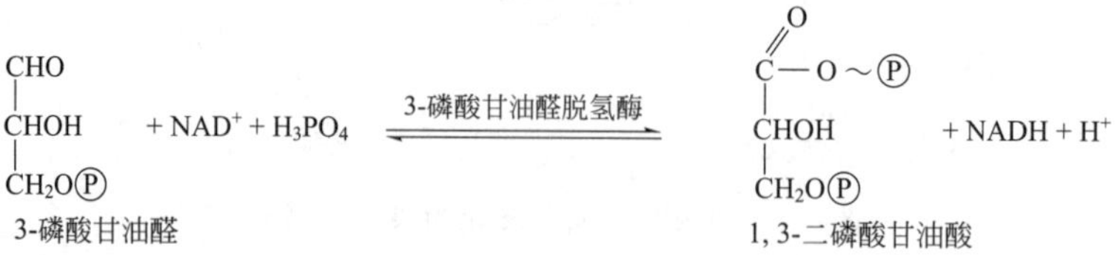

图 8-8 3-磷酸甘油醛氧化为 1,3-二磷酸甘油酸

该反应生成了高能磷酸化合物 1,3-二磷酸甘油酸，同时生成了 $NADH+H^+$。

无氧条件下，反应中生成的 $NADH+H^+$ 不进入电子传递链氧化，而是用于还原丙酮酸。

砷酸（$H_3AsO_4$）的结构和性质与磷酸（$H_3PO_4$）相似，可代替磷酸参与上述反应，形成不稳定的 1-砷酸-3-磷酸甘油酸，其自发水解产物是 3-磷酸甘油酸和砷酸，并放出热量。在砷酸的存在下，糖酵解虽然可以正常进行，却不能形成 1,3-二磷酸甘油酸，因而导致 ATP 合成受阻。

### 7. 3-磷酸甘油酸的生成

在磷酸甘油酸激酶的催化下，1,3-二磷酸甘油酸将高能磷酸基团转移给 ADP，形成 ATP 和 3-磷酸甘油酸（见图 8-9）。

图 8-9 1,3-二磷酸甘油酸转化为 3-磷酸甘油酸

这是糖酵解中第一次产生 ATP 的反应，这种生成 ATP 的方式即底物水平磷酸化。

反应至此，1 分子葡萄糖分解产生 2 分子 3-磷酸甘油酸，葡萄糖磷酸化消耗的 2 分子 ATP 被产生的 2 分子 ATP 抵消。

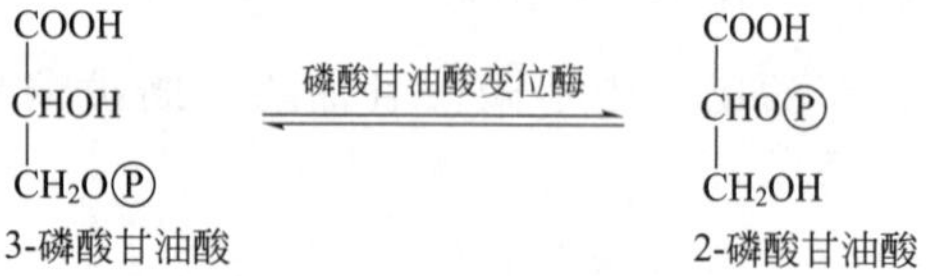

### 8. 3-磷酸甘油酸的异构化

在磷酸甘油酸变位酶的催化下，3-磷酸甘油酸异构为 2-磷酸甘油酸（见图 8-10）。

反应的实质是分子内重排。变位酶属于异构酶类。

图 8-10 3-磷酸甘油酸异构为 2-磷酸甘油酸

### 9. 磷酸烯醇式丙酮酸的生成

在烯醇化酶的催化下，2-磷酸甘油酸分子内部脱去 1 分子水，形成磷酸烯醇式丙酮酸（PEP）（见图 8-11）。

烯醇化酶属于裂解酶类，反应过程中，分子内部能量重新分布，形成了高能磷酸化合

物——磷酸烯醇式丙酮酸。

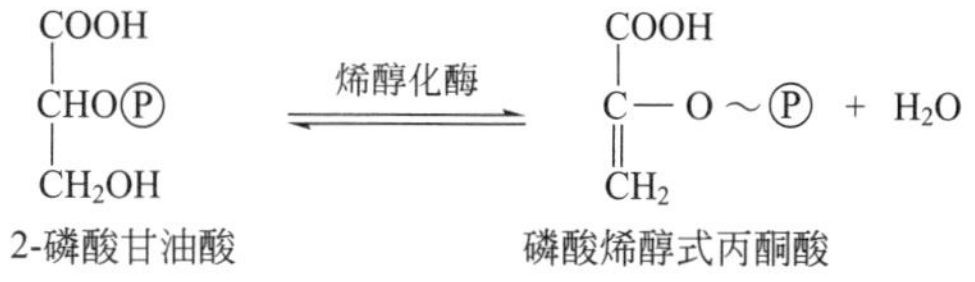

**10. 丙酮酸的生成**

在丙酮酸激酶的催化下，磷酸烯醇式丙酮酸将高能磷酸基团转移给 ADP，形成 ATP 和烯醇式丙酮酸。烯醇式丙酮酸极不稳定，可自发形成丙酮酸（见图 8-12）。

图 8-11　2-磷酸甘油酸脱水形成磷酸烯醇式丙酮酸

该反应不可逆，是糖酵解中第二次产生 ATP 的反应，产生 ATP 的方式是底物水平磷酸化。反应需要 $Mg^{2+}$ 参加。丙酮酸激酶是 EMP 途径中的一个关键性酶。

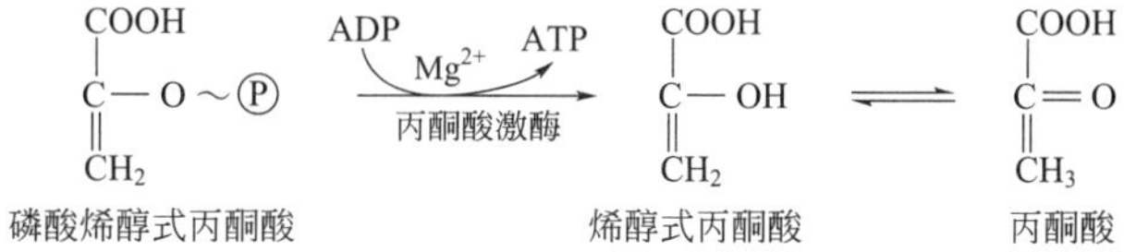

图 8-12　磷酸烯醇式丙酮酸转化为丙酮酸

图 8-13　丙酮酸转化为乳酸

**第四阶段**　生成乳酸。

在动物和许多微生物中，可以通过乳酸脱氢酶，使丙酮酸还原为乳酸（见图 8-13）。

$NADH+H^+$ 来自于 3-磷酸甘油醛脱氢。

乳酸是动物体内葡萄糖无氧分解的终产物。

肌肉剧烈运动时处于相对缺氧状态，酵解产生的 $NADH+H^+$ 无法经电子传递链氧化，此时丙酮酸还原为乳酸。乳酸是一种在体育锻炼期间和锻炼后引起肌肉酸痛的物质。组织中大量的乳酸堆积，会引起血液中乳酸含量升高，称为酸中毒。

食品工业中乳酸发酵可用于生产酸奶、奶酪和泡菜等。

厌氧条件下，大多数植物和酵母菌中，丙酮酸可转化为乙醇（见图 8-14）。这一转化需要在丙酮酸脱羧酶和乙醇脱氢酶的催化下完成。乙醇发酵可用于生产面包和酿酒等食品工业。

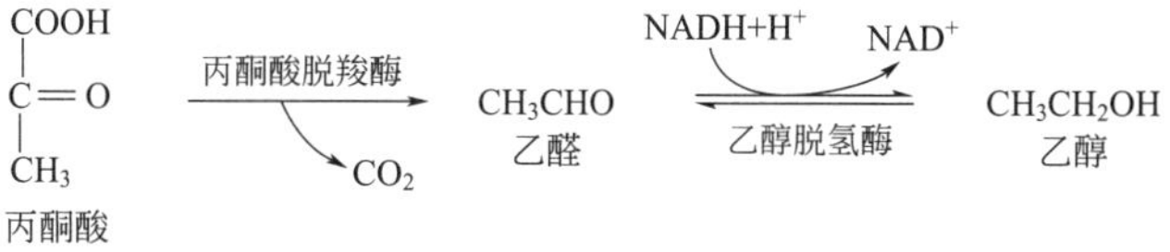

图 8-14　丙酮酸转化为乙醇

糖酵解的总反应式：

$$葡萄糖+2Pi+2ADP \longrightarrow 2 丙酮酸(乳酸)+2ATP+2H_2O$$

糖酵解的完整过程见图 8-15。

### （三）糖酵解的特点及生理意义

**1. 糖酵解的特点**

① 糖酵解的全部反应在细胞液中进行。

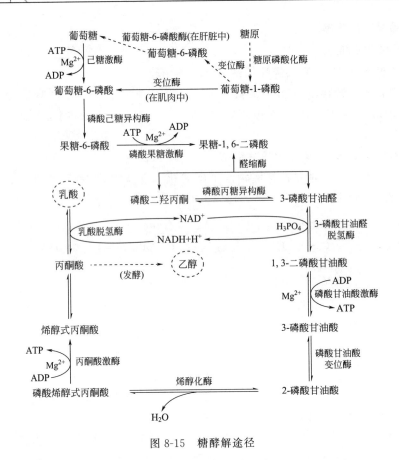

图 8-15 糖酵解途径

② 糖酵解途径中有三个关键性酶。由己糖激酶、磷酸果糖激酶和丙酮酸激酶所催化的三个反应是不可逆的，它们限制着整个糖酵解途径进行的速度，因此，这三个酶被称为糖酵解的三个关键性酶。其中，磷酸果糖激酶的活性对糖酵解的反应速率影响最大。己糖激酶受其产物葡萄糖-6-磷酸的抑制，磷酸果糖激酶和丙酮酸激酶主要受 ATP 和柠檬酸的抑制。

③ 1 分子葡萄糖经糖酵解净生成 2 分子 ATP。1 分子葡萄糖经糖酵解途径，生成 2 分子丙酮酸，在此过程中，净生成 2 分子 ATP。糖酵解中 ATP 的消耗与生成见表 8-1。

表 8-1 糖酵解中 ATP 的消耗与生成

| 反应 | 消耗或生成 ATP 的分子数 |
| --- | --- |
| 葡萄糖——葡萄糖-6-磷酸 | −1 |
| 果糖-6-磷酸——果糖-1,6-二磷酸 | −1 |
| 1,3-二磷酸甘油酸——3-磷酸甘油酸 | 1×2 |
| 磷酸烯醇式丙酮酸——丙酮酸 | 1×2 |
| 净生成 ATP 的分子数 | 2 |

肌糖原的 1 个葡萄糖单位在形成果糖-1,6-二磷酸时仅消耗 1 分子 ATP，因此，肌糖原的 1 个葡萄糖单位酵解生成丙酮酸时净产生 3 分子 ATP。

④ 糖酵解中 ATP 的生成方式是底物水平磷酸化。糖酵解是糖的无氧分解过程，3-磷酸甘油醛脱氢产生的 NADH+H$^+$ 不能进入电子传递链氧化产能。酵解过程中两次产生 ATP

的反应都是高能磷酸化合物将高能磷酸基团转移给 ADP 从而生成 ATP，即底物水平磷酸化。

**2. 糖酵解的生理意义**

① 糖酵解是机体在缺氧状态下获能的有效方式。当机体处于缺氧状态时，糖有氧氧化受阻，可通过糖酵解获得能量。对于厌氧微生物来说，糖酵解是糖分解的主要形式。

② 对于某些组织来说，糖酵解是供能的主要方式。如成熟红细胞中无线粒体，只能靠糖酵解供能；视网膜等组织即使在有氧条件下也靠糖酵解供能。糖酵解是葡萄糖无氧分解和有氧分解共同经历的代谢途径。

③ 提供生物合成所需的原料。糖酵解途径形成的许多中间产物，可作为合成其他物质的原料，在糖和非糖物质的转化中起重要作用。如磷酸二羟丙酮可转化为 3-磷酸甘油，用于脂肪的合成，3-磷酸甘油酸是合成丝氨酸的碳架。

**（四）糖酵解的调节**

糖酵解途径的反应速率受己糖激酶、磷酸果糖激酶及丙酮酸激酶的调控。这三种酶都是别构酶，其中最关键的调节酶是磷酸果糖激酶。己糖激酶受葡萄糖-6-磷酸的抑制，磷酸果糖激酶和丙酮酸激酶受 ATP 和柠檬酸的抑制。

---

**知识拓展　　　　　其他单糖的分解代谢**

除葡萄糖外，人体从食物中吸收的单糖还有果糖、半乳糖、甘露糖等。这些单糖也可以进入糖酵解途径进行代谢，有氧条件下，彻底氧化为 $CO_2$ 和 $H_2O$。

1. 果糖进入糖酵解途径

果糖是蔗糖的组分，一些水果中也存在游离的果糖，所以果糖是饮食中糖来源的一部分。果糖的代谢有两条途径。果糖在肌肉和脂肪组织中，被己糖激酶催化生成果糖-6-磷酸，进入糖酵解途径。被人体吸收的果糖主要在肝脏中代谢，在果糖激酶的催化下，果糖磷酸化为果糖-1-磷酸，再转变成 3-磷酸甘油醛进入糖酵解途径。果糖进入糖酵解途径见图 8-16。

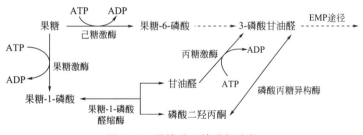

图 8-16　果糖进入糖酵解途径

2. 半乳糖的代谢过程

半乳糖来源于乳汁中乳糖的水解。半乳糖可以通过细胞膜转移到细胞内，这一过程不依赖胰岛素。进入细胞的半乳糖在半乳糖激酶的作用下，形成半乳糖-1-磷酸。在半乳糖-1-磷酸尿苷酰转移酶的作用下，半乳糖-1-磷酸与尿苷二磷酸葡萄糖（UDP-葡萄糖）反应，生成葡萄糖-1-磷酸和尿苷二磷酸半乳糖（UDP-半乳糖）。UDP-半乳糖参与三种代谢途径：①合成乳糖；②合成糖脂、糖蛋白等；③在 UDP-葡萄糖-4-差向异构酶的作用下，异构为 UDP-葡萄糖。

葡萄糖-1-磷酸异构为葡萄糖-6-磷酸，然后进入糖酵解途径。

半乳糖进入糖酵解途径见图 8-17。

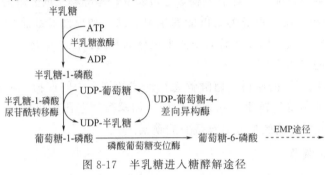

图 8-17 半乳糖进入糖酵解途径

## 二、糖的有氧氧化

有氧条件下，葡萄糖彻底氧化为 $CO_2$ 和 $H_2O$ 并放出能量的过程，称为糖的有氧氧化。

糖有氧氧化的过程分为三个阶段：第一阶段，葡萄糖降解为丙酮酸；第二阶段，丙酮酸氧化脱羧生成乙酰 CoA；第三阶段，乙酰 CoA 进入三羧酸循环彻底氧化为 $CO_2$ 和 $H_2O$。葡萄糖有氧氧化过程见图 8-18。

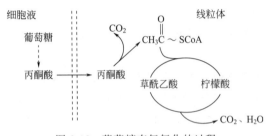

图 8-18 葡萄糖有氧氧化的过程

### （一）葡萄糖降解为丙酮酸

#### 1. 反应历程

这个阶段的反应历程与葡萄糖的无氧分解过程相同。反应在细胞液中进行。

#### 2. 线粒体外 $NADH+H^+$ 的氧化

与糖的无氧分解不同的是，3-磷酸甘油醛脱氢反应产生的 $NADH+H^+$ 经过线粒体穿梭作用，进入电子传递链氧化，产生 ATP。因为 $NAD^+$ 和 NADH 都不能自由进入线粒体内膜，所以细胞液中产生的 $NADH+H^+$ 不能直接进入电子传递链氧化，必须经过某种载体的携带才能进入电子传递链。

$NADH+H^+$ 将 H 交给能自由透过线粒体内膜的有机分子，这种有机分子在线粒体内外来回穿梭，将 $NADH+H^+$ 中的 H 运进线粒体，再经电子传递链氧化，产生 $H_2O$ 和 ATP，这种作用称为线粒体穿梭作用。经过线粒体穿梭作用，细胞液中的 $NADH+H^+$ 得以氧化，$NAD^+$ 得到再生，保证了糖代谢的顺利进行。动物体中存在两种线粒体穿梭途径。

**（1）α-磷酸甘油穿梭途径** 这种穿梭途径也称为 3-磷酸甘油穿梭途径，存在于动物肌肉和神经组织的细胞中。

起穿梭作用的物质是 α-磷酸甘油（3-磷酸甘油）和磷酸二羟丙酮。首先，在细胞液中的磷酸甘油脱氢酶（辅酶是 $NAD^+$）的催化下，$NADH+H^+$ 使磷酸二羟丙酮还原为 α-磷酸甘油，α-磷酸甘油进入线粒体；然后，在线粒体内膜中的磷酸甘油脱氢酶（辅酶是 FAD）的催化下，α-磷酸甘油脱氢又形成磷酸二羟丙酮，磷酸二羟丙酮穿出线粒体内膜回到细胞液,又开始下一轮的穿梭。这样,细胞液中 $NADH+H^+$ 中的氢就被带入线粒体内膜。FAD 接受 α-磷酸甘油脱下的 2H 形成 $FADH_2$,2H 进入 $FADH_2$ 电子传递链氧化生成水,并产生 1.5 个 ATP。α-磷酸甘油穿梭途径见图 8-19。

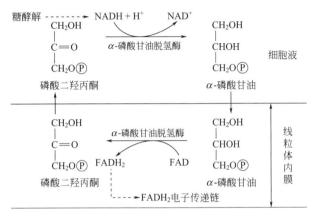

图 8-19　α-磷酸甘油穿梭途径

**(2) 苹果酸穿梭途径**　这种穿梭途径存在于动物的肝脏、心肌等组织中。起穿梭作用的是苹果酸和草酰乙酸。细胞液中的 $NADH+H^+$ 与草酰乙酸在苹果酸脱氢酶的催化下形成苹果酸,苹果酸进入线粒体后再脱氢形成草酰乙酸和 $NADH+H^+$。$NADH+H^+$ 中的 2H 进入电子传递链氧化生成水,并产生 2.5 个 ATP。草酰乙酸与谷氨酸在谷草转氨酶的催化下形成天冬氨酸和 α-酮戊二酸,天冬氨酸和 α-酮戊二酸穿出线粒体后,再重新形成谷氨酸和草酰乙酸。苹果酸穿梭途径见图 8-20。

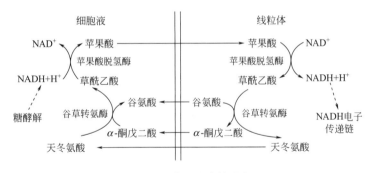

图 8-20　苹果酸穿梭途径

### (二) 丙酮酸氧化脱羧

丙酮酸进入线粒体后,在丙酮酸脱氢酶系的作用下,氧化脱羧,形成乙酰 CoA(见图 8-21)。

$$CH_3COCOOH + HS\text{-}CoA \xrightarrow[\text{丙酮酸脱氢酶系}]{NAD^+ \quad NADH+H^+} CH_3C\sim SCoA + CO_2$$

丙酮酸　　　　　　　　　　　　　　　　　　　乙酰CoA

图 8-21　丙酮酸氧化脱羧形成乙酰 CoA

丙酮酸氧化脱羧的过程中,产生的 $NADH+H^+$ 进入电子传递链,产生 2.5 个 ATP。

丙酮酸脱氢酶系是一个多酶复合体，由 3 种酶和 5 种辅助因子组成。即：丙酮酸脱羧酶（辅酶是 TPP）、二氢硫辛酸乙酰基转移酶（辅酶是硫辛酸和 HS-CoA）和二氢硫辛酸脱氢酶（辅酶是 FAD 和 $NAD^+$）。丙酮酸氧化脱羧的反应机理见图 8-22。

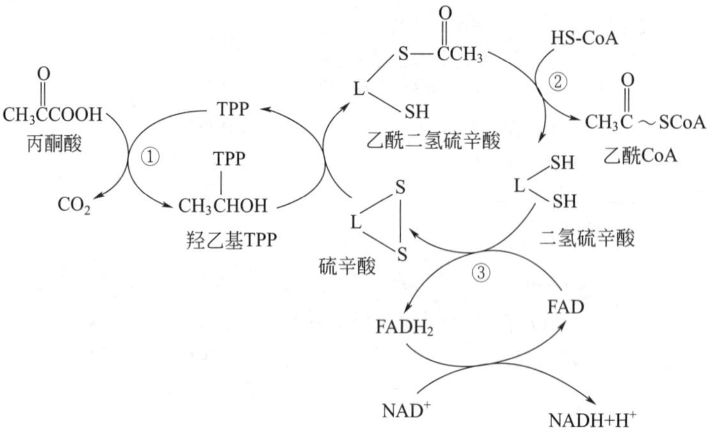

图 8-22 丙酮酸氧化脱羧的反应机理
①丙酮酸脱羧酶；②二氢硫辛酸乙酰基转移酶；③二氢硫辛酸脱氢酶

### （三）三羧酸循环

乙酰 CoA 经过一个循环反应被分解为 $CO_2$ 和 $H_2O$，该循环以草酰乙酸与乙酰 CoA 缩合生成柠檬酸为起点，到重新生成草酰乙酸结束。因为柠檬酸含有三个羧基，所以称为三羧酸循环。

三羧酸循环简称为 TCA 循环，也称为柠檬酸循环、Krebs 循环。

**1. 三羧酸循环的反应过程**

三羧酸循环包括 8 步反应。

**（1）草酰乙酸与乙酰 CoA 缩合成柠檬酸**　草酰乙酸与乙酰 CoA 在柠檬酸合酶的催化下，缩合形成柠檬酸（见图 8-23）。

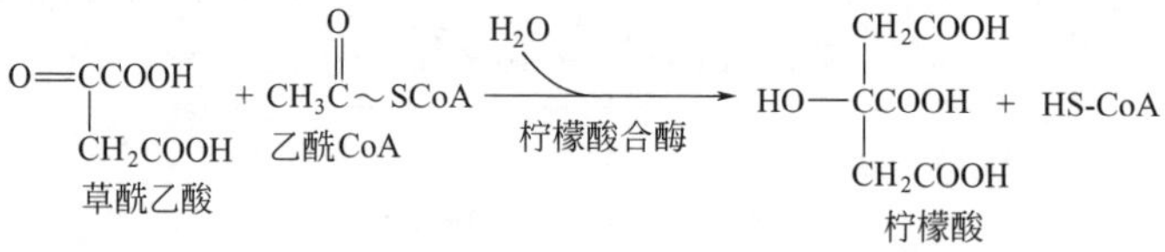

图 8-23 草酰乙酸与乙酰 CoA 缩合成柠檬酸

草酰乙酸与乙酰 CoA 首先形成中间产物柠檬酰 CoA，然后柠檬酰 CoA 迅速水解为柠檬酸和 HS-CoA，反应的能量来自于乙酰 CoA 高能硫酯键的水解。

该反应单向不可逆，是可调控的限速步骤。

**（2）柠檬酸异构为异柠檬酸**　在顺乌头酸酶的催化下，柠檬酸脱水生成顺乌头酸，然后再加水生成异柠檬酸（见图 8-24）。

**（3）异柠檬酸氧化脱羧生成 α-酮戊二酸**　异柠檬酸在异柠檬酸脱氢酶的催化下，脱氢氧化生成中间产物草酰琥珀酸，后者脱羧形成 α-酮戊二酸（见图 8-25）。

该反应是三羧酸循环中第一次氧化还原反应。异柠檬酸脱氢酶为三羧酸循环中第二个调

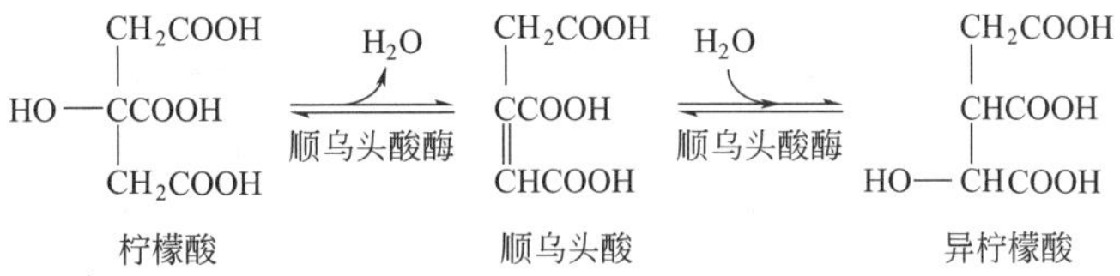

图 8-24 柠檬酸异构为异柠檬酸

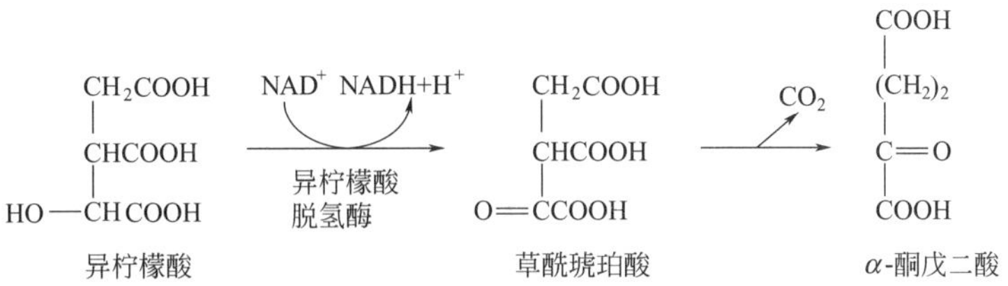

图 8-25 异柠檬酸氧化脱羧生成 α-酮戊二酸

节酶。该反应实现了三羧酸到二羧酸的转变。

**(4) α-酮戊二酸氧化脱羧生成琥珀酰 CoA**  在 α-酮戊二酸脱氢酶系的催化下，α-酮戊二酸氧化脱羧生成琥珀酰 CoA（见图 8-26）。

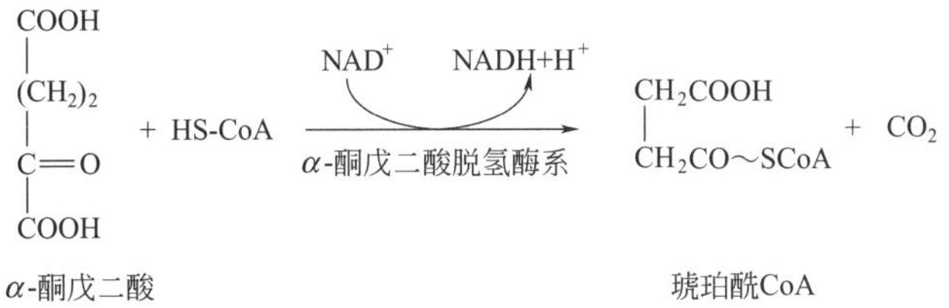

图 8-26  α-酮戊二酸氧化脱羧生成琥珀酰 CoA

这是三羧酸循环中第二次氧化还原反应、脱羧反应，反应过程、酶的作用模式与丙酮酸氧化脱羧相似。循环进行到此，被氧化的碳原子（生成 2 个 $CO_2$）数刚好等于进入三羧酸循环的碳原子数（乙酰 CoA 中乙酰基的 2 个碳）。在后面的反应中，琥珀酰 CoA 的四碳琥珀酰基转换为草酰乙酸。

**(5) 琥珀酰 CoA 转移硫酯键后生成琥珀酸**  琥珀酰 CoA 在琥珀酰 CoA 合成酶（或称为琥珀酸硫激酶）的催化下转化为琥珀酸（见图 8-27）。

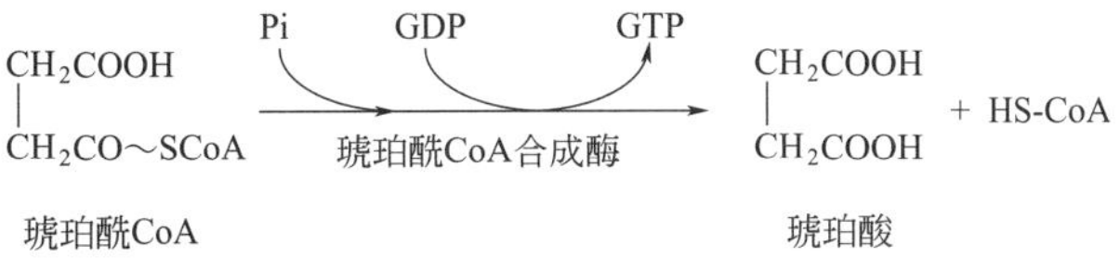

图 8-27  琥珀酰 CoA 转移硫酯键后生成琥珀酸

琥珀酰 CoA 的高能硫酯键水解时产生的能量约为 $-33.49 kJ/mol$，相当于 ATP 的 1 个高能键（$-30.56 kJ/mol$）。琥珀酰 CoA 高能硫酯键的裂解与 GDP 的磷酸化相偶联。这是三羧酸循环中唯一一步直接产生高能磷酸键的反应，是唯一的底物水平磷酸化。

反应产生的 GTP 可以在蛋白质合成、信号转导等过程中作为磷酰基团供体，它的 γ-磷酰基通过核苷二磷酸激酶可以转移给 ADP 形成 ATP。

在植物和一些细菌中，琥珀酰 CoA 的高能硫酯键水解产生的能量，直接驱使 ADP 磷酸

图 8-28 琥珀酸脱氢生成延胡索酸

化生成 ATP。

**(6) 琥珀酸脱氢生成延胡索酸** 此反应由琥珀酸脱氢酶催化。琥珀酸脱氢酶是以 FAD 为辅基的黄素蛋白。琥珀酸脱氢生成延胡索酸的反应见图 8-28。

这是三羧酸循环中第三次氧化还原反应。

**(7) 延胡索酸水合形成 L-苹果酸** 延胡索酸酶具有立体异构专一性，它催化延胡索酸的反式双键水合形成 L-苹果酸（见图 8-29）。

**(8) L-苹果酸脱氢形成草酰乙酸** 在苹果酸脱氢酶的催化下，L-苹果酸脱氢生成草酰乙酸（见图 8-30）。

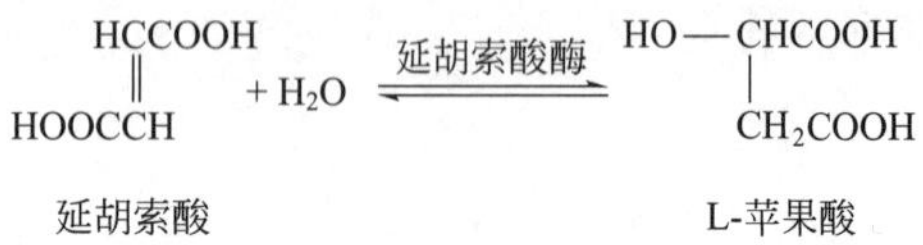

图 8-29 延胡索酸水合形成 L-苹果酸

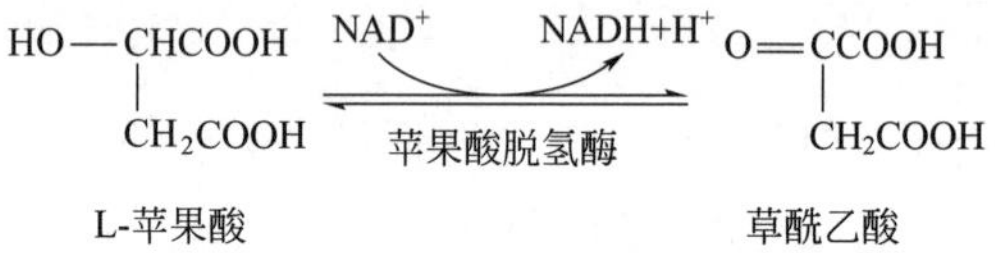

图 8-30 L-苹果酸脱氢生成草酰乙酸

这是三羧酸循环中第四次氧化还原反应。至此，完成一次三羧酸循环。

三羧酸循环的总反应过程见图 8-31。

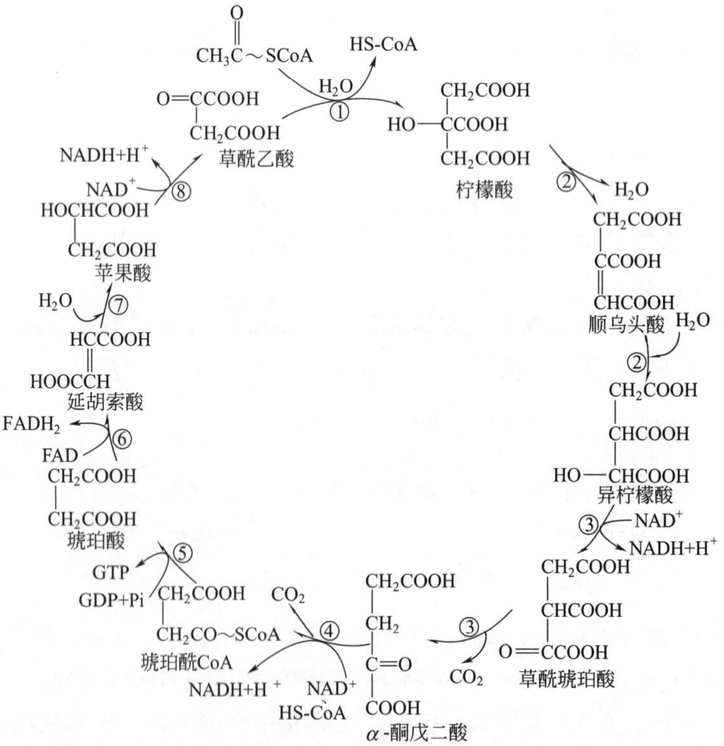

图 8-31 三羧酸循环

①柠檬酸合酶；②顺乌头酸酶；③异柠檬酸脱氢酶；④α-酮戊二酸脱氢酶系；
⑤琥珀酰 CoA 合成酶；⑥琥珀酸脱氢酶；⑦延胡索酸酶；⑧苹果酸脱氢酶

## 2. 三羧酸循环总结

① 三羧酸循环的总反应式：

$$CH_3\overset{O}{\overset{\|}{C}}\sim SCoA + 3NAD^+ + FAD + GDP + 2H_2O + Pi \longrightarrow$$
$$2CO_2 + 3(NADH+H^+) + FADH_2 + GTP + HS\text{-}CoA$$

② 一次三羧酸循环分解掉1分子乙酰基，产生2分子 $CO_2$。

③ 循环中消耗2分子 $H_2O$。有4次氧化还原反应，生成3分子 $NADH+H^+$，1分子 $FADH_2$。

④ 循环中有1次底物水平磷酸化，生成1分子 GTP（ATP）。

## 3. 糖有氧氧化过程中产生的能量

1分子葡萄糖有氧氧化，可生成32分子或30分子 ATP，见表8-2。

表8-2　1分子葡萄糖有氧氧化产生 ATP 的分子数

| 反应阶段及酶 | 还原型辅酶 | ATP 数 |
| --- | --- | --- |
| 第一阶段　葡萄糖降解为丙酮酸 | | |
| 　己糖激酶 | | −1 |
| 　磷酸果糖激酶 | | −1 |
| 　3-磷酸甘油醛脱氢酶 | NADH | (2.5 或 1.5)×2 |
| 　磷酸甘油酸激酶 | | 1×2 |
| 　丙酮酸激酶 | | 1×2 |
| 第二阶段　丙酮酸氧化脱羧 | | |
| 　丙酮酸脱氢酶系 | NADH | 2.5×2 |
| 第三阶段　三羧酸循环 | | |
| 　异柠檬酸脱氢酶 | NADH | 2.5×2 |
| 　α-酮戊二酸脱氢酶系 | NADH | 2.5×2 |
| 　琥珀酰 CoA 合成酶 | | 1×2 |
| 　琥珀酸脱氢酶 | $FADH_2$ | 1.5×2 |
| 　苹果酸脱氢酶 | NADH | 2.5×2 |
| 合计 | | 32 或 30 |

在糖有氧氧化的第一阶段，3-磷酸甘油醛脱氢产生的 NADH 经电子传递链氧化生成水，并产生 ATP。位于细胞液中的 NADH 可以通过 α-磷酸甘油穿梭途径和苹果酸穿梭途径进入线粒体。在动物的肌肉和神经组织中，1分子 NADH 通过 α-磷酸甘油穿梭途径进入线粒体，经 $FADH_2$ 电子传递链氧化，可以产生1.5分子 ATP；在肝脏和心肌等组织中，1分子 NADH 通过苹果酸穿梭途径进入线粒体，经 NADH 电子传递链氧化，可以产生2.5分子 ATP。所以，有氧条件下，1分子葡萄糖降解为2分子丙酮酸，可净生成7分子或5分子 ATP。

2分子丙酮酸氧化脱羧可以产生2分子 NADH，生成5分子 ATP。

2次三羧酸循环可以产生20分子 ATP。

所以，1分子葡萄糖有氧氧化可产生32分子或30分子 ATP。

## 4. 三羧酸循环的生理意义

① 三羧酸循环是生物体利用糖类获取能量的最有效的途径。生理条件下，绝大多数组织细胞是通过糖的有氧氧化获得能量的。1分子葡萄糖有氧氧化产生的32（30）分子 ATP

中，有 20 分子来自于三羧酸循环。

② 三羧酸循环是机体有机物质氧化分解为 $CO_2$ 和 $H_2O$ 的共同途径和互变枢纽。如脂肪分解代谢产生的脂肪酸、甘油，氨基酸分解代谢产生的 α-酮酸都可以形成乙酰 CoA 后进入三羧酸循环，彻底氧化分解。一些非糖物质可以转化为三羧酸循环的中间产物，从而异生为葡萄糖。

③ 三羧酸循环中的一些中间产物是生物体内合成代谢的原料。如柠檬酸可以合成脂类、固醇；草酰乙酸转化为天冬氨酸，可参与某些氨基酸、尿素、核苷酸的合成；琥珀酰 CoA 是合成血红素的前体等。

三羧酸循环不仅具有重要的生理意义，在工农业生产上也有重要意义。如发酵工业上生产柠檬酸、谷氨酸与微生物的三羧酸循环代谢途径有关。

### 5. 草酰乙酸的回补反应

三羧酸循环不仅是乙酰 CoA 氧化分解的途径，它还作为许多其他代谢途径的交叉口在代谢中起重要作用。所以，三羧酸循环是有氧代谢的枢纽。由于三羧酸循环的中间产物经常因为参加其他物质的合成而被移去，因此，必须从别的途径加以补充才能保证循环的顺利进行。

草酰乙酸是三羧酸循环的起始物质，又是循环的终产物，草酰乙酸的浓度对三羧酸循环的进行非常重要。草酰乙酸浓度低时，乙酰 CoA 无法进入三羧酸循环。从其他途径补充草酰乙酸的反应，称为草酰乙酸的回补反应。生物体中草酰乙酸的回补有两条途径：一条是丙酮酸的羧化，这是哺乳动物体内最重要的回补反应；另一条途径是磷酸烯醇式丙酮酸的羧化，主要存在于高等植物、酵母及细菌中。草酰乙酸的回补反应见图 8-32。

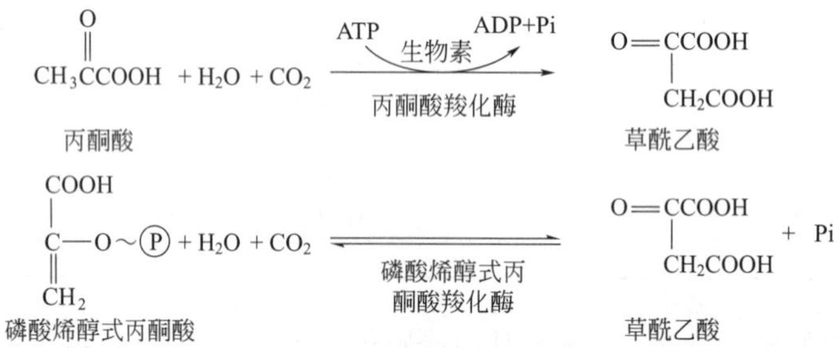

图 8-32 草酰乙酸的回补反应

### 6. 三羧酸循环的调控

三羧酸循环作为生物体内糖类、脂类、蛋白质等物质代谢的共同途径和互变枢纽，需要在几个水平上控制其入口及速率。

**(1) 丙酮酸脱氢酶系的调节** 丙酮酸氧化脱羧形成乙酰 CoA 是进入三羧酸循环的必经途径，即乙酰 CoA 是三羧酸循环的入口，因此，丙酮酸脱氢酶系是三羧酸循环重要的调控位点。

丙酮酸脱氢酶系存在别构调节和共价修饰调节两种调控机制。

① 别构调节。乙酰 CoA、NADH 是丙酮酸脱氢酶系的别构抑制剂，乙酰 CoA 浓度高时，抑制二氢硫辛酸乙酰转移酶；高浓度的 NADH 抑制二氢硫辛酸脱氢酶。这种抑制有利于节约葡萄糖。$NAD^+$、HS-CoA 是丙酮酸脱氢酶系的别构激活剂。

② 共价修饰调节。丙酮酸脱羧酶的共价修饰有磷酸化和去磷酸化两种形式，由细胞的

能量状态控制。在有 ATP 时，丙酮酸脱羧酶被丙酮酸脱羧酶激酶磷酸化，失去活性。ATP/ADP、乙酰 CoA/HS-CoA、NADH/NAD$^+$ 的比值增高时，丙酮酸脱羧酶的磷酸化作用增加。丙酮酸脱羧酶磷酸酶可去除丙酮酸脱羧酶上的磷酸基团，使酶再活化。丙酮酸脱羧酶磷酸酶受 Mg$^{2+}$、Ca$^{2+}$ 的激活。胰岛素也可增加去磷酸化作用，增加丙酮酸氧化脱羧反应的速率。

**（2）三羧酸循环自身的调节** 三羧酸循环中由柠檬酸合酶、异柠檬酸脱氢酶和 α-酮戊二酸脱氢酶系催化的反应是不可逆的，是三羧酸循环的调控部位。

① 柠檬酸合酶。柠檬酸合酶是三羧酸循环的限速酶。柠檬酸合酶的活性受 ATP、NADH、琥珀酰 CoA 的抑制。

② 异柠檬酸脱氢酶。异柠檬酸脱氢酶是别构酶，其活性受 ADP 和 NAD$^+$ 的别构激活，受 ATP 和 NADH 的别构抑制。

③ α-酮戊二酸脱氢酶系。α-酮戊二酸脱氢酶系的活性受产物琥珀酰 CoA、ATP、NADH 的抑制，受 ADP 和 NAD$^+$ 的激活。与丙酮酸脱氢酶系不同的是，α-酮戊二酸脱羧酶不受激酶和磷酸酶的影响，也不受共价修饰调节（磷酸化和去磷酸化）。

三羧酸循环的调节位点和相应的调节物见表 8-3。

表 8-3 三羧酸循环的调节位点和相应的调节物

| 调节位点 | 激活剂 | 抑制剂 |
| --- | --- | --- |
| 柠檬酸合酶（限速酶） | NAD$^+$ | NADH、ATP、柠檬酸、琥珀酰 CoA |
| 异柠檬酸脱氢酶 | NAD$^+$、ADP | NADH、ATP |
| α-酮戊二酸脱氢酶系 | NAD$^+$、ADP | NADH、ATP、琥珀酰 CoA |

**（3）ATP、ADP 和 Ca$^{2+}$ 的调节** 机体耗能活动增加时，细胞中 ATP 的水解速度增加，ADP 浓度升高，三羧酸循环速度加快；相反，ATP 消耗下降、浓度上升，三羧酸循环速度减慢。ADP 是异柠檬酸脱氢酶和 α-酮戊二酸脱氢酶系的别构激活剂。

Ca$^{2+}$ 在生物体中的功能是多方面的。Ca$^{2+}$ 对三羧酸循环间接发挥作用。它刺激糖原降解、启动肌肉收缩，是异柠檬酸脱氢酶和 α-酮戊二酸脱氢酶系的别构激活剂，同时对丙酮酸脱氢酶系也有激活作用。

### 三、磷酸戊糖途径

糖酵解和三羧酸循环是葡萄糖氧化的主要途径，葡萄糖通过这一主流代谢途径氧化，可以产生大量的 ATP，但不是唯一途径。

许多组织细胞中都存在有另一种葡萄糖降解途径，即磷酸戊糖途径（PPP 途径），该途径是从葡萄糖-6-磷酸开始的，因此又称为磷酸己糖支路（HMP 途径）。该途径在植物组织中普遍存在，在动物及许多微生物中，约有 30% 的葡萄糖经此途径氧化。在动物的乳腺、肝脏、肾上腺、脂肪等组织中，磷酸戊糖途径最活跃。

HMP 途径在细胞液中进行，起始物是葡萄糖-6-磷酸，经氧化分解后产生磷酸戊糖、$CO_2$、$H_3PO_4$、NADPH+H$^+$。NADPH+H$^+$ 和 NADH+H$^+$ 的功能不同。细胞中容易利用的还原力是 NADPH+H$^+$，即 NADPH+H$^+$ 在生物合成中提供氢原子；而 NADH+H$^+$ 是进入电子传递链产生能量。

**（一）磷酸戊糖途径的反应过程**

磷酸戊糖途径可以分为两个阶段：氧化阶段和非氧化阶段。

## 1. 氧化阶段

从葡萄糖-6-磷酸开始，在葡萄糖-6-磷酸脱氢酶和6-磷酸葡萄糖酸脱氢酶的催化下，经历两次脱氢反应，生成磷酸戊糖、NADPH 和 $CO_2$。

**(1) 葡萄糖-6-磷酸脱氢氧化为6-磷酸葡萄糖酸内酯**　此反应由葡萄糖-6-磷酸脱氢酶催化，辅酶是 $NADP^+$（见图8-33）。

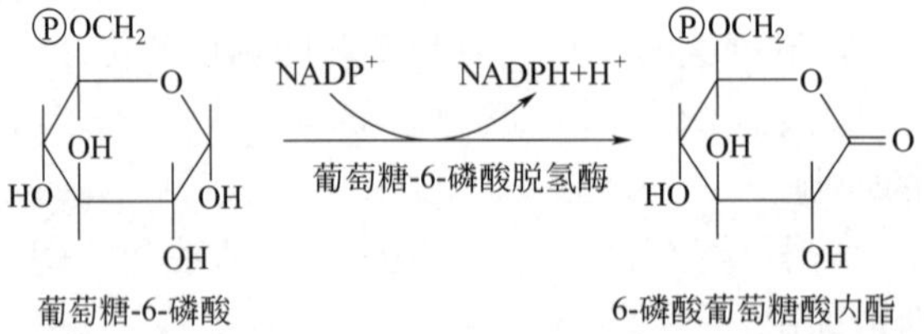

图8-33　葡萄糖-6-磷酸脱氢氧化为6-磷酸葡萄糖酸内酯

**(2) 6-磷酸葡萄糖酸内酯水解生成6-磷酸葡萄糖酸**　此反应由6-磷酸葡萄糖酸内酯酶催化，见图8-34。

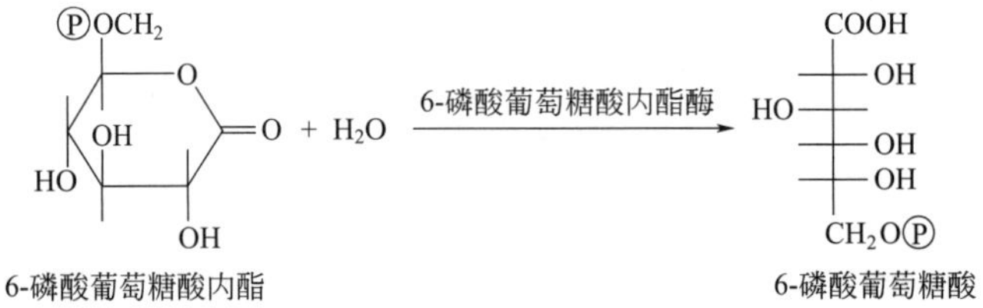

图8-34　6-磷酸葡萄糖酸内酯水解生成6-磷酸葡萄糖酸

**(3) 6-磷酸葡萄糖酸氧化脱羧生成5-磷酸核酮糖**　这是氧化阶段的第二次脱氢反应，由6-磷酸葡萄糖酸脱氢酶催化，辅酶是 $NADP^+$（见图8-35）。

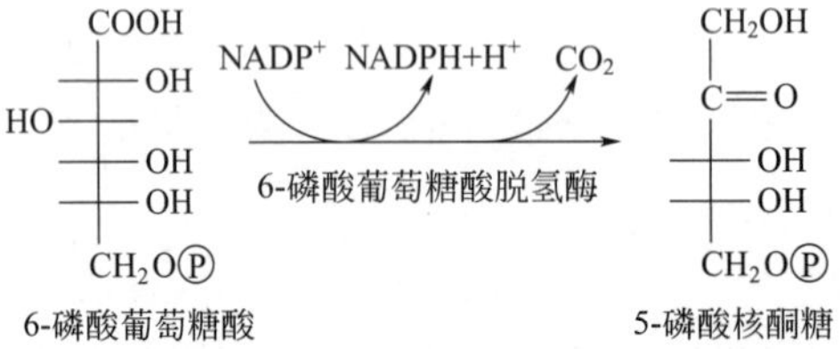

图8-35　6-磷酸葡萄糖酸氧化脱羧生成5-磷酸核酮糖

此阶段，6分子葡萄糖-6-磷酸生成6分子5-磷酸核酮糖、6分子 $CO_2$、12分子 NADPH。

## 2. 非氧化阶段

非氧化阶段是一条转换途径，通过基团之间的转移反应，磷酸戊糖转换为糖酵解的中间产物果糖-6-磷酸和3-磷酸甘油醛。

**(1) 异构化反应**　在异构酶、差向异构酶的催化下，5-磷酸核酮糖异构为5-磷酸核糖和5-磷酸木酮糖（见图8-36）。

异构化反应中，6分子5-磷酸核酮糖中2分子异构为5-磷酸核糖，4分子异构为5-磷酸木酮糖。

**(2) 转酮反应**　在转酮酶的催化下，5-磷酸木酮糖把二碳单位转移给5-磷酸核糖，形成

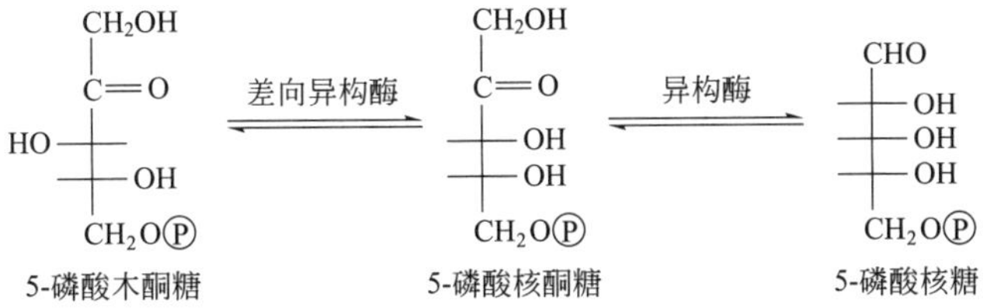

图 8-36 5-磷酸核酮糖异构为 5-磷酸核糖和 5-磷酸木酮糖

7-磷酸景天庚酮糖和 3-磷酸甘油醛（见图 8-37）。

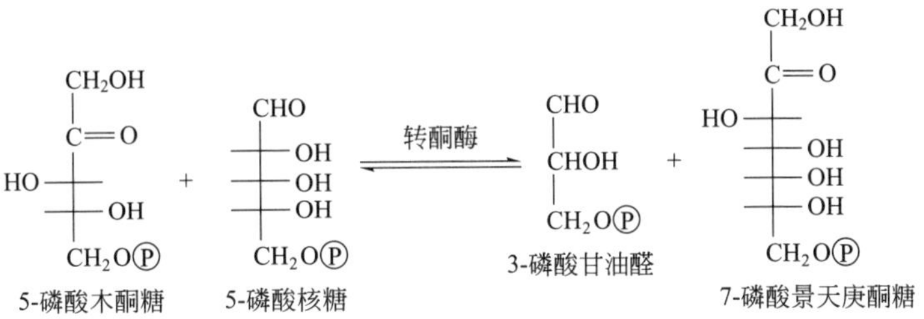

图 8-37 5-磷酸木酮糖与 5-磷酸核糖反应生成 3-磷酸甘油醛和 7-磷酸景天庚酮糖

**（3）转醛反应** 在转醛酶的催化下，7-磷酸景天庚酮糖把三碳单位转移给 3-磷酸甘油醛，形成 4-磷酸赤藓糖和果糖-6-磷酸（见图 8-38）。

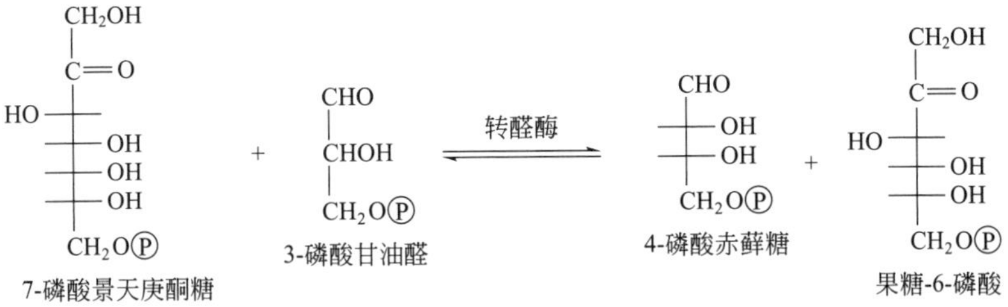

图 8-38 7-磷酸景天庚酮糖与 3-磷酸甘油醛反应生成 4-磷酸赤藓糖和果糖-6-磷酸

**（4）转酮反应** 在转酮酶的催化下，5-磷酸木酮糖把二碳单位转移给 4-磷酸赤藓糖，形成 3-磷酸甘油醛和果糖-6-磷酸（见图 8-39）。

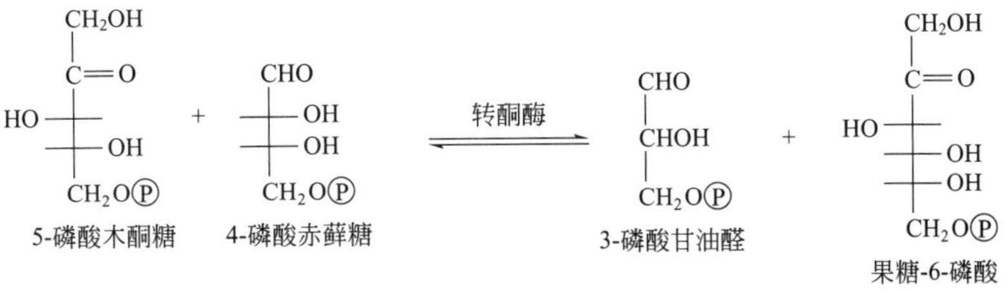

图 8-39 5-磷酸木酮糖与 4-磷酸赤藓糖反应生成 3-磷酸甘油醛和果糖-6-磷酸

反应至此，6 分子 5-磷酸核酮糖转化为 4 分子果糖-6-磷酸和 2 分子 3-磷酸甘油醛，3-磷酸甘油醛和果糖-6-磷酸都可以进入 EMP 途径。2 分子 3-磷酸甘油醛可以形成 1 分子果糖-6-磷酸，见图 8-40。

**（5）异构化反应** 果糖-6-磷酸在磷酸己糖异构酶的催化下异构为葡萄糖-6-磷酸（见图 8-41）。

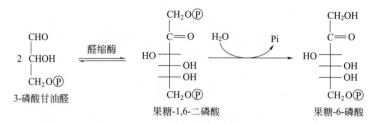

图 8-40 3-磷酸甘油醛转化为果糖-6-磷酸

图 8-41 果糖-6-磷酸异构为葡萄糖-6-磷酸

磷酸戊糖途径的总反应式：

$$葡萄糖\text{-}6\text{-}磷酸 + 12NADP^+ + 7H_2O \longrightarrow 6CO_2 + 12(NADPH+H^+) + Pi$$

在磷酸戊糖途径中，1 分子葡萄糖-6-磷酸全部氧化为 6 分子 $CO_2$，并产生 12 分子 $NADPH+H^+$。

磷酸戊糖途径的全过程见图 8-42。

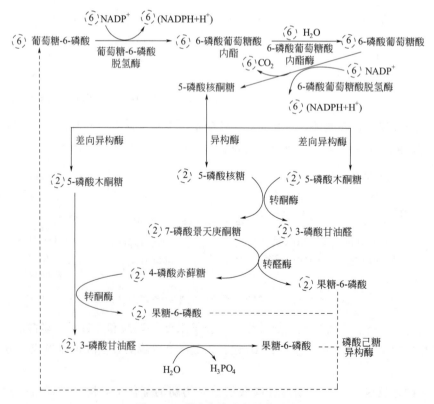

图 8-42 磷酸戊糖途径的全过程

### (二) 磷酸戊糖途径的生理意义

**1. 磷酸戊糖途径的主要作用是产生 NADPH 用于生物合成**

NADPH 的作用不同于 NADH，不是进入电子传递链产能，而是为物质合成提供还原力。脂肪酸、胆固醇、四氢叶酸等许多物质的生物合成需要 NADPH 为供氢体。因此，磷酸戊糖途径在生物合成脂肪酸、胆固醇的组织中最为活跃。此外，NADPH 还能维持谷胱甘肽（GSH）的还原状态，保护巯基酶的活性。

**2. 磷酸戊糖途径的中间产物是某些生物合成的原料**

磷酸戊糖途径中产生的 5-磷酸核糖用于合成核苷酸，核苷酸降解产生的 1-磷酸核糖也需要磷酸戊糖途径进一步降解。5-磷酸核糖也是 $NAD^+$、$NADP^+$、FAD 等辅酶的组成成分。4-磷酸赤藓糖经转化可生成芳香族氨基酸。

**3. 磷酸戊糖途径与植物的光合作用有密切关系**

磷酸戊糖途径中产生的 3-磷酸甘油醛、4-磷酸赤藓糖、5-磷酸戊糖及 7-磷酸景天庚酮糖等也是光合作用中 Calvin 循环的中间产物，因而两个途径可以联系起来，并实现某些单糖之间的互变。

**4. 磷酸戊糖途径与糖的有氧分解和无氧分解是相联系的**

磷酸戊糖途径是葡萄糖氧化分解的另一条途径。3-磷酸甘油醛是糖代谢三种代谢途径（EMP 途径、TCA 循环、HMP 途径）的枢纽。

### (三) 磷酸戊糖途径的调控

**1. 磷酸戊糖途径的速率受 NADPH 浓度的调控**

磷酸戊糖途径的第一步反应，即葡萄糖-6-磷酸脱氢酶催化的反应，是不可逆的限速步骤，是一个重要的调节位点。NADPH 既是葡萄糖-6-磷酸脱氢酶的产物，又是其强竞争性抑制剂，因此，磷酸戊糖途径的反应速率受 NADPH 浓度的调控，当 NADPH 浓度高时，葡萄糖-6-磷酸脱氢酶的活性降低，反应速率下降。

**2. 葡萄糖-6-磷酸的去路取决于机体对 NADPH、5-磷酸核糖和 ATP 的需求**

葡萄糖-6-磷酸既可以进入糖酵解途径，也可以进入磷酸戊糖途径，葡萄糖-6-磷酸进入哪种途径，可以根据需要进行调节。

① 当机体对 5-磷酸核糖的需要大于对 NADPH 的需要时，葡萄糖-6-磷酸绕过氧化阶段，进入糖酵解，产生果糖-6-磷酸和 3-磷酸甘油醛，然后进入非氧化阶段，转化为 5-磷酸核糖。磷酸戊糖途径非氧化阶段的反应都是可逆的。

② 当机体对 5-磷酸核糖的需要和对 NADPH 的需要相等时，氧化阶段相对活跃，可产生 NADPH 和 5-磷酸核酮糖，5-磷酸核酮糖异构为 5-磷酸核糖。

③ 当机体对 NADPH 的需要大于对 5-磷酸核糖的需要时，葡萄糖-6-磷酸进入氧化阶段，生成 $CO_2$。

# 第三节　糖的合成代谢

自然界中，绿色植物、藻类和光合细菌利用光合作用合成葡萄糖，再进一步转化为低聚糖和多糖。动物体中葡萄糖的合成则是通过糖的异生作用完成的，再以葡萄糖为原料合成糖原。某些植物组织和微生物中，存在着乙醛酸循环，能够利用乙酰 CoA 合成草酰乙酸，然后再转化成葡萄糖。

# 一、葡萄糖的合成

## （一）糖的异生作用

人和动物不能从无机物合成糖类，只能利用食物中的糖获取能量，也可以利用非糖物质异生为糖。

糖的异生作用是由非糖物质合成葡萄糖的过程。这些非糖物质主要有乳酸、丙酮酸、甘油、丙酸、生糖氨基酸等。糖异生作用主要在肝脏中进行，肾脏也可以进行糖异生作用，但比肝脏弱。

### 1. 糖异生作用的途径

**（1）丙酮酸异生为葡萄糖的途径**　由丙酮酸异生为葡萄糖的途径，大部分是糖酵解的逆反应。糖酵解中己糖激酶、磷酸果糖激酶及丙酮酸激酶催化的反应是不可逆的，因此，由丙酮酸到磷酸烯醇式丙酮酸、果糖-1,6-二磷酸到果糖-6-磷酸、葡萄糖-6-磷酸到葡萄糖是由另外的酶催化的。丙酮酸异生为葡萄糖的途径见图 8-43。

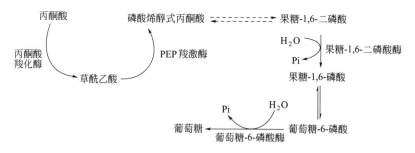

图 8-43　丙酮酸异生为葡萄糖的途径

① 丙酮酸生成磷酸烯醇式丙酮酸。这一过程由 2 步反应完成。首先，在丙酮酸羧化酶的催化下，丙酮酸羧化为草酰乙酸，反应消耗 1 分子 ATP；然后，草酰乙酸在磷酸烯醇式丙酮酸羧激酶（PEP 羧激酶）的催化下，生成磷酸烯醇式丙酮酸，消耗 1 分子 GTP。这一过程称为丙酮酸羧化支路，见图 8-44。

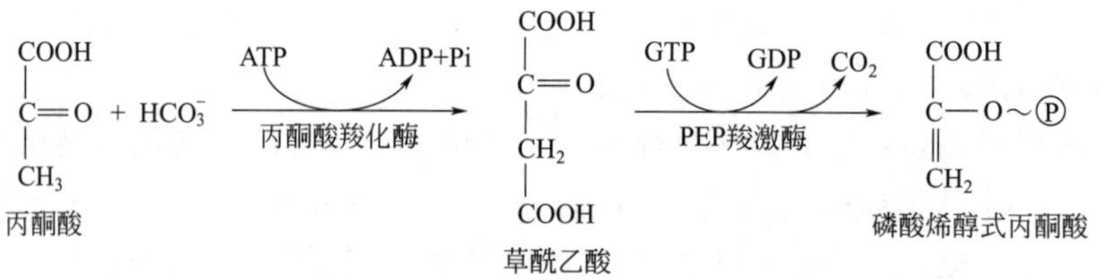

图 8-44　丙酮酸生成磷酸烯醇式丙酮酸

丙酮酸羧化酶存在于线粒体中（其辅基是生物素），PEP 羧激酶存在于细胞液中。因此，线粒体中生成的草酰乙酸必须进入细胞液，才能在 PEP 羧激酶的催化下形成磷酸烯醇式丙酮酸（见图 8-45）。

② 在果糖-1,6-二磷酸酶的催化下，果糖-1,6-二磷酸水解生成果糖-6-磷酸（见图 8-46）。

③ 在葡萄糖-6-磷酸酶的催化下，葡萄糖-6-磷酸水解生成葡萄糖（见图 8-47）。

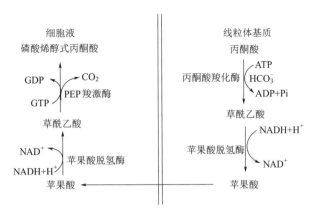

图 8-45 草酰乙酸的转运示意图

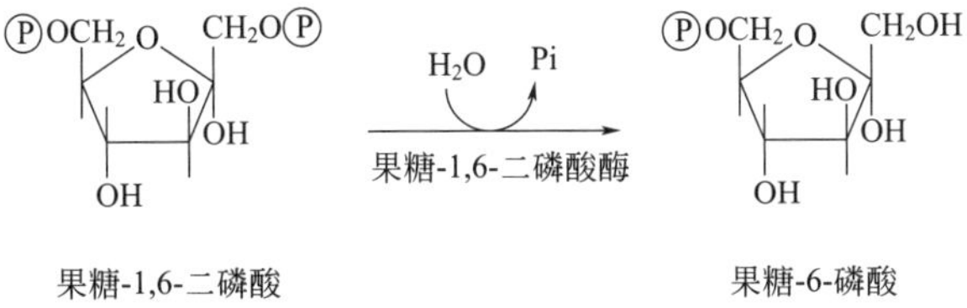

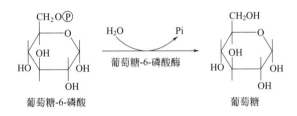

图 8-46 果糖-1,6-二磷酸水解生成果糖-6-磷酸

图 8-47 葡萄糖-6-磷酸水解生成葡萄糖

从以上过程可以看出，糖异生作用是个需能过程，消耗能量的酶促反应是：丙酮酸羧化酶催化的反应，PEP 羧激酶催化的反应，磷酸甘油酸激酶催化的反应。由 2 分子丙酮酸合成 1 分子葡萄糖需要 4 分子 ATP 和 2 分子 GTP，相当于消耗 6 分子 ATP（见表 8-4）。

表 8-4 丙酮酸异生为葡萄糖的能量计算

| 酶促反应 | 能量消耗 |
| --- | --- |
| 丙酮酸羧化酶 | 1ATP（×2）=2ATP |
| 磷酸烯醇式丙酮酸羧激酶 | 1GTP（×2）=2ATP |
| 磷酸甘油酸激酶 | 1ATP（×2）=2ATP |

**（2）其他非糖物质异生为葡萄糖的途径** 甘油、乳酸异生为葡萄糖的途径见图 8-48。糖异生和糖酵解的比较见图 8-49。

**2. 糖异生作用的生理意义**

**（1）在饥饿的情况下维持血糖浓度的相对恒定** 糖异生作用最重要的生理意义在于糖来

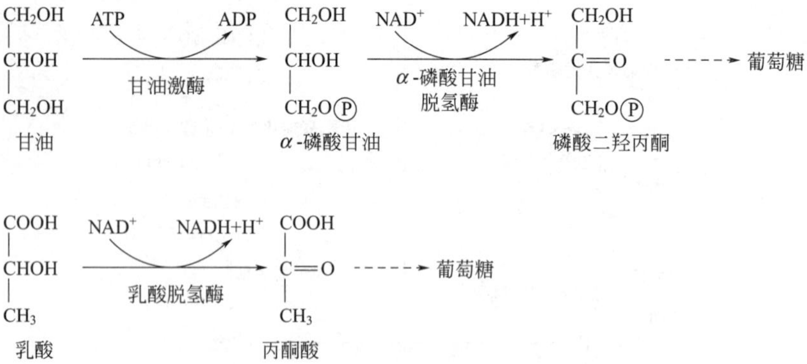

图 8-48 甘油、乳酸异生为葡萄糖的途径

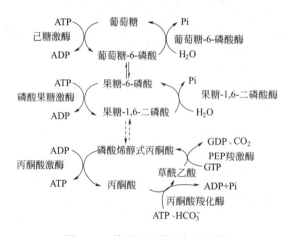

图 8-49 糖异生和糖酵解的比较

源不足时（如饥饿、剧烈运动等），利用非糖物质转化为葡萄糖，从而维持人体血糖浓度的恒定。这对于那些主要依靠葡萄糖供能的组织（特别是大脑和红细胞）具有非常重要的意义。

**(2) 回收乳酸分子中的能量，防止酸中毒** 乳酸的生糖作用可以消除酵解中产生的乳酸积累，防止乳酸过多引起的酸中毒。同时，可以使肌糖原酵解产生的乳酸重新生成葡萄糖加以利用，这样就使不能直接补充血糖的肌糖原间接地转变为血糖。

**(3) 为氨基酸代谢的主要途径** 禁食晚期、糖尿病或肾上腺皮质激素过多时，由于组织蛋白质分解，血浆氨基酸增多，糖异生作用增强。

**(4) 维持有机体的酸碱平衡** 肾中的 α-酮戊二酸可异生为葡萄糖，促进肾中谷氨酰胺脱氨基生成谷氨酸和 $NH_3$，被肾小管分泌入管腔中用于中和 $H^+$，排 $NH_4^+$ 保 $Na^+$，有利于酸碱平衡。

---

**知识拓展　　　　　　　　光合作用**

绿色植物、藻类、光合细菌能进行光合作用，合成糖类。绿色植物通过光合作用，将大气中的 $CO_2$ 和 $H_2O$ 合成糖类，并放出氧气。光合作用分两个阶段：第一个阶段是光反应阶段，在光的作用下，$H_2O$ 分子裂解，产生 $O_2$，在此过程中，ADP

磷酸化生成 ATP，$NADP^+$ 还原为 $NADPH+H^+$；第二个阶段是暗反应阶段，利用光反应阶段生成的 ATP 和 NADPH 进行 $CO_2$ 的同化，使 $CO_2$ 还原为糖。光合细菌中只有蓝细菌（蓝藻）光合作用产生氧气，其余的光合细菌进行光合作用不产生氧气，因为其光合作用中还原 $CO_2$ 的供氢体不是 $H_2O$，而是 $H_2S$、硫代硫酸盐或有机物，这与光合细菌的类别有关。而且光合细菌的光合作用主要是在厌氧条件下进行的。

1. 光合作用的场所

（1）叶绿体　高等植物的光合作用发生在叶绿体中。叶绿体由叶绿体被膜、类囊体和叶绿体基质组成。

① 叶绿体被膜。叶绿体被膜由双层膜组成，内外膜间为膜间隙，10~20nm。外膜通透性大，内膜通透性较低，仅允许 $CO_2$、$O_2$、$H_2O$ 分子自由通过，内膜上有很多转运蛋白。

② 类囊体。类囊体是叶绿体内部由内膜衍生而来的封闭的扁平膜囊，由单层膜（5~7μm）和其围成的内腔构成，也称为囊状结构薄膜。类囊体沿叶绿体长轴排列。许多类囊体像圆盘一样叠在一起，称为基粒，组成基粒的类囊体称为基粒类囊体，构成内膜系统的基粒片层。基粒直径约 0.25~0.8μm，由 100 个类囊体组成。每个叶绿体中约有 40~60 个基粒。贯穿在两个或两个以上基粒之间的没有发生垛叠的类囊体称为基质类囊体，它们形成内膜系统的基质片层。由于相邻基粒经网管状或扁平状基质类囊体相连，因此，全部类囊体实质上是一个相互贯通的封闭系统。光合作用的光能吸收和传递、电子传递和 ATP 的产生，都发生在类囊体膜上，因此，类囊体膜也称为光合膜。

③ 叶绿体基质。叶绿体基质是叶绿体内膜与类囊体之间的液态胶体物质。基质的主要成分有：碳同化相关的酶类，如核酮糖-1,5-二磷酸羧化酶（Rubisco）占类囊体可溶性蛋白总量的 80%；叶绿体 DNA、蛋白质合成体系；一些颗粒成分，如淀粉粒、植物铁蛋白等。

（2）色素体　由于除绿藻门以外不同门的藻类所含光合色素成分中有不同于叶绿素的各类辅助色素，而且含量往往高于叶绿素，从而使不同门的藻类呈现不同于绿色的体色（如红藻、褐藻等），所以，通常把藻类细胞中的叶绿体称为色素体。除蓝藻门和原绿藻门是原核藻类没有色素体外，其余藻类都是真核生物，都有色素体。

藻类色素体的形态、数量及在细胞内的分布，在不同的藻类中有差别。光合作用效能较低的海藻，细胞内只有一个大型的、轴生的色素体。如，大多数单细胞绿藻只有一个大型轴生的杯状色素体（衣藻、盐藻等），原始的褐藻和红藻也只有一个较大型的轴生的星状色素体。较为进化的物种细胞内的色素体数量有所增加，分布也由轴生转为侧生，色素体的形态有带状、片状等。光合作用效能相对较高的物种，是在一个细胞内有多数小型的色素体（颗粒状、小盘状等），并贴近细胞壁周围分布。大多数真核藻类的细胞内都具有多数、贴近细胞壁周围分布的小型色素体。藻类细胞内色素体的形态、数量和分布位置的变化，是朝着更有利于吸收光能、增强光合作用能力的方向进行的。

(3) 载色体、绿色包囊　光合细菌的色素主要存在于细胞内的载色体或绿色包囊中。载色体或绿色包囊是光合细菌进行光合磷酸化的部位。载色体是由细胞膜陷入细胞质内而形成的，并与细胞膜相连；绿色包囊是被一层膜包裹的小泡状体，是一个独立的球形细胞器。

2. 光合色素

光合色素的功能是吸收、传递光能，主要有叶绿素、类胡萝卜素和藻胆素，高等植物中含有叶绿素和类胡萝卜素，藻胆素仅存在于藻类中。

(1) 叶绿素　绿色植物中有两种叶绿素，即叶绿素 a 和叶绿素 b，一般叶绿素 a 比叶绿素 b 丰富。叶绿素存在于类囊体膜上。光合细菌中的叶绿素称为细菌叶绿素，简称为菌绿素，目前发现有菌绿素 a、菌绿素 b、菌绿素 c、菌绿素 d 和菌绿素 e 等 5 种菌绿素。

叶绿素分子中都含有相同的由吡咯形成的卟啉环及植醇，区别在于卟啉环上的取代基。

叶绿素 a 和叶绿素 b 都吸收紫色到蓝色区域（400～500nm）和橙色到红色区域（650～700nm）的光。叶绿素 a 最大的吸收光的波长为 420～663nm，叶绿素 b 最大的吸收光的波长为 460～645nm。

(2) 辅助色素　除叶绿素外，还存在几种辅助色素。所有的光养生物中都含有类胡萝卜素（从黄色到棕色），藻类和蓝细菌中还含有藻胆色素。辅助色素扩展光吸收的范围，收集光能。

类胡萝卜素是萜类化合物，分子中存在共轭双键，吸收光谱在 400～500nm。

藻胆素是开链四吡咯结构，包括藻红素、藻蓝素等，吸收光谱在 520～630nm。藻胆蛋白是藻胆素与蛋白质的共价结合物，包括藻红蛋白、藻蓝蛋白、异藻蓝蛋白等。

3. 光合作用的光反应过程

光反应只发生在光照条件下，是由光引起的反应。

光反应从光合色素吸收光能激发开始，经过电子传递，水的光解，最后是光能转化为化学能，以 ATP 和 NADPH 的形式储存。光反应的总反应式如下：

$$H_2O + ADP + Pi + NADP^+ \xrightarrow{\text{光}} O_2 + ATP + NADPH + H^+$$

光反应发生在叶绿体的基粒片层中。光反应包括两个步骤：①光能的吸收、传递和转换的过程——通过原初反应完成；②电能转变为活跃的化学能的过程——通过电子传递链和光合磷酸化完成。

(1) 原初反应

① 光合色素和光化学反应。色素分子与叶绿体类囊体膜上的蛋白质形成色素蛋白复合物，完成光的吸收、传递和光化学反应。根据色素的作用将其分为天线色素和作用中心色素。天线色素包括全部叶绿素 b、类胡萝卜素和部分叶绿素 a，它们能吸收光能并传递到作用中心色素分子。作用中心色素是具有特殊形态和光化学活性的少

数叶绿素 a 分子，可利用光能产生光化学反应，把光能转变为电能。

作用中心色素分子被光激发后引起电荷的分离和能量的转换。

作用中心是叶绿体进行光合作用原初反应的最基本的色素蛋白结构，它至少包括一个作用中心色素分子（P），一个原初电子受体（A），一个原初电子供体（D）。

发生光化学反应时，作用中心色素分子（P）接受光能被激发生成激发态 $P^*$，此时 $P^*$ 的 1 个电子被激发处于高能轨道，极易失去。$P^*$ 把 1 个电子传递给原初电子受体（A），此时 A 变成 $A^-$，$P^*$ 失去电子后回到基态变成 $P^+$，$P^+$ 对电子有极大的吸引力，再从原初电子供体（D）得到 1 个电子恢复成 P，而 D 变成 $D^+$，实现了电荷的分离。即：

$$D \cdot P \cdot A \xrightarrow{\text{光}} D \cdot P^* \cdot A \longrightarrow D \cdot P^+ \cdot A^- \longrightarrow D^+ \cdot P \cdot A^-$$

$D^+$ 可以从另一电子供体吸收电子，其最终电子供体是 $H_2O$。$A^-$ 把电子供给下一个电子受体，其最终电子受体是 $NADP^+$。$NADP^+$ 得到 2 个电子和 $H^+$ 形成 NADPH。因此，吸收的部分光能就转化成 NADPH 中活跃的化学能，将来用于 $CO_2$ 的固定和还原。光合作用原初反应的能量吸收、传递与转换见图 8-50。

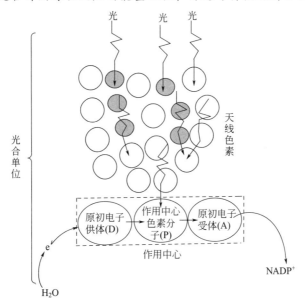

图 8-50　光合作用原初反应的能量吸收、传递与转换

② 光系统。Robert Emerson 和 William Arnold 测定绿藻细胞光照后 $O_2$ 的释放，发现在充足的光照下，每 2500 个叶绿素分子放出 1 分子 $O_2$，由此，Hans Gaffron 推测，几百个叶绿素分子吸收光量子后将其汇集到反应中心的叶绿素分子参加光反应，将光能转变为化学能。这种由色素分子装配成的系统把光能汇集到反应中心，被称为光系统。

高等植物、藻类和蓝细菌含有两个光系统：光系统Ⅰ（PSⅠ）和光系统Ⅱ（PSⅡ）。PSⅠ主要位于基质片层，暴露于叶绿体基质；PSⅡ主要位于基粒片层，远离基质。PSⅠ反应中心叶绿素分子的最大吸收峰在700nm，所以该叶绿素分子也称为P700，它可以还原$NADP^+$；而位于PSⅡ反应中心的叶绿素分子的最大吸收峰在680nm，所以该叶绿素分子也称为P680，它可引起$H_2O$的光解放出$O_2$，并将电子传递给PSⅠ。

光合细菌只有一个光反应中心。

(2) 光合电子传递链和光合磷酸化　原初反应使光系统的反应中心发生电荷分离，产生的高能电子推动着光合膜上的电子传递。电子传递的结果，一方面引起$H_2O$的裂解放出$O_2$及$NADP^+$的还原，另一方面建立了跨膜的质子梯度，启动了光合磷酸化，形成ATP。这样，电能转化为活跃的化学能。

① 光合电子传递链。两个光系统被光激发以后引起电子从$H_2O$出发，经过PSⅠ、PSⅡ及连接两个光系统的电子载体，最终传递给$NADP^+$的串联通路，称为光合电子传递链。

光合电子传递链的主要载体有质体醌（PQ）、细胞色素$b_6$（Cyt $b_6$）、细胞色素f（Cyt f）、质体蓝素（PC）、铁氧还蛋白（Fd）和Fd-$NADP^+$氧化还原酶（FNR）等。

电子传递体按氧化还原电位的高低排列，使电子传递链呈侧写的"Z"形，因此称为"Z链"。两个光系统以串联的方式共同完成电子的传递，最终电子供体是$H_2O$，其最终电子受体是$NADP^+$，即电子从$H_2O$传递到$NADP^+$。

电子传递过程是电子传递体之间的一系列氧化还原反应，有环式光合电子传递和非环式光合电子传递两种方式。

② 光合磷酸化。光合磷酸化是叶绿体利用光能使ADP与Pi形成ATP的过程。光合磷酸化有非环式光合磷酸化和环式光合磷酸化两种类型。

非环式光合磷酸化：也称为非循环光合磷酸化，电子由$H_2O$出发，经过PSⅡ、Cyt $b_6$f和PSⅠ的传递到达$NADP^+$，在电子传递过程中释放的能量用于ADP磷酸化为ATP，同时使$NADP^+$还原成NADPH，电子传递形成一个开放通路。非环式光合磷酸化电子传递见图8-51。

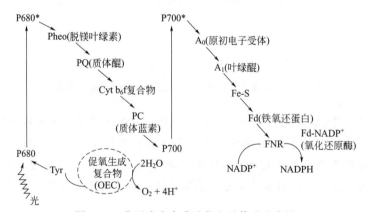

图8-51　非环式光合磷酸化电子传递示意图

非环式光合磷酸化电子传递涉及两个光系统。

水解裂复合物（促氧生成复合物）位于PSⅡ面向腔的一侧，含有一个由几个锰离子组成的锰离子簇，它们按照特殊的取向排列，传递来自$H_2O$的4个电子，每次传递1个电子，电子首先转移给PSⅡ反应中心的蛋白质亚基上的一个Tyr，然后经Tyr转移给氧化的P680。一旦锰离子簇卸掉它的4个电子，$H_2O$就发生裂解：2个$H_2O$分子被氧化，4个电子使锰离子簇还原，同时，4个$H^+$释放到腔中并产生1分子$O_2$。

电子传递始于P680的激发，一旦激发，就会将电子传递给Pheo，然后，还原的Pheo将电子传递给PQ，$PQH_2$经Cyt $b_6$f复合物被氧化，将电子传递给PC（每次传递1个电子）。PQ和Cyt $b_6$f复合物的联合作用像一个质子泵，形成驱动ATP合成的质子动力。电子通过PC中铜原子氧化态的变化进行传递，电子经过PC传递给P700。激发态的P700中的电子很容易传递给叶绿素a电子受体（原初电子受体）（$A_0$），还原型$A_0$将电子传递给叶绿醌（维生素$K_1$）（$A_1$）。电子从$A_1$传递给一系列铁硫蛋白（Fe-S），再传递给铁氧还蛋白（Fd）。Fd是叶绿体基质中的一个小的水溶性蛋白，在Fd-$NADP^+$氧化还原酶的作用下，Fd使$NADP^+$还原为NADPH。由于跨膜质子梯度的存在，跨膜的ATP合酶催化ADP磷酸化为ATP。

环式光合磷酸化：也称为循环光合磷酸化，PSⅠ经光激发后，电子传递给Fd、Cyt $b_6$f复合物，又经PC回到PSⅠ，形成一个闭合回路。在电子传递过程中释放的能量用于ATP的合成，不产生NADPH。环式光合磷酸化电子传递见图8-52。

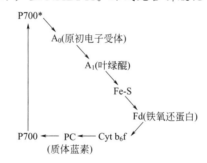

图8-52 环式光合磷酸化电子传递示意图

环式光合磷酸化电子传递中，电子不再传递给$NADP^+$生成NADPH，但可通过电子循环使得Cyt $b_6$f复合物将基质中的质子泵入腔内，进一步增加了质子梯度，伴随着质子梯度的形成，使ADP磷酸化生成ATP。所以，电子的环式传递补充了在非环式传递中产生的质子驱动力，因此可以增加ATP的生成。

### 4. 光合作用的暗反应过程

暗反应即$CO_2$的同化反应，在这一阶段的反应中，叶绿体利用光反应阶段产生的ATP和NADPH作为能源和还原力，将$CO_2$固定并使之转化为糖。此反应发生在叶绿体基质中，有光无光均能进行。暗反应的反应式：

$$CO_2 + NADPH + H^+ \xrightarrow[ADP+Pi]{ATP} CH_2O + NADP^+$$

暗反应中，$CO_2$和受体结合的过程称为$CO_2$的固定。根据$CO_2$固定的第一个产物不同，分为 $C_3$ 途径和 $C_4$ 途径。

(1) 还原性磷酸戊糖途径（$C_3$ 途径） 还原性磷酸戊糖途径是光合作用中 $CO_2$ 同化的基本途径，又称为光合碳循环。1946 年，M. Calvin 等用单细胞绿藻作为试验材料，用 $^{14}C$ 示踪技术并结合纸上色谱法，研究了光合作用碳素同化的途径，因此，还原性磷酸戊糖途径又称为 Calvin 循环。Calvin 循环的最初产物是 3-磷酸甘油酸，因此，该途径也称为 $C_3$ 途径。

Calvin 循环分为三个阶段：羧化阶段（$CO_2$ 的固定）、还原阶段、RuBP 再生阶段。

① 羧化阶段（$CO_2$ 的固定）。核酮糖-1,5-二磷酸（RuBP）是 $CO_2$ 的受体，在核酮糖-1,5-二磷酸羧化酶（Rubisco）的催化下，$CO_2$ 与受体结合，生成 2 分子 3-磷酸甘油酸（见图 8-53）。

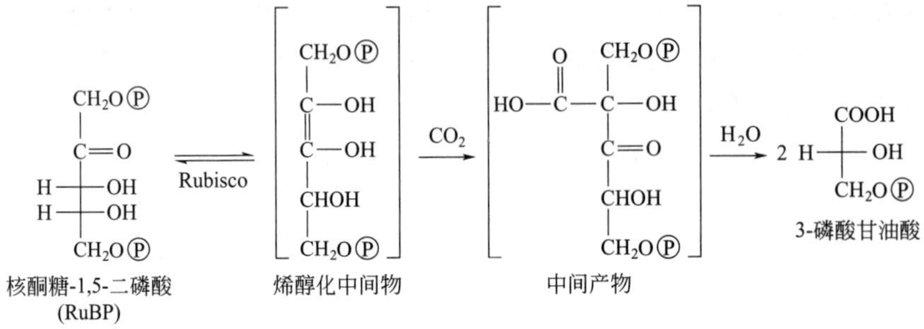

图 8-53 $CO_2$ 的固定

因为 $CO_2$ 固定的初产物是 $C_3$ 化合物，所以在羧化反应阶段，3 分子 RuBP 参与 3 分子 $CO_2$ 的固定，生成 6 分子 3-磷酸甘油酸。

RuBP 羧化酶（Rubisco）存在于叶绿体基质中，占叶绿体总蛋白含量的 50%，是生物圈最丰富的蛋白质。

② 还原阶段。在此阶段，利用光反应产生的同化力（ATP、NADPH）将 3-磷酸甘油酸还原为 3-磷酸甘油醛（见图 8-54）。

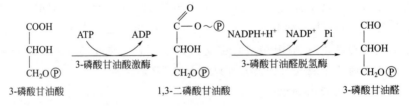

图 8-54 3-磷酸甘油酸还原为 3-磷酸甘油醛

还原阶段生成的 6 分子 3-磷酸甘油醛中，有 1 分子 3-磷酸甘油醛是 Calvin 循环的产物，其余 5 分子 3-磷酸甘油醛进行转化，重新生成 3 分子核酮糖-1,5-二磷酸。

③ RuBP 再生阶段。在异构酶、醛缩酶、转酮酶、水解酶等一系列酶的催化下，RuBP 得以再生，从而维持循环的继续进行。反应及酶类类似于磷酸戊糖途径中分子重排阶段的逆过程。

反应过程如下：

反应1 异构化反应。3-磷酸甘油醛异构为磷酸二羟丙酮，见图8-55。

图 8-55　3-磷酸甘油醛异构为磷酸二羟丙酮

5分子3-磷酸甘油醛中，有2分子异构为磷酸二羟丙酮。

反应2 缩合反应。3-磷酸甘油醛与磷酸二羟丙酮缩合形成果糖-1,6-二磷酸，见图8-56。

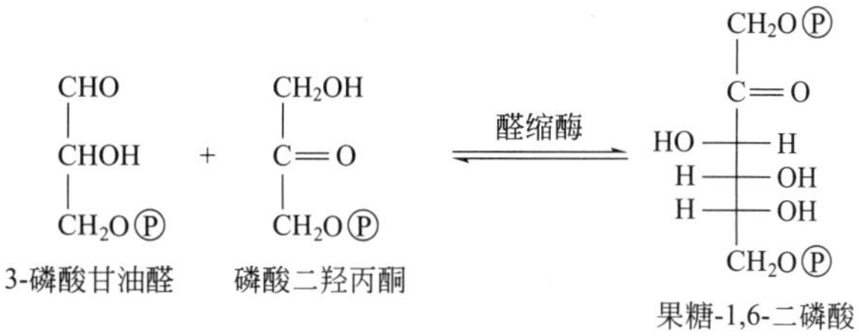

图 8-56　3-磷酸甘油醛与磷酸二羟丙酮缩合形成果糖-1,6-二磷酸

反应3 水解反应。果糖-1,6-二磷酸水解生成果糖-6-磷酸，见图8-57。

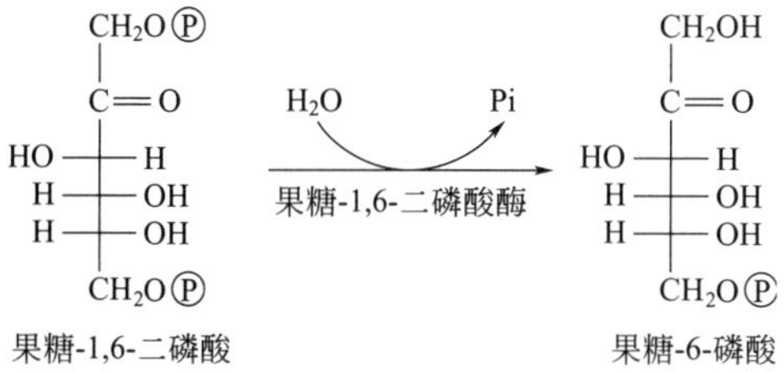

图 8-57　果糖-1,6-二磷酸水解生成果糖-6-磷酸

反应4 转酮反应。果糖-6-磷酸与3-磷酸甘油醛形成赤藓糖-4-磷酸和木酮糖-5-磷酸，见图8-58。

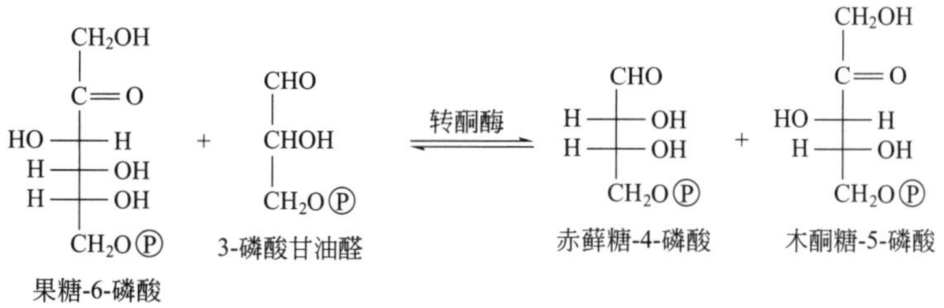

图 8-58　果糖-6-磷酸与3-磷酸甘油醛形成赤藓糖-4-磷酸和木酮糖-5-磷酸

反应5 缩合反应。赤藓糖-4-磷酸和磷酸二羟丙酮形成景天庚酮糖-1,7-二磷酸，见图8-59。

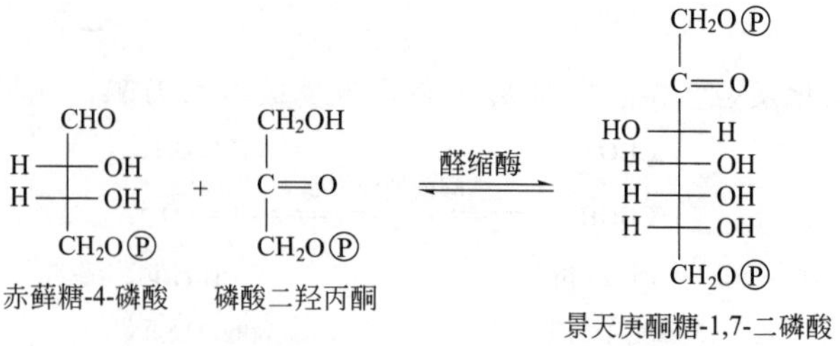

图 8-59　赤藓糖-4-磷酸和磷酸二羟丙酮形成景天庚酮糖-1,7-二磷酸

**反应 6**　水解反应。景天庚酮糖-1,7-二磷酸水解生成景天庚酮糖-7-磷酸，见图 8-60。

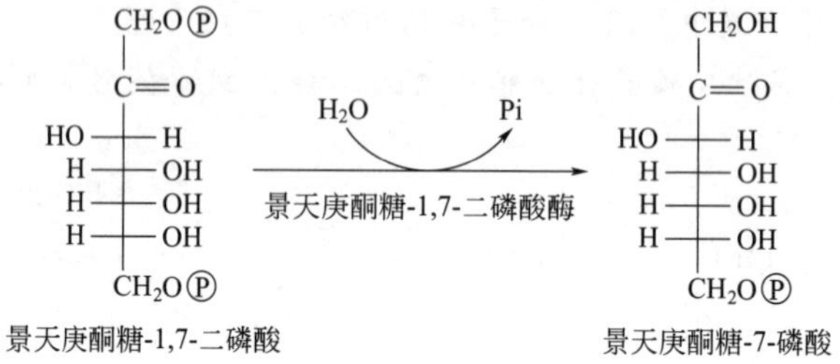

图 8-60　景天庚酮糖-1,7-二磷酸水解生成景天庚酮糖-7-磷酸

**反应 7**　转酮反应。景天庚酮糖-7-磷酸与 3-磷酸甘油醛形成核糖-5-磷酸和木酮糖-5-磷酸，见图 8-61。

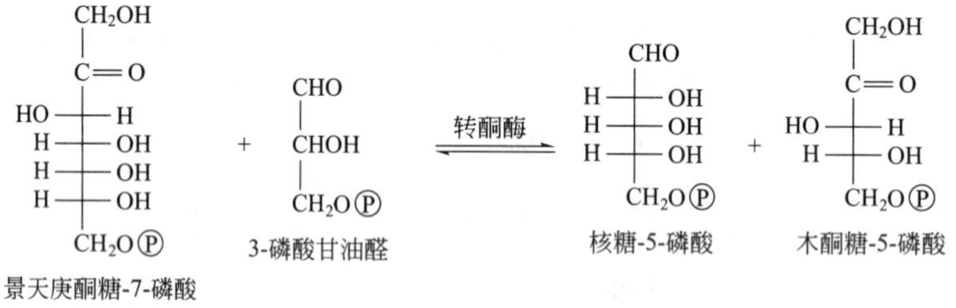

图 8-61　景天庚酮糖-7-磷酸与 3-磷酸甘油醛形成核糖-5-磷酸和木酮糖-5-磷酸

**反应 8**　异构化反应。木酮糖-5-磷酸和核糖-5-磷酸异构为核酮糖-5-磷酸，见图 8-62。

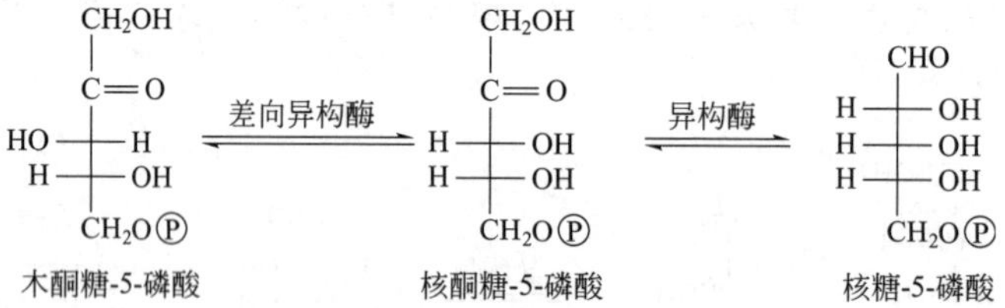

图 8-62　木酮糖-5-磷酸和核糖-5-磷酸异构为核酮糖-5-磷酸

反应 8 包括两步反应：反应 4 和反应 7 中生成的木酮糖-5-磷酸在差向异构酶的催化下，异构为核酮糖-5-磷酸；反应 7 中生成的核糖-5-磷酸在异构酶的催化下，异构为核酮糖-5-磷酸。至此，形成 3 分子核酮糖-5-磷酸。

**反应 9**　磷酸基转移反应。核酮糖-5-磷酸转化为核酮糖-1,5-二磷酸，见图 8-63。

反应至此，$CO_2$ 的受体核酮糖-1,5-二磷酸（RuBP）得到再生。

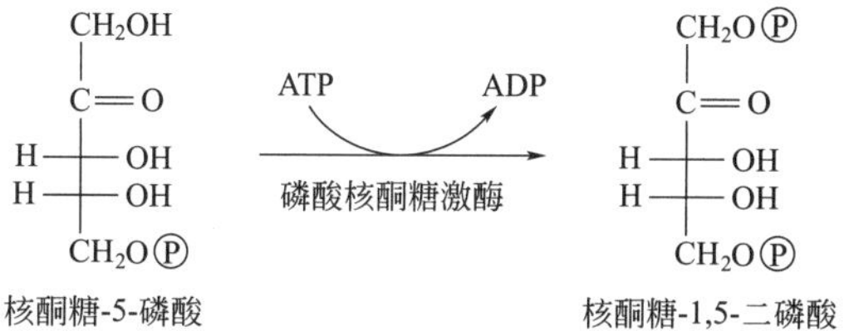

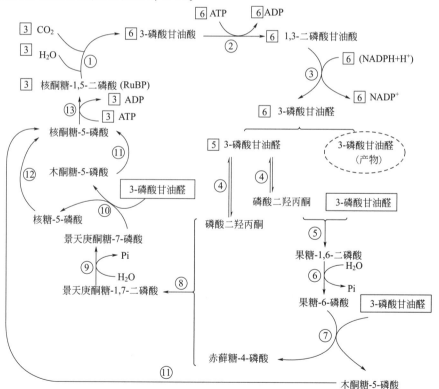

图 8-63 核酮糖-5-磷酸转化为核酮糖-1,5-二磷酸

Calvin循环中，核酮糖-1,5-二磷酸是起始物，作为$CO_2$受体，经循环过程得以再生，在循环中没有被消耗。一次Calvin循环，同化3分子$CO_2$，净合成1分子3-磷酸甘油醛，需要9分子ATP[还原阶段需要6分子，再生阶段（反应9）需要3分子]和6分子NADPH（还原阶段）。

合成1分子葡萄糖（果糖-1,6-二磷酸→果糖-6-磷酸→葡萄糖-6-磷酸→葡萄糖）则需要2次Calvin循环，消耗6分子$CO_2$、18分子ATP和12分子NADPH。

Calvin循环的反应速率主要受其关键酶——RuBP羧化酶的调控。RuBP羧化酶的活性受多种因素的影响，光、$Mg^{2+}$及一些代谢物（果糖-6-磷酸、RuBP）对其有激活作用；果糖-1,6-二磷酸对其有抑制作用。此外，RuBP羧化酶的活性也受到叶绿体基质中$CO_2$和$O_2$浓度的调节，因此，Calvin循环的反应速率也与叶绿体基质中$CO_2$和$O_2$的浓度有关。

Calvin循环的反应过程见图8-64。

图 8-64 Calvin循环的反应过程

①RuBP羧化酶；②3-磷酸甘油酸激酶；③3-磷酸甘油醛脱氢酶；④磷酸丙糖异构酶；
⑤醛缩酶；⑥果糖-1,6-二磷酸酶；⑦转酮酶；⑧醛缩酶；⑨景天庚酮糖-1,7-二磷酸酶；
⑩转酮酶；⑪差向异构酶；⑫异构酶；⑬磷酸核酮糖激酶

(2) $C_4$ 途径 $C_3$ 途径是大多数高等植物固定 $CO_2$ 的基本途径，1970年，在甘蔗、玉米、高粱等植物中发现了存在另一种 $CO_2$ 固定的途径——$C_4$ 途径。该途径中，同化 $CO_2$ 生成的第一个产物是四碳化合物——草酰乙酸，故名 $C_4$ 途径。目前发现 $C_4$ 途径存在于热带禾本科植物和被子植物的20多科近2000种植物中。在景天科植物中，还存在景天酸代谢途径（CAM途径）。$C_4$ 途径、CAM途径可作为固定 $CO_2$ 的补充方式，它们与 $C_3$ 途径是相互联系的。

$C_4$ 植物的叶子结构和 $C_3$ 植物不同。$C_4$ 植物的维管束鞘细胞富含叶绿体，维管束鞘细胞外面包围着叶肉细胞。$C_3$ 植物的维管束鞘细胞不发达，也不含叶绿体。$C_3$ 植物的 $C_3$ 循环发生在叶肉细胞内，$C_4$ 植物的 $C_3$ 循环发生在维管束鞘细胞的叶绿体中。

$C_4$ 途径的反应过程如下：

① 空气中的 $CO_2$ 在叶肉细胞的叶绿体中，与磷酸烯醇式丙酮酸（PEP）结合，生成草酰乙酸，然后被还原成苹果酸（见图8-65）。

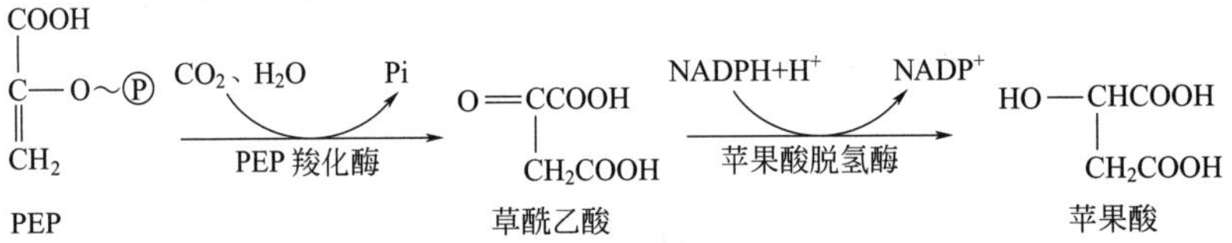

图 8-65 叶肉细胞中 $CO_2$ 的固定

② 苹果酸穿梭进入维管束鞘细胞叶绿体，经脱氢、脱羧生成丙酮酸（见图8-66）。

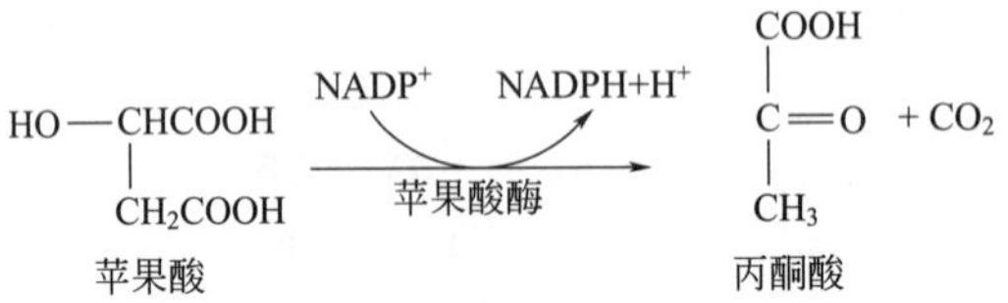

图 8-66 维管束鞘细胞中苹果酸氧化脱羧

生成的 $CO_2$ 进入 $C_3$ 途径。

③ 丙酮酸穿梭返回叶肉细胞的叶绿体中，重新生成磷酸烯醇式丙酮酸（见图8-67）。

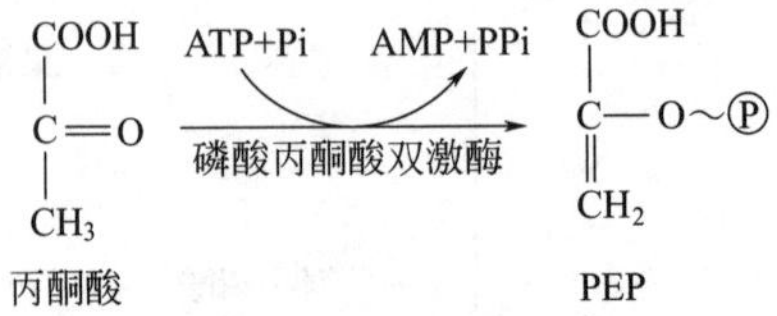

图 8-67 叶肉细胞中重新生成磷酸烯醇式丙酮酸

$C_4$ 植物同化 $CO_2$ 的过程见图8-68。

$C_4$ 循环起着 $CO_2$ 泵的作用，将空气中的 $CO_2$ 压入维管束鞘细胞中，为 $C_3$ 循环

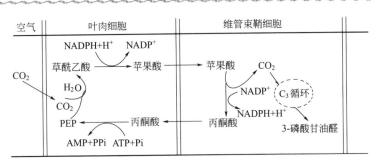

图 8-68 $C_4$ 植物同化 $CO_2$ 的过程

提供了比空气中更高的 $CO_2$ 浓度，提高了光合作用的效率。

### (二) 乙醛酸循环

乙醛酸循环是存在于植物（主要是油料作物）、某些细菌和酵母中由乙酰 CoA 生成糖的途径。

乙酰 CoA 在乙醛酸循环体（一种细胞器）内生成琥珀酸、乙醛酸和苹果酸。琥珀酸可以进入三羧酸循环，形成草酰乙酸，草酰乙酸进入细胞液转化成磷酸烯醇式丙酮酸，可异生为葡萄糖。动物和人类细胞中没有乙醛酸循环体，因此无法将脂肪酸（乙酰 CoA）转变为糖。油料种子（花生、油菜籽、棉籽等）在发芽过程中，细胞中出现许多乙醛酸循环体，储存脂肪首先水解为甘油和脂肪酸，然后脂肪酸在乙醛酸循环体内进行 β-氧化产生乙酰 CoA，并通过乙醛酸循环转化为糖，直到种子中储存的脂肪耗尽为止，乙醛酸循环活性便随之消失。淀粉种子萌发时不发生乙醛酸循环。

许多微生物可以利用二碳化合物（乙酸、乙醇等）作为碳源生长，如大肠杆菌可以利用乙酸生长，酵母菌可以利用乙醇生长，就是因为乙酸、乙醇等可以形成乙酰 CoA，通过乙醛酸循环合成糖的前体。

#### 1. 乙醛酸循环的反应过程

在柠檬酸合酶的作用下，乙酰 CoA 与草酰乙酸缩合为柠檬酸，再经顺乌头酸酶催化形成异柠檬酸。随后，在异柠檬酸裂解酶的催化下，异柠檬酸分解为琥珀酸和乙醛酸。再在苹果酸合成酶的催化下，乙醛酸与乙酰 CoA 结合生成苹果酸。苹果酸脱氢重新形成草酰乙酸，完成一次循环。由此可见，乙醛酸循环的一些反应及酶与三羧酸循环是相同的，不同的是异柠檬酸裂解酶和苹果酸合成酶催化的反应，这两个酶是三羧酸循环中没有的。

**(1) 异柠檬酸裂解酶催化的反应**　异柠檬酸裂解酶催化异柠檬酸形成琥珀酸和乙醛酸，见图 8-69。

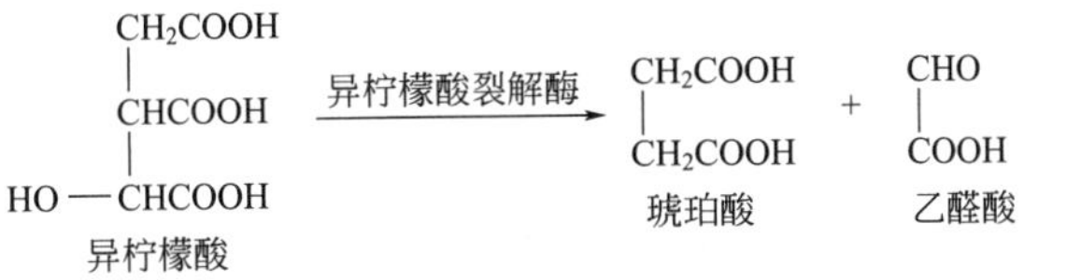

$$\begin{array}{c}\text{CH}_2\text{COOH}\\|\\\text{CHCOOH}\\|\\\text{HO}-\text{CHCOOH}\end{array} \xrightarrow{\text{异柠檬酸裂解酶}} \begin{array}{c}\text{CH}_2\text{COOH}\\|\\\text{CH}_2\text{COOH}\end{array} + \begin{array}{c}\text{CHO}\\|\\\text{COOH}\end{array}$$

异柠檬酸　　　　　　　　　　琥珀酸　　乙醛酸

图 8-69 异柠檬酸裂解酶催化的反应

**（2）苹果酸合成酶催化的反应** 苹果酸合成酶催化乙醛酸与乙酰 CoA 形成苹果酸，见图 8-70。

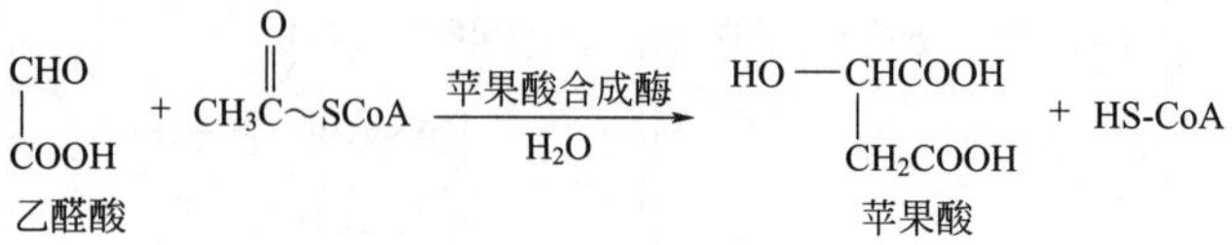

$$\begin{array}{c}\text{CHO}\\|\\\text{COOH}\end{array} + \text{CH}_3\text{C}\sim\text{SCoA} \xrightarrow[\text{H}_2\text{O}]{\text{苹果酸合成酶}} \begin{array}{c}\text{HO}-\text{CHCOOH}\\|\\\text{CH}_2\text{COOH}\end{array} + \text{HS-CoA}$$

乙醛酸　　　　　　　　　　　　　　　　　　　苹果酸

图 8-70　苹果酸合成酶催化的反应

乙醛酸循环的全过程见图 8-71。

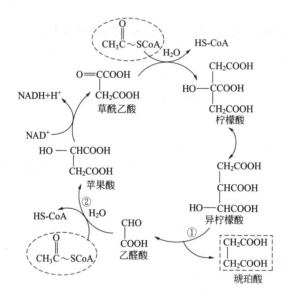

图 8-71　乙醛酸循环的全过程
①异柠檬酸裂解酶；②苹果酸合成酶

乙醛酸循环的总反应：

$$2\text{CH}_3\text{C}\sim\text{SCoA} + 2\text{H}_2\text{O} + \text{NAD}^+ \longrightarrow \begin{array}{c}\text{CH}_2\text{COOH}\\|\\\text{CH}_2\text{COOH}\end{array} + 2\text{HS-CoA} + \text{NADH} + \text{H}^+$$

**2. 乙醛酸循环的生理意义**

① 乙醛酸循环实现了脂肪到糖的转变，对植物的生长发育起着重要的作用。如，乙醛酸循环对油料作物种子萌发有重要意义。

② 对于一些细菌和藻类，由于乙醛酸循环的存在，使之能以乙酸为唯一碳源合成生长发育所需的其他含碳化合物。

## 二、蔗糖、淀粉、糖原的合成

葡萄糖、果糖不能直接形成蔗糖和多糖，需要形成活化的葡萄糖作为葡萄糖的供体参与反应。活化的葡萄糖的主要形式为尿苷二磷酸葡萄糖（UDPG），也有腺苷二磷酸葡萄糖（ADPG）、鸟苷二磷酸葡萄糖（GDPG）。尿苷二磷酸葡萄糖（UDPG）的形成见图 8-72。

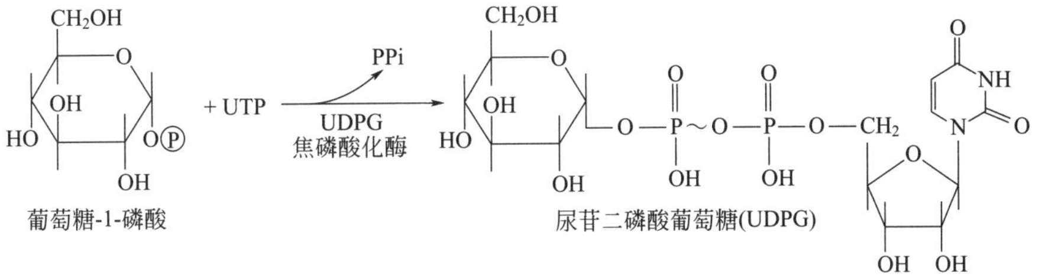

图 8-72 尿苷二磷酸葡萄糖（UDPG）的形成

**(一) 蔗糖的合成**

蔗糖是植物光合作用生成的重要寡糖，广泛分布于植物体中，在甘蔗、甜菜中的含量最高。

高等植物合成蔗糖的途径有两条：蔗糖合成酶途径、磷酸蔗糖合成酶途径。

1. 蔗糖合成酶途径

在蔗糖合成酶的催化下，以 UDPG 作为葡萄糖供体，与果糖作用生成蔗糖（见图 8-73）。

蔗糖合成酶也可以利用 ADPG、GDPG 等作为葡萄糖的供体。

$$UDPG + 果糖 \underset{}{\overset{蔗糖合成酶}{\rightleftharpoons}} 蔗糖 + UDP$$

图 8-73 蔗糖合成酶途径

蔗糖合成酶途径不是蔗糖合成的主要途径。该反应是可逆反应，主要作用是使蔗糖分解，为植物体内多糖的合成提供 UDPG，在储藏淀粉的组织器官中对蔗糖转变为淀粉起着重要的作用。

2. 磷酸蔗糖合成酶途径

在植物光合组织中，磷酸蔗糖合成酶的活性高，只利用 UDPG 作为葡萄糖的供体，葡萄糖的受体是果糖-6-磷酸。磷酸蔗糖合成酶途径生成的直接产物是磷酸蔗糖，在磷酸酯酶的催化下形成蔗糖（见图 8-74）。

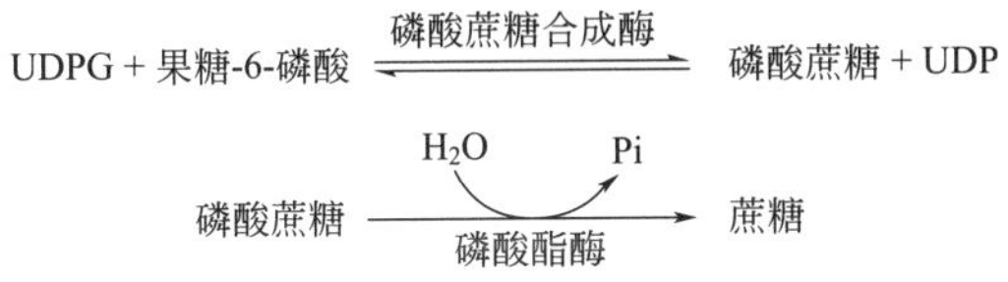

$$UDPG + 果糖-6-磷酸 \underset{}{\overset{磷酸蔗糖合成酶}{\rightleftharpoons}} 磷酸蔗糖 + UDP$$

$$磷酸蔗糖 \xrightarrow[磷酸酯酶]{H_2O \quad Pi} 蔗糖$$

图 8-74 磷酸蔗糖合成酶途径

目前一般认为这是蔗糖生物合成的主要途径。

微生物中存在另外一种蔗糖合成途径，即蔗糖磷酸化酶催化葡萄糖-1-磷酸与果糖形成蔗糖和磷酸，反应可逆。这一途径仅存在于微生物中。

**(二) 淀粉的合成**

淀粉是植物的储存多糖，禾谷类种子、豆类、薯类中都含有丰富的淀粉。植物光合作用合成的糖大部分转变为淀粉。

1. 直链淀粉的合成

直链淀粉是由 α-D-葡萄糖通过 α-1,4-糖苷键相连而成的，分子中没有支链，因此只有一种糖苷键。直链淀粉的合成有 3 种途径。

**(1) 淀粉磷酸化酶途径** 淀粉磷酸化酶催化葡萄糖-1-磷酸与引物形成淀粉。即：

$$葡萄糖-1-磷酸 + 引物 \underset{}{\overset{淀粉磷酸化酶}{\rightleftharpoons}} 淀粉 + Pi$$

引物是含 α-1,4-糖苷键的葡聚糖，最小单位是麦芽三糖。引物的作用是作为葡萄糖的受体,转移而来的葡萄糖分子结合在引物非还原端的 C4-OH 上。

由于植物细胞内磷酸浓度较高,反应更利于淀粉的分解,因此,该途径不是淀粉合成的主要途径。

**(2) 淀粉合成酶途径** 淀粉合成酶途径是植物体内淀粉合成的主要途径。

淀粉合成酶催化 ADPG(或 UDPG)与引物形成淀粉(见图 8-75)。

$$ADPG(UDPG) + G_n \xrightarrow[\text{引物}]{\text{淀粉合成酶}} G_{(n+1)} + ADP(UDP)$$

$$G_{(n+1)} + ADPG(UDPG) \dashrightarrow 淀粉$$

图 8-75 淀粉合成酶途径

淀粉合成酶利用 ADPG 的效率比利用 UDPG 的效率高近 10 倍。

**(3) D 酶途径** D 酶是一种糖苷转移酶,它作用于 α-1,4-糖苷键,将供体脱下一个葡萄糖,其余部分转移到受体上。

$$G_{(供体)} + G_{(受体)} \xrightleftharpoons{\text{D 酶}} G_{(供体+受体)} + G$$

图 8-76 D 酶的作用方式

供体最小是麦芽三糖,受体是葡萄糖、麦芽糖或含有 α-1,4-糖苷键的多糖。D 酶催化葡萄糖供体与受体结合,也称为加成酶,其主要作用是生产淀粉合成的引物。D 酶的作用方式见图 8-76。

### 2. 支链淀粉的合成

支链淀粉是在淀粉合成酶和 Q 酶的共同作用下合成的。

支链淀粉分子中除 α-1,4-糖苷键外,分支点上还有 α-1,6-糖苷键,催化 α-1,6-糖苷键形成的酶是 Q 酶。Q 酶能从直链淀粉的非还原端切下一段 6~7 个残基的寡聚糖碎片,将其转移到一段直链淀粉的一个葡萄糖的 C6-OH 上,形成 α-1,6-糖苷键。支链淀粉的合成见图 8-77。

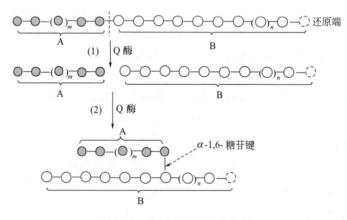

图 8-77 支链淀粉合成示意图

### (三)糖原的合成

在人及动物体内,葡萄糖进入肝脏及肌肉等组织后,除可进行分解代谢以释放能量供机体利用外,也可进行糖原的合成,以储存能量备用。由葡萄糖合成糖原的过程称为糖原的生成作用。肝脏及肌肉是糖原生成作用的重要场所。

糖原的合成需要 UDPG 作为葡萄糖的供体，还需要引物。

糖原合成的过程如下：

1. **生成葡萄糖-6-磷酸**

在己糖激酶的催化下，葡萄糖生成葡萄糖-6-磷酸。

2. **生成葡萄糖-1-磷酸**

在磷酸葡萄糖变位酶的作用下，葡萄糖-6-磷酸转变为葡萄糖-1-磷酸。

3. **生成尿苷二磷酸葡萄糖（UDPG）**

在 UDPG 焦磷酸化酶的作用下，葡萄糖-1-磷酸与 UTP 形成 UDPG。

4. **糖链的延长**

在糖原合成酶的催化下，UDPG 作为葡萄糖供体加到引物上，形成 α-1,4-糖苷键，脱去 UDP，然后重复此过程使糖链不断延长（见图 8-78）。

糖原合成酶不能催化 α-1,6-糖苷键的形成。

5. **糖原分支的形成**

催化糖原支链形成的酶是分支酶。

当以 α-1,4-糖苷键相连的一段直链足够长时（一般至少是 11 个葡萄糖残基），分支酶从其非还原端截下一小段（约 7 个葡萄糖残基），转移到糖链内部，与另一个葡萄糖残基以 α-1,6-糖苷键相连，形成分支（见图 8-79）。

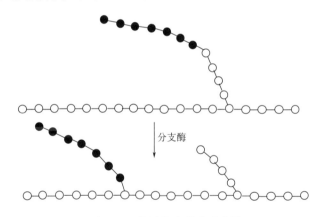

图 8-79　糖原分支形成示意图

糖原的合成过程见图 8-80。

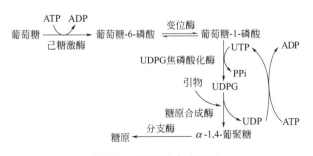

图 8-80　糖原的合成过程

# 第九章 脂类代谢

脂类是重要的生物分子，广泛分布于生物体内，有重要的生物学功能。人体从食物中摄取的脂类物质主要有脂肪、磷脂和类固醇。脂类物质的代谢与人体的健康有密切的关系。

## 第一节 脂肪的分解代谢

脂肪属于生物体内的储存脂类，是重要的能源物质。人和动物体从食物中摄取的脂肪经消化、吸收运输到需要的组织后，才能进一步分解代谢利用。生物体利用脂肪作为能源时，必须将脂肪降解为甘油和脂肪酸。甘油和脂肪酸能彻底氧化分解为 $CO_2$ 和 $H_2O$，并释放出能量。

储存在脂肪细胞中的脂肪被脂肪酶逐步水解成甘油和脂肪酸，并释放入血液供其他组织分解利用的过程称为脂肪动员。

### 一、脂肪的酶促降解

催化脂肪水解的酶有3种：三酰甘油脂肪酶、二酰甘油脂肪酶、单酰甘油脂肪酶。脂肪酶促降解的产物是甘油和脂肪酸。脂肪酶的活性受激素的调节。

脂肪酶促降解的过程见图9-1。

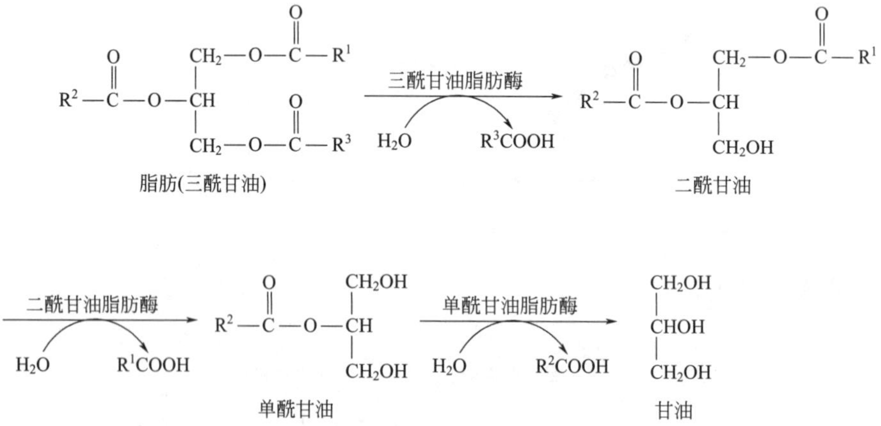

图9-1 脂肪酶促降解的过程

### 二、甘油的降解及转化

脂肪细胞缺少甘油激酶，所以脂肪细胞不能利用脂肪水解产生的甘油，甘油主要是在肝脏中代谢的。

在肝细胞中，甘油首先在甘油激酶的催化下形成3-磷酸甘油，然后在磷酸甘油脱氢酶的催化下形成磷酸二羟丙酮（见图9-2）。

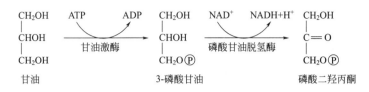

图9-2 甘油降解为磷酸二羟丙酮

磷酸二羟丙酮可以异构为3-磷酸甘油醛进入糖酵解途径生成丙酮酸，再经三羧酸循环彻底氧化为 $CO_2$ 和 $H_2O$；也可以异生为葡萄糖。

甘油在脂肪分子中只占很小的一部分，因此，脂肪产生的能量主要来自于脂肪酸的氧化。

### 三、脂肪酸的分解代谢

脂肪酸氧化分解的终产物是 $CO_2$ 和 $H_2O$，并放出能量。脂肪酸彻底氧化分解可分为四个阶段：脂肪酸在细胞液中被激活形成脂酰CoA；脂酰基被转运进线粒体；脂酰CoA经β-氧化过程降解为乙酰CoA；乙酰CoA进入三羧酸循环彻底氧化分解。

#### （一）脂肪酸的活化与转运

**1. 脂肪酸的活化**

脂肪酸在进行β-氧化之前，需要在脂酰CoA合成酶的催化下，与HS-CoA结合成活化状态的脂酰CoA，反应需要ATP供能（见图9-3）。

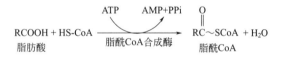

图9-3 脂肪酸的活化

活化1分子脂肪酸需要消耗1分子ATP的2个高能键。脂酰CoA含有高能硫酯键，提高了脂肪酸的代谢活性。

**2. 脂酰CoA的转运**

脂肪酸的氧化分解发生在真核生物的线粒体基质中（原核生物发生在细胞液中）。活化后的脂肪酸（脂酰CoA）不能透过线粒体内膜，因此需要由一种物质携带进入线粒体。肉毒碱（也称为肉碱）是一种载体，可以把脂酰基从线粒体内膜外运进线粒体。肉毒碱转运脂酰基的机制见图9-4。

催化脂酰基转运的酶是肉毒碱脂酰转移酶Ⅰ和肉毒碱脂酰转移酶Ⅱ。肉毒碱脂酰转移酶Ⅰ位于线粒体内膜外侧，转移酶Ⅱ位于线粒体内膜内侧。脂酰CoA与肉毒碱在转移酶Ⅰ的催化下形成脂酰肉毒碱，脂酰肉毒碱通过线粒体内膜的移位酶穿过内膜，在转移酶Ⅱ的催化下，与线粒体基质中的HS-CoA交换脂酰基，重新生成脂酰CoA和游离的肉毒碱，肉毒碱在移位酶的作用下，重回细胞液中。

肉毒碱广泛分布于动植物体内，化学名为L-β-羟基-γ-三甲基氨基丁酸，脂酰CoA与肉毒碱的反应见图9-5。

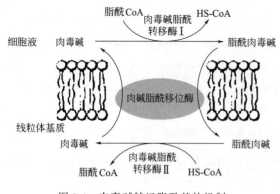
图 9-4 肉毒碱转运脂酰基的机制

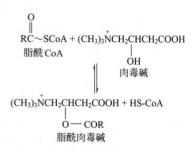
图 9-5 脂酰 CoA 与肉毒碱的反应

### (二) 脂肪酸的 β-氧化

脂肪酸氧化分解的途径有 3 条：β-氧化、α-氧化、ω-氧化。其中最主要的途径是 β-氧化。α-氧化和 ω-氧化只存在于生物体的某些组织中，并不普遍。

所谓 β-氧化，是指脂肪酸在一系列酶的作用下，羧基端的 β-碳原子上发生氧化，碳链在 α-位和 β-位碳原子之间断裂，生成 1 个乙酰 CoA 和少 2 个碳原子的脂酰 CoA，这个过程不断重复，直至全部生成乙酰 CoA。

**1. 饱和脂肪酸的 β-氧化**

**(1) β-氧化的反应历程** 进入线粒体的脂酰 CoA，经过 β-氧化作用，生成乙酰 CoA。一次 β-氧化包括四步化学反应：脱氢、水化、再脱氢、硫解。

① 脱氢。在脂酰 CoA 脱氢酶（辅基是 FAD）的催化下，脂酰 CoA 在 α-位和 β-位碳原子上脱氢，形成 α,β-反烯脂酰 CoA（$\Delta^2$-反烯脂酰 CoA）（见图 9-6）。

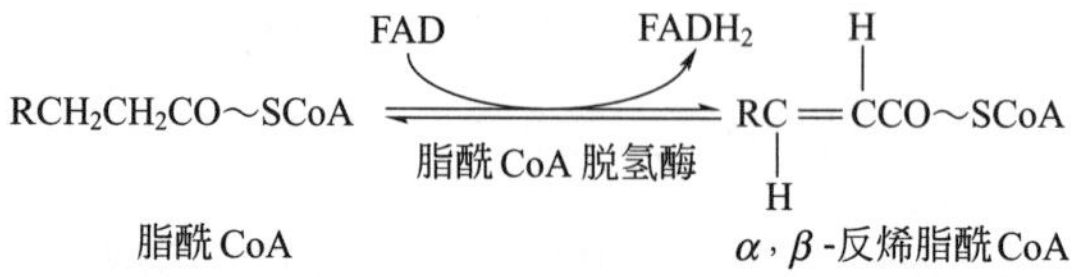

$$RCH_2CH_2CO\sim SCoA \xrightleftharpoons[\text{脂酰 CoA 脱氢酶}]{FAD \quad FADH_2} RCH=CHCO\sim SCoA$$

脂酰 CoA　　　　　　　　　　　　α,β-反烯脂酰 CoA

图 9-6　α,β-反烯脂酰 CoA 的生成

② 水化。在烯脂酰 CoA 水化酶的催化下，α,β-反烯脂酰 CoA 水化生成 L-β-羟脂酰 CoA（见图 9-7）。

$$RCH=CHCO\sim SCoA + H_2O \xrightleftharpoons{\text{烯脂酰 CoA 水化酶}} RCHOH CH_2CO\sim SCoA$$

α,β-反烯脂酰 CoA　　　　　　　　　L-β-羟脂酰 CoA

图 9-7　L-β-羟脂酰 CoA 的生成

③ 再脱氢。在 β-羟脂酰 CoA 脱氢酶（辅酶是 $NAD^+$）的催化下，L-β-羟脂酰 CoA 脱氢生成 β-酮脂酰 CoA（见图 9-8）。

④ 硫解。在硫解酶的催化下，β-酮脂酰 CoA 与 1 分子 HS-CoA 作用，生成 1 分子乙酰 CoA 和 1 分子少 2 个碳的脂酰 CoA（见图 9-9）。

少 2 个碳的脂酰 CoA 再作为底物，重复脱氢、水化、再脱氢、硫解反应，直至整个脂

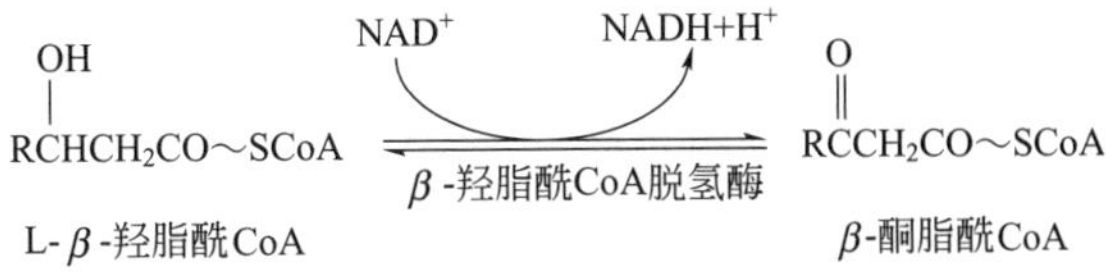

NAD+
NADH+H+
OH
RCHCH2CO～SCoA
O
RCCH2CO～SCoA
β-羟脂酰CoA脱氢酶
L-β-羟脂酰CoA
β-酮脂酰CoA


图 9-8　β-酮脂酰 CoA 的生成

RCCH2CO～SCoA + HS-CoA
硫解酶
CH3C～SCoA + RC～SCoA
β-酮脂酰CoA
乙酰CoA
脂酰CoA (少2个C)


图 9-9　乙酰 CoA 和少 2 个碳的脂酰 CoA 的生成

酰 CoA 都生成乙酰 CoA。

虽然 β-氧化的四步反应均是可逆反应，但是硫解反应是高度放能反应，所以整个 β-氧化过程趋向裂解方向，难以逆向反应。脂肪酸 β-氧化作用的全过程见图 9-10。

RCH2CH2COOH
脂肪酸
ATP
HS-CoA
AMP+PPi
脂酰CoA
合成酶
RCH2CH2CO～SCoA
脂酰CoA
(在细胞液中)
RCH2CH2CO～SCoA
脂酰CoA (在线粒体中)
FAD
① 脂酰CoA脱氢酶
FADH2
RC＝CCO～SCoA
α,β-反烯脂酰CoA
H2O
② 烯脂酰CoA水化酶
RCHCH2CO～SCoA
OH
β-羟脂酰 CoA
β-羟脂酰 CoA 脱氢酶
③
NADH+H+
NAD+
RCCH2CO～SCoA
β-酮脂酰CoA
CH3CO～SCoA
乙酰CoA
④ 硫解酶
HS-CoA
RCO～SCoA
脂酰CoA (少2个C)
重复①～④
CH3CO～SCoA


图 9-10　脂肪酸 β-氧化作用的全过程

**(2) 乙酰 CoA 的去路**　脂肪酸 β-氧化的终产物是乙酰 CoA。乙酰 CoA 的代谢去向有三种：

① 进入三羧酸循环，彻底氧化为 $CO_2$ 和 $H_2O$；

② 进入乙醛酸循环（存在于植物、微生物体内）；

③ 作为合成其他物质的原料。

### 2. 不饱和脂肪酸的氧化

动植物脂肪中除饱和脂肪酸外，还有不饱和脂肪酸，尤其是植物油中含大量的不饱和脂肪酸。不饱和脂肪酸的氧化也是发生在线粒体中，其活化和脂酰基的转运过程都与饱和脂肪

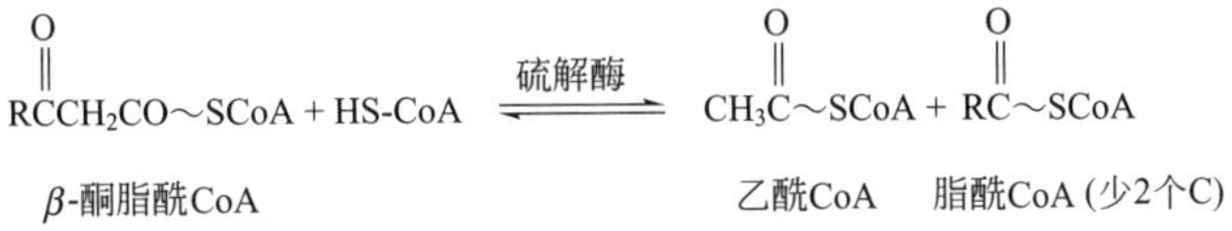

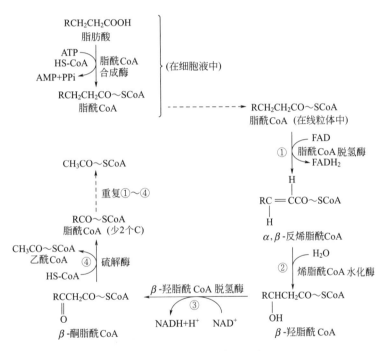

酸相同。不饱和脂肪酸的氧化分解与饱和脂肪酸的氧化分解过程基本相同，但需要有另外的酶存在。不饱和脂肪酸的饱和部分同样进行 $\beta$-氧化，但是天然不饱和脂肪酸中的双键为顺式构型，所以当经 $\beta$-氧化作用生成 $\Delta^3$-顺烯脂酰 CoA 时，$\beta$-氧化就不能进行。在 $\Delta^3$-顺-$\Delta^2$-反烯脂酰 CoA 异构酶的作用下，$\Delta^3$-顺烯脂酰 CoA 异构为 $\Delta^2$-反烯脂酰 CoA 后，$\beta$-氧化继续进行。多不饱和脂肪酸的氧化分解除需要 $\Delta^3$-顺-$\Delta^2$-反烯脂酰 CoA 异构酶外，还需要 2,4-二烯脂酰 CoA 还原酶。

**(1) 油酸的氧化分解** 油酸（18:1$\Delta^9$）是 $C_{18}$ 单不饱和脂肪酸，在 C9 和 C10 之间有一个顺式双键。油酸氧化分解的过程见图 9-11。

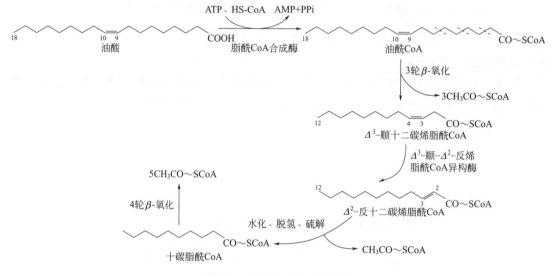

图 9-11 油酸氧化分解的过程

从图 9-11 可以看出，油酸首先活化为油酰 CoA，然后进入线粒体进行 3 轮 $\beta$-氧化，生成 3 分子乙酰 CoA 和 $\Delta^3$-顺十二碳烯脂酰 CoA。在 $\Delta^3$-顺-$\Delta^2$-反烯脂酰 CoA 异构酶的作用下，转变为 $\Delta^2$-反十二碳烯脂酰 CoA，成为 $\beta$-氧化反应的底物。$\Delta^2$-反十二碳烯脂酰 CoA 经水化、脱氢、硫解完成一次 $\beta$-氧化（省去了一次脱氢反应），形成 1 分子乙酰 CoA 和十碳脂酰 CoA。十碳脂酰 CoA 经 4 轮 $\beta$-氧化，生成 5 分子乙酰 CoA。

**(2) 亚油酸的氧化分解** 亚油酸（18:$\Delta^{9,12}$）是 $C_{18}$ 多不饱和脂肪酸，在 C9 和 C10 之间、C12 和 C13 之间有 2 个顺式双键。亚油酸活化为亚油酰 CoA 进入线粒体后，进行 3 轮 $\beta$-氧化，生成 3 分子乙酰 CoA 和 $\Delta^3$-顺-$\Delta^6$-顺十二碳二烯脂酰 CoA，后者在 $\Delta^3$-顺-$\Delta^2$-反烯脂酰 CoA 异构酶的催化下，形成 $\Delta^2$-反-$\Delta^6$-顺十二碳二烯脂酰 CoA。$\Delta^2$-反-$\Delta^6$-顺十二碳二烯脂酰 CoA 经水化、脱氢、硫解，生成 $\Delta^4$-顺十碳烯脂酰 CoA。在脂酰 CoA 脱氢酶的催化下，$\Delta^4$-顺十碳烯脂酰 CoA 脱氢，形成 $\Delta^2$-反-$\Delta^4$-顺十二碳二烯脂酰 CoA。$\Delta^2$-反-$\Delta^4$-顺十二碳二烯脂酰 CoA 在 2,4-二烯脂酰 CoA 还原酶的催化下，形成 $\Delta^2$-反十碳烯脂酰 CoA，成为 $\beta$-氧化反应的底物。经水化、脱氢、硫解，$\Delta^2$-反十碳烯脂酰 CoA 完成一次 $\beta$-氧化，形成八碳脂酰 CoA。八碳脂酰 CoA 经 3 轮 $\beta$-氧化，形成 4 分子乙酰 CoA。亚油酸氧化分解的过程见图 9-12。

**3. 奇数碳脂肪酸的氧化分解**

动物体内存在少数奇数碳脂肪酸，$\beta$-氧化生成乙酰 CoA 后，剩下 1 分子丙酰 CoA。某

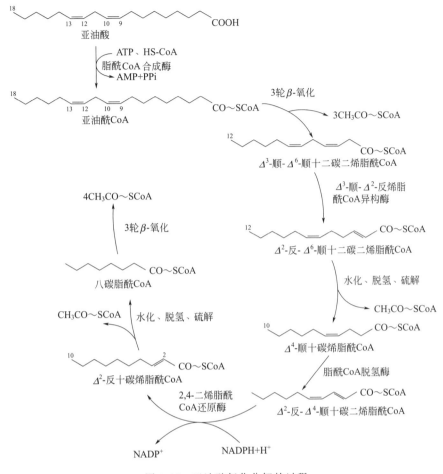

图 9-12 亚油酸氧化分解的过程

些氨基酸（亮氨酸、缬氨酸）代谢也产生丙酸（丙酰 CoA）。丙酰 CoA 经丙酰 CoA 羧化酶、甲基丙二酸单酰 CoA 差向异构酶和甲基丙二酸单酰 CoA 变位酶催化，转变为琥珀酰 CoA。琥珀酰 CoA 可以进入三羧酸循环，生成草酰乙酸，然后异生为葡萄糖，也可以脱羧形成乙酰 CoA。丙酰 CoA 的代谢途径见图 9-13。

### （三）脂肪酸氧化分解产生的能量

以软脂酸（16:0）为例计算脂肪酸氧化分解产生的能量：

1 次 $\beta$-氧化有 2 次脱氢反应，产生 1 个 $FADH_2$ 和 1 个 NADH。软脂酸经 7 次 $\beta$-氧化，产生 7 分子 $FADH_2$ 和 7 分子 NADH、8 分子乙酰 CoA。7 次 $\beta$-氧化和 8 次三羧酸循环共产生 108 分子 ATP（$7 \times 1.5 + 7 \times 2.5 + 8 \times 10$）。软脂酸活化时消耗 1 分子 ATP 的 2 个高能键（看作消耗 2 分子 ATP），所以，1 分子软脂酸完全氧化分解为 $CO_2$ 和 $H_2O$，净产生 106 分子 ATP。

### （四）酮体的代谢

酮体是脂肪酸在肝脏中不完全氧化的产物，包括乙酰乙酸、$\beta$-羟丁酸和丙酮三种物质，酮体中 $\beta$-羟丁酸的含量最多，占 70%，乙酰乙酸占 30%，丙酮的含量极微。

正常情况下，脂肪酸 $\beta$-氧化产生的乙酰 CoA 进入三羧酸循环彻底氧化为 $CO_2$ 和 $H_2O$。

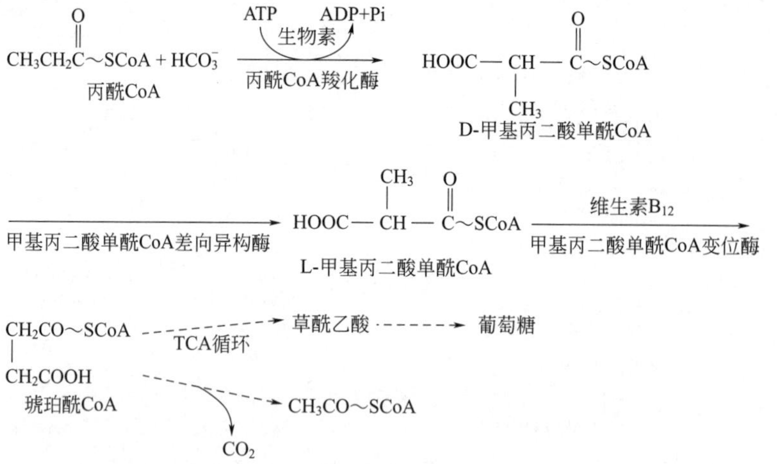

图 9-13 丙酰 CoA 的代谢途径

当乙酰 CoA 的量超过三羧酸循环的氧化能力时（如因为没有足够的糖或糖的利用不当，导致草酰乙酸缺乏），乙酰 CoA 不能进入三羧酸循环，而是合成酮体进行代谢。

酮体是在肝脏中合成的，在肝外组织被利用。

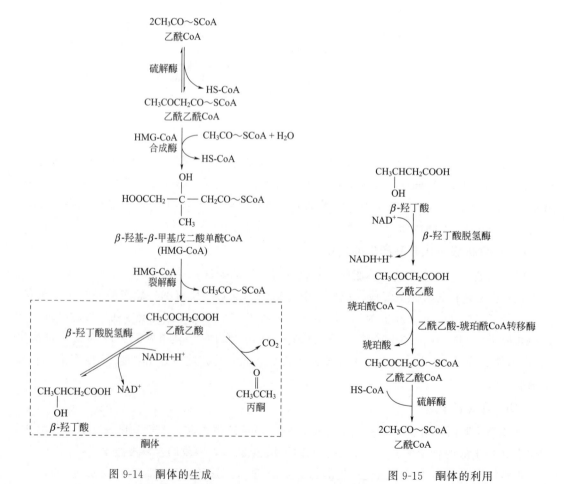

图 9-14 酮体的生成

图 9-15 酮体的利用

## 1. 酮体的生成

酮体是在肝细胞线粒体基质中由 2 分子乙酰 CoA 生成的。2 分子乙酰 CoA 在硫解酶的催化下，生成乙酰乙酰 CoA 和 HS-CoA；乙酰乙酰 CoA 再与 1 分子乙酰 CoA 形成 $\beta$-羟基-$\beta$-甲基戊二酸单酰 CoA（HMG-CoA），反应由 HMG-CoA 合成酶催化；在 HMG-CoA 裂解酶的催化下，HMG-CoA 裂解生成乙酰乙酸和乙酰 CoA。乙酰乙酸在 $\beta$-羟丁酸脱氢酶的催化下，形成 $\beta$-羟丁酸；乙酰乙酸也可以自动脱羧，形成丙酮。酮体的生成见图 9-14。

## 2. 酮体的利用

肝脏中没有可以利用酮体的酶，因此，肝脏中产生的酮体是在肝外组织中被利用的。$\beta$-羟丁酸、乙酰乙酸随血液循环进入心肌、骨骼肌、大脑等组织中时，这些组织中含有活性很强的能利用酮体的酶，能够使酮体氧化分解。

$\beta$-羟丁酸经 $\beta$-羟丁酸脱氢酶的催化转化成乙酰乙酸，乙酰乙酸与琥珀酰 CoA 在乙酰乙酸-琥珀酰 CoA 转移酶的催化下，形成乙酰乙酰 CoA 和 1 分子琥珀酸，再在硫解酶的催化下，形成 2 分子乙酰 CoA，乙酰 CoA 进入三羧酸循环氧化分解。酮体的利用见图 9-15。

## 3. 酮体的生理意义

酮体是脂肪酸在肝脏中氧化分解时产生的正常中间产物，是肝脏输出能源的一种方式。酮体是小分子水溶性物质，能通过肌肉毛细血管壁和血脑屏障，因此能成为肌肉和大脑组织的能源。肌肉组织对脂肪酸的利用能力有限，可以优先利用酮体以节约葡萄糖。脑组织在正常代谢时主要以葡萄糖为能源，但在饥饿时，脑组织可利用酮体代替其所需葡萄糖的 25% 左右，而不能利用脂肪酸。可见，酮体与脂肪酸相比，能更有效地代替葡萄糖。

# 第二节　脂肪的合成代谢

脂肪是生物体内的储存脂类，动物的肝、脂肪组织、乳腺是合成脂肪最活跃的组织，植物体中种子、果实、块根或块茎是合成脂肪的主要组织。合成脂肪的直接原料不是甘油和脂肪酸，而是其活化形式 3-磷酸甘油和脂酰 CoA。

## 一、3-磷酸甘油的生物合成

3-磷酸甘油的生物合成有两条途径：一是由糖酵解产生的磷酸二羟丙酮还原而成；二是脂肪水解产生的甘油与 ATP 作用而成。脂肪组织中缺乏有活性的甘油激酶，因此，脂肪组织中合成脂肪所需的 3-磷酸甘油来自糖代谢。

## 二、脂肪酸的生物合成

合成脂肪酸的原料乙酰 CoA 可以从糖代谢和脂肪酸的 $\beta$-氧化获得，氨基酸代谢也可以产生乙酰 CoA。

在脂肪酸合成酶系的催化下，由乙酰 CoA 合成脂肪酸的过程，称为脂肪酸的从头合成。脂肪酸合成酶系存在于细胞液中，能催化 16 个碳原子以下脂肪酸的从头合成。脂肪酸碳链的进一步延长则需要另外的酶，在微粒体或线粒体中进行，产物是 18 个碳原子以上的脂肪酸。不饱和脂肪酸的合成在不同生物体内有所不同。

## （一）饱和脂肪酸的从头合成

### 1. 乙酰 CoA 的转运

乙酰 CoA 是在线粒体中产生的，而脂肪酸的合成在细胞液中进行，所以乙酰 CoA 必须从线粒体转运到细胞液。乙酰 CoA 的转运是通过一个循环系统完成的，即柠檬酸-丙酮酸循环，见图 9-16。

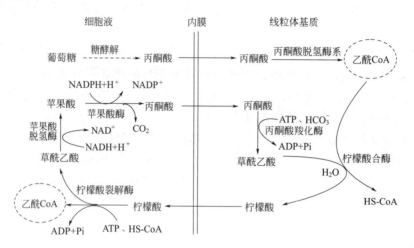

图 9-16　柠檬酸-丙酮酸循环

### 2. 丙二酸单酰 CoA 的生成

该反应是乙酰 CoA 的活化。乙酰 CoA 在乙酰 CoA 羧化酶的催化下，羧化形成丙二酸单酰 CoA。在脂肪酸从头合成反应中，二碳单位的供体不是乙酰 CoA，而是丙二酸单酰 ACP。丙二酸单酰 CoA 与酰基载体蛋白（HS-ACP）发生转酰基反应，形成丙二酸单酰 ACP，作为二碳单位的供体。丙二酸单酰 CoA 的生成见图 9-17。

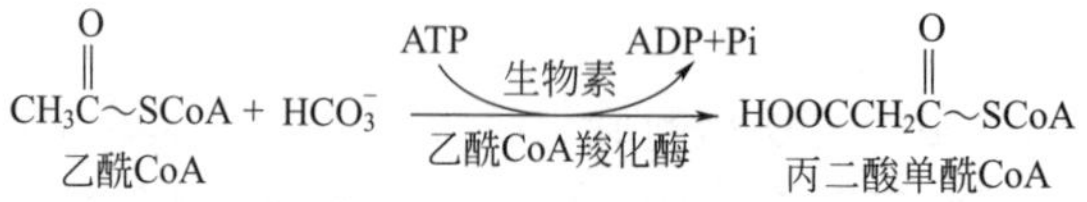

$$CH_3C(=O){\sim}SCoA + HCO_3^- \xrightarrow[\text{乙酰CoA羧化酶}]{ATP \quad \text{生物素} \quad ADP+Pi} HOOCCH_2C(=O){\sim}SCoA$$

乙酰CoA　　　　　　　　　　　　　　　　　　　　　丙二酸单酰CoA

图 9-17　丙二酸单酰 CoA 的生成

乙酰 CoA 羧化酶是脂肪酸合成反应中的一个限速酶，受柠檬酸的激活，受软脂酸的反馈抑制，其辅基是生物素。

### 3. 脂肪酸合成酶复合体

催化脂肪酸从头合成的酶，在植物和微生物体内是多酶体系——脂肪酸合酶，脂肪酸合成在叶绿体和前质体中进行；在脊椎动物中是多功能酶，由两条相同的亚基首尾相连，脂肪酸合成在细胞液中进行。一些多酶体系在进化过程中，由于基因的融合，多种不同催化功能的酶存在于一条肽链中，这类酶称为多功能酶。

脂肪酸合成酶系由 6 种酶和 1 种辅助蛋白质亚基组成，即：乙酰 CoA-ACP 转酰酶、丙二酸单酰 CoA-ACP 转酰酶、β-酮脂酰 ACP 合成酶（合成酶-SH）、β-酮脂酰 ACP 还原酶、β-羟脂酰 ACP 脱水酶、烯脂酰 ACP 还原酶和酰基载体蛋白（HS-ACP）。

酰基载体蛋白（HS-ACP）的功能是携带和转移酰基，其功能基团是—SH。HS-ACP 的辅基是磷酸泛酰巯基乙胺。不同来源的 HS-ACP 的氨基酸组成不同，但其辅基是相同的。

磷酸泛酰巯基乙胺的结构见图9-18。

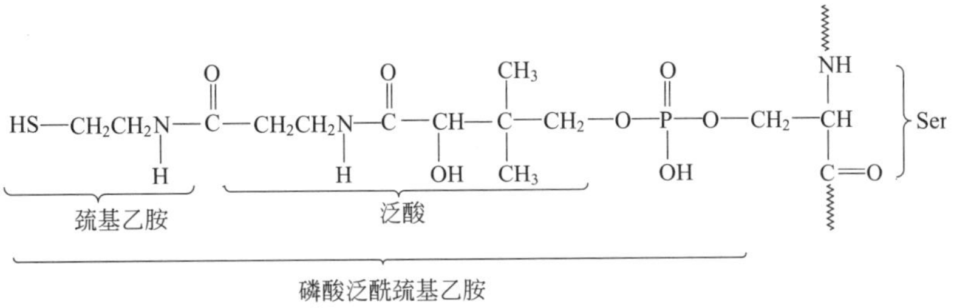

$$HS-CH_2CH_2N\underset{H}{-}\overset{O}{\underset{\|}{C}}-CH_2CH_2N\underset{H}{-}\overset{O}{\underset{\|}{C}}-\underset{OH}{\overset{CH_3}{\underset{|}{C}H}}-\overset{CH_3}{\underset{CH_3}{\overset{|}{C}}}-CH_2-O-\overset{O}{\underset{OH}{\overset{\|}{P}}}-O-CH_2-\underset{C=O}{\overset{NH}{\underset{|}{CH}}}\bigg\}Ser$$

巯基乙胺 ── 泛酸
磷酸泛酰巯基乙胺

图9-18 磷酸泛酰巯基乙胺的结构

HS-ACP与HS-CoA在结构上有相同的部分——磷酸泛酰巯基乙胺，它们都是酰基的载体。在脂肪酸氧化中，酰基的载体是HS-CoA，而在脂肪酸从头合成中，酰基的载体是HS-ACP。

在大肠杆菌脂肪酸合成酶复合体中，酰基载体蛋白（HS-ACP）位于6种酶的中心，像"摆臂"一样将脂酰基从一个酶的催化中心转移到另一个酶的催化中心。植物的脂肪酸合成酶复合体与大肠杆菌相似，只是结合得比较松散，且有不同的同工酶，用于合成不同长度的脂肪酸链。酵母细胞的脂肪酸合成酶复合体中，各种酶定位于两条多功能的肽链上，一条多肽链具有HS-ACP、β-酮脂酰ACP合成酶和β-酮脂酰ACP还原酶的活性；另一条多肽链具有其余4种酶的活性。哺乳动物的脂肪酸合成酶系，6种酶和HS-ACP的活性都集中在一条多肽链上，两条相同的多肽链首尾相接形成二聚体。

**4. 脂肪酸生物合成的反应历程**

脂肪酸从头合成的产物是$C_{16}$以下的脂肪酸，从乙酰CoA和丙二酸单酰CoA合成软脂酸，是一个重复加成的过程。反应可以分为三个阶段：原初反应、丙二酸单酰基转移反应、核心反应。其中，原初反应只进行一次，其作用是形成脂肪酸合成的引物（脂肪酸的甲基端）；丙二酸单酰基转移反应是发生在丙二酸单酰CoA和HS-ACP之间的酰基转移反应，丙二酸单酰CoA转变为丙二酸单酰ACP，为脂肪酸合成提供$C_2$供体；核心反应包括缩合、还原、脱水、再还原4步反应，使$C_2$供体加到脂肪酸碳链上，每一轮反应使碳链延长2个碳原子。

**(1) 原初反应** 在乙酰CoA-ACP转酰酶的催化下，乙酰CoA中的乙酰基转移到ACP上，形成乙酰ACP和CoA-SH。$CH_3CO\sim S$-ACP中的$CH_3CO-$随即转移到β-酮脂酰ACP合成酶（合成酶-SH）上，释放出HS-ACP（见图9-19）。

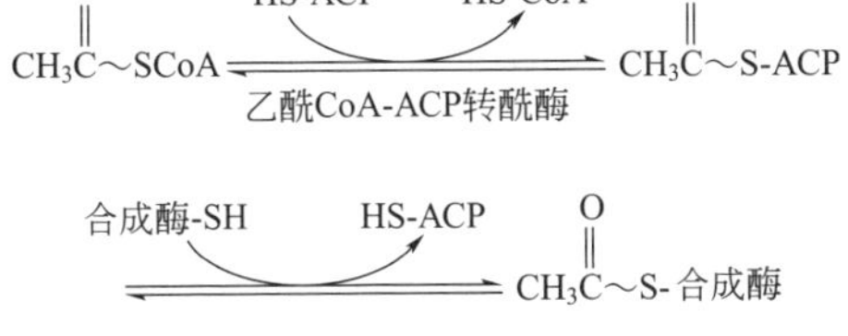

$$CH_3\overset{O}{\underset{\|}{C}}\sim SCoA \underset{\text{乙酰CoA-ACP转酰酶}}{\overset{HS-ACP \quad HS-CoA}{\rightleftharpoons}} CH_3\overset{O}{\underset{\|}{C}}\sim S\text{-ACP}$$

$$\overset{\text{合成酶-SH} \quad HS-ACP}{\longrightarrow} CH_3\overset{O}{\underset{\|}{C}}\sim S\text{-合成酶}$$

图9-19 原初反应

$CH_3CO\sim S$-合成酶作为脂肪酸合成的引物，成为脂肪酸的甲基端。

**(2) 丙二酸单酰基转移反应** 在丙二酸单酰CoA-ACP转酰酶的催化下，丙二酸单酰CoA中的丙二酸单酰基转移到HS-ACP上，形成丙二酸单酰ACP和HS-CoA（见图9-20）。

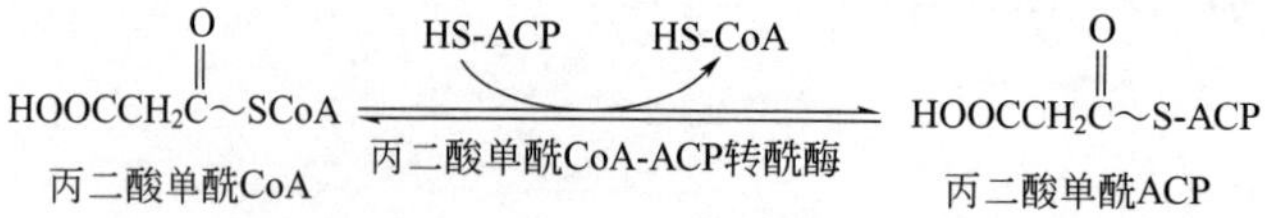

$$HOOCCH_2\overset{O}{\underset{}{C}}\sim SCoA \xrightarrow[\text{丙二酸单酰CoA-ACP转酰酶}]{HS\text{-}ACP \quad HS\text{-}CoA} HOOCCH_2\overset{O}{\underset{}{C}}\sim S\text{-}ACP$$

丙二酸单酰CoA　　　　　　　　　　　　　　　　丙二酸单酰ACP

图 9-20　丙二酸单酰基转移反应

**(3) 核心反应**

① 缩合。在 $\beta$-酮脂酰 ACP 合成酶的催化下，$CH_3CO\sim S$-合成酶与丙二酸单酰 ACP 缩合形成 $\beta$-酮丁酰 ACP，脱去合成酶-SH 和 $CO_2$（见图 9-21）。

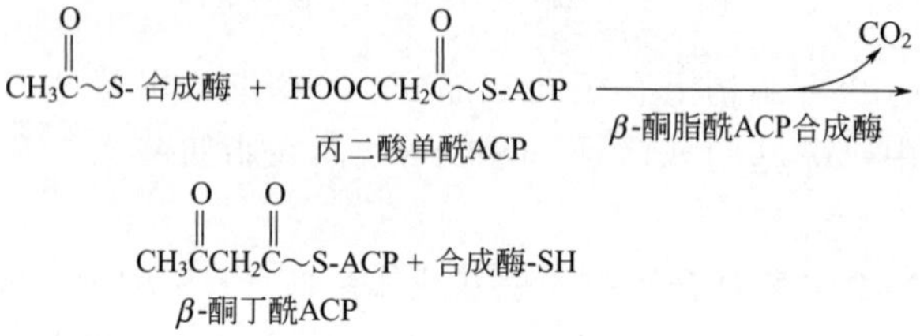

$$CH_3\overset{O}{\underset{}{C}}\sim S\text{-合成酶} + HOOCCH_2\overset{O}{\underset{}{C}}\sim S\text{-}ACP \xrightarrow[\beta\text{-酮脂酰ACP合成酶}]{CO_2}$$

丙二酸单酰ACP

$$CH_3\overset{O}{\underset{}{C}}CH_2\overset{O}{\underset{}{C}}\sim S\text{-}ACP + \text{合成酶-SH}$$

$\beta$-酮丁酰ACP

图 9-21　缩合反应

缩合反应使一个 $C_2$ 单位加到引物上，即 2 分子乙酰基合成一个 $C_4$ 化合物，反应的能量来自于丙二酸单酰 ACP 脱羧，反应不可逆。

② 还原。在 $\beta$-酮脂酰 ACP 还原酶的催化下，$\beta$-酮丁酰 ACP 被还原为 $\beta$-羟丁酰 ACP（见图 9-22）。

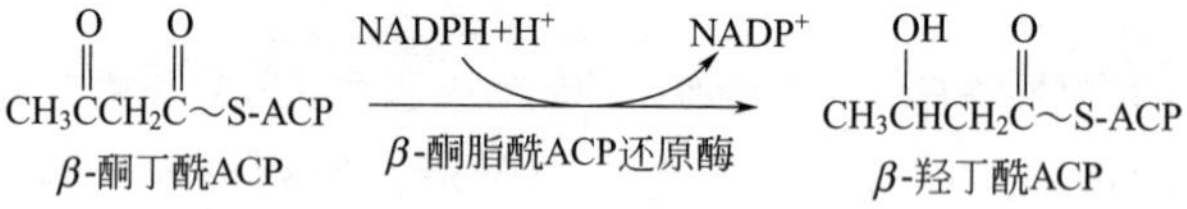

$$CH_3\overset{O}{\underset{}{C}}CH_2\overset{O}{\underset{}{C}}\sim S\text{-}ACP \xrightarrow[\beta\text{-酮脂酰ACP还原酶}]{NADPH+H^+ \quad NADP^+} CH_3\overset{OH}{\underset{}{C}}HCH_2\overset{O}{\underset{}{C}}\sim S\text{-}ACP$$

$\beta$-酮丁酰ACP　　　　　　　　　　　　　　　　$\beta$-羟丁酰ACP

图 9-22　还原反应

③ 脱水。在 $\beta$-羟脂酰 ACP 脱水酶的催化下，$\beta$-羟丁酰 ACP 脱水，在 $\alpha$、$\beta$ 碳原子之间形成反式双键（见图 9-23）。

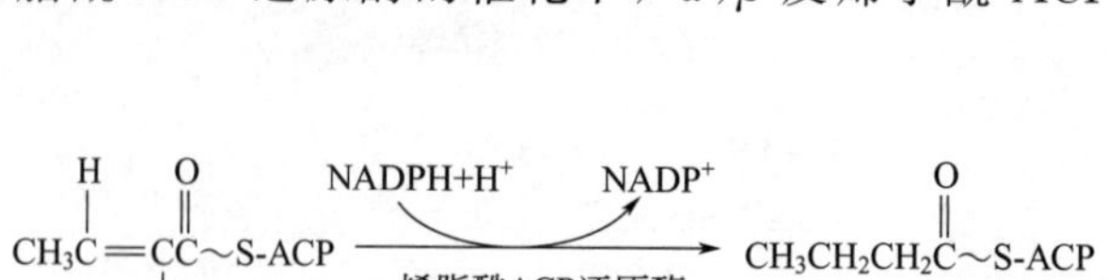

$$CH_3\overset{OH}{\underset{}{C}}HCH_2\overset{O}{\underset{}{C}}\sim S\text{-}ACP \xrightarrow[\beta\text{-羟脂酰ACP脱水酶}]{H_2O} CH_3\overset{H}{\underset{}{C}}=\overset{}{\underset{H}{C}}\overset{O}{\underset{}{C}}\sim S\text{-}ACP$$

$\beta$-羟丁酰ACP　　　　　　　　　　　　　　　　$\alpha,\beta$-反烯丁酰ACP

图 9-23　脱水反应

④ 再还原。在烯脂酰 ACP 还原酶的催化下，$\alpha,\beta$-反烯丁酰 ACP 被还原为丁酰 ACP（见图 9-24）。

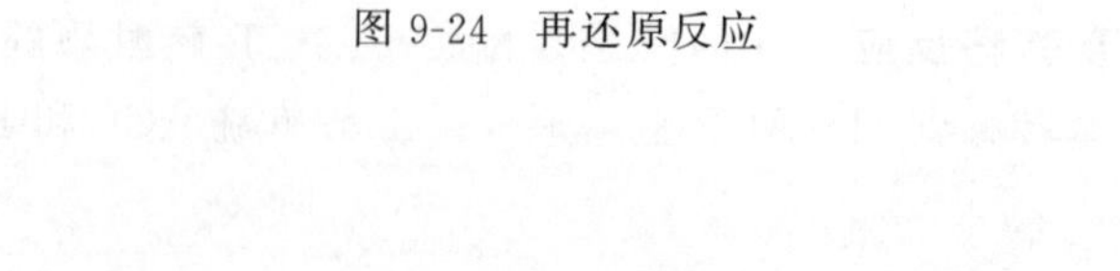

$$CH_3\overset{H}{\underset{}{C}}=\overset{}{\underset{H}{C}}\overset{O}{\underset{}{C}}\sim S\text{-}ACP \xrightarrow[\text{烯脂酰ACP还原酶}]{NADPH+H^+ \quad NADP^+} CH_3CH_2CH_2\overset{O}{\underset{}{C}}\sim S\text{-}ACP$$

$\alpha,\beta$-反烯丁酰ACP　　　　　　　　　　　　　　丁酰ACP

图 9-24　再还原反应

在上述反应中，经过缩合、还原、脱水、再还原 4 步反应，由 2 个二碳的乙酰基便合成了一个四碳的丁酰 ACP。接下来，再以丙二酸单酰 ACP 作为 $C_2$ 供体，重复缩合、还原、脱水、再还原 4 步反应，又可以使碳链延长 2 个碳原子。不断重复上述过程，碳链可以延长到 16 个碳原子，即形成软脂酰 ACP。

软脂酰 ACP 在转酰基酶的催化下，与 HS-CoA 作用形成软脂酰 CoA；也可以在硫酯酶的作用下水解，转化为软脂酸。

合成软脂酸的总反应：

8 乙酰 CoA + 7ATP + 14(NADPH+H$^+$) ⟶

软脂酸 + 14NADP$^+$ + 8HS-CoA + 7H$_2$O + 7(ADP+Pi)

脂肪酸的生物合成与脂肪酸的 $\beta$-氧化在酶、细胞定位、酰基载体、底物跨膜转运等方面都是不同的，因此，这是两个有联系但不可逆的过程。

脂肪酸合成反应中有两次还原反应，还原剂都是 NADPH+H$^+$，主要来自于磷酸戊糖途径，其次是柠檬酸-丙酮酸循环中苹果酸酶催化的反应（苹果酸氧化脱羧）。

饱和脂肪酸从头合成的全过程见图 9-25。

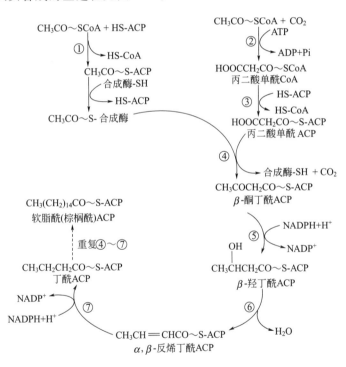

图 9-25 饱和脂肪酸从头合成的全过程
①乙酰 CoA-ACP 转酰酶；②乙酰 CoA 羧化酶；③丙二酸单酰 CoA-ACP 转酰酶；④$\beta$-酮脂酰 ACP 合成酶；⑤$\beta$-酮脂酰 ACP 还原酶；⑥$\beta$-羟脂酰 ACP 脱水酶；⑦烯脂酰 ACP 还原酶

## （二）不饱和脂肪酸的合成

不饱和脂肪酸中的双键由去饱和酶催化形成。去饱和作用首先发生在饱和脂肪酸的 C9 和 C10 之间，生成单不饱和脂肪酸，然后从该双键向羧基端和甲基端去饱和，形成多不饱和脂肪酸。人和哺乳动物体内没有 $\Delta^9$ 以上的去饱和酶（不能在 C10 与末端甲基之间形成双键），不能合成亚油酸和 $\alpha$-亚麻酸。植物组织中含有可以在 C10 与末端甲基之间形成双键的去饱和酶。当食入亚油酸后,在动物体内经碳链加长和去饱和,可以形成花生四烯酸。

生物体内不饱和脂肪酸的合成有两条途径,即需氧途径和厌氧途径。

**1. 需氧途径**

该途径存在于一切真核生物中。

该途径除需要去饱和酶外,还需要 $O_2$、$NADPH+H^+$ 和一系列电子传递体的参与。去饱和酶是一种连接还原剂和 $O_2$ 的单加氧酶。它催化的反应是:$O_2$ 中的一个 O 接受来自饱和脂酰基中的 2 个 H,另一个 O 接受来自还原剂的 2 个 H,形成 2 分子 $H_2O$ 和不饱和脂酰基($\Delta^9$-顺)。去饱和酶催化的反应见图 9-26。

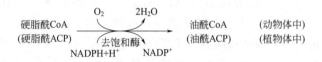

图 9-26 去饱和酶催化的反应

在去饱和过程中传递 4 个电子,从还原剂到分子氧的电子传递体在动植物中有所不同,植物体中是黄素蛋白和铁氧还蛋白,动物体中是 Cyt $b_5$ 还原酶和 Cyt $b_5$。不饱和脂肪酸形成过程中的电子传递见图 9-27。

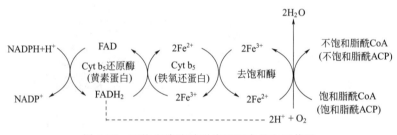

图 9-27 不饱和脂肪酸形成过程中的电子传递

植物体中单不饱和脂酰 ACP 可以继续在专一性的去饱和酶的作用下,形成多不饱和脂酰 ACP。

**2. 厌氧途径**

此途径仅存在于原核生物中。细菌中的不饱和脂肪酸都是单不饱和脂肪酸。先由脂肪酸合成酶系催化形成十个碳的 β-羟癸酰 ACP,然后在 β、γ 碳原子间脱水,形成 β,γ-顺癸烯脂酰 ACP,再以丙二酸单酰 ACP 为二碳供体,形成碳链长度不同的单烯脂酰 ACP。

### (三) 脂肪酸碳链的延长

$C_{16}$ 以上的饱和脂肪酸和不饱和脂肪酸是通过进一步延长反应和去饱和反应形成的。动物体中,延长过程发生在线粒体和滑面内质网中。植物体中,延长过程发生在内质网、叶绿体或前质体中,叶绿体或前质体中可延长至 $C_{18}$,$C_{18}$ 以上则在内质网中完成。

**1. 动物体内线粒体系统饱和脂肪酸碳链的延长**

线粒体系统饱和脂肪酸碳链的延长基本上是 β-氧化的逆过程,两次还原反应中,第一次的还原剂是 $NADH+H^+$,第二次的还原剂是 $NADPH+H^+$。二碳单位供体是 $CH_3CO\sim SCoA$。线粒体系统饱和脂肪酸碳链的延长见图 9-28。

**2. 动物体内内质网系统饱和脂肪酸碳链的延长**

内质网系统饱和脂肪酸碳链的延长途径与饱和脂肪酸在细胞液中的从头合成相同,只是

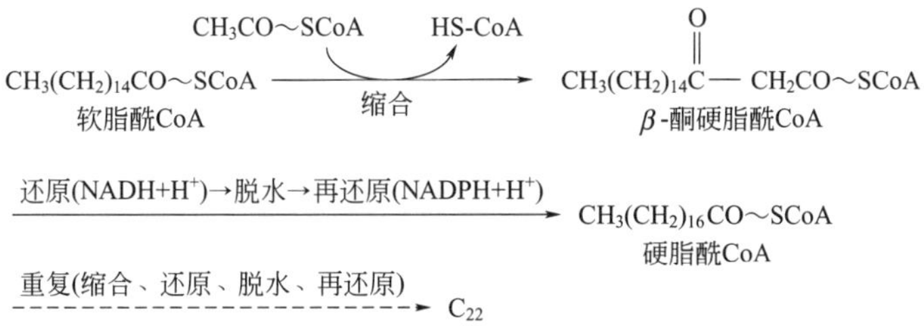

$$\text{CH}_3(\text{CH}_2)_{14}\text{CO}\sim\text{SCoA} \xrightarrow[\text{缩合}]{\text{CH}_3\text{CO}\sim\text{SCoA} \quad \text{HS-CoA}} \text{CH}_3(\text{CH}_2)_{14}\overset{\overset{O}{\|}}{C}-\text{CH}_2\text{CO}\sim\text{SCoA}$$

软脂酰CoA　　　　　　　　　　　　　　　　　　β-酮硬脂酰CoA

$$\xrightarrow{\text{还原}(\text{NADH}+\text{H}^+)\rightarrow\text{脱水}\rightarrow\text{再还原}(\text{NADPH}+\text{H}^+)} \text{CH}_3(\text{CH}_2)_{16}\text{CO}\sim\text{SCoA}$$

硬脂酰CoA

$$\xrightarrow{\text{重复(缩合、还原、脱水、再还原)}} \text{C}_{22}$$

图 9-28　线粒体系统饱和脂肪酸碳链的延长

酰基载体是 HS-CoA 而不是 HS-ACP，碳链延长所需的二碳单位供体是丙二酸单酰 CoA，还原剂是 NADPH。在软脂酰 CoA 的基础上进行缩合、还原、脱水、再还原，形成硬脂酰 CoA，然后重复循环，生成二十碳以上的脂酰 CoA。

脂肪酸碳链的延长及去饱和见图 9-29。

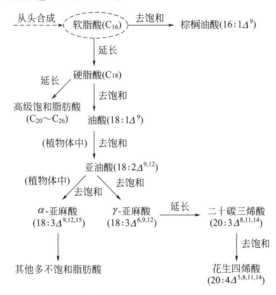

图 9-29　脂肪酸碳链的延长及去饱和

### （四）脂肪酸合成的调控

乙酰 CoA 羧化酶是脂肪酸从头合成途径中的限速酶，其活性影响脂肪酸的合成速度。乙酰 CoA 羧化酶的活性受共价修饰调控、别构调控和激素调控。

**1. 共价修饰调控**

乙酰 CoA 羧化酶的共价修饰调控形式为磷酸化和去磷酸化。磷酸化使乙酰 CoA 羧化酶失活，去磷酸化使酶被激活（见图 9-30）。

使乙酰 CoA 羧化酶磷酸化的酶是 AMP 依赖的蛋白质激酶，该酶被 AMP 活化、被 ATP 抑制。因此，能荷低时，AMP 依赖的蛋白质激酶活性增强，乙酰 CoA 羧化酶活性受抑制，脂肪酸合成速度减慢，分解途径活跃；反之，脂肪酸的合成速度加快，分解速度降低。

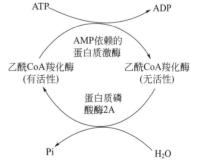

图 9-30　乙酰 CoA 羧化酶的共价修饰调控

## 2. 别构调控

乙酰 CoA 羧化酶是别构酶，柠檬酸是其别构激活剂。柠檬酸可提高乙酰 CoA 羧化酶的活性，加速丙二酸单酰 CoA 的合成。当细胞处于高能荷状态，乙酰 CoA 和 ATP 充足时，可抑制异柠檬酸脱氢酶活性，使柠檬酸浓度升高，乙酰 CoA 羧化酶活性增强，加速脂肪酸的合成。

## 3. 激素调控

在哺乳动物体内，乙酰 CoA 羧化酶的活性受激素调控，主要有胰岛素、胰高血糖素和肾上腺素。胰岛素能诱导乙酰 CoA 羧化酶的合成，从而促进脂肪酸的合成。胰高血糖素和肾上腺素能增加 AMP 依赖的蛋白质激酶的活性，使乙酰 CoA 羧化酶的磷酸化作用增强，活性受到抑制，从而抑制脂肪酸的合成。

## 三、脂肪的合成

脂肪（三酰甘油）由一分子 3-磷酸甘油和三分子脂酰 CoA 缩合而成，其过程见图 9-31。

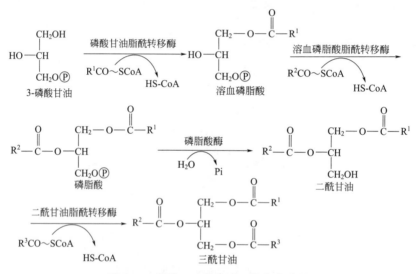

图 9-31　脂肪（三酰甘油）的合成过程

---

**知识拓展　　　　　　类脂代谢**

一、磷脂（甘油磷脂）的代谢

（一）甘油磷脂的分解代谢

分解甘油磷脂的酶统称为磷脂酶，主要有磷脂酶 $A_1$、$A_2$、$B_1$、$B_2$、C 和 D，分别作用于磷脂分子中不同部位的酯键。

磷脂酶 $A_1$ 存在于动物细胞中，水解 C1 位的酯键，水解产物是溶血卵磷脂和脂肪酸（$R^1COOH$）；磷脂酶 $A_2$ 存在于蛇毒和蜂毒中，水解 C2 位的酯键，水解产物是溶血卵磷脂和脂肪酸（$R^2COOH$）；磷脂酶 C 存在于动物脑细胞、蛇毒和某些细菌中，水解 C3 位的磷酯键，水解产物是二酰甘油和磷酰胆碱；磷脂酶 D 存在于高等植物中，催化磷酸与胆碱之间的酯键水解，水解产物是磷脂酸和胆碱。磷脂酶（$A_1$、$A_2$、C、D）的作用部位见图 9-32。

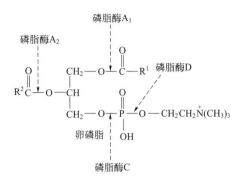

图 9-32　磷脂酶（$A_1$、$A_2$、C、D）的作用部位

磷脂酶 $B_1$ 和 $B_2$ 广泛存在于动植物及霉菌中，分别催化磷脂酶 $A_1$ 和 $A_2$ 的水解产物水解，生成甘油磷酸胆碱和脂肪酸。

甘油磷脂的水解产物脂肪酸可以进入 $\beta$-氧化途径氧化分解，也可以被再利用合成脂肪；甘油可进入糖酵解或糖异生途径；磷酸进入糖代谢或钙磷代谢；含氮化合物可以进入各自的代谢途径或作为重新合成磷脂的原料。

（二）甘油磷脂的合成代谢

合成甘油磷脂的原料是甘油、脂肪酸、磷酸、胆碱（合成卵磷脂）、胆胺（合成脑磷脂）、ATP、CTP 等。甘油磷脂的合成在肝脏、小肠及肾组织中活跃，在内质网膜外侧进行。不同的甘油磷脂合成途径有所不同。

1. 原料的准备

（1）乙醇胺（胆胺）和胆碱　丝氨酸脱羧可以形成乙醇胺（胆胺），乙醇胺甲基化可以形成胆碱，乙醇胺和胆碱也可以从食物中获取。乙醇胺（胆胺）和胆碱的形成见图 9-33。

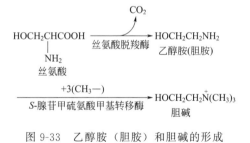

图 9-33　乙醇胺（胆胺）和胆碱的形成

（2）活性中间体的生成　乙醇胺（胆胺）和胆碱分别转化为活性中间体 CDP-乙醇胺和 CDP-胆碱，见图 9-34。

2. 甘油磷脂的合成

（1）磷脂酰胆碱和磷脂酰乙醇胺的合成　磷脂酰胆碱（卵磷脂）、磷脂酰乙醇胺（脑磷脂）是以二酰甘油和 CDP-胆碱、CDP-乙醇胺合成的，见图 9-35。

（2）磷脂酰丝氨酸和磷脂酰肌醇的合成　甘油磷脂中除卵磷脂和脑磷脂（包括磷脂酰乙醇胺和磷脂酰丝氨酸）外，常见的还有磷脂酰肌醇。以磷脂酸为前体与 CTP

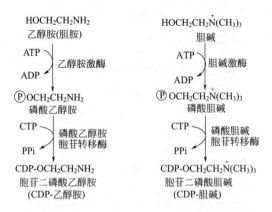

图 9-34　CDP-乙醇胺和 CDP-胆碱的生成

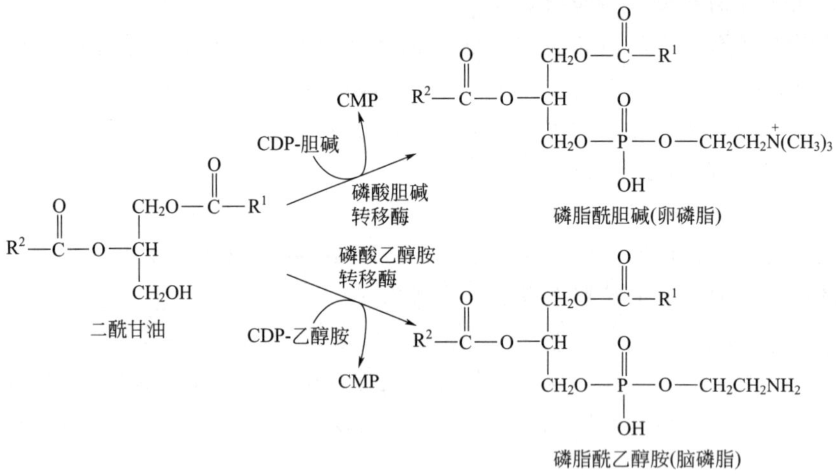

图 9-35　磷脂酰胆碱和磷脂酰乙醇胺的合成

反应，生成 CDP-二酰甘油，然后以 CDP-二酰甘油为活性中间体与丝氨酸、肌醇作用，生成磷脂酰丝氨酸、磷脂酰肌醇，见图 9-36。

二、胆固醇的代谢

（一）胆固醇的转化

因为胆固醇的母核环戊烷多氢菲非常稳定，所以胆固醇在体内不能彻底氧化为 $CO_2$ 和 $H_2O$，但其侧链可以被氧化、还原或降解，因此，胆固醇在体内可以转变为其他具有环戊烷多氢菲母核的化合物，这些化合物都具有重要的生理功能，如胆汁酸、类固醇激素、维生素 $D_3$ 等。

（二）胆固醇的合成

人体内胆固醇的来源一是从食物中摄取，一是体内合成。除脑组织和成熟红细胞外，所有的动物组织都能合成胆固醇。合成胆固醇的主要场所是肝脏，70%～80%的胆固醇是在肝脏中合成的，其他如小肠、皮肤、肾上腺皮质、性腺及动脉血管壁也能合成少量胆固醇。合成胆固醇的酶系存在于细胞液和滑面内质网膜上。

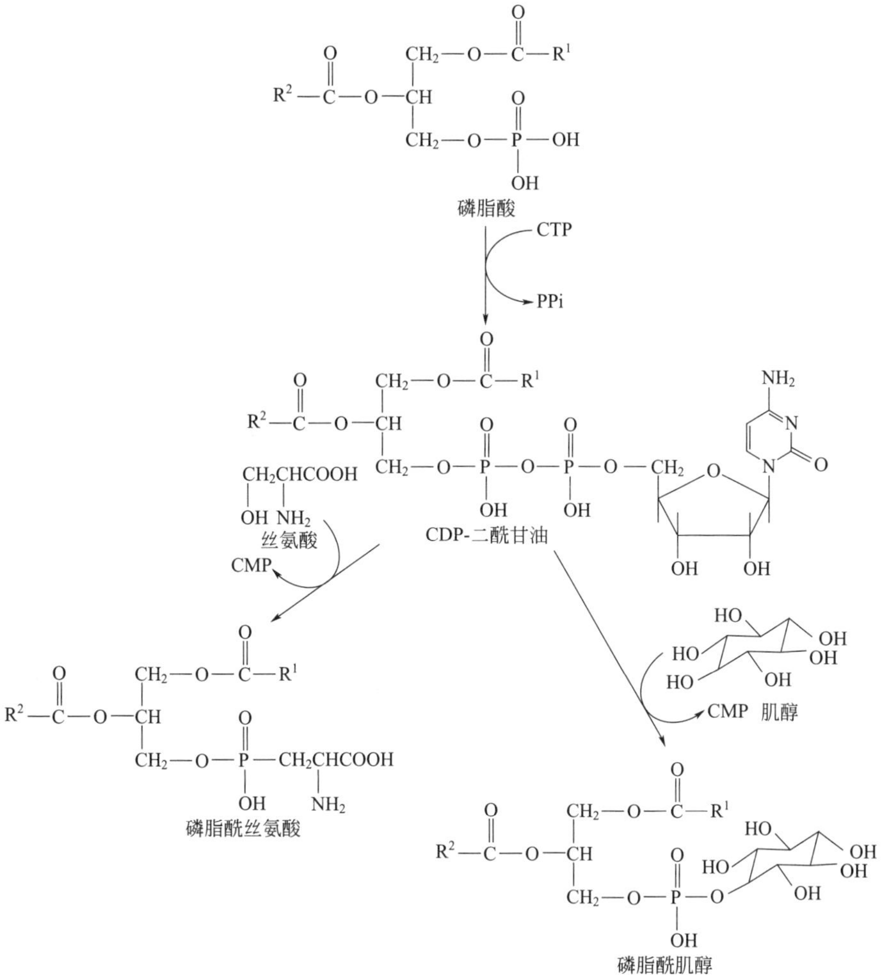

图 9-36　磷脂酰丝氨酸和磷脂酰肌醇的合成

合成胆固醇的原料是乙酰 CoA。胆固醇的合成途径为：乙酰 CoA→3-甲基-3,5-二羟基戊酸→异戊烯焦磷酸→鲨烯→胆固醇，可以划分为 4 个阶段。

1. 3-甲基-3,5-二羟基戊酸的形成

首先由 2 分子乙酰 CoA 缩合形成乙酰乙酰 CoA，然后再与 1 分子乙酰 CoA 缩合形成 $\beta$-羟基-$\beta$-甲基戊二酸单酰 CoA（HMG-CoA）。HMG-CoA 被还原为 3-甲基-3,5-二羟基戊酸（简称为甲羟戊酸），见图 9-37。

HMG-CoA 是合成胆固醇和酮体的共同中间产物，在肝细胞线粒体中，HMG-CoA 裂解形成酮体。在此阶段中，HMG-CoA 还原酶是合成胆固醇的限速酶。

2. 形成异戊烯焦磷酸

在甲羟戊酸激酶和磷酸甲羟戊酸激酶的催化下，甲羟戊酸经 2 次磷酸化生成焦磷酸甲羟戊酸，然后在焦磷酸甲羟戊酸脱羧酶的作用下生成异戊烯焦磷酸，见图 9-38。

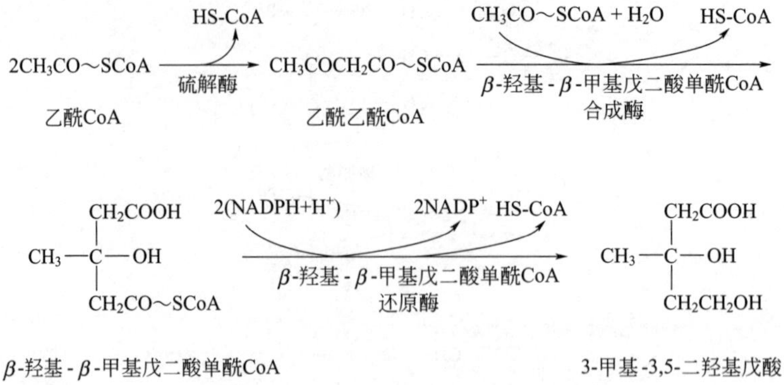

$$2CH_3CO\sim SCoA \xrightarrow[\text{硫解酶}]{HS\text{-}CoA} CH_3COCH_2CO\sim SCoA \xrightarrow[\beta\text{-羟基-}\beta\text{-甲基戊二酸单酰CoA 合成酶}]{CH_3CO\sim SCoA + H_2O \quad HS\text{-}CoA}$$

乙酰CoA　　　　　　　　　　乙酰乙酰CoA

β-羟基-β-甲基戊二酸单酰CoA $\xrightarrow[\beta\text{-羟基-}\beta\text{-甲基戊二酸单酰CoA 还原酶}]{2(NADPH+H^+) \quad 2NADP^+ \quad HS\text{-}CoA}$ 3-甲基-3,5-二羟基戊酸

图 9-37　3-甲基-3,5-二羟基戊酸的形成

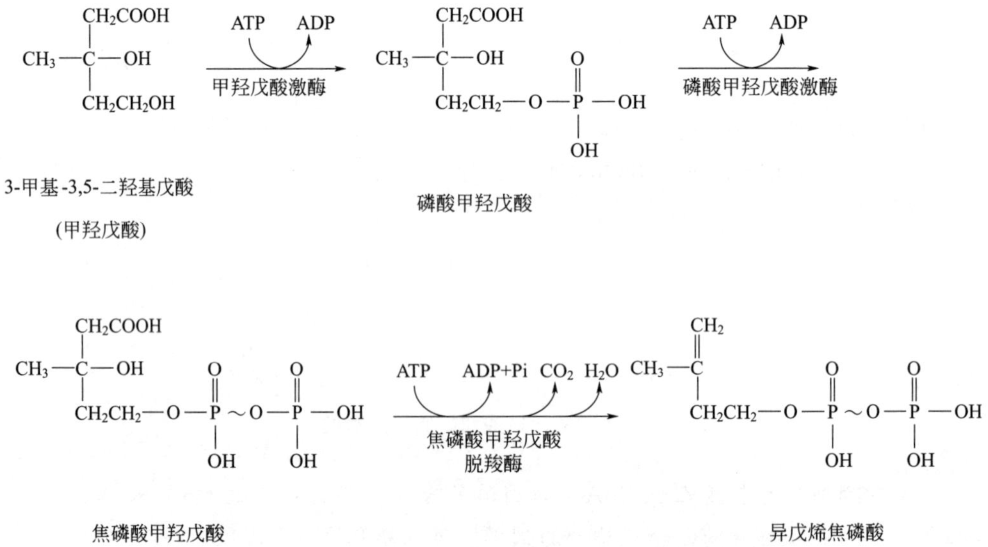

3-甲基-3,5-二羟基戊酸（甲羟戊酸）$\xrightarrow[\text{甲羟戊酸激酶}]{ATP \quad ADP}$ 磷酸甲羟戊酸 $\xrightarrow[\text{磷酸甲羟戊酸激酶}]{ATP \quad ADP}$

焦磷酸甲羟戊酸 $\xrightarrow[\text{焦磷酸甲羟戊酸脱羧酶}]{ATP \quad ADP+Pi \quad CO_2 \quad H_2O}$ 异戊烯焦磷酸

图 9-38　异戊烯焦磷酸的形成

### 3. 形成鲨烯

异戊烯焦磷酸在异戊烯焦磷酸异构酶的催化下，异构为二甲烯丙基焦磷酸。二甲烯丙基焦磷酸与另一分子异戊烯焦磷酸形成牻牛儿焦磷酸后，再与一分子异戊烯焦磷酸形成焦磷酸法尼酯。2分子焦磷酸法尼酯形成鲨烯。鲨烯的形成见图 9-39。

### 4. 形成胆固醇

鲨烯在鲨烯单加氧酶的催化下生成 2,3-环氧鲨烯，然后在环氧鲨烯羊毛固醇环化酶的催化下，形成中间产物羊毛固醇。羊毛固醇经转甲基、双键移位、还原等多步反应，最终生成胆固醇，见图 9-40。

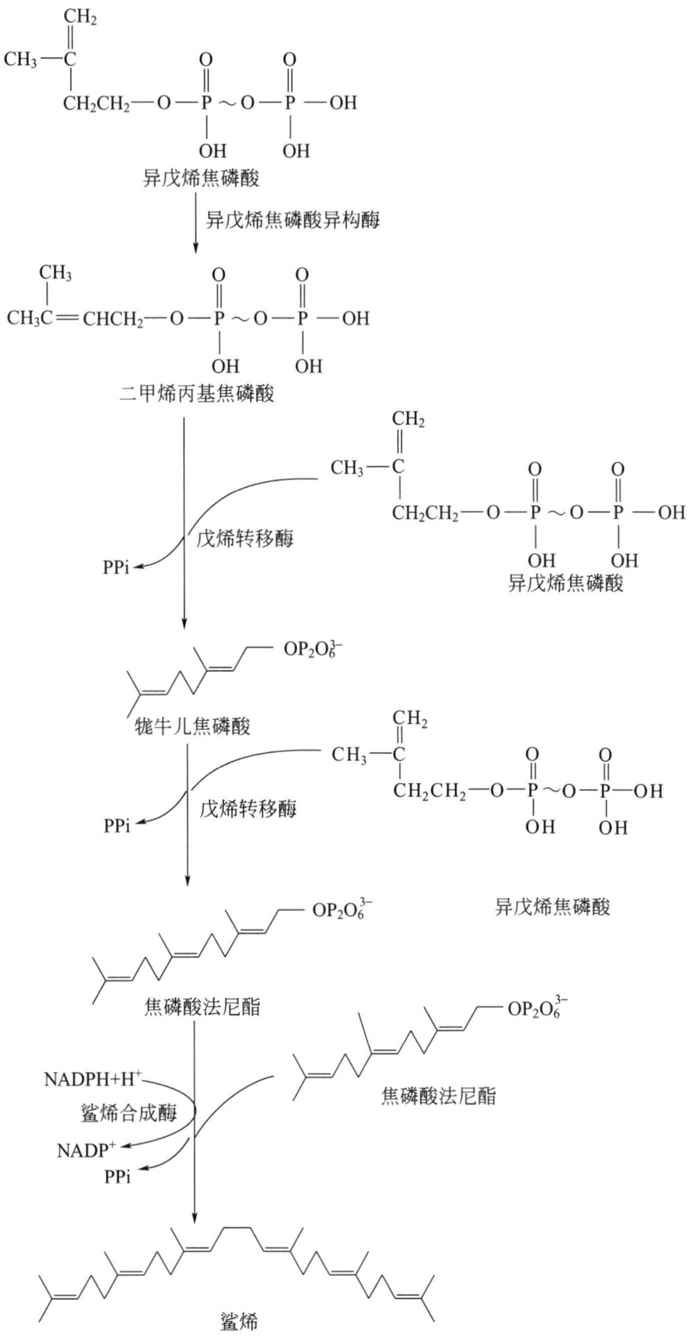

图 9-39 鲨烯的形成

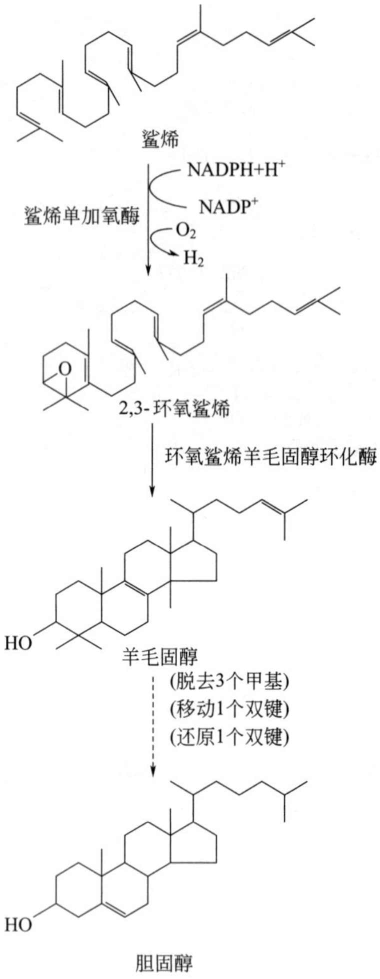

图 9-40 胆固醇的形成

# 第十章

# 蛋白质的降解及氨基酸代谢

蛋白质是生物体最重要的结构成分，存在于所有的生物细胞中，参与催化、运输、免疫、代谢调节等几乎所有的生命活动过程。生物体内的蛋白质处于分解、合成的代谢平衡。蛋白质的营养功能是为机体提供氨基酸和其他含氮物质所需的氮源，同时，蛋白质也可以作为能源。人体从食物中摄取的蛋白质不能直接进入细胞，必须在消化道内经蛋白酶水解为小分子的氨基酸才能被吸收利用。

## 第一节 蛋白质的酶促降解

蛋白质可以被酸、碱和酶水解。水解蛋白质的酶统称为蛋白酶。蛋白质在酶的作用下水解，称为蛋白质的酶促降解。蛋白酶在生物体内外都发挥作用，许多蛋白酶具有一定的专一性，水解蛋白质往往需要几种酶的协同作用。

蛋白酶广泛地存在于生物体内。在人和哺乳动物的消化器官中存在着各种蛋白酶，如胃蛋白酶、胰蛋白酶、胰凝乳蛋白酶、氨肽酶、羧肽酶等。在动物体各组织细胞的溶酶体中，存在着组织蛋白酶，动物死亡后，组织蛋白酶被释放出来并被激活，将肌肉蛋白质水解成游离氨基酸，产生的游离氨基酸是形成肉的风味的基础之一。

按照作用部位，蛋白酶可以分为内肽酶、外肽酶和二肽酶。内肽酶水解蛋白质多肽链内部的肽键，对组成肽键的氨基酸有特异性，水解蛋白质的产物是长度不等的肽链；外肽酶从肽链的一端水解肽键，将氨基酸逐一从肽链上切下来，又可以分为氨肽酶（从 N-端水解肽键）和羧肽酶（从 C-端水解肽键）；二肽酶水解二肽中的肽键，把二肽水解为氨基酸。

根据酶的最适 pH，可将蛋白酶分为酸性蛋白酶、中性蛋白酶和碱性蛋白酶，它们的最适 pH 分别在酸性、中性和碱性范围内。

根据酶活性中心的组成，蛋白酶可以分为丝氨酸蛋白酶类（活性中心含丝氨酸）、硫醇蛋白酶类（活性中心含半胱氨酸）及金属蛋白酶类（活性中心含 $Zn^{2+}$、$Mg^{2+}$ 等金属离子）等。

按蛋白酶的来源，可分为动物蛋白酶、植物蛋白酶和微生物蛋白酶。蛋白酶是食品工业中广泛应用的一类酶，主要是植物蛋白酶（如菠萝蛋白酶、木瓜蛋白酶等）和微生物蛋白酶（如霉菌蛋白酶、细菌蛋白酶等）。

## 第二节 氨基酸的分解代谢

人体从食物中获得的氨基酸为外源氨基酸；组织蛋白质降解产生的氨基酸和体内合成的氨基酸为内源氨基酸。通常把分布于血液及各个组织中的游离氨基酸称为氨基酸代谢库。氨基酸代谢在蛋白质代谢中处于枢纽位置,其在体内的代谢途径见图10-1。

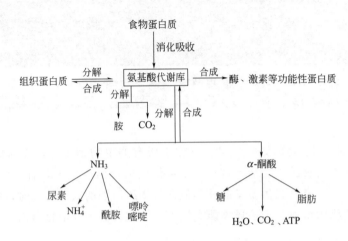

图 10-1 氨基酸在体内的转化

## 一、氨基酸的一般代谢

氨基酸的一般代谢是指氨基酸分解代谢的共同途径。氨基酸一般代谢的途径有两条:脱氨基作用和脱羧基作用。脱氨基作用是氨基酸分解代谢的主要途径。

### (一) 脱羧基作用

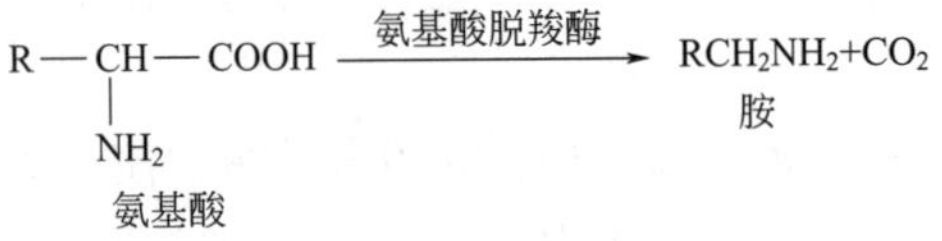

氨基酸在氨基酸脱羧酶的催化下进行脱羧作用,生成 $CO_2$ 和一个伯胺类化合物(见图10-2)。

图 10-2 氨基酸脱羧基作用的通式

除组氨酸外,所有的氨基酸脱羧酶都需要磷酸吡哆醛作为辅酶。体内只有少量氨基酸通过脱羧基作用代谢,脱羧基作用不是氨基酸分解代谢的主要途径。氨基酸脱羧基后产生的胺类大多数对机体有毒害作用,如体内存在大量胺类能引起神经或心血管功能紊乱。胺氧化酶能催化胺类分解。胺先氧化为醛,醛再进一步氧化为酸,酸再分解为 $CO_2$ 和 $H_2O$(见图10-3)。

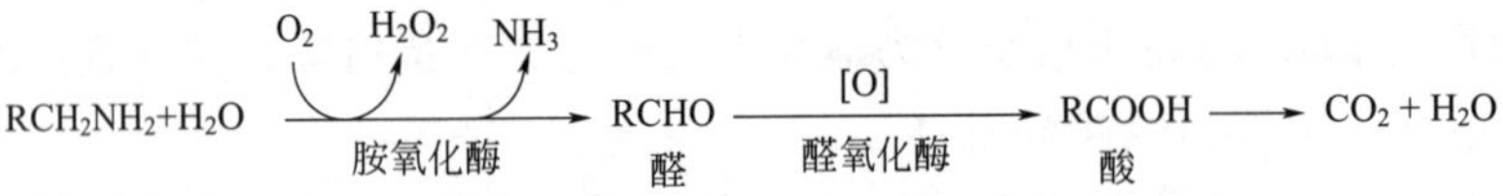

图 10-3 胺的分解

有些氨基酸脱羧基后产生的胺类有重要的生理活性。下面列举几种有生理活性的胺类。

1. γ-氨基丁酸

脑组织中 L-谷氨酸脱羧酶的活性很高,可催化谷氨酸脱羧生成 γ-氨基丁酸(见图10-4)。γ-氨基丁酸是一种存在于中枢神经系统的神经递质,对中枢神经有普遍性抑制作用。

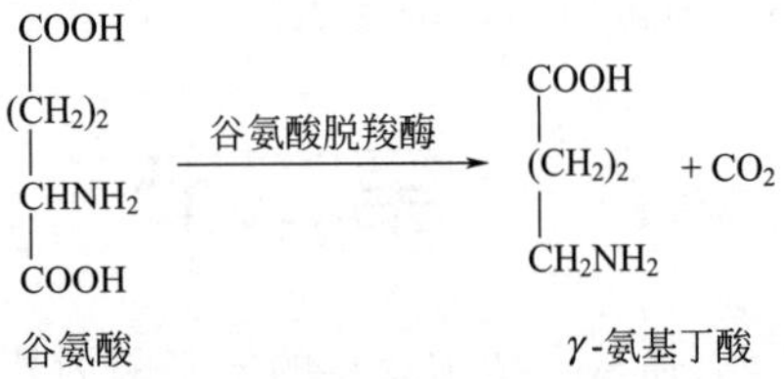

2. 乙醇胺和胆碱

丝氨酸脱羧后生成乙醇胺,乙醇胺甲基化可以

图 10-4 谷氨酸脱羧生成 γ-氨基丁酸

生成胆碱（见图 10-5）。乙醇胺和胆碱分别是脑磷脂和卵磷脂的成分。

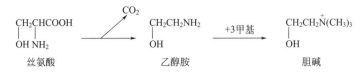

图 10-5　丝氨酸脱羧产生乙醇胺、胆碱

### 3. 组胺

组氨酸脱羧后生成组胺（见图 10-6）。在乳腺、肺、肝、肌肉中组胺含量较高。组胺是一种强烈的血管扩张剂，可引起血压下降和局部水肿；组胺的释放与过敏症状密切相关；组胺还有刺激胃黏膜分泌胃蛋白酶和胃酸的功能。

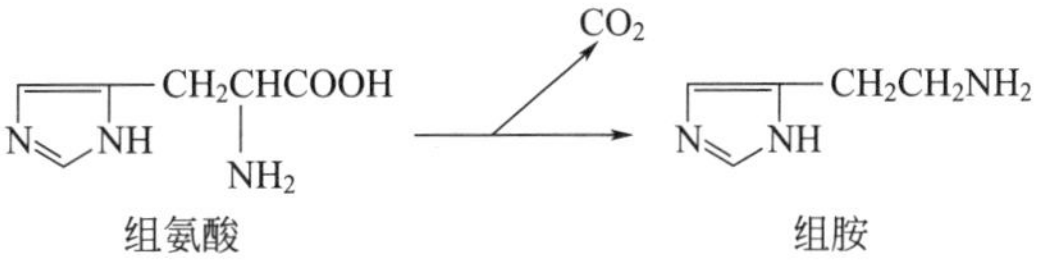

图 10-6　组氨酸脱羧产生组胺

### 4. 多巴胺

酪氨酸在酪氨酸酶的催化下发生羟化生成 3,4-二羟苯丙氨酸，简称多巴，多巴脱羧即产生多巴胺（3,4-二羟苯乙胺），多巴胺可进一步转化为去甲肾上腺素和肾上腺素（见图 10-7）。

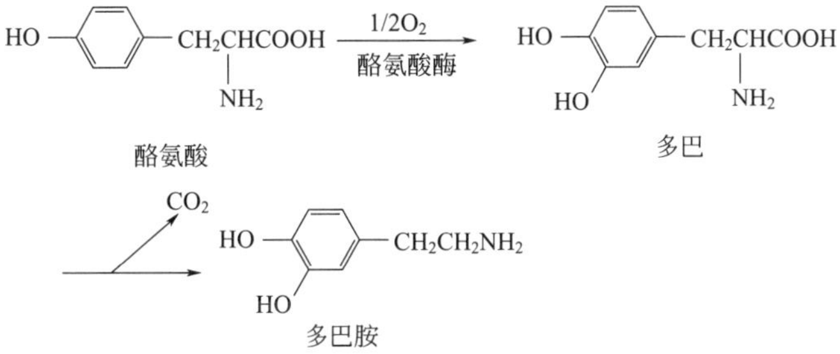

图 10-7　酪氨酸脱羧产生多巴胺

### 5. 多胺

鸟氨酸脱羧生成腐胺，S-腺苷甲硫氨酸脱羧生成 S-腺苷-3-甲硫基丙胺。腐胺和 S-腺苷-3-甲硫基丙胺可以合成精脒（亚精胺）和精胺，这些物质统称为多胺。多胺是调节细胞生长的重要物质，对核酸及蛋白质合成的某些环节有促进作用。在生长旺盛的组织中，多胺含量增加。

## （二）脱氨基作用

氨基酸脱去氨基的过程称为脱氨基作用，产物是氨和 α-酮酸。脱氨基作用是氨基酸分解代谢的主要途径。脱氨基作用的方式有氧化脱氨基、非氧化脱氨基、转氨基和联合脱氨基。

### 1. 氧化脱氨基作用

氨基酸在酶的催化下，发生脱氨、水解两步反应，脱去氨基后生成 α-酮酸的过程，称为氧化脱氨基作用。催化氨基酸氧化脱氨基作用的酶有两类，即氨基酸氧化酶和 L-谷氨酸脱氢酶。

**(1) 氨基酸氧化酶催化的反应**  氨基酸氧化酶属于需氧脱氢酶，以 FAD 或 FMN 为辅基，有 L-氨基酸氧化酶和 D-氨基酸氧化酶两类。氨基酸氧化酶催化的反应见图 10-8。

氨基酸氧化酶不是催化氨基酸氧化脱氨基作用的主要酶类，因为 L-氨基酸氧化酶在体内分布不广，生理条件下活性不高（其最适 pH 为 10）；D-氨基酸氧化酶虽然分布广，活性高，但体内的 D-氨基酸很少。

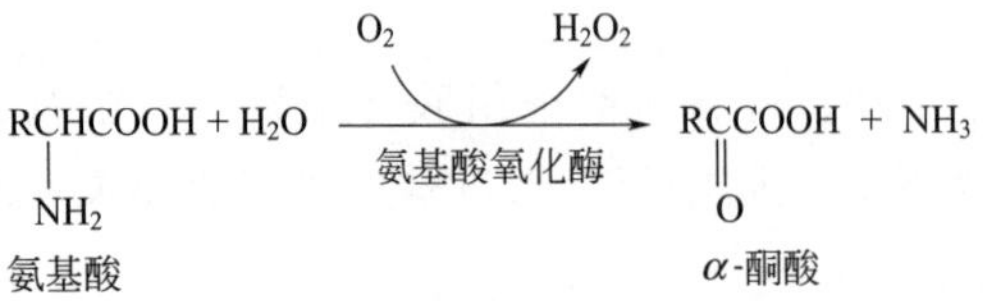

图 10-8  氨基酸氧化酶催化的反应

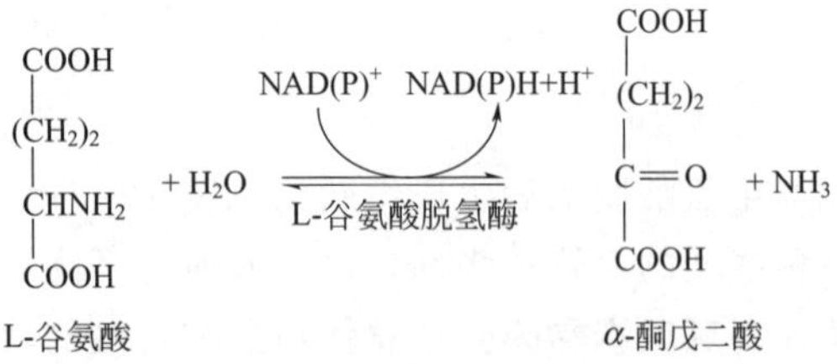

图 10-9  L-谷氨酸脱氢酶催化的反应

**(2) L-谷氨酸脱氢酶催化的反应**  L-谷氨酸脱氢酶为不需氧脱氢酶，辅酶是 $NAD^+$（或 $NADP^+$），其催化的反应见图 10-9。

L-谷氨酸脱氢酶广泛存在于动植物体和微生物体内，且活性很强，是催化氨基酸氧化脱氨基作用的主要酶类。

**2. 非氧化脱氨基作用**

非氧化脱氨基作用主要发生在微生物体内，动物体内也有，但不多。主要有还原脱氨基、水解脱氨基、脱水脱氨基和脱硫化氢脱氨基 4 种方式。

**(1) 还原脱氨基**  某些微生物体内存在氢化酶，催化氨基酸还原脱氨基（见图 10-10）。

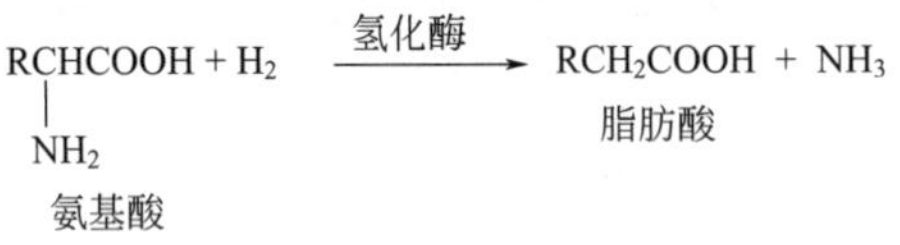

图 10-10  还原脱氨基作用

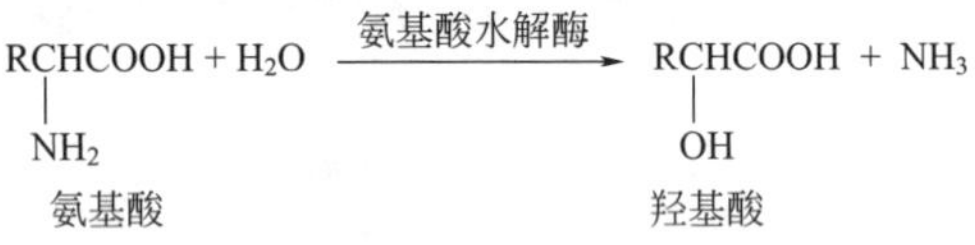

图 10-11  水解脱氨基作用

**(2) 水解脱氨基**  在氨基酸水解酶的催化下，氨基酸脱氨基生成羟基酸和氨（见图 10-11）。

**(3) 脱水脱氨基**  在 L-丝氨酸脱水酶的催化下，L-丝氨酸脱氨基，生成丙酮酸和氨（见图 10-12）。

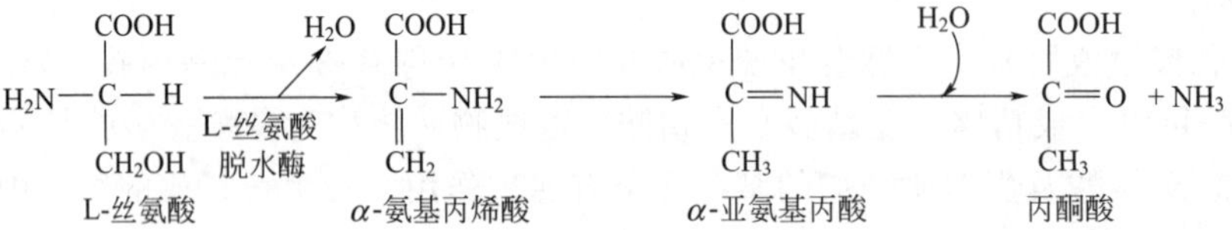

图 10-12  脱水脱氨基作用

**(4) 脱硫化氢脱氨基**  在脱硫化氢酶的催化下，半胱氨酸脱氨基生成丙酮酸和氨（见图 10-13）。反应过程与 L-丝氨酸脱水脱氨基类似。

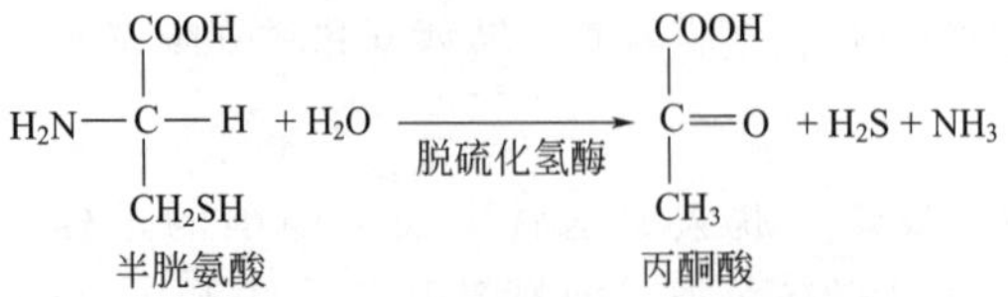

图 10-13  脱硫化氢脱氨基作用

**3. 转氨基作用**

在转氨酶的作用下，氨基酸分子的 $\alpha$-氨基转移到 $\alpha$-酮酸的羰基位置上，$\alpha$-酮酸

转变为新的 α-氨基酸，原来的氨基酸转变为相应的 α-酮酸，这一过程称为转氨基作用。转氨基反应的通式见图 10-14。

转氨基作用普遍存在于生物体内，除个别氨基酸外（如赖氨酸），其他的氨基酸都可以参加转氨基作用。转氨酶的种类很多，分布广泛，其辅酶是磷酸吡哆醛。磷酸吡哆醛起氨基传递体的作用。磷酸吡哆醛接受氨基酸的氨基成为磷酸吡哆胺，氨基酸转变为 α-酮酸；磷酸吡哆胺把氨基转移给另一分子 α-酮酸，本身又转变为磷酸吡哆醛。转氨酶催化氨基酸转氨基作用的过程见图 10-15。

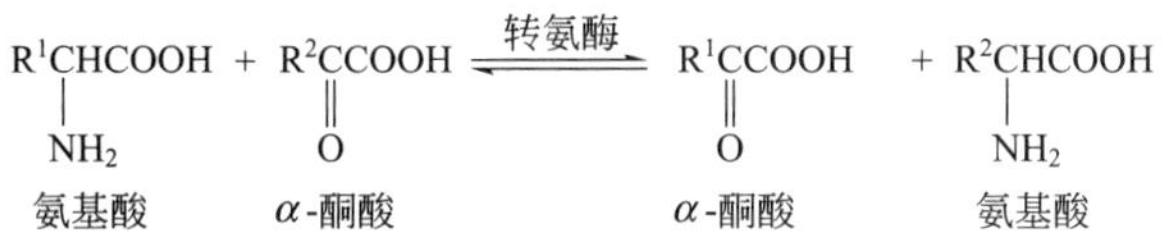

$$R^1CHCOOH + R^2CCOOH \xrightleftharpoons{\text{转氨酶}} R^1CCOOH + R^2CHCOOH$$
$$\quad\ |\qquad\qquad\ \ \|\qquad\qquad\qquad\qquad\ \|\qquad\qquad\ \ |$$
$$\ NH_2\qquad\quad\ O\qquad\qquad\qquad\qquad\ O\qquad\quad\ NH_2$$
$$氨基酸\quad\ α\text{-}酮酸\qquad\qquad\qquad α\text{-}酮酸\quad\ 氨基酸$$

图 10-14　转氨基反应的通式

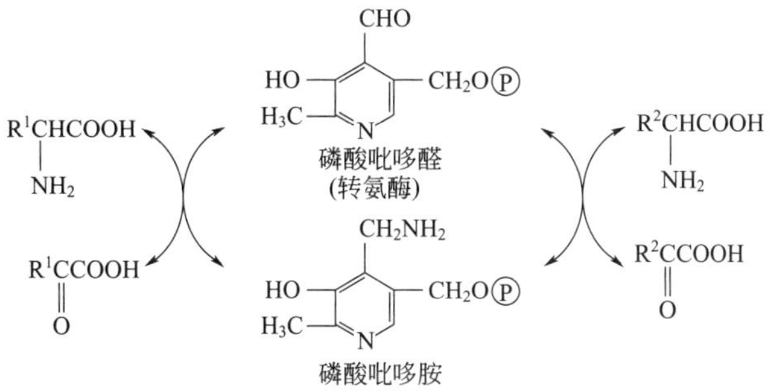

图 10-15　转氨酶催化的氨基酸转氨基作用

在转氨基反应中，α-酮戊二酸是最重要的氨基受体。氨基酸在相应转氨酶的催化下，与 α-酮戊二酸进行转氨基反应，生成相应的 α-酮酸和谷氨酸（见图 10-16）。

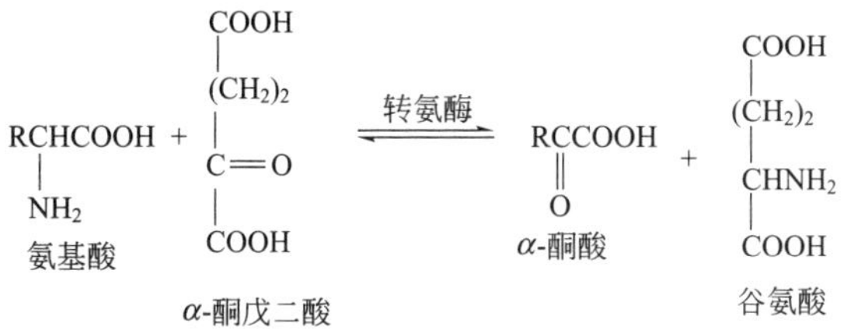

图 10-16　氨基酸与 α-酮戊二酸之间的转氨基反应

真核生物细胞液和线粒体中都有转氨酶，不同组织和器官中存在相同功能的转氨酶，但它们的组成可能不同。谷丙转氨酶（GPT）和谷草转氨酶（GOT）是体内两个重要的转氨酶。谷丙转氨酶（GPT）是催化谷氨酸与丙酮酸之间转氨基作用的酶，以肝脏中的活力最大，当肝细胞损伤时，酶就释放到血液内，于是血液内酶的活力明显地增加，以此来推断肝功能的正常与否。谷草转氨酶（GOT）是催化谷氨酸与草酰乙酸之间转氨基作用的酶，以心脏中的活力最大，其次为肝脏。

转氨基作用具有重要的生理意义。转氨基作用是一种可逆反应，氨基酸是氨基供体，α-酮酸是氨基受体，氨基酸和 α-酮酸可以互相转化。因此，转氨基作用不仅是氨基酸分解代谢的开始步骤，也是体内合成非必需氨基酸的重要途径。同时，转氨基作用还沟通了糖代谢和蛋白质代谢之间的联系。如糖代谢中产生的丙酮酸、草酰乙酸和α-酮戊二酸，可以通过转氨基作用形成丙氨酸、天冬氨酸和谷氨酸；同样，蛋白质分解产生的丙氨酸、天冬氨酸和谷氨酸，也可以转变为丙酮酸、草酰乙酸和α-酮戊二酸，再进入三羧酸循环。

**4. 联合脱氨基作用**

由转氨基作用与氧化脱氨基作用偶联进行的脱氨基方式称为联合脱氨基作用。这是动物体内脱氨基作用的主要方式。联合脱氨基作用有两种反应系统：由转氨基作用和L-谷氨酸氧化脱氨基作用联合进行的脱氨基作用，由转氨基作用和腺嘌呤氧化脱氨基作用联合进行的脱氨基作用（嘌呤核苷酸循环）。

**(1) 由转氨基作用和L-谷氨酸氧化脱氨基作用联合进行的脱氨基作用** 这种联合脱氨基作用的过程是：首先，α-氨基酸与α-酮戊二酸在相应转氨酶的催化下，进行转氨基作用，生成α-酮酸和L-谷氨酸；然后在L-谷氨酸脱氢酶的催化下，谷氨酸氧化脱氨基生成α-酮戊二酸和氨（见图10-17）。

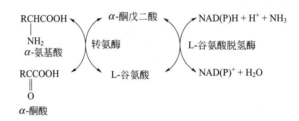

图10-17 转氨酶与L-谷氨酸脱氢酶催化的联合脱氨基作用

这种联合脱氨基作用主要在肝、肾、脑等组织中进行。

**(2) 嘌呤核苷酸循环** 在动物的骨骼肌、心肌等组织中，L-谷氨酸脱氢酶的活性较低，所以在这些组织中，氨基酸脱氨基作用的方式是一种特殊的联合脱氨基作用，即嘌呤核苷酸循环。

嘌呤核苷酸循环脱氨基作用的过程是：α-氨基酸与α-酮戊二酸进行转氨基作用，生成α-酮酸和谷氨酸；谷氨酸与草酰乙酸进行转氨基作用，生成α-酮戊二酸和天冬氨酸；天冬氨酸与次黄嘌呤核苷酸在腺苷酸琥珀酸合成酶的催化下，利用GTP供能，合成腺苷酸琥珀酸；腺苷酸琥珀酸在腺苷酸琥珀酸裂解酶的催化下，裂解为延胡索酸和腺苷酸；腺苷酸在脱氨酶的作用下，水解脱去氨基，重新生成次黄嘌呤核苷酸；同时，延胡索酸经转化形成草酰乙酸。嘌呤核苷酸循环脱氨基作用见图10-18。

## 二、氨和α-酮酸的代谢

### （一）氨的代谢

氨是小分子物质，能渗透许多生物膜。游离的氨对动植物组织有毒害作用，通常细胞内氨的浓度都维持在很低的水平，人体中血氨浓度不能超过0.1mg/100mL。所以，氨基酸脱氨基后生成的氨不能在细胞内积累，必须转化为无毒的物质。体内$NH_3$的来源除氨基酸脱氨基外，还有其他含氮化合物（胺类、嘌呤、嘧啶等）的分解及消化道吸收的氨。不同生物转化氨的途径不同。

生物体内转化氨的途径有以下几条：

**(1) 重新合成氨基酸** 氨与α-酮戊二酸发生还原氨基化作用生成谷氨酸，谷氨酸可作为氨基供体与α-酮酸进行转氨基作用，生成相应的氨基酸。

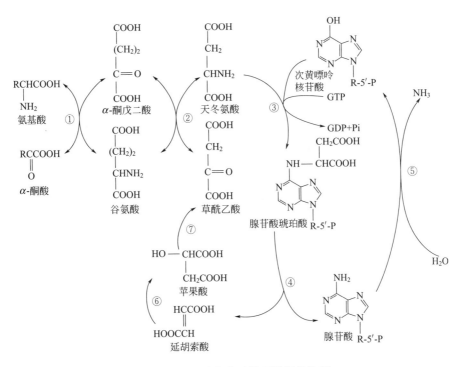

图 10-18 嘌呤核苷酸循环脱氨基作用
①转氨酶；②谷草转氨酶；③腺苷酸琥珀酸合成酶；④腺苷酸琥珀酸裂解酶；
⑤腺苷酸脱氨酶；⑥延胡索酸酶；⑦苹果酸脱氢酶

**（2）形成铵盐** 氨能与组织中的有机酸形成铵盐，这是植物体中转化氨的一种途径。

**（3）形成酰胺** 酰胺是无毒的。形成酰胺是生物体储存氨并消除氨毒的重要形式。植物和微生物体内主要形成天冬酰胺，动物体内主要形成谷氨酰胺。

**（4）形成氨甲酰磷酸** 氨甲酰磷酸参与嘧啶、尿素的合成。

**（5）排出体外** 不同生物排氨的方式不同。大多数水生动物，如鱼类可以将氨直接排出体外；鸟类及爬行类把氨转化为尿酸排泄掉；陆生脊椎动物则是把氨转化为尿素排出体外。

### 1. 酰胺的生成

酰胺无毒，是氨在生物体内的储存和运输形式。

在谷氨酰胺合成酶或天冬酰胺合成酶的催化下，生成相应的酰胺（见图10-19）。

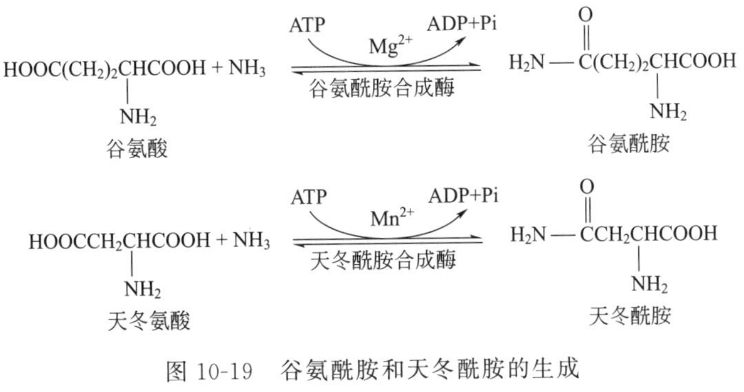

图 10-19 谷氨酰胺和天冬酰胺的生成

## 2. 尿素的生成

哺乳动物中，尿素几乎都是在肝脏中形成的。尿素可以通过血液循环转运到肾脏，作为尿的主要成分被排泄掉。

尿素的生成途径是 Hans Krebs 和 Kurt Henseleit 于 1932 年阐明的，这一途径被称为鸟氨酸循环，也称为尿素循环。所谓鸟氨酸循环是指从鸟氨酸开始，经过一系列反应又回到鸟氨酸，在循环中使 2 分子 $NH_3$ 和 1 分子 $CO_2$ 合成 1 分子尿素。

鸟氨酸循环有 5 步酶促反应，前 2 步发生在线粒体中，后 3 步发生在细胞液中。

**(1) 氨甲酰磷酸的生成** 合成尿素的原料是 $NH_3$ 和 $CO_2$。在肝细胞线粒体中，来自氨基酸脱氨基作用的 $NH_3$，与 $CO_2$ 和 ATP 在氨甲酰磷酸合成酶 I 的催化下合成氨甲酰磷酸，反应消耗 2 分子 ATP（见图 10-20）。

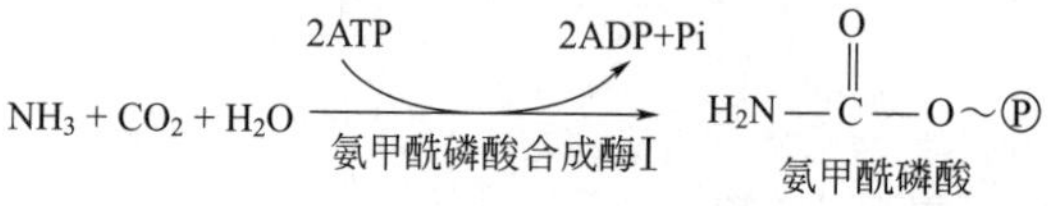

氨甲酰磷酸合成酶 I 是尿素合成的重要调节酶，N-乙酰谷氨酸（由谷氨酸与乙酰 CoA 合成）是其别构激活剂。当氨基酸分解代谢旺盛时，谷氨酸浓度升高，N-乙酰谷氨酸浓度随之升高，氨甲酰磷酸合成酶 I 的活性增强，尿素合成加快。

图 10-20 氨甲酰磷酸的生成

**(2) 瓜氨酸的生成** 在鸟氨酸转氨甲酰酶的催化下，来自细胞液中的鸟氨酸与氨甲酰磷酸合成瓜氨酸（见图 10-21）。

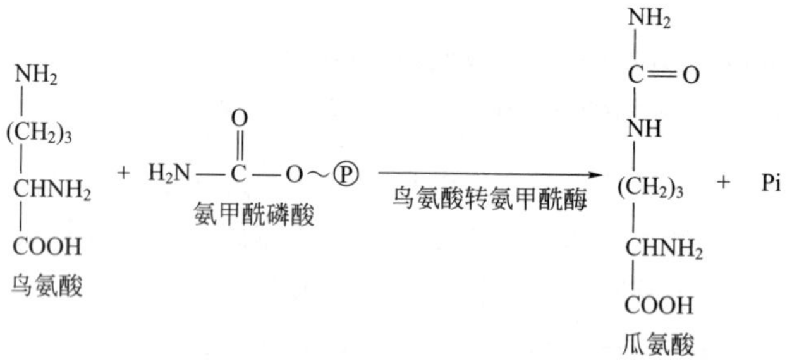

图 10-21 瓜氨酸的生成

瓜氨酸生成后被转运出线粒体，同时，鸟氨酸被转运进线粒体。

**(3) 精氨琥珀酸的生成** 瓜氨酸从线粒体进入细胞液，在精氨琥珀酸合成酶的催化下与天冬氨酸合成精氨琥珀酸，反应由 ATP 供能（见图 10-22）。

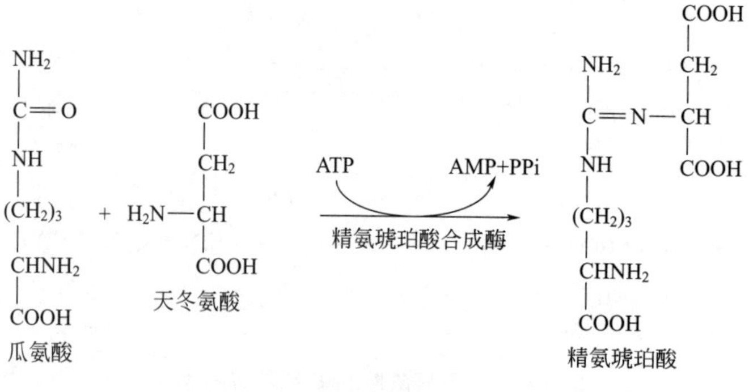

图 10-22 精氨琥珀酸的生成

反应消耗 1 分子 ATP 的 2 个高能键。反应至此，尿素合成所需的两个氮原子被整合到尿素前体分子中。

**(4) 精氨酸的生成** 在精氨琥珀酸裂解酶的催化下，精氨琥珀酸裂解为精氨酸和延胡索酸（见图 10-23）。

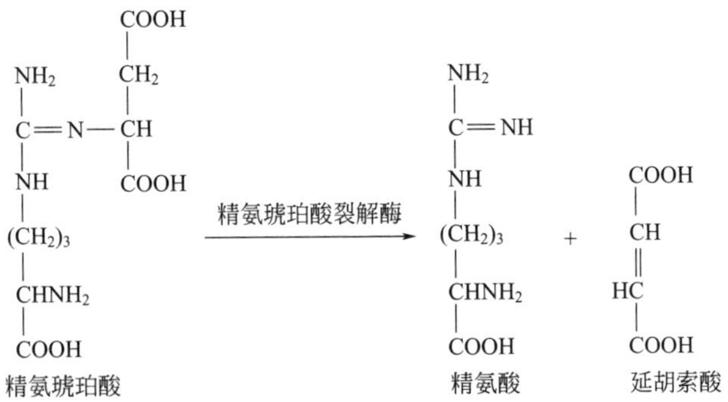

图 10-23 精氨酸的生成

延胡索酸可以转化为草酰乙酸，后者与谷氨酸进行转氨基作用又可以生成天冬氨酸。因此，天冬氨酸可作为尿素合成中氨的供体。

**(5) 尿素的生成** 在精氨酸酶的催化下，精氨酸水解生成尿素和鸟氨酸（见图 10-24）。鸟氨酸进入线粒体，开始下一轮循环。

这样，形成 1 分子尿素可消除 2 分子 $NH_3$ 和 1 分子 $CO_2$。合成 1 分子尿素需要消耗 4 分子 ATP。

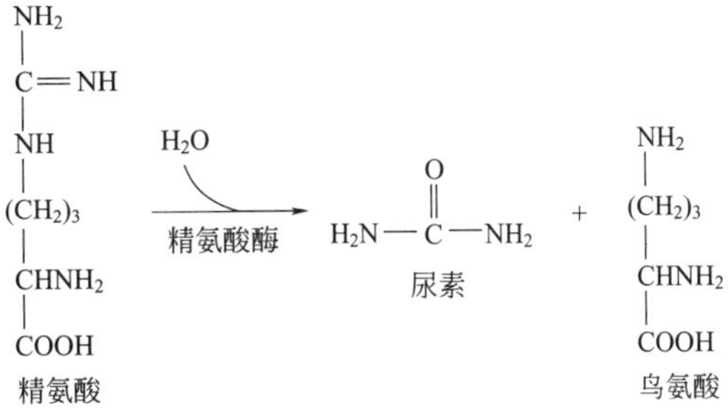

鸟氨酸循环的全过程见图 10-25。

图 10-24 尿素的生成

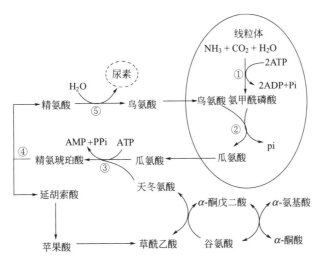

图 10-25 鸟氨酸循环的全过程
①氨甲酰磷酸合成酶 I；②鸟氨酸转氨甲酰酶；③精氨琥珀酸合成酶；
④精氨琥珀酸裂解酶；⑤精氨酸酶

## （二）α-酮酸的代谢

氨基酸脱氨基后，剩下的碳骨架是 α-酮酸。α-酮酸在体内的代谢途径有三条：再合成氨基酸，转变成糖或脂肪，氧化生成 $CO_2$ 和 $H_2O$。

### 1. 再合成氨基酸

氨基酸脱氨基后生成的 α-酮酸与谷氨酸进行转氨基作用，生成氨基酸。

谷氨酸在氨基酸的脱氨基反应和氨基酸生物合成中占有非常重要的位置。谷氨酸在转氨基作用中作为氨基供体，将氨基转移到任何一种 α-酮酸上，形成相应的氨基酸。

### 2. 转变成糖或脂肪

当体内能量供应充足时，α-酮酸可以转化为糖或脂肪。

大多数氨基酸脱氨基后的碳架 α-酮酸可以转变为糖代谢的中间产物，经糖的异生作用生成葡萄糖，这样的氨基酸称为生糖氨基酸。某些氨基酸脱氨基后的碳架 α-酮酸可以转变为乙酰 CoA 或乙酰乙酰 CoA，进一步合成酮体，这样的氨基酸称为生酮氨基酸。有些氨基酸脱氨基后的碳架 α-酮酸既可以生糖也可以生酮，这样的氨基酸称为生糖兼生酮氨基酸。亮氨酸和赖氨酸是生酮氨基酸，异亮氨酸、苯丙氨酸、酪氨酸、色氨酸是生糖兼生酮氨基酸，其余都是生糖氨基酸。

生糖氨基酸和生酮氨基酸都可以转变为脂肪。

### 3. 氧化生成 $CO_2$ 和 $H_2O$

氨基酸脱氨基后生成的 α-酮酸，都可以转化为糖代谢的中间产物，如丙酮酸、乙酰 CoA、α-酮戊二酸、琥珀酰 CoA、草酰乙酸等，这些物质都可以进入三羧酸循环，彻底氧化为 $CO_2$ 和 $H_2O$，并放出能量。因此，蛋白质是产能营养物质，每克蛋白质彻底氧化分解可产生 16.7kJ 的能量，与糖产生的能量相当。α-酮酸进入三羧酸循环的途径见图 10-26。

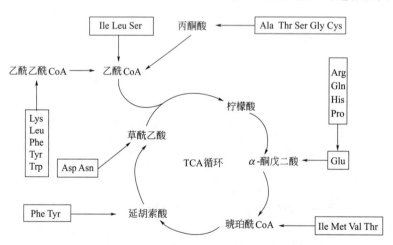

图 10-26 α-酮酸进入三羧酸循环的途径

---

**知识拓展　　　　　　　　个别氨基酸的代谢**

脱氨基和脱羧基作用是氨基酸分解代谢的共同途径，除此之外，每种氨基酸都有具体而复杂的代谢途径。下面介绍一碳单位的代谢及甲硫氨酸的代谢。

## （一）一碳单位的代谢

氨基酸在代谢过程中产生的含一个碳原子的基团，称为一碳单位。这些一碳单位分别是甘氨酸、丝氨酸、苏氨酸、组氨酸、色氨酸、甲硫氨酸等产生的，包括甲基（—$CH_3$）、亚甲基（—$CH_2$—）、次甲基（=CH—）、甲酰基（HCO—）、羟甲基（—$CH_2OH$）、亚氨甲基（—CH=NH—）等。

一碳单位在生物体内不能游离存在，与四氢叶酸（$FH_4$）结合，参与嘧啶和嘌呤碱的合成，也是体内合成胆碱、肌酸、肾上腺素所需甲基的来源。

各种形式的一碳单位在适当的条件下可以互相转化（$N5$-甲基四氢叶酸除外），见图10-27。

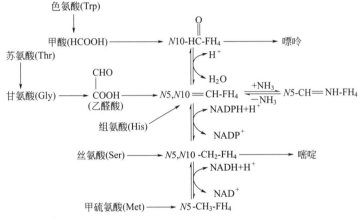

图10-27　一碳单位的来源及互相转化

## （二）甲硫氨酸的代谢

甲硫氨酸含有$CH_3$—S—，在腺苷转移酶的催化下，与ATP生成$S$-腺苷甲硫氨酸（SAM）（见图10-28）。

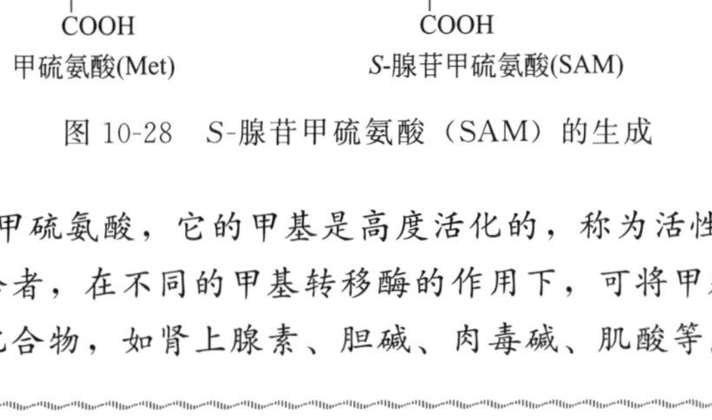

图10-28　$S$-腺苷甲硫氨酸（SAM）的生成

SAM称为活性甲硫氨酸，它的甲基是高度活化的，称为活性甲基。SAM是生物体中重要的甲基供给者，在不同的甲基转移酶的作用下，可将甲基转移给各种甲基受体，形成许多甲基化合物，如肾上腺素、胆碱、肉毒碱、肌酸等。

SAM 转出甲基后，成为 S-腺苷同型半胱氨酸（SAH），SAH 水解掉腺苷形成同型半胱氨酸（hCys），hCys 接受 $N5\text{-}CH_3\text{-}FH_4$ 的甲基，重新生成甲硫氨酸，如此构成一个循环，称为甲硫氨酸循环（见图 10-29）。

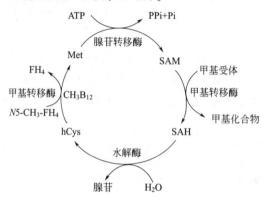

图 10-29　甲硫氨酸循环

甲硫氨酸循环的生理意义在于甲硫氨酸中的甲基可以通过 $N5\text{-}CH_3\text{-}FH_4$ 由非必需氨基酸提供，避免消耗大量的甲硫氨酸。甲基转移酶的辅酶是维生素 $B_{12}$，缺乏维生素 $B_{12}$ 时，甲硫氨酸循环受阻，影响生物体内甲基化合物的合成反应。

# 第三节　氨基酸的合成代谢

各类生物合成氨基酸的能力不同。植物和许多微生物能合成所有的氨基酸。动物不能合成全部的氨基酸，有些氨基酸只能从食物中摄取，称为必需氨基酸。人体中有 8 种必需氨基酸，即缬氨酸、亮氨酸、异亮氨酸、甲硫氨酸、苏氨酸、苯丙氨酸、色氨酸和赖氨酸。合成氨基酸的原料是氨和 α-酮酸。植物和微生物可以把硝酸盐和亚硝酸盐还原为氨，少数微生物可以通过固氮作用把大气中的氮转变为氨，动物体内的氨则主要来自于氨基酸的脱氨基作用。α-酮酸主要来自于糖代谢的中间产物，如丙酮酸、草酰乙酸、α-酮戊二酸等，也可以由氨基酸脱氨基作用提供。

## 一、氮素循环

氮在生物体的生命活动中起着极为重要的作用，蛋白质、核酸、叶绿素、血红素及许多维生素和激素等均含有氮元素，生物体在生长发育的整个过程中都进行着氮元素的代谢。自然界中的氮化物经常发生互相转化，形成一个氮素循环。生物界的氮代谢是自然界氮素循环的主要组成部分。自然界的氮素循环主要包括固氮作用、氨化作用、硝化作用和反硝化作用等过程。少数微生物和藻类可以进行生物固氮，把大气中的 $N_2$ 还原为 $NH_3$；除此之外，固氮作用还包括工业固氮和大气固氮，即把 $N_2$ 转变为氨和硝酸盐的过程。通过土壤中微生物的作用，把动物排泄物及动植物残骸中的有机氮分解为氨的过程，称为氨化作用。土壤中含量丰富的硝化细菌把氨氧化为硝酸盐的过程，称为硝化作用。植物和微生物可以吸收 $NO_3^-$，在体内把 $NO_3^-$ 还原为 $NH_3$，再把 $NH_3$ 同化为含氮有机物；这些含氮有机物可以随食物进入动物体内，转变为动物体内的含氮有机物。在缺氧条件下，某些微生物把硝酸盐还原为 $N_2$，此过程为反硝化作用。自然界中的氮素循环见图 10-30。

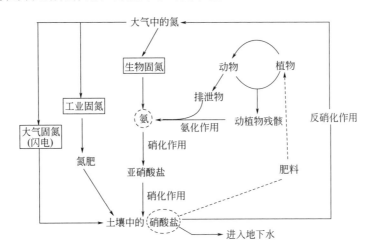

图 10-30 自然界中的氮素循环

## 二、氨的同化作用

### （一）氨的形成途径

#### 1. 生物固氮

某些细菌、放线菌及蓝藻在其体内的固氮酶作用下把分子氮转变为氨的过程，称为生物固氮。

自然界通过生物固氮的量占地球上总固氮量的 60% 左右，目前发现的固氮生物有近 50 个属，根据固氮微生物与高等植物及其他生物的关系，可分为自生固氮生物和共生固氮生物两类。自生固氮生物固氮时利用能量的方式有两种：①利用光能固氮。大多数固氮蓝藻具有厚壁的异型细胞，在异型细胞中不含 PSⅡ 的色素，光照时不放氧。因为固氮过程要求无氧条件，所以固氮在异型细胞里进行。另一些微生物，如红螺菌、红色极毛杆菌、绿杆菌等也能利用光能从硫、硫化氢或有机物中取得电子进行固氮。②利用化学能固氮。如好气性固氮菌、贝氏固氮菌、厌气性巴斯德梭菌等利用化学能固氮。共生固氮生物在与其他生物的共生过程中固氮。与豆科植物共生固氮的根瘤菌，有很强的专一性，不同的菌株只能感染一定的植物形成共生的根瘤。在根瘤中，植物为固氮菌提供碳源，固氮菌利用植物提供的能源固氮，为植物提供氮源，从而形成互利共生的关系。一些非豆科植物的共生生物，如蓝藻能与蕨类植物红萍共生固氮。

生物固氮的过程是在固氮酶的作用下完成的。固氮酶是一种在 ATP 参与下催化分子氮还原为氨的催化体系。固氮酶是二聚体，由两个蛋白质成分组成，一个蛋白质组分含钼和铁，另一个蛋白质组分含铁，只有当这两个组分同时存在时才有固氮作用。由于固氮酶中的两个金属蛋白对 $O_2$ 分子高度敏感，与氧接触会失活，所以在固氮生物内，固氮酶都是与氧隔绝的，即生物固氮在厌氧条件下进行。固氮酶催化的反应见图 10-31。

#### 2. 硝酸还原作用

植物体需要的氮元素除了生物固氮的氮素外，绝大部分来自于土壤中的氮元素，主要是硝酸盐和铵盐，它们通过植物的根系进入细胞，植物最容易吸收硝酸态氮。硝酸态氮必须还原为氨才能为植物所利用。

将 $NO_3^-$ 还原为 $NH_3$ 的过程，称为硝酸还原作用。硝酸还原作用是在硝酸还原酶和亚硝酸还原酶的作用下进行的，需要铁氧还蛋白（$Fe^{2+}$）或 NADH（NADPH）为还原剂（见图 10-32）。

$$N_2 + 6H^+ + 6e^- \longrightarrow 2NH_3$$
$$N_2O + 2H^+ + 2e^- \longrightarrow N_2 + H_2O$$
$$N_2 + 8H^+ + 8e^- \longrightarrow 2NH_3 + H_2$$

图 10-31　固氮酶催化的反应

$$NO_3^- \xrightarrow[\text{硝酸还原酶}]{2e^-} NO_2^- \xrightarrow[\text{亚硝酸还原酶}]{6e^-} NH_3$$

图 10-32　硝酸还原作用

## （二）氨的同化作用

氨的同化作用是指生物体内 $NH_3$（或 $NH_4^+$）转化为有机化合物的过程。

在氮素循环中，生物固氮和硝酸还原作用生成无机化合物氨，氨经过同化作用转变为含氮有机化合物。所有的生物都能通过谷氨酸脱氢酶或谷氨酰胺合成酶的作用同化氨，形成谷氨酸或谷氨酰胺。谷氨酸或谷氨酰胺可以为其他含氮化合物的合成提供氨基。氨同化的另一条途径是合成氨甲酰磷酸。

### 1. 谷氨酰胺途径

在谷氨酸脱氢酶的作用下，氨和 $\alpha$-酮戊二酸生成谷氨酸；在谷氨酰胺合成酶的催化下，氨整合到谷氨酸中，形成谷氨酰胺。谷氨酰胺与 $\alpha$-酮戊二酸作用生成谷氨酸。谷氨酰胺途径见图 10-33。

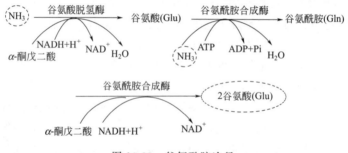

图 10-33　谷氨酰胺途径

谷氨酸和谷氨酰胺在含氮有机物的合成代谢中起重要作用。谷氨酰胺既是氨同化的一种方式，又可以解除高浓度氨的危害，还可以作为氨基供体，用于谷氨酸的合成。

### 2. 氨甲酰磷酸途径

有两种酶可以催化 $NH_3$、$CO_2$ 合成氨甲酰磷酸，即氨甲酰激酶和氨甲酰磷酸合成酶（见图 10-34）。

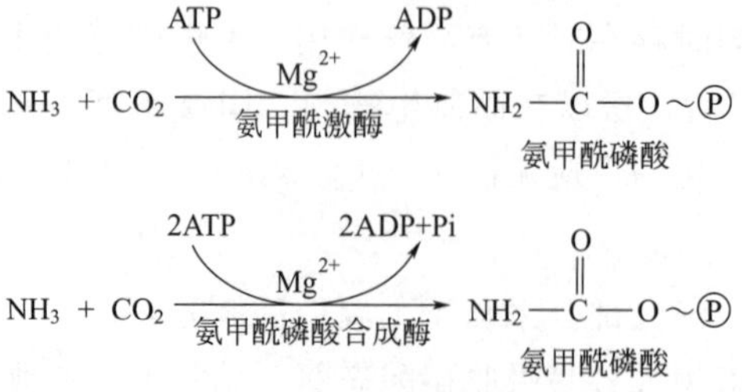

$$NH_3 + CO_2 \xrightarrow[\text{氨甲酰激酶}]{ATP \quad ADP, Mg^{2+}} NH_2-\overset{O}{\underset{\|}{C}}-O\sim\text{P}$$
氨甲酰磷酸

$$NH_3 + CO_2 \xrightarrow[\text{氨甲酰磷酸合成酶}]{2ATP \quad 2ADP+Pi, Mg^{2+}} NH_2-\overset{O}{\underset{\|}{C}}-O\sim\text{P}$$
氨甲酰磷酸

图 10-34　氨甲酰磷酸途径

## 三、氨基酸的生物合成途径

不同氨基酸的生物合成途径各异，而且不同生物中氨基酸的合成途径也不尽相同。生物体内合成氨基酸的主要途径是转氨基作用，除此之外，$\alpha$-酮酸与氨进行还原氨基化作用及氨基酸之间的相互转化也可以合成氨基酸。

## 1. 转氨基作用

转氨基作用是生物体合成氨基酸的主要途径，也是氨基酸合成的共同途径（只有赖氨酸不能通过转氨基作用合成）。在氨基酸的生物合成中，谷氨酸的氨基可以转给不同的α-酮酸，形成相应的氨基酸。

根据氨基酸生物合成中α-酮酸的来源不同，可以把氨基酸分为若干族，同一族内的氨基酸有共同的碳架。丙氨酸、谷氨酸和天冬氨酸有现成的碳架（α-酮酸），可以通过一步转氨基反应形成；其他氨基酸则需要通过若干反应生成相应的α-酮酸后，才能经转氨基反应形成。如缬氨酸的形成：

## 2. 氨基酸的互相转化

有些氨基酸在酶的催化下，可以转化为其他氨基酸。如丝氨酸可以转化为半胱氨酸和甘氨酸，谷氨酸可以转化为谷氨酰胺、脯氨酸和精氨酸，天冬氨酸可以转化为天冬酰胺、苏氨酸、甲硫氨酸、赖氨酸，等等。人和动物体内的必需氨基酸不能由别的氨基酸转化，只能从食物中摄取。

---

**知识拓展**　　　　　　**各族氨基酸的合成**

### 1. 丙氨酸族氨基酸的合成

丙氨酸族氨基酸包括丙氨酸、缬氨酸和亮氨酸，它们的共同碳架是丙酮酸。丙酮酸来自于糖酵解途径。丙氨酸族氨基酸的合成见图10-35。

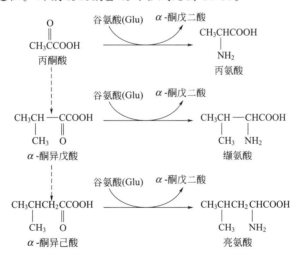

图10-35　丙氨酸族氨基酸的合成

### 2. 丝氨酸族氨基酸的生物合成

丝氨酸族氨基酸包括丝氨酸、甘氨酸和半胱氨酸，共同碳架是3-磷酸甘油酸或乙醛酸。

（1）以3-磷酸甘油酸为碳架　　丝氨酸是甘氨酸和半胱氨酸生物合成的主要前体。合成丝氨酸的碳架来自于糖酵解中产生的3-磷酸甘油酸。丝氨酸的合成见图10-36。

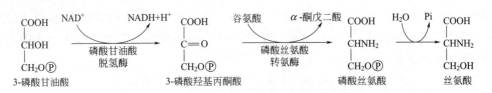

图 10-36　以 3-磷酸甘油酸为碳架合成丝氨酸

甘氨酸是丝氨酸在丝氨酸羟甲基转移酶的催化下形成的，见图 10-37。

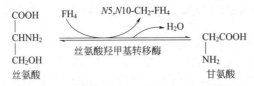

图 10-37　丝氨酸转化为甘氨酸

半胱氨酸也由丝氨酸转化而成。在植物和细菌中，丝氨酸经两步反应转化为半胱氨酸（见图 10-38）；在哺乳动物体内，丝氨酸首先与高半胱氨酸缩合形成胱硫醚，然后胱硫醚裂解形成半胱氨酸和 α-酮戊二酸。

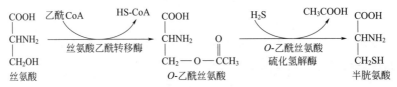

图 10-38　丝氨酸转化为半胱氨酸

（2）以乙醛酸为碳架　由光呼吸乙醇酸途径产生的乙醛酸为碳架，经转氨基作用形成甘氨酸，甘氨酸缩合形成丝氨酸，丝氨酸可转化为半胱氨酸（见图 10-39）。

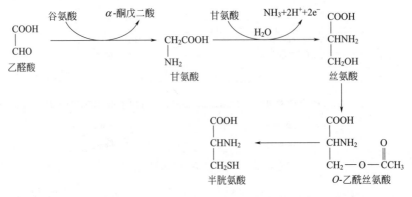

图 10-39　以乙醛酸为碳架合成丝氨酸族氨基酸

3. 谷氨酸族氨基酸的合成

谷氨酸族氨基酸包括谷氨酸、谷氨酰胺、脯氨酸和精氨酸，共同碳架是来自于三羧酸循环中的 α-酮戊二酸。谷氨酸族氨基酸的合成见图 10-40。

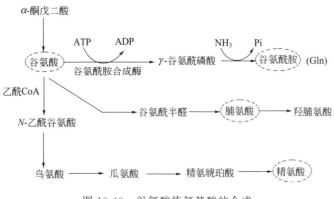

图 10-40 谷氨酸族氨基酸的合成

**4. 天冬氨酸族氨基酸的合成**

天冬氨酸族氨基酸包括天冬氨酸、天冬酰胺、苏氨酸、赖氨酸、甲硫氨酸和异亮氨酸，它们的共同碳架是来自于三羧酸循环的草酰乙酸。天冬氨酸族氨基酸的合成见图 10-41。

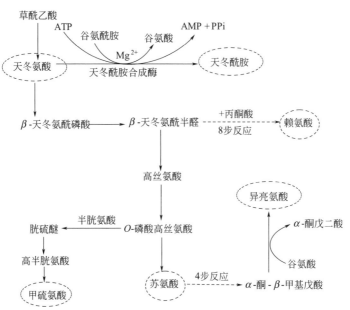

图 10-41 天冬氨酸族氨基酸的合成

**5. 芳香族氨基酸的合成**

芳香族氨基酸包括苯丙氨酸、酪氨酸和色氨酸，共同碳架是来自于糖酵解的磷酸烯醇式丙酮酸（PEP）和磷酸戊糖途径的赤藓糖-4-磷酸。芳香族氨基酸的合成见图 10-42。

**6. 组氨酸的合成**

合成组氨酸的碳架来自于磷酸戊糖途径中的 5-磷酸核糖，其合成途径较复杂，还需要 ATP、谷氨酸和谷氨酰胺的参与。组氨酸的合成见图 10-43。

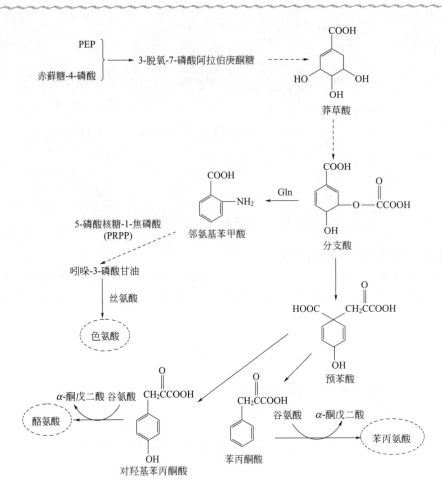

图 10-42 芳香族氨基酸的合成

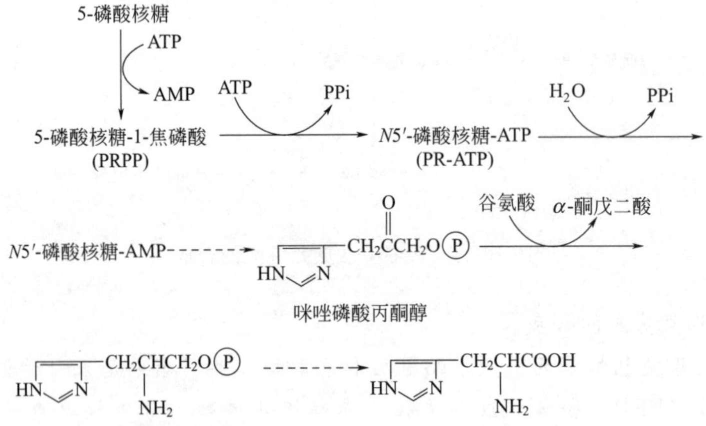

图 10-43 组氨酸的合成

# 第十一章 核酸的降解及核苷酸代谢

## 第一节 核酸的降解

核酸是一类重要的生物大分子,在生物体遗传信息的储存、传递和表达中起重要作用。核酸代谢与生物的生长、发育、繁殖有密切的关系。生物体细胞内有与核酸代谢有关的酶类,可以把核酸降解为核苷酸,然后核苷酸再继续降解为磷酸、戊糖和碱基。戊糖、碱基可以继续降解,也可以作为合成核苷酸的原料。人和动物体内不仅可以分解细胞内的核酸,还可以消化来自于食物中的核酸。核酸的降解过程见图 11-1。

降解核酸的酶统称为核酸酶,按作用的底物,可分为 DNA 酶和 RNA 酶;按作用的位置,可分为核酸外切酶和核酸内切酶。核酸外切酶作用于多核苷酸链的一端(3′-端或 5′-端),逐个切下核苷酸,是非特异性的磷酸二酯酶。核酸内切酶水解多核苷酸链内部的磷酸二酯键,特异性较强。限制性核酸内切酶可识别 DNA 分子内部特异性的碱基序列,并在该部位切断 DNA 链,产物仍是双链 DNA 片段,这类核酸内切酶具有高度的特异性。

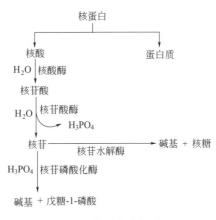

图 11-1 核酸的降解过程

## 第二节 核苷酸的分解代谢

### 一、核苷酸的降解

核苷酸在核苷酸酶的催化下,降解为磷酸和核苷。核苷的降解有两条途径:一是在核苷磷酸化酶的作用下降解为碱基和戊糖-1-磷酸;二是在核苷水解酶的作用下降解为核糖和碱基(见图 11-1)。核苷水解酶主要存在于植物和微生物体内,且只作用于核糖核苷。

戊糖-1-磷酸作为合成核苷酸的原料。碱基继续降解,代谢产物排出体外或再利用。

### 二、碱基的分解代谢

#### (一)嘌呤碱的分解代谢

生物体中嘌呤分解代谢的终产物随生物的不同而异。

嘌呤碱降解的过程首先是水解脱氨基。腺嘌呤脱氨基后转化为次黄嘌呤，然后在黄嘌呤氧化酶的作用下，生成黄嘌呤；鸟嘌呤脱氨基后转化为黄嘌呤。在黄嘌呤氧化酶的作用下，黄嘌呤氧化为尿酸。尿酸是人类、灵长类及鸟类等动物体内嘌呤降解的终产物，可以排出体

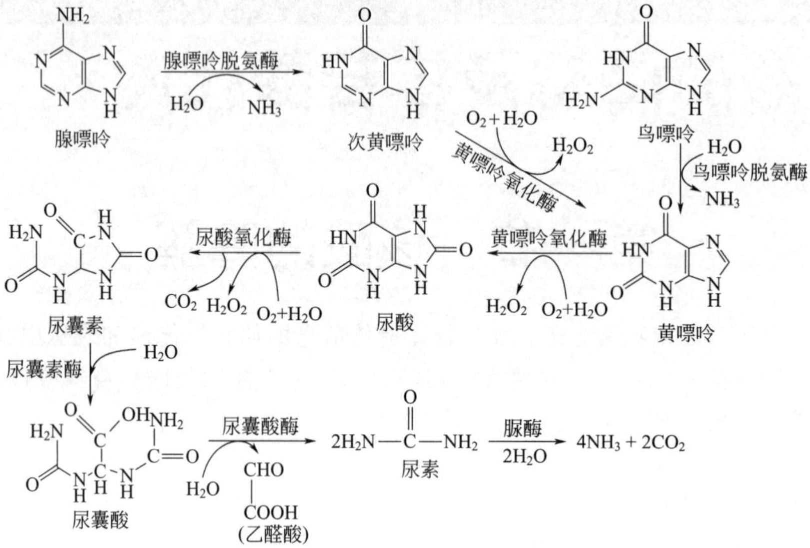

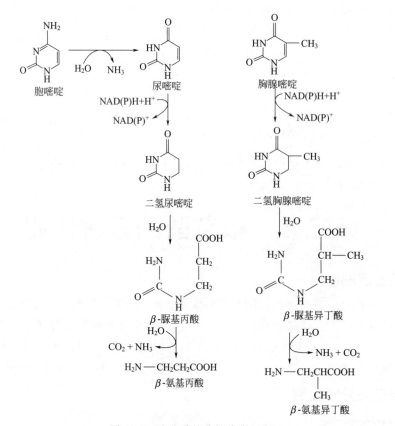

图 11-2　嘌呤碱的分解代谢过程

图 11-3　嘧啶碱的分解代谢过程

外。灵长类之外的哺乳动物体内含有尿酸氧化酶,可以把尿酸氧化为尿囊素,同时脱去$CO_2$。某些硬骨鱼类体内含有尿囊素酶,可以继续降解尿囊素生成尿囊酸。多数鱼类和两栖类体内嘌呤降解的终产物是尿素。某些低等动物可以继续把尿素分解为氨。嘌呤碱的分解代谢过程见图11-2。

正常人血清中的尿酸含量为0.12~0.36mmol/L,当含量超过0.47mmol/L时,尿酸盐可在关节、软组织、软骨、肾等处形成结晶并沉积,引起痛风症。临床上用黄嘌呤氧化酶的竞争性抑制剂别嘌呤醇治疗痛风。

**(二)嘧啶碱的分解代谢**

不同生物降解嘧啶碱的过程并不完全相同。高等动物体内嘧啶碱的降解主要在肝脏中进行。嘧啶碱的降解也从脱氨基开始,即胞嘧啶首先脱氨基转化为尿嘧啶。尿嘧啶和胸腺嘧啶的降解过程基本相似,都是先被还原,然后再水解。胞嘧啶、尿嘧啶降解的主要产物是$\beta$-氨基丙酸,胸腺嘧啶降解的主要产物是$\beta$-氨基异丁酸。嘧啶碱的降解产物中都有$CO_2$和$NH_3$。人体内的$\beta$-氨基丙酸和$\beta$-氨基异丁酸可以继续转化。嘧啶碱的分解代谢过程见图11-3。

# 第三节 核苷酸的合成代谢

生物体内核苷酸的合成有两条途径:从头合成途径和补救合成途径。从头合成途径是由氨基酸、磷酸戊糖、$CO_2$、$NH_3$这些小分子物质合成核苷酸,是生物体合成核苷酸的主要途径。从头合成途径耗能较多,主要在肝细胞的细胞液中进行。补救途径是利用细胞内核苷酸降解产生的碱基或核苷直接合成核苷酸。补救合成途径耗能较低,主要在脑、脊髓等组织中进行。

在核苷酸的生物合成中,磷酸核糖的供体是5-磷酸核糖-1-焦磷酸(PRPP)。PRPP由5-磷酸核糖和ATP形成,见图11-4。

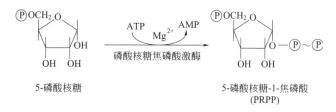

图11-4 5-磷酸核糖-1-焦磷酸(PRPP)的形成

## 一、核糖核苷酸的合成

**(一)嘌呤核苷酸的合成**

1. 从头合成途径

(1)嘌呤环的元素来源 实验证明,嘌呤环的元素来源是谷氨酰胺、甘氨酸、甲酸盐、天冬氨酸和$CO_2$(见图11-5)。

(2)次黄嘌呤核苷酸的合成 嘌呤核苷酸的合成不是先合成嘌呤环后再与5-磷酸核糖相连,而是先在PRPP的C1位置上逐一加上构成嘌呤环的各原子,逐

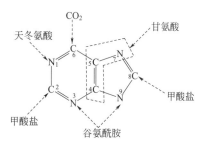

图11-5 嘌呤环的元素来源

步形成嘌呤环。嘌呤核苷酸从头合成的最初产物是次黄嘌呤核苷酸（IMP）。腺嘌呤核苷酸（AMP）和鸟嘌呤核苷酸（GMP）都是由次黄嘌呤核苷酸转化而成的。

**知识拓展**

次黄嘌呤核苷酸的合成是非常复杂的过程，从PRPP开始，经历10步酶促反应，最终形成IMP。IMP的合成过程如下：

① 5-磷酸核糖胺的形成。PRPP与谷氨酰胺反应，生成5-磷酸核糖胺，核糖的构型由α-型转变为β-型（见图11-6）。

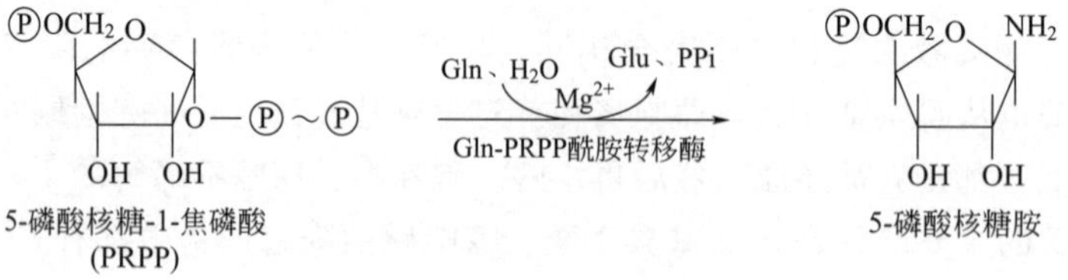

图11-6　5-磷酸核糖胺的形成

② 甘氨酰胺核苷酸的形成。5-磷酸核糖胺与甘氨酸（Gly）反应，消耗ATP，形成甘氨酰胺核苷酸（GAR）（见图11-7）。

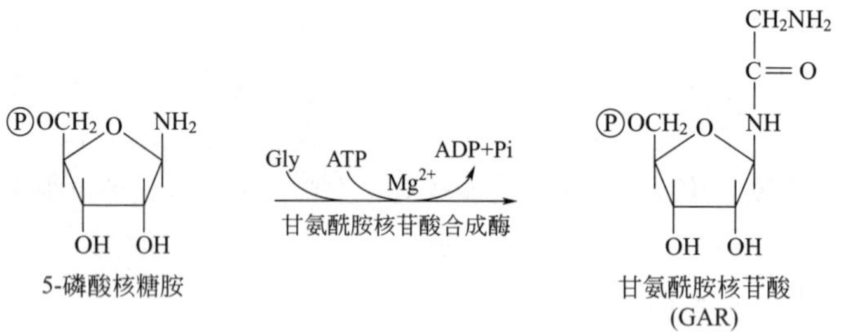

图11-7　甘氨酰胺核苷酸的形成

③ 甲酰甘氨酰胺核苷酸的形成。甘氨酰胺核苷酸经甲基化形成甲酰甘氨酰胺核苷酸（FGAR），甲基由$N10$-甲酰-$FH_4$提供（见图11-8）。

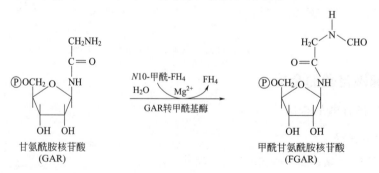

图11-8　甲酰甘氨酰胺核苷酸的形成

④ 甲酰甘氨脒核苷酸的形成。甲酰甘氨酰胺核苷酸由谷氨酰胺提供氨基，消耗ATP，形成甲酰甘氨脒核苷酸（FGAM）（见图11-9）。

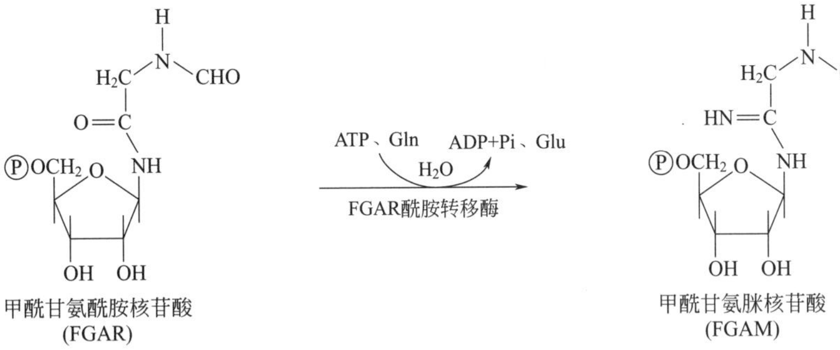

图 11-9　甲酰甘氨脒核苷酸的形成

⑤ 5-氨基咪唑核苷酸的形成。FGAM 环化酶催化甲酰甘氨脒核苷酸（FGAM）脱水环化，形成 5-氨基咪唑核苷酸（AIR）（见图 11-10）。

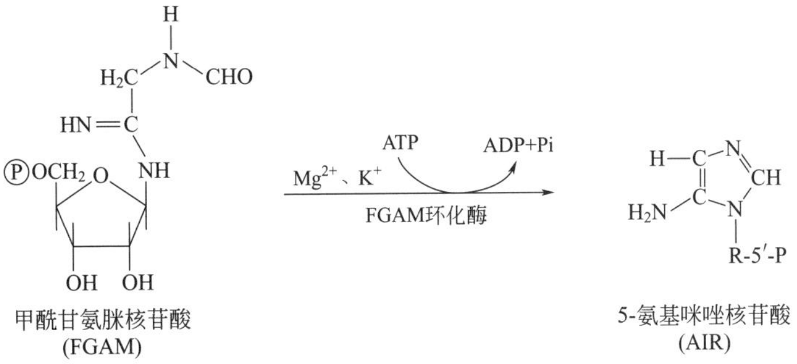

图 11-10　5-氨基咪唑核苷酸的形成

⑥ 5-氨基咪唑-4-羧基核苷酸的形成。5-氨基咪唑核苷酸在 $N5$-CAIR 合成酶的催化下，羧化形成 5-氨基咪唑-4-羧基核苷酸（$N5$-CAIR）（见图 11-11）。

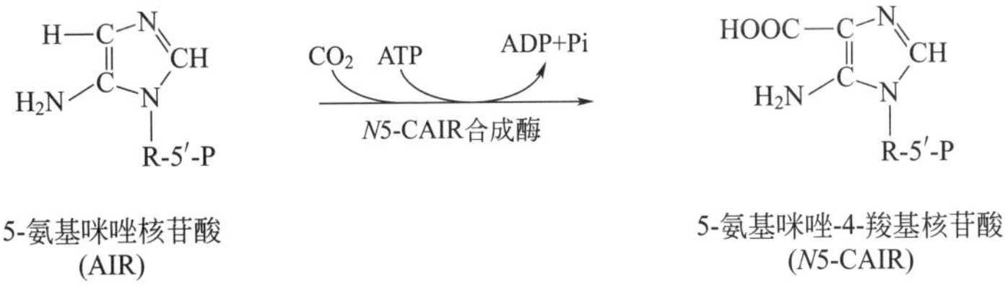

图 11-11　5-氨基咪唑-4-羧基核苷酸的形成

⑦ $N$-琥珀酸-5-氨基咪唑-4-羧基酰胺核苷酸的形成。$N5$-CAIR 由天冬氨酸（Asp）提供氮，消耗 ATP，形成 $N$-琥珀酸-5-氨基咪唑-4-羧基酰胺核苷酸（SAICAR）（见图 11-12）。

⑧ 5-氨基咪唑-4-氨甲酰核苷酸的形成。在 SAICAR 裂解酶的催化下，SAICAR 裂解，生成 5-氨基咪唑-4-氨甲酰核苷酸（AICAR）和延胡索酸（见图 11-13）。

⑨ 5-甲酰胺基咪唑-4-氨甲酰核苷酸的形成。5-氨基咪唑-4-氨甲酰核苷酸（AICAR）接受 $N10$-甲酰-$FH_4$ 的甲酰基，生成 5-甲酰胺基咪唑-4-氨甲酰核苷酸（FAICAR）（见图 11-14）。

5-氨基咪唑-4-羧基核苷酸
(*N*5-CAIR)

*N*-琥珀酸-5-氨基咪唑-4-羧基酰胺核苷酸
(SAICAR)

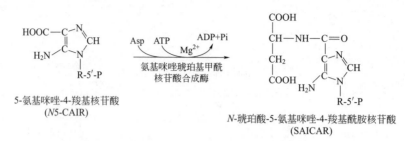

图 11-12 *N*-琥珀酸-5-氨基咪唑-4-羧基酰胺核苷酸的形成

*N*-琥珀酸-5-氨基咪唑-4-羧基酰胺核苷酸
(SAICAR)

5-氨基咪唑-4-氨甲酰核苷酸
(AICAR)

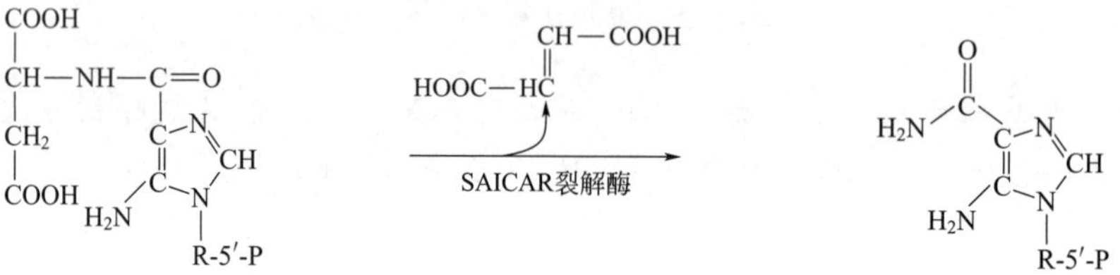

图 11-13 5-氨基咪唑-4-氨甲酰核苷酸的形成

5-氨基咪唑-4-氨甲酰核苷酸
(AICAR)

5-甲酰胺基咪唑-4-氨甲酰核苷酸
(FAICAR)

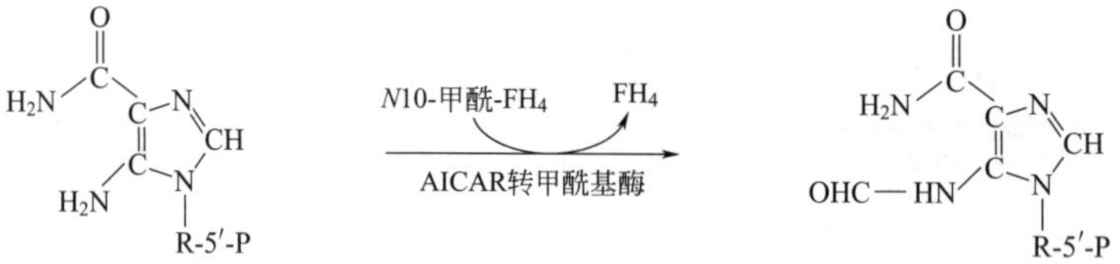

图 11-14 5-甲酰胺基咪唑-4-氨甲酰核苷酸的形成

⑩ 次黄嘌呤核苷酸的形成。5-甲酰胺基咪唑-4-氨甲酰核苷酸脱水环化生成次黄嘌呤核苷酸（IMP）（见图 11-15）。

5-甲酰胺基咪唑-4-氨甲酰核苷酸
(FAICAR)

次黄嘌呤核苷酸(IMP)

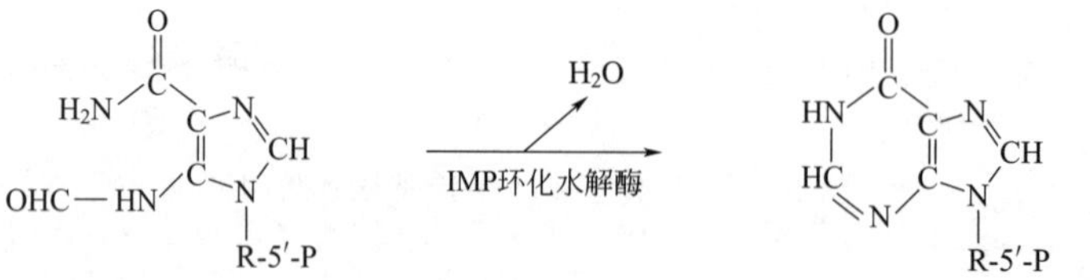

图 11-15 次黄嘌呤核苷酸的形成

**(3) 腺嘌呤核苷酸和鸟嘌呤核苷酸的合成** 在腺苷酸琥珀酸合成酶的催化下，由 GTP 提供能量，IMP 与天冬氨酸（Asp）反应，生成腺苷酸琥珀酸，然后腺苷酸琥珀酸裂解生成腺苷酸（AMP）和延胡索酸。

IMP 在次黄嘌呤核苷酸脱氢酶的作用下，生成黄嘌呤核苷酸（XMP）；由 ATP 供能、Gln 提供氨基，在鸟苷酸合成酶的催化下，合成鸟苷酸（GMP）。

腺嘌呤核苷酸和鸟嘌呤核苷酸的合成见图 11-16。

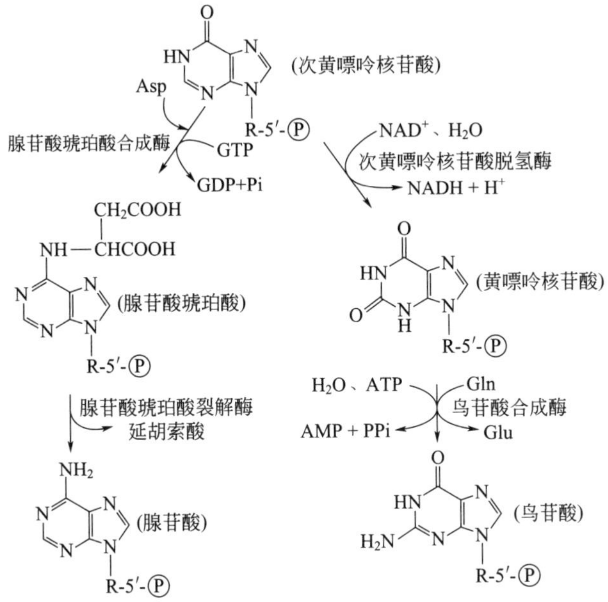


图 11-16 腺嘌呤核苷酸和鸟嘌呤核苷酸的合成

### 2. 补救合成途径

嘌呤核苷酸的补救合成途径有两条。一条是在核苷磷酸化酶的作用下，嘌呤碱与核糖-1-磷酸生成核苷，核苷再与 ATP 在核苷激酶的作用下生成核苷酸。此途径不重要，因为生物体内除腺苷激酶外，缺乏其他的嘌呤核苷激酶。

重要的是另一条补救合成途径，即在嘌呤磷酸核糖转移酶的催化下，嘌呤碱与 5-磷酸核糖-1-焦磷酸形成嘌呤核苷酸。腺苷酸是腺嘌呤与 PRPP 在腺嘌呤磷酸核糖转移酶（APRT）的催化下合成的；次黄嘌呤核苷酸和鸟嘌呤核苷酸分别是次黄嘌呤和鸟嘌呤与 PRPP 在次黄嘌呤-鸟嘌呤磷酸核糖转移酶（HGPRT）的催化下合成的。嘌呤核苷酸的补救合成途径见图 11-17。

嘌呤核苷酸的补救合成途径可以节省能量和一些前体分子的消耗。此外，在脑、骨髓等组织中缺乏从头合成的酶，需要经补救途径合成嘌呤核苷酸。

## （二）嘧啶核苷酸的合成

### 1. 从头合成途径

嘧啶核苷酸的从头合成与嘌呤核苷酸的合成顺序不同。嘧啶核苷酸的合成是先利用 $CO_2$

$$\text{腺嘌呤} + \text{PRPP} \xrightarrow{\text{APRT}} \text{AMP} + \text{PPi}$$

$$\underset{(\text{鸟嘌呤})}{\text{次黄嘌呤}} + \text{PRPP} \xrightarrow{\text{HGPRT}} \underset{(\text{GMP})}{\text{IMP}} + \text{PPi}$$

图 11-17 嘌呤核苷酸的补救合成途径

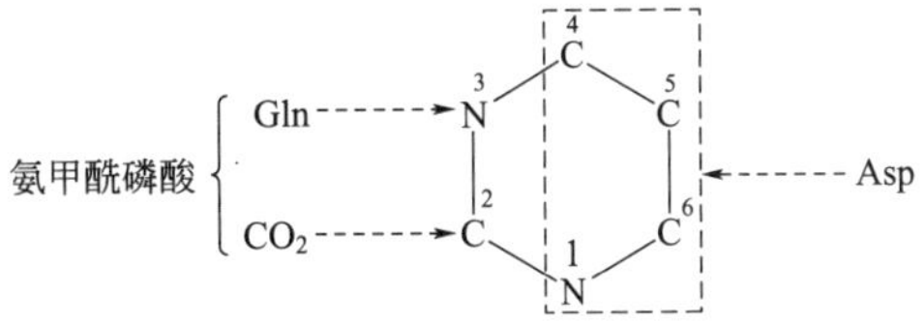


图 11-18 嘧啶环的元素来源

和谷氨酰胺（Gln）、天冬氨酸（Asp）合成嘧啶环（乳清酸），乳清酸再与 PRPP 结合成乳清苷酸，然后转化成尿嘧啶核苷酸（UMP）。尿苷酸再转化成其他嘧啶核苷酸。

**（1）嘧啶环的元素来源**　嘧啶环的元素来源是 Gln、$CO_2$ 和 Asp（见图 11-18）。

**（2）乳清酸的合成**　乳清酸的合成由 4 步反应完成：①在氨甲酰磷酸合成酶Ⅱ的催化下，由谷氨酰胺和 $CO_2$ 合成氨甲酰磷酸；②氨甲酰磷酸和天冬氨酸在天冬氨酸转氨甲酰酶的催化下，形成氨甲酰天冬氨酸；③氨甲酰天冬氨酸失去 1 分子水，闭环形成二氢乳清酸；④在二氢乳清酸脱氢酶的催化下，二氢乳清酸脱氢形成乳清酸。乳清酸是合成尿嘧啶核苷酸所需的嘧啶环，其合成过程见图 11-19。

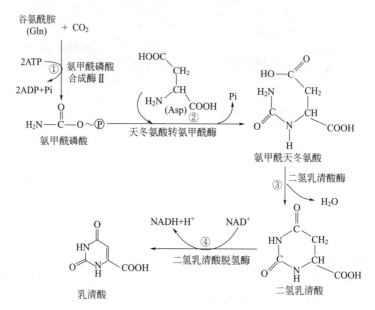

图 11-19　乳清酸的合成

真核生物中有两种氨甲酰磷酸合成酶，线粒体中的称为氨甲酰磷酸合成酶Ⅰ，催化 $NH_3$ 和 $CO_2$ 合成氨甲酰磷酸，在肝细胞线粒体中，合成的氨甲酰磷酸用于尿素的合成；细胞液中的氨甲酰磷酸合成酶称为氨甲酰磷酸合成酶Ⅱ，催化谷氨酰胺和 $CO_2$ 合成氨甲酰磷酸。氨甲酰磷酸合成酶Ⅱ受 PRPP 和 IMP 的别构激活，受嘧啶核苷酸的抑制。原核生物中，催化氨甲酰磷酸合成的酶是氨甲酰磷酸合成酶Ⅰ。

**（3）尿嘧啶核苷酸的合成**　乳清酸与 PRPP 反应生成乳清苷酸，乳清苷酸脱羧形成尿苷酸（UMP）（见图 11-20）。

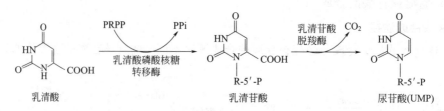

图 11-20　尿嘧啶核苷酸的合成

**（4）CTP（胞苷三磷酸）的合成**　CTP 是由 UMP 转化而成的，包括 3 步反应：①在尿苷酸激酶的催化下，UMP 转化为 UDP；②在尿苷二磷酸激酶的催化下，UDP 形成 UTP；

③在 CTP 合成酶的催化下，由谷氨酰胺提供氨基，形成 CTP。UMP 转化为 CTP 的过程见图 11-21。

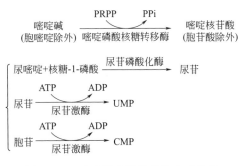

图 11-21　UMP 转化为 CTP

### 2. 补救合成途径

嘧啶核苷酸的补救合成途径主要是嘧啶碱（胞嘧啶除外）与 PRPP 在嘧啶磷酸核糖转移酶的催化下形成嘧啶核苷酸（胞苷酸除外）。尿嘧啶核苷酸补救合成的另一条途径是尿嘧啶与核糖-1-磷酸在尿苷磷酸化酶的催化下形成尿苷，然后在尿苷激酶的作用下与 ATP 形成尿苷酸（UMP）。胞嘧啶不能直接与 PRPP 反应生成 CMP，但尿苷激酶可以使胞苷生成 CMP。嘧啶核苷酸的补救合成途径见图 11-22。

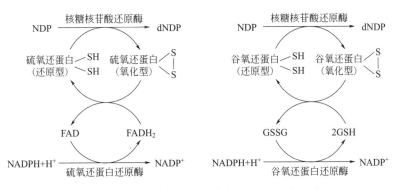

图 11-22　嘧啶核苷酸的补救合成途径

## 二、脱氧核糖核苷酸的合成

### (一) 脱氧核糖核苷二磷酸 (dNDP) 的合成

生物体内的脱氧核糖核苷酸是由核糖核苷酸还原而成的，多数生物体内，这种核糖核苷酸的还原发生在核苷二磷酸（NDP）水平上。除脱氧胸腺嘧啶核苷酸（dTMP）外，脱氧核苷二磷酸（dNDP）都可以由 ADP、GDP、UDP、CDP 还原形成。dNDP 在核苷二磷酸激酶的作用下生成 dNTP，用来合成 DNA。

NDP 还原为 dNDP 需要核糖核苷酸还原酶、硫氧还蛋白（或谷氧还蛋白）和硫氧还蛋白还原酶（或谷氧还蛋白还原酶）的共同参与，反应需要 NADPH 提供还原力（见图 11-23）。

图 11-23　脱氧核糖核苷二磷酸（dNDP）的合成

## (二) 脱氧胸腺嘧啶核苷酸 (dTMP) 的合成

脱氧胸腺嘧啶核苷酸 (dTMP) 是由 dUMP 甲基化形成的。

首先, dUDP 转化为 dUMP (dCMP 脱氨也可以转化为 dUMP), 然后在胸苷酸合成酶的催化下, 由 $N5, N10\text{-}CH_2\text{-}FH_4$ 提供甲基形成 dTMP (见图 11-24)。

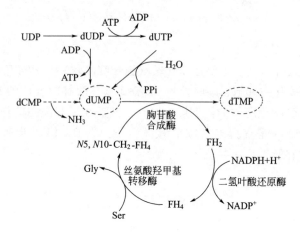

图 11-24 脱氧 dTMP 的合成

# 第十二章
# 核酸的生物合成

DNA 是遗传信息分子，DNA 分子中特定的核苷酸序列决定着生物体的遗传特征。1958年，F. Crick 首先提出了分子生物学的基本法则——中心法则，揭示了生物体内遗传信息传递的规律和方向。DNA 通过复制将遗传信息由亲代传递给子代；通过转录和翻译，将遗传信息传递给蛋白质分子，从而决定生物的表现型。20 世纪 70 年代以后，随着对病毒的认识，发现了逆转录现象，中心法则得到进一步完善。中心法则可以用图 12-1 表示。

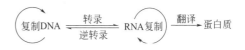

图 12-1　中心法则

# 第一节　DNA 的生物合成

## 一、DNA 的复制

DNA 的复制即 DNA 的生物合成，指以亲代 DNA 为模板，按碱基配对原则合成出与亲代链相同的两个 DNA 双链的过程。

### （一）DNA 的复制方式

DNA 的复制方式是半保留复制。

#### 1. 半保留复制的定义

DNA 复制时，母链 DNA 解开为两条单链，然后以每条单链 DNA 为模板，按碱基配对规律，合成与模板互补的子链。两个子代 DNA 分子中，各有一条来自于亲代的链和一条新合成的链，这种复制方式叫半保留复制（见图 12-2）。

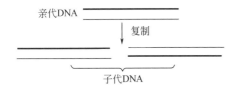

图 12-2　DNA 半保留复制示意图

按半保留复制方式，子代 DNA 与亲代 DNA 的碱基序列一致，即子代保留了亲代的全部遗传信息，体现了遗传的保守性。遗传的保守性，是物种稳定性的分子基础，但不是绝对的。

#### 2. 半保留复制的实验证据

1958 年，M. Meselson 和 F. Stahl 用实验证明了 DNA 的复制方式是半保留复制。

大肠杆菌可以利用 $NH_4Cl$ 作为氮源合成 DNA。实验先用 $^{15}NH_4Cl$ 为唯一氮源培养大肠杆菌，连续培养 12 代后，分离出的 DNA 是含 $^{15}N$ 的重 DNA，密度比 $^{14}N$-DNA 高，进行密度梯度离心时，致密带位于 $^{14}N$-DNA 致密带下方。之后，用 $^{14}NH_4Cl$ 培养大肠杆菌，提取子一代用 $CsCl_2$ 进行密度梯度离心，其致密带介于重带和普通带之间。将这一杂合分子加热分开，证实了子一代细胞的 DNA 链中，一条是来自于亲代的 $^{15}N$ 链，一条是新合成的 $^{14}N$

链。再用 $^{14}NH_4Cl$ 培养子一代，提取子二代，发现致密带有两条，一条介于重带和普通带之间，一条为普通带。继续培养大肠杆菌，发现 $^{14}N$-DNA 条带的分子不断增多。如此，半保留复制的机制得以证实（见图 12-3）。

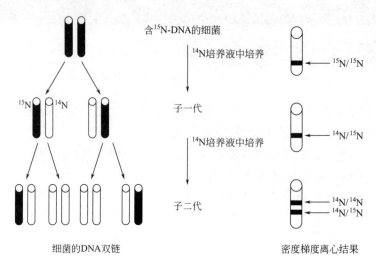

图 12-3　DNA 半保留复制的实验证据示意图

**（二）参与 DNA 复制的酶和蛋白质因子**

DNA 复制是在酶催化下的脱氧核苷三磷酸（dNTP）的聚合过程，需要多种物质的共同参与。

参与 DNA 复制的物质有：①底物，底物是 dNTP（dATP、dGDP、dCTP、dTTP）而不是脱氧核苷一磷酸；②模板，模板即解开成单链的 DNA 母链；③引物，引物提供 3′-OH 末端，使 dNTP 可以依次聚合，通常是一小段 RNA；④酶，参与复制的酶主要有 DNA 聚合酶（简写为 DNA-pol）、解旋酶、连接酶、引物酶及拓扑异构酶等；⑤蛋白质因子，除各种酶外，DNA 复制还需要一些蛋白质因子参与，如单链结合蛋白（SSB）等。

**1. DNA 聚合酶（DNA-pol）**

该酶的全称是依赖 DNA 的 DNA 聚合酶。

**(1) DNA 聚合酶的特点**

① 具有 5′→3′聚合活性。DNA 聚合酶以 dNTP 为原料催化合成 DNA，即催化 5′→3′的聚合反应。

在 DNA-pol 的作用下，新进入的 dNTP 与模板链的碱基配对，与引物的 3′-OH 形成磷酸二酯键，脱掉焦磷酸。反应的能量来自于 dNTP α 与 β 磷酰基高能键的断裂。随后焦磷酸的水解使 dNTP 聚合反应沿 5′→3′方向进行。DNA-pol 催化的聚合反应见图 12-4。

② 催化聚合反应需要引物。DNA 聚合酶催化的第一个聚合反应需要引物提供 3′-OH，随后，催化 dNTP 加到生长中的 DNA 链的 3′-OH 上，催化 DNA 合成的方向是 5′→3′。

③ 具有核酸外切酶活性。DNA 聚合酶有核酸外切酶活性。3′→5′外切酶活性使其在 DNA 复制中起校对作用，它可以检查新进入的核苷酸，若出现碱基错配，则发挥外切酶的活性，水解掉错配的核苷酸。5′→3′外切酶活性的功能是切除引物及突变的 DNA 片段。

**(2) DNA 聚合酶的种类**

① 原核生物的 DNA 聚合酶。目前发现的原核生物 DNA 聚合酶有 5 种，其中主要的有

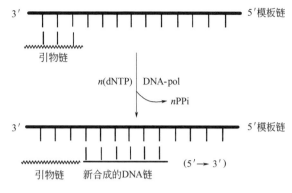

图 12-4 DNA-pol 催化的聚合反应示意图

3 种，即 DNA-pol Ⅰ、DNA-pol Ⅱ、DNA-pol Ⅲ。DNA-pol Ⅳ 和 DNA-pol Ⅴ 是 1999 年才被发现的，它们的主要功能是 DNA 的易错修复，当 DNA 受到严重损伤时，即可诱导产生这两个酶，但修复缺乏准确性。

大肠杆菌 3 种 DNA 聚合酶的特性见表 12-1。

表 12-1 大肠杆菌 3 种 DNA 聚合酶的特性

| DNA 聚合酶 | 催化活性 | | | 主要功能 |
|---|---|---|---|---|
| | 5′→3′聚合酶活性 | 3′→5′外切酶活性 | 5′→3′外切酶活性 | |
| DNA-pol Ⅰ | + | + | + | 切除引物、修复 |
| DNA-pol Ⅱ | + | + | − | 修复 |
| DNA-pol Ⅲ | + | + | − | 复制 |

② 真核生物的 DNA 聚合酶。真核生物至少有 5 种 DNA 聚合酶：DNA-pol α、β、γ、δ、ε。

真核生物 DNA 聚合酶都具有 5′→3′聚合酶活性。真核生物 DNA 聚合酶都没有 5′→3′外切酶活性，但有的具有 3′→5′外切酶活性。

DNA-pol α 定位于细胞核，不具有 5′→3′及 3′→5′外切酶活性，主要负责合成引物，与复制的起始有关。DNA-pol β，定位于细胞核，不具有 5′→3′及 3′→5′外切酶活性，参与低保真度复制，主要起修复作用。DNA-pol γ，存在于线粒体内，具有 3′→5′外切酶活性，负责催化线粒体 DNA 的复制。DNA-pol δ 是 DNA 复制的主要酶，参与前导链和随后链的合成，有 3′→5′外切酶活性，有解螺旋酶活性。DNA-pol ε 定位于细胞核，具有 3′→5′外切酶活性，在复制过程中起校对、修复和填补缺口的作用。

真核生物 DNA 聚合酶的特性见表 12-2。

表 12-2 真核生物 DNA 聚合酶的特性

| 特性 | DNA 聚合酶 | | | | |
|---|---|---|---|---|---|
| | α | β | γ | δ | ε |
| 细胞定位 | 核内 | 核内 | 线粒体 | 核内 | 核内 |
| 5′→3′聚合酶活性 | + | + | + | + | + |
| 3′→5′外切酶活性 | − | − | + | + | + |
| 5′→3′外切酶活性 | − | − | − | − | − |
| 主要功能 | 引物合成 | 修复 | 线粒体 DNA 复制 | DNA 链延长 | 复制和修复 |

#### 2. 引物酶

DNA 合成需在 RNA 引物的基础上进行，即在引物的 3'-OH 加上第一个 dNTP，然后 DNA 链才能延伸。催化 RNA 引物合成的酶是引物酶，也称为引发酶，它是一种特殊的 RNA 聚合酶。它以单链 DNA 为模板，以 ATP、GTP、CTP、UTP 为原料，从 5'→3' 方向合成出 RNA 片段，即引物。

#### 3. 解螺旋酶、单链结合蛋白和拓扑异构酶

**(1) 解螺旋酶** DNA 分子的碱基埋在双螺旋内部，只有把 DNA 解成单链，它才能起模板作用。解螺旋酶也叫解链酶，是一类能利用 ATP 供能，作用于氢键，使 DNA 双链解开成为两条单链的酶。

解螺旋酶的解螺旋作用依赖于单链 DNA 的存在，对单链 DNA 的亲和力强，可以和单链 DNA 结合，利用 ATP 水解产生的能量沿 DNA 链移动，使双链打开。每解开一对碱基需要水解 2 分子 ATP。不同的生物中，解螺旋酶不同。目前，大肠杆菌中已发现多种解螺旋酶，其中解螺旋酶 I、II、III 可与随后链的模板结合，沿 5'→3' 方向移动，指导随后链的合成；大肠杆菌中还有一种解螺旋酶称为 Rep 蛋白，沿前导链 3'→5' 方向移动，指导前导链的合成。复制时，解螺旋酶与 Rep 蛋白分别在 DNA 的两条母链上协同作用，解开双链。

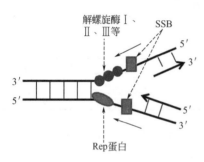

图 12-5 解螺旋酶、Rep 蛋白及 SSB 的作用

**(2) 单链结合蛋白（SSB）** 单链结合蛋白（SSB）是缺乏酶活性的蛋白质，不与 ATP 结合。SSB 的作用是结合在解开的 DNA 单链上，防止单链 DNA 重新形成双链或单链 DNA 被核酸酶水解。

解螺旋酶、Rep 蛋白及 SSB 的作用见图 12-5。

**(3) 拓扑异构酶** 拓扑异构酶是催化拓扑异构体互相转化的一类酶。所谓拓扑异构体，是指除连环数（DNA 分子中一条链以右手螺旋绕另一条链的次数）不同外其他性质均相同的 DNA 分子。拓扑异构酶能与 DNA 形成共价的蛋白质-DNA 中间体，从而在其骨架的磷酸二酯键处造成暂时裂口，使 DNA 的多核苷酸链可以穿越，从而改变 DNA 分子的拓扑状态。拓扑异构酶既能水解又能连接磷酸二酯键。

> **知识拓展**
>
> 拓扑异构酶有两类：拓扑异构酶 I 和拓扑异构酶 II。
>
> 拓扑异构酶 I（Topo I）：仅切断 DNA 双链中的一条链，使 DNA 解链旋转不致打结；适当时候封闭切口，DNA 变为松弛状态。反应不需 ATP。拓扑异构酶 I 主要与基因转录有关。拓扑异构酶 I 的作用机制见图 12-6。
>
> 拓扑异构酶 II（Topo II）：具有内切酶和连接酶活性，参与 DNA 复制前双螺旋的松弛及复制后超螺旋的再恢复。Topo II 同时切断 DNA 分子的两条链，断端通过切口旋转使超螺旋松弛。利用 ATP 供能，连接断端，DNA 分子进入负超螺旋状态。拓扑异构酶 II 与基因的复制有关。

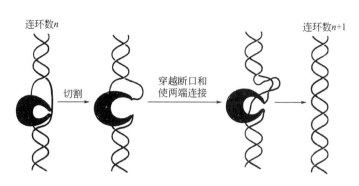

图 12-6　拓扑异构酶 I 的作用机制

原核生物中与 DNA 复制有关的是 Topo II，又称为 DNA 旋转酶或促旋酶。大肠杆菌的 Topo II 的作用方式大致为：Topo II 首先与 DNA 结合，使环状 DNA 扭曲形成一个稳定的正超螺旋（＋），同时又引入一个负超螺旋（－）；然后 Topo II 在正超螺旋的背后切断双链 DNA，并穿到另一条链的前面，这样就将正超螺旋变为负超螺旋，再将断口连接起来。拓扑异构酶 II 的作用机制见图 12-7。

真核生物中，拓扑异构酶 I 和拓扑异构酶 II 均与 DNA 复制有关。

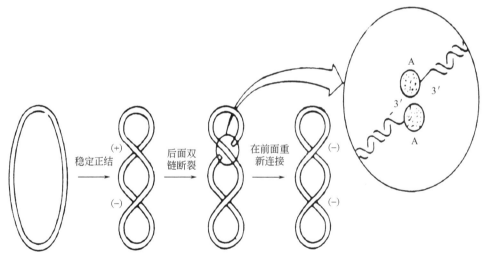

图 12-7　拓扑异构酶 II 的作用机制

### 4. DNA 连接酶

DNA 连接酶催化两段 DNA 片段之间磷酸二酯键的形成，从而把两段相邻的 DNA 链连接成一条完整的链（见图 12-8）。

### （三）DNA 复制的过程

DNA 复制的过程分为三个阶段：复制的起始、复制的延伸（链的延长）、复制的终止。下面以大肠杆菌（E. coli）为例介绍原核生物 DNA 复制的过程。

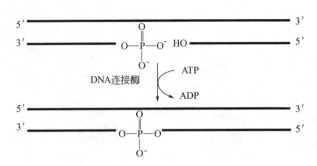

图 12-8　DNA 连接酶催化的反应

**1. 复制的起始**

DNA 复制的起始包括起始点的辨认、模板 DNA 超螺旋和双螺旋的解开、引物的合成等步骤，统称为引发。

多种蛋白质参与大肠杆菌复制的起始：①Dna A 蛋白质，辨认起点序列；②Dna B 解旋酶，解开 DNA 双链；③Dna C 蛋白质，帮助 Dna B 结合于起始点；④HU 类组蛋白，DNA 结合蛋白；⑤Dna G 引物酶，促进起始合成 RNA 引物；⑥单链结合蛋白（SSB），结合单链 DNA；⑦RNA 聚合酶，促进 Dna A 活性；⑧Topo Ⅱ，消除 DNA 解链过程中产生的扭曲力。

**（1）起始点（ori C）辨认**　DNA 的复制是从固定的起点开始的。复制起始点即一段 DNA 序列。

原核生物的 DNA 上一般只有一个复制起始点，但在迅速生长时期，第一轮复制尚未完成，就在起始点处启动第二轮复制；真核生物则有多个复制起始点，可以同时启动复制过程。

$E.coli$ 的复制起始点称为 origin C(ori C)，跨度为 245bp，有 3 组串联重复序列和 2 对反向重复序列（见图 12-9）。

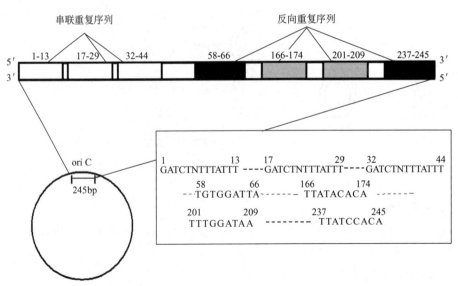

图 12-9　$E.coli$ 的复制起始点（ori C）

**（2）DNA 双链解开**　首先，Dna A 携带 ATP 在结合位点聚集，DNA 绕在上面形成起始复合物。然后热不稳定蛋白（HU 蛋白）与 DNA 结合，双链 DNA 弯曲，邻近 3 组串联重复序列由 ATP 供能解开，形成开链复合物。Dna B 借助 ATP 水解提供的能量，沿 DNA 链 $5'\rightarrow 3'$ 方向移动，DNA 双链解开，形成前引发物。解链过程中，Topo Ⅱ 消除 DNA 解链过程中产生的扭曲力，单链结合蛋白（SSB）为防止分开的两条链重新结合成碱基对，附着在解开的链上。

**（3）引发体的形成**　由解螺旋酶（Dna B 蛋白）、Dna C 蛋白、引物酶（Dna G 蛋白）和 DNA 复制起始区域形成引发体。在引物酶的催化下，以 DNA 为模板，沿 $5'\rightarrow 3'$ 方向合成一段短的 RNA 片段（引物），从而获得 3'-端自由羟基（3'-OH）。引物的长度通常为几个~10 个核苷酸，第一个核苷酸通常是 pppA（ATP），个别为 pppG（GTP）。引发体的组装见图 12-10。

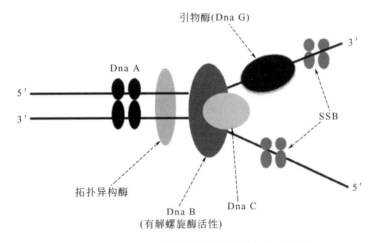

图 12-10　*E.coli* 复制起始引发体的组装示意图

### 2. 复制的延伸

复制的延伸指在 DNA-pol 的催化下，dNTP 以 dNMP 的方式逐个加入引物或延长中的子链上，其化学本质是磷酸二酯键的不断生成。

DNA 从复制起点开始复制直到终点为止，每一个这样的复制单位称为复制子。大肠杆菌只有一个复制起始点，因此是单复制子。真核生物的染色体庞大、复杂，有多个复制起始点，形成多复制子。复制时 DNA 双链打开，分成两股，新链沿张开的模板生成，复制中形成的这种 Y 字形结构，称为复制叉。以复制起始点为中心，向两个方向进行复制，称为双向复制；从起始点开始，向一个方向的复制，称为单向复制。大多数生物 DNA 是双向复制的。在电子显微镜下观察，DNA 正在复制的部分像一只眼睛，称为复制眼（见图 12-11）。

**（1）前导链和随后链的合成**　DNA 聚合酶只能催化 $5'\rightarrow 3'$ 方向合成 DNA。模板链是反向平行的链，因此，两条子链的合成一条是连续的，另一条是不连续的，这种复制过程称为半不连续复制。顺着解链方向生成的子链，复制是连续进行的，这股链称为前导链（领头链）。另一股链因为复制的方向与解链方向相反，不能顺着解链方向连续延长，这股不连续复制的链称为随后链（随从链），复制中的不连续片段称为冈崎片段。冈崎片段的长度原核细胞中 1000~2000 个核苷酸，真核细胞中 100~200 个核苷酸。DNA 半不连续复制见图 12-12。

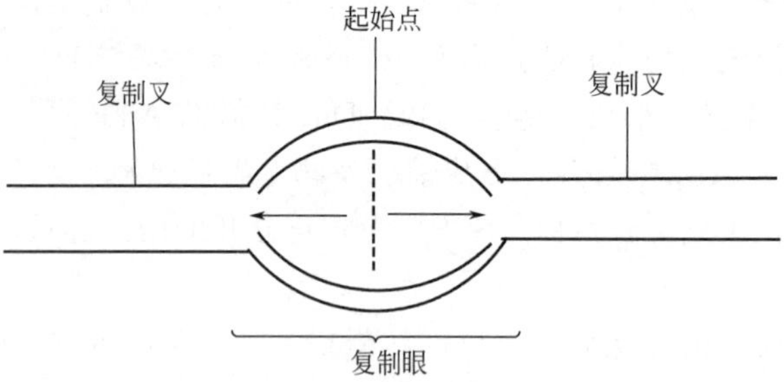

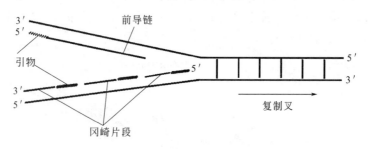

图 12-11　DNA 双向复制示意图

图 12-12　DNA 半不连续复制示意图

前导链的合成：引物酶在复制起始点附近合成一段 RNA 引物，DNA 聚合酶Ⅲ在引物的 3′-端逐个添加脱氧核苷酸，随着复制叉的推进，亲代 DNA 双螺旋不断被解开，先导链也不断延伸。

随后链的合成：随后链的每个冈崎片段都需要合成 RNA 引物，也是由引物酶催化。DNA 聚合酶Ⅲ在引物的 3′-端使 DNA 链延伸，直至抵达其下游的另一个冈崎片段的 RNA 引物的 5′-端。

前导链和随后链中 DNA 的延伸由同一个 DNA 聚合酶Ⅲ全酶二聚体催化，即前导链和随后链是协调合成的。随后链模板回折成环，环绕 DNA 聚合酶，通过 DNA 聚合酶再折向未解链的双链 DNA，使冈崎片段的合成可以和前导链在同一个方向上进行。当合成的 DNA 链到达前一次合成的冈崎片段位置时，随后链模板和新合成的冈崎片段便从 DNA 聚合酶上释放出来。随着复制叉的移动，产生新的随后链模板，它重新环绕 DNA 聚合酶，合成新的冈崎片段。前导链和随后链协调合成见图 12-13。

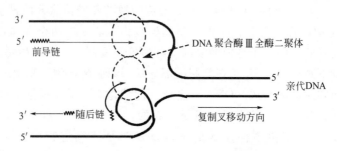

图 12-13　前导链和随后链协调合成示意图

**(2) 引物的切除及冈崎片段的连接**　在复制过程中形成的 RNA 引物，需要由 RNA 酶来水解去除。RNA 引物水解后遗留的缺口，由 DNA 聚合酶Ⅰ（真核生物中是 DNA 聚合酶ε）催化延长缺口处的 DNA，直到剩下最后一个磷酸酯键的缺口。

在 DNA 连接酶的催化下，生成最后一个磷酸酯键，将冈崎片段连接起来，形成完整的 DNA 长链。

3. 复制的终止

原核生物中，环状的 DNA 从复制起始点开始双向复制，当两个复制叉在终止区相遇时，结束复制，形成两个环状 DNA 分子。复制的终止区有多个终止子（terminator）位点，每个终止子约含 22bp。

大肠杆菌（E.coli）有 7 个终止子位点，称为 ter A、ter B、ter C、ter D、ter E、ter F、ter G。与 ter 结合的蛋白称为 Tus（terminus utilization substance）。Tus-ter 复合物只能阻止一个方向的复制叉前移，即不让对侧复制叉过量复制。正常情况下，两个复制叉移动的速度相等，到达终止区后即停止复制。如果一个复制叉移动受阻，另一个复制叉复制过半后，就受到对侧 Tus-ter 复合物的阻挡，以便等待另一个复制叉汇合。大肠杆菌 DNA 复制的终止见图 12-14。

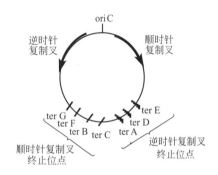

图 12-14　大肠杆菌（E.coli）DNA 复制的终止示意图

两个复制叉在终止区相遇并停止复制，其间有 50～100bp 长度未被复制。缺口处两条母链解开，通过修复方式填补缺口。复制结束时，新形成的 2 个环状 DNA 分子互相缠绕成连锁体（环连体），必须在拓扑异构酶Ⅱ的作用下分开（见图 12-15）。

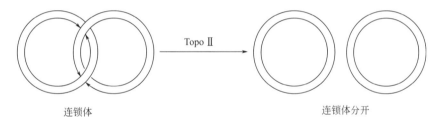

图 12-15　连锁体环状 DNA 分开示意图

### （四）真核生物 DNA 复制的特点

真核生物与原核生物 DNA 复制的过程基本相同，但涉及的酶和蛋白质因子更多，过程更复杂。

真核生物的基因组大，其 DNA 复制有多个起始点，由多个复制子共同完成（见图 12-16）。每个复制子控制的区域较小，通常在 100～200bp，仅为细菌的 1/10。真核生物 DNA 复制叉的移动速度比原核生物慢。真核生物 DNA 复制形成的 RNA 引物较短，一般为 10 个核苷酸；冈崎片段亦较短，通常为 100～200 个核苷酸。

## 二、以 RNA 为模板的 DNA 生物合成——逆转录

以 RNA 为模板的 DNA 生物合成过程称为逆转录。20 世纪 70 年代，H.Temin 从一些含 RNA 的肿瘤病毒中分离出一种独特的 RNA 指导的 DNA 聚合酶，由于它以 RNA 为模板合成 DNA，故称为逆转录酶。逆转录现象说明：至少在某些生物中，RNA 同样兼有遗传信息的传递与表达功能。

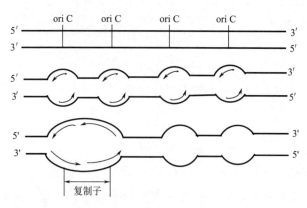

图 12-16　真核生物 DNA 复制多个起始点及复制子示意图

逆转录酶又称为反转录酶，为依赖 RNA 的 DNA 聚合酶。逆转录酶是多功能酶，有三种酶的活性：①逆转录活性，即以 RNA 为模板合成 DNA；②RNA 酶活性，水解 RNA-DNA 中的 RNA；③DNA-pol 活性，以 DNA 为模板合成 DNA。逆转录酶的作用见图 12-17。

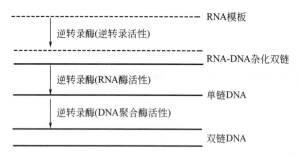

图 12-17　逆转录酶的作用示意图

---

**知识拓展　　　　　逆转录的作用机理及过程**

1. 前病毒的合成

病毒侵入宿主细胞后，在细胞液中以 RNA 为模板，在逆转录酶的作用下，合成出与模板 RNA 互补的 DNA 链，形成 RNA-DNA 杂化双链；然后，逆转录酶发挥 RNA 酶活性，水解掉杂化双链中的 RNA；再以 DNA 为模板，逆转录酶催化合成新的互补 DNA 链，形成双链 DNA。双链 DNA 进入细胞核内，整合到宿主 DNA 中，称为前病毒。前病毒可随宿主细胞染色体一起复制，传给子代细胞。

2. 前病毒的转录

在某些条件下，前病毒的基因组通过基因重组，参加到细胞基因组内，并且随着宿主的基因一起复制和表达，这一过程称为整合。前病毒可以转录出病毒 RNA，转录出的 mRNA 翻译成病毒蛋白质（包膜蛋白、逆转录酶和壳体蛋白）。在细胞液中，病毒 RNA 与蛋白质装配成子代病毒颗粒。逆转录的生活周期见图 12-18。

前病毒独立繁殖或者整合，都可成为致病的原因。

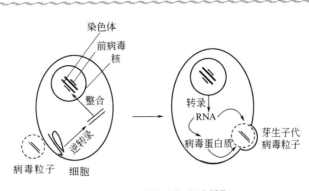

图 12-18 逆转录的生活周期

## 三、DNA 的损伤与修复

DNA 是细胞内唯一可以修复的生物大分子。DNA 复制过程中，DNA 聚合酶的催化作用偶然出现差错，可以使子代 DNA 的碱基序列发生改变。环境因素（如辐射、紫外线照射、化学诱变物等）也可引起 DNA 序列上的错误。DNA 碱基序列的错误必须纠正，否则会直接影响遗传信息的传递与表达，从而影响机体的生理功能。生物体内存在有效的修复体系，可以保证 DNA 复制的高度精确性。

生物体内许多的 DNA 损伤是可以修复的，那些逃过修复的损伤，则会引起 DNA 的突变。DNA 突变是其核苷酸序列可遗传的变化，是遗传信息的永久性改变。

> **知识拓展**
>
> （一）DNA 损伤
>
> 引起 DNA 损伤的因素主要有自发性损伤、物理因素和化学因素引起的损伤。
>
> 1. 自发性损伤
>
> 自发性损伤包括复制中的损伤及碱基自发性化学改变造成的损伤。
>
> （1）复制中的损伤　DNA 复制过程中，如果碱基配对时发生误差，会造成新生 DNA 链碱基的丢失、插入或错配。复制过程受酶、蛋白质因子等诸多因素的影响，若其中某一环节出现问题，则会发生复制错误。
>
> （2）碱基自发性化学改变　DNA 分子中的碱基可能因为各种原因发生化学改变，从而造成 DNA 损伤，如碱基发生酮式和烯醇式的互变异构、碱基修饰、碱基脱氨基以及核苷酸脱嘌呤或脱嘧啶等。
>
> 碱基的互变异构会影响氢键的形成，从而改变碱基配对。如腺嘌呤（A）的互变异构体（A′）可与胞嘧啶（C）配对，胸腺嘧啶（T）的互变异构体（T′）能与鸟嘌呤（G）配对，复制时这些互变异构体在子链上就可能发生错误，引起 DNA 损伤。
>
> 碱基的脱氨基是指胞嘧啶（C）、腺嘌呤（A）和鸟嘌呤（G）这几种碱基有时会自发地脱去氨基，相应地生成尿嘧啶（U）、次黄嘌呤（I）和黄嘌呤（X），结果出现 U 与 A、I 与 C、X 与 C 的碱基配对，复制时会在子链上产生错误，从而引起 DNA 损伤。

生理条件下，有时DNA会发生自发水解，从磷酸脱氧核糖骨架上脱去嘌呤碱或嘧啶碱，形成无嘌呤或嘧啶的位点，使DNA受到损伤。

2. 物理因素引起的损伤

(1) 紫外线引起的损伤　紫外线能引起DNA分子中同一条链上相邻的两个嘧啶核苷酸以共价键连接，形成环丁烷结构，即嘧啶二聚体。相邻的两个嘧啶碱均可形成嘧啶二聚体，其中最容易形成的是胸腺嘧啶二聚体。胸腺嘧啶二聚体不能容纳于DNA双螺旋中，它不能与互补DNA链上的腺嘌呤形成氢键，影响DNA的复制和基因表达。胸腺嘧啶二聚体的结构见图12-19。

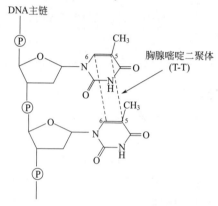

图12-19　胸腺嘧啶二聚体的结构

(2) 电离辐射引起的DNA损伤　电离辐射对DNA的损伤有直接效应和间接效应两种。直接效应是指DNA直接吸收电离辐射的能量，引起物理变化；间接效应是指DNA周围环境的其他成分（主要是水分子）吸收电离辐射的能量，产生反应活性极高的自由基，从而引起DNA分子变化。电离辐射引起的DNA损伤的机理见图12-20。

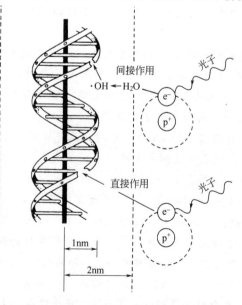

图12-20　电离辐射引起的DNA损伤的机理

受到电离辐射后，DNA 的碱基和脱氧核糖都可能发生一系列化学变化，从而引起碱基的破坏和脱落及脱氧核糖的分解。电离辐射还会造成 DNA 主链磷酸二酯键的断裂或 DNA 双链碱基间氢键的断裂，也能引起 DNA 交联。DNA 交联包括 DNA 链间交联（两条链上的碱基以共价键相连）和 DNA-蛋白质交联（DNA 与蛋白质共价结合）。

3. 化学因素引起的损伤

亚硝酸盐、多环芳烃、烷化剂、碱基类似物、碱基修饰剂、染料等许多化学诱变剂可以通过不同的作用机制对 DNA 造成损伤。

(1) 烷化剂引起的 DNA 损伤　烷化剂是一类能将小的烷基转移到其他分子上的化学物质，在体内能形成碳正离子或其他活泼的亲电性基团，与细胞中的生物大分子（如 DNA、RNA、酶等）中的富电子基团（如氨基、巯基、羟基、羧基、磷酸基等）发生共价结合，引起 DNA 发生各种类型的损伤。

① 碱基烷基化。烷化剂和 DNA 作用时，可将烷基加到 DNA 的碱基上，使碱基烷基化。烷基化的碱基配对时会发生错误。如嘌呤环 N7 被烷基化后，会在该部位形成四价 N，该四价基团会使嘌呤环离子化；离子化形式的烷基鸟嘌呤（$m^7G$）可与胸腺嘧啶配对，结果是 G 与 C 配对变成 C 与 T 配对，造成 DNA 损伤。

② 碱基脱落。烷基化的鸟嘌呤与戊糖形成的糖苷键很不稳定，会断裂导致碱基脱落而形成 DNA 上的无碱基位点。无碱基位点在复制时任何碱基都有可能进入，从而造成碱基对的转换或颠换。

③ 断链。DNA 链的磷酸二酯键上的 O 也容易被烷基化，结果形成不稳定的磷酸三酯键，易在戊糖与磷酸间发生水解，使 DNA 链断裂。

④ 交联。烷化剂有两类：一类是单功能烷化剂，如甲基甲烷碘酸，只能使一个位点烷基化；另一类是双功能烷化剂，如氮芥类、环磷酰胺、二乙基亚硝胺等，能同时作用于 DNA 中两个不同的位点。如果被作用的两个位点在同一条 DNA 链上，可产生 DNA 链内交联；若两个位点在两条链上，则形成 DNA 的链间交联。

(2) 碱基类似物引起的 DNA 损伤　碱基类似物是人工合成的化学结构与碱基相似的物质，它们进入细胞后能代替正常碱基掺入到 DNA 链中，干扰 DNA 的复制。常见的碱基类似物有 5-溴尿嘧啶（5-BU）、5-氟尿嘧啶、2-氨基嘌呤等。5-BU 是尿嘧啶环 C5 上的氢原子被溴原子取代，它的结构与尿嘧啶非常相似，能与腺嘌呤配对。5-BU 以烯醇式状态存在时，可与鸟嘌呤配对。因此，5-BU 一旦进入 DNA 链，复制过程中会引起 A-T→G-C 的转换。5-溴尿嘧啶（5-BU）的结构见图 12-21。

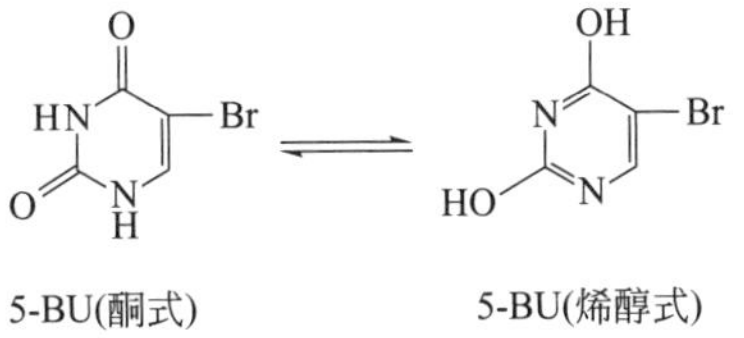

图 12-21　5-溴尿嘧啶（5-BU）的结构

## (二) DNA 损伤的后果

DNA 损伤后如果没有得到修复，则 DNA 分子最终改变。DNA 损伤有几种类型：点突变、缺失、插入、倒位或转位、DNA 链断裂。点突变是 DNA 链上单一碱基的变异。同类碱基之间的互相替代称为转换，如 A 与 G、C 与 T；嘌呤碱与嘧啶碱之间的替代称为颠换。缺失指 DNA 链上一个核苷酸或一段核苷酸丢失。插入指一个或一段核苷酸插入 DNA 链。倒位或转位指 DNA 链重组使其中一段核苷酸链的方向倒置，或从一处迁移到另一处。

突变或诱变对生物可能产生 4 种后果：①致死性；②丧失某些功能；③改变基因型而不改变表现型；④发生有利于物种生存的结果，使生物进化。

## (三) DNA 损伤的修复

DNA 损伤修复是对已发生的 DNA 分子改变的补偿措施，使其尽可能恢复为原有的天然状态。所有细胞对 DNA 的损伤都有一定的修复能力，以恢复正常的 DNA 结构。

DNA 损伤修复的类型主要有直接修复、错配修复、切除修复、重组修复、SOS 修复。

**1. 直接修复**

直接修复是指直接修复 DNA 损伤的机制，有许多类型。

(1) 光复活修复　光复活修复是最早被发现的 DNA 修复机制。光复活修复是一种专一性很强的酶促反应过程，是由光复活酶修复因紫外线照射形成的嘧啶二聚体。光复活修复的机制分布广泛，但人和哺乳动物体内不存在。

光复活修复的过程：光复活酶识别嘧啶二聚体并与之形成复合物；在 300～600nm 可见光照射下，酶获得能量，打开嘧啶二聚体的环丁烷基的 C—C 键，使环断开从而修复嘧啶二聚体；光复活酶从 DNA 上解离（见图 12-22）。

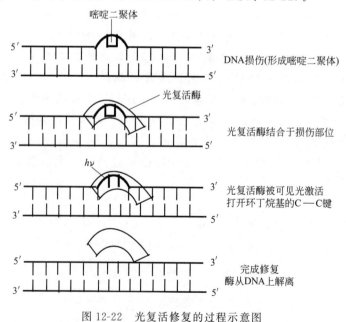

图 12-22　光复活修复的过程示意图

（2）烷基转移修复　O-6-甲基鸟嘌呤-DNA-甲基转移酶能将O-6-甲基鸟嘌呤的甲基转移到酶本身的半胱氨酸残基上，直接修复烷基化碱基。由于该反应不可逆，即甲基化的酶不能再转化为非甲基化的酶，所以这种修复也称为该酶的自杀性修复。该酶也可以修复其他烷基化的鸟嘌呤，但修复活性较低。烷基转移修复见图12-23。

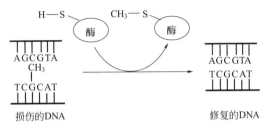

图12-23　烷基转移修复

（3）直接插入嘌呤碱基　DNA链上嘌呤碱基的脱落造成无嘌呤位点，能被DNA嘌呤插入酶识别结合，并在$K^+$存在下催化游离的嘌呤碱基或脱氧核苷与DNA无嘌呤位点形成糖苷键，且催化插入的碱基有高度的专一性，与另一条链上的碱基严格配对，使DNA完全恢复。

## 2. 错配修复

错配修复是利用DNA聚合酶的$3'\rightarrow 5'$外切酶活性，切除复制过程中错配的核苷酸。但这种校正作用不十分可靠，某些错配的核苷酸可能逃过检测，进入新合成的DNA链中。错配修复系统能发现并修复错配的核苷酸，使复制的精确性提高$10^2\sim 10^3$倍。

错配修复是一种特殊的核苷酸切除修复，通过甲基标记的模板链来识别新合成的链，将新合成链上错配的碱基切除并加以修复。原核生物的错配修复系统包括12种以上的蛋白质成分，既参与两条DNA链的区分，也参加DNA的修复过程。

在*E.coli*体内链的区分是由Dam甲基化酶（专门使脱氧腺苷甲基化）完成的。这种甲基化酶使DNA所有GATC序列中A的N6甲基化。DNA复制后的短暂时间内（约几秒钟或几分钟），新链GATC序列中A尚未甲基化，所以子代DNA是半甲基化的；几分钟后，随着新合成链的甲基化，子代DNA全甲基化。半甲基化DNA成为识别模板链和新合成链的基础。若错配发生在GATC序列附近，可以根据未甲基化的信息对新合成的子链进行修复。

错配也可能发生在距甲基化标记序列（GATC）较远的地方（1000bp以内），需要复杂的酶系统进行修复。其过程如下：

① 识别并在错配位点附近切开。*E.coli*的修复蛋白包括Mut S、Mut L和Mut H，由*mut*基因编码。Mut S识别错配部位并与Mut L结合在此形成复合体。由ATP提供能量，使复合体沿DNA双链向两侧移动，直至遇到GATC序列停止，DNA由此形成突环。Mut H与Mut S-Met L复合物结合，并在子代链的GATC位点附近切开子链。母链的识别及子链切开见图12-24。

② 进行错配修复。根据Mut H作用后切点的位置不同，利用不同的酶系统进行

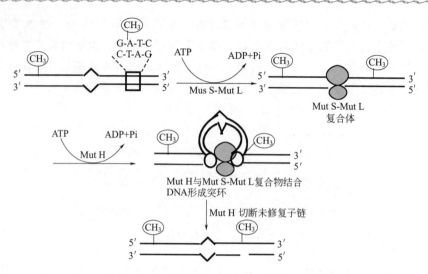

图 12-24 母链的识别及子链切开示意图

修复。如果切点在错配的 3'-端，需要 Mut L 和 Mut S、DNA 解旋酶Ⅱ、SSB、外切酶Ⅱ或Ⅹ，沿 3'→5' 方向切除错配序列，再由 DNA-pol Ⅲ 和连接酶补齐缺口。如果切点在错配的 5'-端，与上一过程类似，只是外切酶为外切酶Ⅶ（可沿两个方向降解单链 DNA 的外切酶）或 Rec J 核酸酶（可沿 5'→3' 方向降解单链 DNA 的外切酶），然后沿 5'→3' 方向切除错配序列。错配修复见图 12-25。

真核生物的错配修复机制与原核生物基本相似。

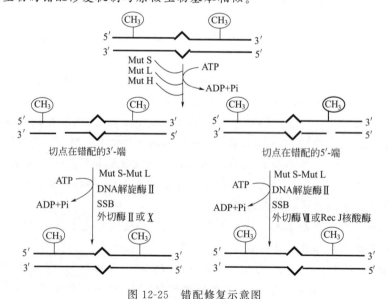

图 12-25 错配修复示意图

**3. 切除修复**

切除修复是在一系列酶的作用下，切除 DNA 分子中受损伤的部分，并以完整的 DNA 链为模板，合成被切去的部分，使 DNA 恢复正常的结构。切除修复是核酸内切酶、外切酶、DNA-pol Ⅰ 和 DNA 连接酶协同作用的 DNA 修复机制，是细胞内最重要和有效的修复机制，包括碱基切除修复和核苷酸切除修复两种类型。

（1）碱基切除修复　碱基切除修复主要是修复小段 DNA 损伤，如烷基化试剂、氧化、电离辐射等造成的碱基损伤。修复过程需要 DNA 糖苷酶、AP 内切核酸酶、DNA 聚合酶和连接酶参与。修复过程：①先由专一性很强的 DNA 糖苷酶识别腺嘌呤（A）或胞嘧啶（C）造成的碱基缺陷，然后水解碱基与戊糖之间的糖苷键，产生无碱基脱氧核糖，即 AP；②再由一对 AP 核酸内切酶水解 AP 位点两侧的磷酸二酯键；③然后由 DNA 聚合酶进行复制，补平切除留下的缺口；④最后由 DNA 连接酶连接缺口，形成完整的 DNA 链。碱基切除修复见图 12-26。

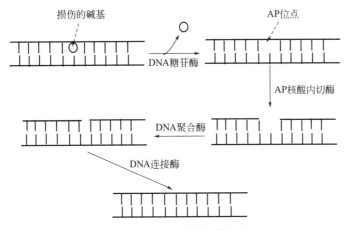

图 12-26　碱基切除修复示意图

（2）核苷酸切除修复　核苷酸切除修复是大段 DNA 损伤修复系统，但也能修复由直接修复和碱基切除修复体系修复的碱基损伤。修复过程：①核酸内切酶在损伤部位的两侧切开磷酸二酯键；②核酸外切酶除去损伤的核苷酸片段；③DNA 聚合酶Ⅰ（真核生物中是 DNA 聚合酶 δ 或 ε）修补合成 DNA 片段切除后留下的缺口；④DNA 连接酶使两段 DNA 连接成一条完整的 DNA 链。核苷酸切除修复见图 12-27。

4. 重组修复

重组修复是用 DNA 重组的方法修复损伤，是一种复制后的损伤修复。重组修复的过程：①DNA 复制经过损伤部位时，先跨过这一部位，在子链留下缺口；②从同源 DNA 母链切下相应的片段补上缺口，将子代 DNA 链修复；③产生缺口的 DNA 母链由

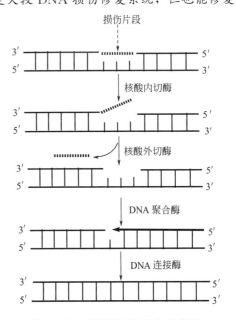

图 12-27　核苷酸切除修复示意图

DNA聚合酶和裂解酶修复。重组修复见图12-28。

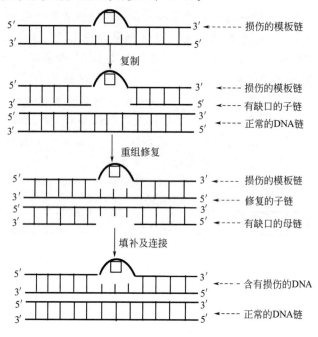

图12-28 重组修复过程示意图

重组修复的结果是DNA链的损伤并未除去，损伤部位可以通过切除修复消除，也可以随着不断复制逐渐被稀释，从而消除损伤的影响。

5. SOS修复

DNA分子受到较大范围的损伤，使复制受到抑制时，会产生一系列的应急反应（SOS response），包括DNA损伤修复、诱变效应、细胞分裂抑制、溶源性细菌释放噬菌体等，主要是DNA损伤修复和导致变异。

DNA分子多处受到较大范围的损伤，应急诱导产生的修复作用称SOS修复。SOS修复包括免错修复和易错修复。

(1) 免错修复　免错修复能识别DNA损伤和错配的碱基并加以修复，且在修复中不出现差错。前述的直接修复、错配修复、切除修复及重组修复都属于免错修复。

(2) 易错修复　易错修复是在SOS反应中，由损伤DNA诱导产生的一种有错误倾向的复制系统。细胞在紧急状态下，能诱导产生缺乏校对功能的DNA聚合酶，它能在DNA的损伤部位进行复制。如 E. coli 的SOS反应诱导产生聚合酶Ⅳ和Ⅴ，这两种酶没有$5'\rightarrow 3'$外切酶活性，不具有校对功能。因此，通过易错修复，DNA虽然能够复制，但是会出现差错，如遇到错配碱基时复制仍能进行。易错修复可以使细胞存活，但会导致DNA的突变。

SOS反应是生物在不利环境下求生的基本功能，因此，SOS修复导致的突变将有利于生物的生存和进化。X射线、紫外线、烷化剂等能引起SOS反应的理化因素，通常都有致癌作用，所以，细胞的癌变也可能与SOS反应有关。

# 第二节 RNA 的生物合成

在生物界，RNA 合成有两种方式：一是 DNA 指导的 RNA 合成，即转录，此为生物体内 RNA 的主要合成方式；另一种是 RNA 指导的 RNA 合成，称为 RNA 的复制，此种方式常见于病毒。转录产生的初级产物是 RNA 前体，需经加工过程方具有生物学活性。

## 一、以 DNA 为模板的 RNA 生物合成——转录

转录是 DNA 携带的遗传信息传递给 RNA 的过程，即以 DNA 的一条链为模板，以 NTP 为原料合成 RNA 的过程。

### （一）转录的特点

转录具有不对称性，转录时，双链 DNA 中只有一条链作为转录的模板，这种转录方式称为不对称转录。转录具有单向性，RNA 的合成方向是 $5'\rightarrow 3'$。转录有特定的起始和终止位点。转录是在细胞核内进行的。

转录和 DNA 复制都是在酶的催化下核苷酸的聚合过程，其共同点是：①都需要依赖 DNA 聚合酶；②都以 DNA 为模板，遵循碱基配对原则；③核苷酸聚合过程都是形成 $3',5'$-磷酸二酯键；④多核苷酸链的合成方向都是 $5'\rightarrow 3'$。

转录和 DNA 复制的区别在于：①模板的区别。RNA 转录的模板是 DNA 分子中的一条链，DNA 复制的模板是亲代 DNA 的两条链。②方式与产物的区别。转录方式是不对称转录，转录的产物是单链的 RNA；复制方式是半保留复制，复制的产物是两个双链 DNA 分子。③引物的区别。转录不需要 RNA 引物，DNA 复制需要引物。④酶催化作用的区别。RNA 聚合酶只有 $5'\rightarrow 3'$ 的聚合活性，无核酸外切酶活性；DNA 聚合酶既有 $5'\rightarrow 3'$ 的聚合活性，也有 $5'\rightarrow 3'$ 或 $3'\rightarrow 5'$ 的核酸外切酶活性。⑤碱基配对的区别。转录中的碱基配对是 A 与 U，DNA 复制的碱基配对是 A 与 T。

### （二）参与转录的物质

#### 1. 转录的模板

指导 RNA 合成的 DNA 链为模板链，与模板链互补的 DNA 链为编码链（见图 12-29）。

由于基因分布于不同的 DNA 单链中，即某条 DNA 单链对某个基因是模板链，而对另一个基因则是编码链，所以模板链并非永远都在同一单链上（见图 12-30）。

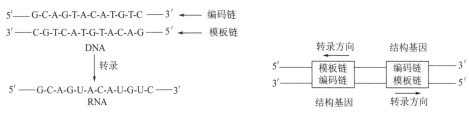

图 12-29 转录的模板链和编码链　　图 12-30 基因分布与转录模板示意图

#### 2. RNA 聚合酶

因为转录以 DNA 为模板，所以 RNA 聚合酶又称为依赖 DNA 的 RNA 聚合酶。RNA 聚合酶在 $Mg^{2+}$ 或 $Mn^{2+}$ 存在下，催化 NTP 形成 $3',5'$-磷酸二酯键，聚合成多核苷酸链（见图 12-31）。

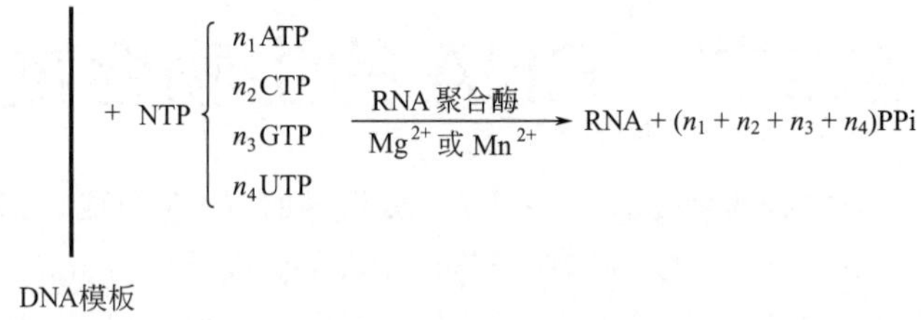

DNA模板
+ NTP
$n_1$ATP
$n_2$CTP
$n_3$GTP
$n_4$UTP
RNA 聚合酶
$Mg^{2+}$或 $Mn^{2+}$
RNA + ($n_1+n_2+n_3+n_4$)PPi

图 12-31 RNA 聚合酶催化的反应

**(1) 原核生物的 RNA 聚合酶** 原核生物（以 *E. coli* 为例）的 RNA 聚合酶由 5 个亚基构成：$\alpha_2$、β、β′、σ。其中 $\alpha_2$、β、β′构成核心酶（$\alpha_2\beta\beta'$），核心酶与 σ 因子（σ 亚基）构成 RNA 聚合酶全酶（见图 12-32）。

σ因子
β
β′
α
α
核心酶
β
β′
σ
α
α
全酶

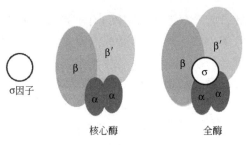

图 12-32 RNA 聚合酶核心酶、全酶示意图

σ 因子的作用是识别转录的起始位点，不同的 σ 因子识别不同的启动子，转录延长阶段，σ 因子脱落。核心酶催化 RNA 链的延长，催化 TNP 聚合的速度较慢，缺乏外切酶活性，无校对功能。RNA 聚合酶亚基的功能见表 12-3。

**表 12-3 原核生物（*E. coli*）RNA 聚合酶亚基的功能**

| 亚基 | 数目 | 分子量 | 功能 |
|---|---|---|---|
| α | 2 | 36512 | 识别并结合上游的启动子元件，决定哪些基因被转录 |
| β | 1 | 150618 | 含活性中心，催化 3′,5′-磷酸二酯键的形成 |
| β′ | 1 | 155613 | 结合 DNA 模板，解链 |
| σ | 1 | 70263 | 辨认转录起始位点 |

**(2) 真核生物的 RNA 聚合酶** 真核生物的 RNA 聚合酶有 3 种，即 RNA 聚合酶Ⅰ、RNA 聚合酶Ⅱ和 RNA 聚合酶Ⅲ。真核生物的 RNA 聚合酶均为多亚基，结构比较复杂，催化不同 RNA 前体的合成。真核生物 RNA 聚合酶的分布及功能见表 12-4。

**表 12-4 真核生物 RNA 聚合酶的分布及功能**

| 种类 | 分布 | 功能 |
|---|---|---|
| RNA 聚合酶Ⅰ | 核仁 | 合成 5.8S、18S、28S rRNA 共同前体 45S rRNA |
| RNA 聚合酶Ⅱ | 核质 | 合成 mRNA 前体及 $U_1$～$U_{13}$ snRNA 前体（$U_6$ snRNA 前体除外） |
| RNA 聚合酶Ⅲ | 核质 | 合成 tRNA 前体、5S rRNA 前体及 $U_6$ snRNA 前体 |

真核生物中还分离出线粒体和叶绿体 RNA 聚合酶，其结构简单，类似于原核生物 RNA 聚合酶，能转录出所有种类的 RNA。

## 3. 合成 RNA 的原料

合成 RNA 的原料是 NTP（核苷三磷酸），即 ATP、GTP、CTP 和 UTP，二价金属离子 $Mg^{2+}$、$Mn^{2+}$ 是 RNA 聚合酶的辅助因子。

### （三）转录的过程

转录的基本过程分为起始、延伸、终止三个阶段。

转录过程中，DNA 模板上 RNA 转录起始点到终点的区域称为转录单位。一个转录单位可以由一个或多个基因组成。控制转录起始的 DNA 序列称为启动子，DNA 上提供终止信号的序列称为终止子。

#### 1. 启动子

启动子（promoter，P）是指能被 RNA 聚合酶识别、结合并启动基因转录的一段 DNA 序列，位于转录起点的上游。转录起点是指与新生 RNA 链第一个核苷酸相对应的 DNA 链上的碱基，用+1 表示。起点左侧，即 5'-端的序列称为上游，用"-"加数字表示碱基的位置；把起点右侧，即 3'-端的序列称为下游，用"+"加数字表示。启动子位于结构基因的上游，即+1 上游的 DNA 保守序列。不同的启动子启动转录的活性不同，在原核生物和真核生物启动子序列中都有一些保守序列。保守序列指生物在进化过程中，DNA 分子中基本保持不变的碱基序列。

**（1）原核生物的启动子** 原核生物的启动子是转录起始点上游大约 10bp 和 35bp 处的两个共同的保守序列，称为-10 区和-35 区（见图 12-33）。

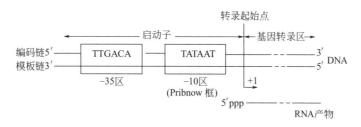

图 12-33 原核生物启动子结构

-10 区序列为 TATAAT，是 Pribnow 首先发现的，因此也称为 Pribnow 框（Pribnow box）。-10 区是高度保守序列，富含 AT 碱基，维系双链结合的氢键较弱，DNA 双链容易解开，有利于 RNA 聚合酶结合。

-35 区序列为 TTGACA，是 RNA 聚合酶识别的位点，σ 因子识别此部位。-35 区序列对 RNA 聚合酶有很高的亲和性。

**（2）真核生物的启动子** 真核生物有 3 种 RNA 聚合酶，每种 RNA 聚合酶都有自己的启动子。真核生物的启动子也由一些短的保守序列组成，结构比原核生物复杂。真核生物的启动子由蛋白质辅助因子（转录因子）识别并定位，RNA 聚合酶不直接与 DNA 模板结合。

> **知识拓展**
>
> ① RNA 聚合酶 I 启动子。RNA 聚合酶 I 只转录一种 rRNA 基因（5.8S、18S 和 28S rRNA 共同前体），与其他两种 RNA 聚合酶启动子相比，RNA 聚合酶 I 启动子间的差异最小。RNA 聚合酶 I 启动子由两部分组成，即核心元件（core element）

和上游控制元件（upstream control element，UCE）。核心元件在转录起始点附近的 $-45\sim+20$ 处，这段序列足以使转录起始。上游控制元件在 $-180\sim-107$ 处，可以提高核心元件的转录起始效率。

②RNA 聚合酶 II 启动子。RNA 聚合酶 II 主要负责蛋白质基因和部分小核 RNA（snRNA）的转录，其启动子的结构最复杂。RNA 聚合酶 II 启动子位于转录起始点上游，由多个短序列元件组成。RNA 聚合酶 II 启动子的共同特征序列包括核心启动子和上游元件。

核心启动子由 TATA 框（TATA box）、起始子（Inr）和下游元件组成。有些启动子不含 TATA 框，有些启动子没有起始子，有些启动子 TATA 框和起始子均无。TATA 框：位于 $-25$ 区，也称为 Hogness 框，其共有序列为 TATA（AT）A（AT），是目前研究最多的转录元件。TATA 框的功能是决定转录起点，DNA 双链解开位点，转录因子与酶形成前起始复合物的位点。起始子：起始子是转录起始部位周围的一段保守序列，含有转录起点，序列为 PyPyA（+1）NTAPyPy，A 为转录的起始位点（Py 为嘧啶碱）。下游元件：序列为 AGAC。无 TATA 框时，和起始子组成核心启动子；无 TATA 框和起始子时，由上游元件的激活因子帮助装配前起始复合物的位点。

上游元件包括 CAAT 框和 GC 框。CAAT 框位于 $-75$ 区，序列为 GCCAATCT，是 RNA 聚合酶结合的位点，控制转录起始的效率，必须与相应的转录因子结合才能发挥作用。GC 框位于 $-90$ 处，保守序列为 GGGCGG 和 CCCGCC，是某些转录因子结合的位点，与转录起始频率相关。

RNA 聚合酶 II 启动子的结构见图 12-34。

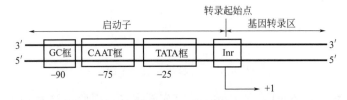

图 12-34　RNA 聚合酶 II 启动子结构示意图

③RNA 聚合酶 III 启动子。RNA 聚合酶 III 转录 5S rRNA、tRNA 和部分 snRNA 的基因，这三种基因的启动子结构不同。RNA 聚合酶 III 启动子大多数是下游启动子或基因内启动子。5S rRNA 和 tRNA 基因的启动子位于起始点下游，5S rRNA 基因的启动子含 A、C 框和中间元件；tRNA 基因的启动子含 A、B 框和中间元件。snRNA 基因的启动子位于起始点上游，和其他基因的启动子类似。三个基因的启动子都需要被转录因子识别后才能与 RNA 聚合酶 III 结合。

**2. 原核生物的转录过程**

**(1) 转录起始**　RNA 聚合酶识别并结合到启动子上，从而启动 RNA 合成的过程称为转录的起始。转录的起始包括 3 步。

①RNA 聚合酶全酶与启动子结合形成闭合转录复合体。RNA 聚合酶全酶与模板接触

（覆盖-55～+20 区域），形成非专一的复合物在模板上移动；由 σ 因子辨认-35 区 TTGA-CA 序列，并促使核心酶结合到启动子上，形成封闭式"酶-启动子"二元复合物。

② DNA 局部解链，形成开放转录复合体。全酶向下游滑动，至-10 区（Pribnow 框）时，与 DNA 紧密结合，形成稳定的复合物，覆盖约 60bp 的 DNA 区域（-40～+20），诱导富含 AT 的 Pribnow 框序列中 DNA 双链在转录方向上解开，然后进一步扩大成 17 个核苷酸的泡状物，形成开放式的转录复合体，暴露出模板序列。

③ 形成第一个磷酸二酯键。在 RNA 聚合酶的催化下，两个与模板配对的 NTP 发生第一次聚合反应，形成第一个磷酸二酯键，转录起始复合物形成。新生 RNA 链 5′-端第一个核苷酸通常是 GTP。转录起始复合物为 RNA-pol($\alpha_2\beta\beta'\sigma$)-DNA -pppGpN-OH。

**(2) 转录延伸** 当第一个磷酸二酯键形成后，σ 亚基脱落，RNA-pol 聚合酶核心酶变构，与模板结合松弛，沿着 DNA 模板前移；在核心酶的作用下，NTP 不断聚合，RNA 链不断延长。转录延长的化学反应：

$$(NMP)_n + NTP \longrightarrow (NMP)_{n+1} + PPi$$

RNA-pol 核心酶、DNA 模板、转录产物形成转录复合物，称为转录泡。原核生物的转录泡见图 12-35。

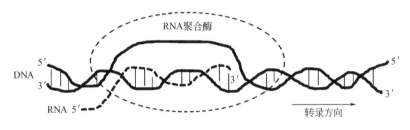

图 12-35 原核生物的转录泡

在电子显微镜下观察原核生物的转录，可看到羽毛状现象（见图 12-36），即同一条 DNA 模板上有多个转录同时进行，一条 mRNA 链上有多个核糖体。羽毛状现象说明原核生物的转录尚未完成，翻译已在进行。

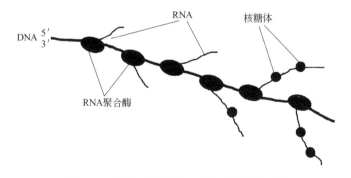

图 12-36 原核生物转录过程中的羽毛状现象

由于核膜的阻隔，真核生物的转录和翻译不同时进行，故无此现象。

**(3) 转录终止** 当 RNA 聚合酶到达基因末端的终止序列即终止子时，RNA 聚合酶在 DNA 模板上停顿下来不再前进，转录产物 RNA 链从转录复合物上脱落下来，此过程称为转录终止。

原核生物中，提供转录停止信号的 DNA 序列称为转录终止子。所有原核生物的转录终止子在终止点之前均有一个反向重复序列（回文结构），其产生的 RNA 可形成由茎环构成的发夹结构，该结构可使 RNA 聚合酶减慢移动或暂停 RNA 的合成。

根据是否需要蛋白质因子参与，原核生物的转录终止有两种形式，即依赖 ρ 因子的转录终止和不依赖 ρ 因子的转录终止。

① 依赖 ρ 因子的转录终止。原核生物中的终止因子 ρ 因子（也称为 ρ 蛋白）是一种由相同亚基组成的六聚体蛋白质。ρ 因子能结合 RNA，又以对 Poly C 的结合力最强，ρ 因子还具有 ATP 酶和解链酶的活性，能解开 DNA/RNA 双螺旋。

依赖 ρ 因子的转录终止是指转录终止子必须在 ρ 因子存在时才能发生终止作用。其回文结构不含 G-C 区，回文结构之后也无寡聚 U。目前认为，ρ 因子终止转录的过程是：a. ρ 因子附在 RNA 链上，利用 ATP 能沿 RNA 链移动；b. RNA 链形成一个发夹结构，RNA 聚合酶遇到转录终止子即暂停转录；c. ρ 因子追上 RNA 聚合酶后，二者相互作用，ρ 因子发挥解螺旋酶活性，解开发夹和 RNA-DNA；d. RNA、ρ 因子、RNA 聚合酶与 DNA 分离。依赖 ρ 因子的转录终止见图 12-37。

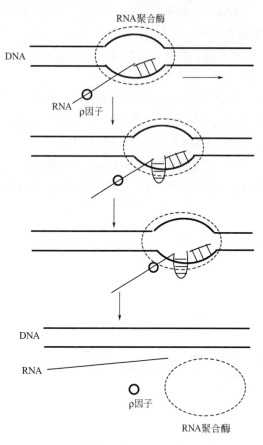

图 12-37 依赖 ρ 因子的转录终止示意图

② 不依赖 ρ 因子的转录终止。不依赖 ρ 因子的转录终止子又称为简单终止子。简单终止子的结构特征：a. 模板链终止点前有一段 4～10 个腺嘌呤核苷酸组成的保守序列；b. 此保守序列的上游有一段 G-C 富集区，并形成一个回文结构。

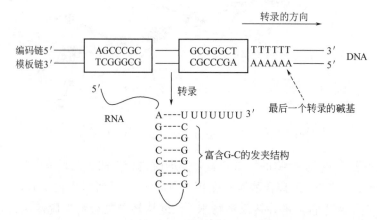

图 12-38 不依赖 ρ 因子的终止子及转录产物

这种结构使转录产物 RNA 形成寡聚 U 及发夹形的二级结构，RNA 聚合酶停止前进，转录终止。由 U-dA 组成的 RNA-DNA 杂交分子碱基配对较弱，容易解开。不依赖 ρ 因子的终止子及转录产物见图 12-38。

### 3. 真核生物转录的过程

真核生物转录的过程也分为转录起始、转录延长和转录终止三个阶段，但远比原核生物的转录过程复杂。转录起始差别较大，转录终止也不相同。

> **知识拓展**
>
> （1）转录起始　真核生物转录起始需要启动子、RNA 聚合酶和转录因子参与。
>
> 转录起始点上游的一些特定 DNA 序列统称为顺式作用元件，包括启动子、启动子上游元件及增强子等其他序列。真核生物的 RNA 聚合酶不直接与 DNA 模板结合，而是通过众多的转录因子，形成起始复合物。能直接、间接辨认和结合转录上游 DNA 的蛋白质有数百种，统称为反式作用因子。反式作用因子中，能直接、间接辨认 RNA 聚合酶的称为转录因子（TF）。转录因子具有多种功能，它们帮助 RNA 聚合酶识别启动子，参与模板 DNA 的解链，并与酶形成前起始复合物结合在起始点上，开始转录；具有多种酶活性，如解螺旋酶活性、蛋白激酶活性等；有些转录因子还参与 DNA 损伤的修复。
>
> 不同类型的启动子受相应转录因子的识别和作用，形成前起始复合物的过程各异。通常将作用于 RNA 聚合酶 Ⅰ 启动子和 RNA 聚合酶 Ⅲ 启动子的转录因子称为转录辅助因子，作用于 RNA 聚合酶 Ⅱ 启动子的转录因子称为通用转录因子或基本转录因子，用"TFⅡX"表示（X 按发现先后顺序的英文字母命名）。
>
> 真核生物转录起始除需要转录因子外，RNA 聚合酶 Ⅱ 的一些启动子还需要转录调节因子参与。转录调节因子识别上游元件，也称为上游因子或转录辅助因子。转录调节因子需要由一些称为中介复合物（mediator complex）的蛋白质识别后才能结合在上游元件的特异位点，作用于 RNA 聚合酶 Ⅱ，帮助形成起始复合物。上游元件的功能要借助激活因子的结合，才能作用于 RNA 聚合酶 Ⅱ。激活因子要通过中介复合物的识别后，才能发挥作用。中介复合物由多个亚基组成，它们分别识别不同的激活因子。此外，转录起始阶段 RNA 聚合酶 Ⅱ 还需要一些其他的蛋白质因子发挥辅助作用。
>
> （2）转录延长　真核生物转录延长过程与原核生物相似，但由于有核膜的阻隔，没有转录与翻译同步的现象。
>
> （3）转录终止　真核生物的转录终止和转录后的修饰（加尾修饰）是相关的，转录终止和加尾修饰同时进行。真核生物 mRNA 3′-端有 Poly A 结构，是转录后加工形成的。转录不是在 Poly A 的位置上停止，而是超出数百甚至上千才停止。真核生物的转录终止序列，在 3′-端之后有共同序列 AATAAA 及多个 GT 序列，这些序列称为转录终止的修饰点。AATAAA 序列是加尾信号，mRNA 在转录终止序列处被切断，然后加上 Poly A。真核生物的转录终止和加尾修饰见图 12-39。

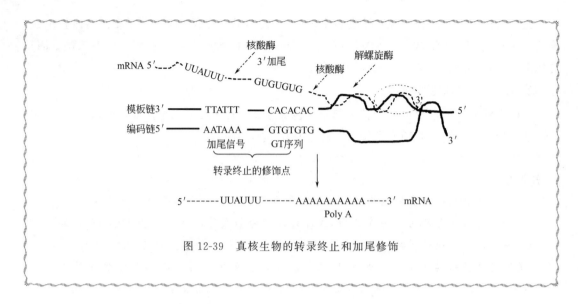

图 12-39 真核生物的转录终止和加尾修饰

## 二、RNA 的转录后加工

原核生物和真核生物的初级转录产物，都需要一定程度的加工才能转变成有活性的 RNA 分子，此过程称为 RNA 的成熟，也称为 RNA 的转录后加工。

### （一）mRNA 的转录后加工

**1. 原核生物 mRNA 一般不进行转录后加工**

原核生物 mRNA 一经转录立即进行翻译，只有个别例外。少数 mRNA 须通过核酸内切酶切成较小单位，然后再进行翻译。

**2. 真核生物 mRNA 的转录后加工**

真核生物 mRNA 转录的初产物是核不均一 RNA（hnRNA）。hnRNA 只有约 10% 的部分转化为 mRNA，其余被降解掉。由 hnRNA 转变成成熟 mRNA 的加工过程，需要进行修饰、剪接、编辑和再编码。

**(1) mRNA 前体修饰**

① 在 5′-端接上"帽子"结构。大多数真核生物的 5′-端有"帽子"结构（$m^7$Gpp-pNm—），该结构是在酶的催化下形成的，见图 12-40。

② 在 3′-端加上"尾巴"（Poly A）结构。如前所述，真核生物的转录终止和加尾修饰是同时进行的（见图 12-39）。Poly A 的长度一般在 100～200 个核苷酸，也有少数例外。Poly A 可以增加 mRNA 的稳定性，维持 mRNA 作为翻译模板的活性。

③ mRNA 内部甲基化。真核生物 mRNA 分子内部的碱基有甲基化修饰，主要是 N6-甲基腺嘌呤（$m^6$A），这种修饰可能对 hnRNA 的加工起识别作用。

**(2) mRNA 前体剪接**　大多数真核生物的基因都是割裂基因。转录时，外显子和内含子都转录到 hnRNA 中。在细胞核中，hnRNA 完成剪接过程，首先在核酸酶的作用下剪切掉内含子，然后在连接酶的作用下，将外显子各部分连接起来，从而变为成熟的 mRNA。鸡卵清蛋白基因及其转录、转录后的加工见图 12-41。

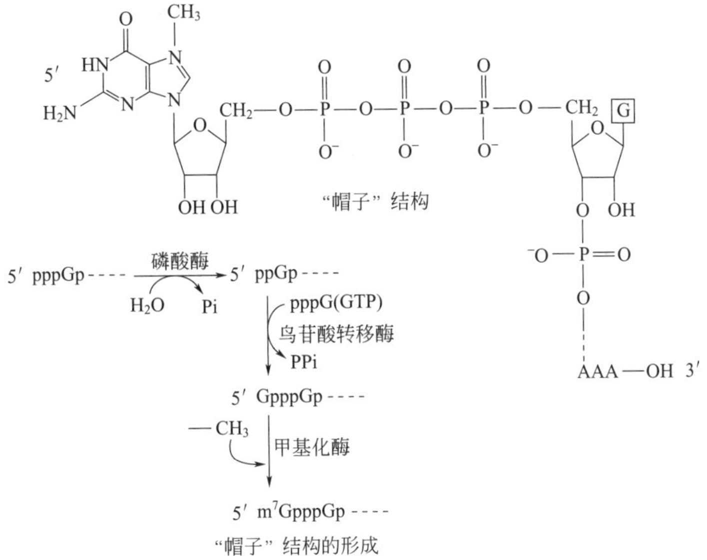

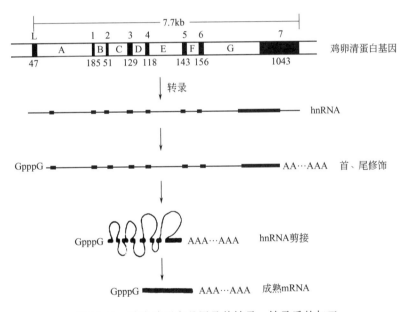

图 12-40 "帽子"结构及其形成过程

图 12-41 鸡卵清蛋白基因及其转录、转录后的加工

---

知识拓展　　　　　　　**mRNA 编辑和再编码**

① mRNA 编辑。RNA 编辑是一种改变 RNA 编码序列的特殊的 RNA 加工方式。RNA 编辑存在于多种真核生物中，所有的 RNA 前体（mRNA、tRNA、rRNA）都可以进行 RNA 编辑。

在 mRNA 分子生成后，在特定位点通过添加、去除或置换核苷酸，从而改变来自 DNA 模板遗传信息的过程，称为 mRNA 编辑。mRNA 编辑是通过对外显子的加工，使遗传信息在 mRNA 水平上改变。已知的 RNA 编辑方式有核苷酸的插入（如插入尿苷酸）及改变（如胞苷酸和腺苷酸脱氨基分别转变为尿苷酸和肌苷酸）。

RNA 编辑是生物体中普遍存在的一种加工方式。其意义在于：a. 校正作用，有些基因在突变过程中丢失的遗传信息可能通过 RNA 编辑修复；b. 调控翻译，通过编辑可以构建或去除起始或终止密码子，是基因表达调控的一种方式；c. 扩充遗传信息，能使基因产物获得新的结构和功能，有利于生物进化。

② RNA 再编码。mRNA 在某些情况下不是以固定的方式翻译，而是可以改变原来的编码信息，以不同的方式编码，科学上把 RNA 编码和读码方式的改变称为 RNA 的再编码。

mRNA 再编码的意义是可以使一种 mRNA 产生两种或多种互相关联但又不同的蛋白质，可能是蛋白质合成的一种调节机制。

### （二）tRNA 的转录后加工

#### 1. 原核生物 tRNA 的加工

原核生物的 tRNA 转录产物以多顺反子的形式转录合成，是含有多个信息的前体分子。tRNA 前体有三种情况：①几个 tRNA 前体串联在一起；②tRNA 和 rRNA 串联在一起；③tRNA 前体为单顺反子。

原核生物 tRNA 的加工包括：①由核酸内切酶（RNase P）切去 5′-端的一些序列，形成成熟的 5′-端；②内切酶（RNase F）和外切酶（RNase D）共同作用，形成 3′-端附加序列；③在 3′-端添加—CCA-OH；④核苷酸的修饰和异构化。

#### 2. 真核生物 tRNA 的加工

真核生物 tRNA 是 RNA 聚合酶Ⅲ催化生成的初级转录产物，其基因是单顺反子，但成簇排列，基因间有间隔区。

真核生物 tRNA 的加工的主要内容有：①在核酸内切酶和外切酶的作用下，切除 5′-端和 3′-端的多余核苷酸；②去除内含子进行剪接；③在 tRNA 核苷酸转移酶、连接酶的作用下，3′-端形成—CCA-OH；④稀有核苷酸的形成（碱基修饰），主要有甲基化反应（如：A→Am）、还原反应（如：U→DHU）、核苷内的转位反应（如：U→Ψ）、脱氨基反应（如：A→I）等。真核生物 tRNA 的转录后加工见图 12-42。

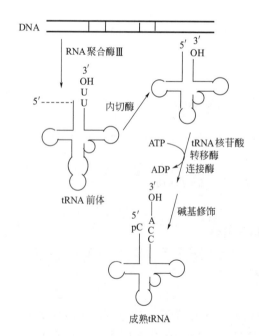

图 12-42 真核生物 tRNA 的转录后加工示意图

### （三）rRNA 的转录后加工

#### 1. 原核生物 rRNA 的转录后加工

原核生物有 3 种 rRNA：16S rRNA、23S rRNA 和 5S rRNA。其基因与 tRNA 基因排在

一起，转录出一个 30S rRNA 前体，约含 6500 个核苷酸。对 30S rRNA 前体的修饰首先是甲基化修饰，包括碱基或核糖的甲基化，然后在核酸酶的作用下形成 17S、25S 中间物和 tRNA 及 5S rRNA 前体，再进一步由核酸酶作用形成 16S、23S 和 5S rRNA。原核生物 rRNA 的转录后加工见图 12-43。

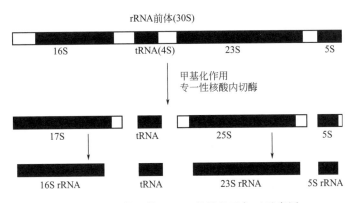

图 12-43　原核生物 rRNA 的转录后加工示意图

### 2. 真核生物 rRNA 的转录后加工

真核生物的 rRNA 有 4 种：18S rRNA、28S rRNA、5.8S rRNA、5S rRNA。前 3 种在核仁中加工。真核生物 rRNA 基因拷贝较多，通常在几十至几千之间。rRNA 成簇排列在一起，由 16~18S rRNA、28S rRNA 和 26~28S rRNA 基因组成一个转录单位，形成一个 45S rRNA 前体。45S rRNA 经甲基化、剪切加工后形成 20S rRNA 前体和 32S rRNA 前体，20S rRNA 前体加工形成 18S rRNA，32S rRNA 前体加工形成 28S rRNA、5.8S rRNA。5S rRNA 是由核仁外的染色体基因转录的。rRNA 成熟后即在核仁上装配，与核糖体蛋白质形成核糖体，输入细胞质。真核生物 rRNA 的转录后加工见图 12-44。

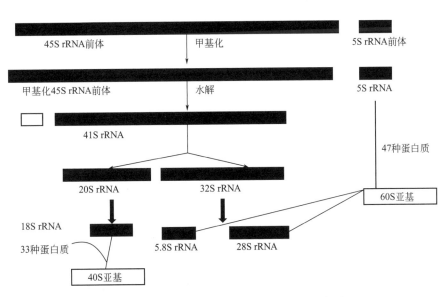

图 12-44　真核生物 rRNA 的转录后加工示意图

**知识拓展**　　以 RNA 为模板的 RNA 生物合成——RNA 的复制

以 DNA 为模板合成 RNA 是生物界 RNA 合成的主要方式，但在一些病毒、噬菌体中，RNA 也是遗传信息的携带者，可以通过复制，合成出与自身相同的 RNA 分子。

某些 RNA 病毒侵入宿主细胞后，借助 RNA 复制酶，以病毒的 RNA 为模板，在 $Mg^{2+}$ 存在下，利用 4 种核苷三磷酸，按 $5'\to 3'$ 方向合成出互补的 RNA 分子，产生病毒的 RNA，此过程即为 RNA 的复制。RNA 的复制是以 RNA 为模板，所以是 RNA 指导下的 RNA 生物合成。RNA 复制酶缺乏校对功能，所以复制时错误率很高。RNA 复制酶只对病毒 RNA 起作用，不会作用于宿主细胞中的 RNA 分子。

根据病毒核酸的种类和极性，RNA 病毒可以分为三类：① 正链 RNA（＋RNA）病毒，病毒 RNA 的碱基序列与 mRNA 完全相同；② 负链 RNA（－RNA）病毒，病毒 RNA 的碱基序列与 mRNA 互补；③ 双链 RNA（±RNA）病毒，其核酸为互补的双链 RNA。不同病毒的 RNA 复制方式也不相同。

（一）正链 RNA 病毒的复制

这类病毒的 RNA 可以直接作为 mRNA，附着于宿主细胞的核糖体上，翻译出病毒的蛋白质。如脊髓灰质炎病毒。正链 RNA 病毒的复制过程是：病毒入侵宿主细胞后，首先合成出 RNA 复制酶，然后以亲代＋RNA 为模板，合成出互补的－RNA，再以－RNA 为模板，合成出＋RNA。新合成的＋RNA 与其翻译出的蛋白质组装成病毒颗粒。正链 RNA 病毒的复制见图 12-45。

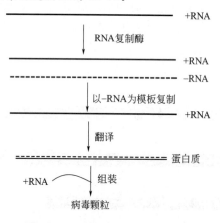

图 12-45　正链 RNA 病毒的复制

（二）负链 RNA 病毒的复制

这类病毒的颗粒中含有 RNA 复制酶，可催化合成互补的正链 RNA，作为病毒 mRNA，翻译出病毒蛋白质；同时，正链 RNA 可以作为模板，复制出子代负链 RNA。狂犬病毒、流感病毒等属于这类病毒。复制过程见图 12-46。

（三）双链 RNA 病毒的复制

这类病毒以呼肠孤病毒为代表。以双链 RNA 为模板，通过不对称转录方式合成正链 RNA；然后以正链 RNA 作为 mRNA，合成蛋白质；同时以正链 RNA 作为模

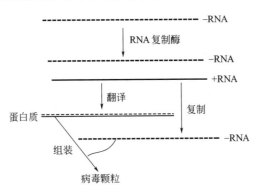

图 12-46　负链 RNA 病毒的复制

板，合成互补的负链 RNA，形成子代的双链 RNA。双链 RNA 病毒的复制见图 12-47。

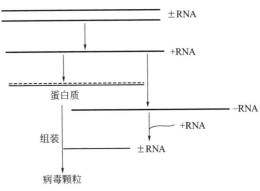

图 12-47　双链 RNA 病毒的复制

# 第十三章 蛋白质的生物合成

蛋白质的生物合成，是以 mRNA 为模板合成多肽链，也称为翻译。DNA 中的遗传信息通过转录传递给 mRNA；tRNA 识别 mRNA 中的遗传密码，并结合与遗传密码相应的氨基酸，将其携带到核糖体；rRNA 与蛋白质结合成核糖体，是蛋白质合成的场所。

蛋白质的生物合成需要氨基酸作为原料，在三种 RNA、酶及众多蛋白因子、ATP、GTP 及无机离子的共同参与下才能完成。翻译生成的多肽链，大部分需加工修饰才能成为有活性的蛋白质。

## 第一节　RNA 在蛋白质生物合成中的作用

### 一、信使 RNA

#### （一）mRNA 是蛋白质生物合成的模板

蛋白质是在细胞液中合成的，而 DNA 却在细胞核内，因此，需要 mRNA（信使 RNA）传递 DNA 的遗传信息。mRNA 把细胞核内 DNA 的碱基序列按照碱基互补原则抄录并转送至细胞液，在蛋白质合成中用以翻译成蛋白质中氨基酸的排列顺序。因此，mRNA 是遗传信息的携带者。

遗传学将编码一个多肽的遗传单位称为顺反子（cistron）。原核细胞中数个结构基因常串联为一个转录单位，转录生成的 mRNA 可编码几种功能相关的蛋白质，为多顺反子（poly cistron）。真核生物 mRNA 只编码一种蛋白质，为单顺反子（single cistron）。原核生物 mRNA 与真核生物 mRNA 结构的区别见图 13-1。

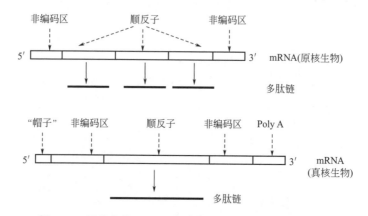

图 13-1　原核生物 mRNA 与真核生物 mRNA 结构的区别

## (二) 密码子

DNA（或 mRNA）中的核苷酸序列与蛋白质中氨基酸序列的对应关系称为遗传密码。mRNA 分子上从 5′至 3′方向，由 AUG 开始，每 3 个核苷酸为一组，决定肽链上某一个氨基酸或蛋白质合成的起始、终止信号，称为密码子或三联体密码。

### 1. 密码子的破译

密码子的破译完成于 20 世纪 60 年代，先后经历数学推理和实验阶段。

1954 年，物理学家 G. Gamov 根据 DNA 中有 4 种核苷酸、蛋白质中有 20 种氨基酸，推算出其对应关系是 3 个核苷酸为一个密码子，一个密码子代表一种氨基酸。4 种核苷酸可组成 64 种密码子，完全能够满足 20 种氨基酸编码的需要。

经历了数学推理阶段后，20 世纪 60 年代，开始用实验方法进行密码子的破译，方法主要有以下几种：

**(1) 以均聚物为模板指导多肽链合成**　1961 年，Nirenberg 等用人工合成的多核苷酸进行遗传密码的研究。他们在 E. coli 无细胞提取液中，将一条 Poly U 作为 mRNA，加入 20 种放射性标记的氨基酸，结果合成出只有多聚苯丙氨酸的多肽链，由此破译了第一个密码子 UUU 代表苯丙氨酸（Phe）。随后，他们又以 Poly A 和 Poly C 为模板，合成出多聚赖氨酸（Lys）和多聚脯氨酸（Pro），证明了 AAA 代表 Lys，CCC 代表 Pro。

**(2) 以随机共聚物为模板指导多肽链合成**　1963 年，Speyer 和 Ochoa 等发展了用两个碱基的共聚物破译密码子的方法。例如，以 A 和 C 为原料，合成 Poly AC。Poly AC 含有 8 种不同的密码子：CCC、CCA、CAA、AAA、AAC、ACC、ACA 和 CAC，各种密码子占的比例随着 A 和 C 的不同而不同。实验显示，Poly AC 作模板翻译出的肽链由 6 种氨基酸组成，它们是 Pro、Gln、Lys、Asn、Thr 和 His，其中 Pro 和 Lys 的密码子早先已证明分别是 CCC 和 AAA。这种方法不能确定 A 和 C 的排列方式，而只能显示密码子中碱基组成及组成比例。此外，通过反复改变共聚物成分比例的方法比较烦琐。

**(3) 核糖体结合技术**　1964 年，Nirenberg 和 Leder 建立了破译密码的新方法——核糖体结合技术，即 tRNA 与 mRNA、核糖体结合实验确定密码子，解决了密码子中 3 个核苷酸的次序问题。他们用人工合成的三核苷酸取代 mRNA，在缺乏蛋白质合成所需的 GTP 的条件下，不能合成蛋白质，但三核苷酸可与对应的氨酰-tRNA 结合在核糖体上。例如，当 Poly U 与核糖体混合时，仅有苯丙氨酰-tRNA 与之结合；Poly C 与核糖体混合时，仅有脯氨酰-tRNA 与之结合。当反应混合液通过硝酸纤维素膜时被吸附，分离该三元复合物，即可确定密码子对应的氨基酸。这种方法不能确定全部密码子与氨基酸的对应关系，因为有些三核苷酸序列与核糖体的结合并不像 UUU 或 GUU 等那样有效，因而不能确定它们是否能为特异的氨基酸编码。

**(4) 以重复共聚物为模板指导多肽链合成**　与 Nirenberg 和 Leder 的工作几乎同时，Nishimura、Jones 和 Khorana 等应用有机化学和酶学技术，制备了已知的核苷酸重复序列。蛋白质在核糖体上的合成可以在这些有规律的共聚物的任一点开始，并把特异的氨基酸掺入肽链。例如，重复序列 CUCUCUCUCU……是多肽 Leu-Ser-Leu-Ser……或者是多肽 Ser-Leu-Ser……的信使分子。使用共聚物构成三核苷酸为单位的重复顺序，如（AAG）$_n$，它可合成三种类型的多肽：Poly Lys、Poly Arg 和 Poly Glu，即 AAG 是 Lys 的密码子，AGA 是 Arg 的密码子，GAA 是 Glu 的密码子。又如（AUC）$_n$ 序列是 Poly Ile、Poly Ser 和 Poly

His 的模板。如此至 1965 年破译了所有氨基酸的密码子。

## 2. 遗传密码表

在 64 种密码子中，AUG 为蛋白质合成的起始信号，称为起始密码子，同时为甲硫氨酸（Met）编码；UAA、UAG、UGA 为终止密码子。遗传密码表见表 13-1。

表 13-1　遗传密码表

| 5'-端碱基 | 中间碱基 | | | | 3'-端碱基 |
|---|---|---|---|---|---|
| | U | C | A | G | |
| U | UUU—Phe<br>UUC—Phe<br>UUA—Leu<br>UUG—Leu | UCU—Ser<br>UCC—Ser<br>UCA—Ser<br>UCG—Ser | UAU—Tyr<br>UAC—Tyr<br>UAA—终止密码<br>UAG—终止密码 | UGU—Cys<br>UGC—Cys<br>UGA—终止密码<br>UGG—Trp | U<br>C<br>A<br>G |
| C | CUU—Leu<br>CUC—Leu<br>CUA—Leu<br>CUG—Leu | CCU—Pro<br>CCC—Pro<br>CCA—Pro<br>CCG—Pro | CAU—His<br>CAC—His<br>CAA—Gln<br>CAG—Gln | CGU—Arg<br>CGC—Arg<br>CGA—Arg<br>CGG—Arg | U<br>C<br>A<br>G |
| A | AUU—Ile<br>AUC—Ile<br>AUA—Ile<br>AUG—Met | ACU—Thr<br>ACC—Thr<br>ACA—Thr<br>ACG—Thr | AAU—Asn<br>AAC—Asn<br>AAA—Lys<br>AAG—Lys | AGU—Ser<br>AGC—Ser<br>AGA—Arg<br>AGG—Arg | U<br>C<br>A<br>G |
| G | GUU—Val<br>GUC—Val<br>GUA—Val<br>GUG—Val | GCU—Ala<br>GCC—Ala<br>GCA—Ala<br>GCG—Ala | GAU—Asp<br>GAC—Asp<br>GAA—Glu<br>GAG—Glu | GGU—Gly<br>GGC—Gly<br>GGA—Gly<br>GGG—Gly | U<br>C<br>A<br>G |

## 3. 密码子的特点

**(1) 通用性**　蛋白质生物合成的整套密码，从原核生物到人类都通用。

已发现少数例外，如动物细胞的线粒体、植物细胞的叶绿体 DNA 的密码与染色体 DNA 的密码不相同。密码的通用性进一步证明各种生物进化自同一祖先。

**(2) 连续性**　两个密码间没有任何核苷酸隔开，因此，从 AUG 开始，密码子连续排列，直至终止密码子。

从 mRNA 5'-端起始密码子 AUG 到 3'-端终止密码子之间的核苷酸序列，连续排列编码一个蛋白质多肽链，称为开放阅读框架（open reading frame，ORF）。开放阅读框架不同，会产生不同的多肽链（见图 13-2）。

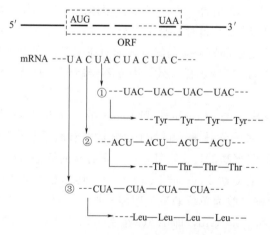

图 13-2　不同 ORF 产生不同的多肽链

**(3) 简并性**　从表 13-1 可以看出，除甲硫氨酸和色氨酸只有一个密码子外，其余氨基酸都有两个以上的密码子。几个密码子代表一种氨基酸的现象叫密码的简并性。简并密码的第一、第二两个核苷酸总是相同的，所不同的是第三个核苷酸。

密码简并的意义在于：①减少了由于碱基取代造成的有害突变；②允许 DNA 碱基组成改变的情况下，其编码的蛋白质氨基酸顺序不变。

**(4) 摆动性（变偶性）** mRNA 上的密码子与 tRNA 的反密码子结合的过程中，前两个碱基要求严格，而第三个碱基要求不严格，允许有某些"摆动"，这种现象，称为密码子的摆动性，也称为变偶性。

摆动性说明一种 tRNA 为什么可以识别几种密码子，而几种密码子又代表一种氨基酸，还说明密码子与反密码子相互作用的摆动性，与密码子的简并性有关。摆动性的生物学意义还在于降低了由于第 3 位碱基发生突变引起的差错。密码子与反密码子的碱基配对的摆动现象见表 13-2。

表 13-2 密码子与反密码子的碱基配对的摆动现象

| tRNA 反密码子第 1 位碱基 | I | U | G | C | A |
|---|---|---|---|---|---|
| mRNA 密码子第 3 位碱基 | U、C、A | A、G | C、U | G | U |

tRNA 的反密码子的第 1 位经常出现次黄嘌呤（I），I 与 U、C、A 都可以形成氢键进行碱基配对。

## 二、转移 RNA

### （一）tRNA 是运载氨基酸和解读密码的工具

反密码子位于 tRNA（转移 RNA）反密码环的顶部，由 3 个核苷酸组成。根据碱基互补原则识别 mRNA 的密码子，并通过氢键与密码子结合（见图 13-3）。

tRNA 与密码子代表的氨基酸结合，将其运至核糖体。每种氨基酸都由 2~6 种特异的 tRNA 转运，但每一种 tRNA 只能运送一种氨基酸。书写时，把运载的氨基酸名称写在 tRNA 的右上角，如：tRNA$^{Phe}$。

### （二）tRNA 分子中与蛋白质合成有关的位点

tRNA 分子中与蛋白质合成有关的位点有：①氨基酸接受位点，3′-端 CCA 是氨基酸接受位点，3′-端的—OH 与氨基酸的—COOH 形成酯键；②识别氨酰 tRNA 合成酶的位点，位于 3′-端的一些核苷酸序列、反密码环、二氢尿嘧啶环；③反密码子位点，位于 tRNA 分子中反密码环顶部。④核糖体识别位点，位于 TΨC 环中的 GTΨCG 序列。

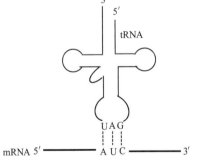

图 13-3 反密码子通过氢键与密码子结合

### （三）氨基酸的活化

氨基酸不能直接形成肽键，只有活化形式的氨基酸——氨酰-tRNA 才能形成肽键。在氨酰-tRNA 合成酶的催化下，tRNA 氨基酸臂的 3′-OH 与氨基酸的羧基形成活化酯——氨酰-tRNA（见图 13-4）。

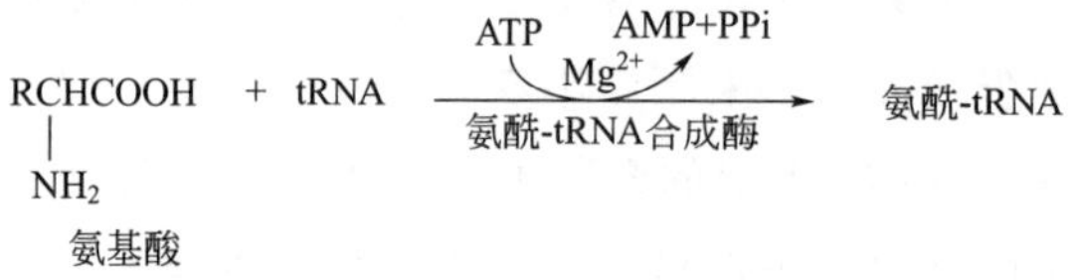

ATP
AMP+PPi
$Mg^{2+}$
RCHCOOH
$NH_2$
+ tRNA
氨酰-tRNA合成酶
氨酰-tRNA
氨基酸

图 13-4 氨酰-tRNA 的形成

## 三、核糖体 RNA

### (一) 核糖体是蛋白质合成的场所

核糖体是蛋白质合成的场所。原核生物和真核生物的核糖体都有一个大亚基和一个小亚基，大、小亚基都是由几十种蛋白质和 rRNA（核糖体 RNA）组成的。

每个细菌细胞中平均约有 2000 个核糖体，它们或以游离状态存在，或与 mRNA 结合成串珠状的多核糖体。每个真核细胞内大约含 $10^6 \sim 10^7$ 个核糖体，或与内质网结合形成粗糙内质网，或分布在细胞质中。此外，线粒体和叶绿体内也有它们自己的核糖体。

### (二) 核糖体的功能部位

在蛋白质合成过程中，核糖体参与翻译的起始、延长及终止的过程，核糖体必须先与 mRNA 结合，并按 $5' \rightarrow 3'$ 的方向沿 mRNA 移动，每次移动的距离相当于一个密码子。

核糖体上至少有两个与 tRNA 结合的不同位点：氨酰基部位（A 位）和肽酰基部位（P 位）。A 位可以使新进入的氨酰-tRNA 结合，P 位可以使正在延伸的多肽-tRNA 结合。这两个部位有一部分在小亚基内，一部分在大亚基内。大亚基附近有转肽酶，可催化肽键形成。

核糖体除具有肽酰转移酶活性外，还有起始因子、延伸因子和释放因子的结合位点。原核生物核糖体上还有一个 E 位点，是卸载氨酰基后，空载的 tRNA 结合处。真核生物无 E 位点。通常游离的核糖体处在大小两个亚基分离、聚合的动态平衡之中。

原核生物翻译过程中核糖体结构模式见图 13-5。

小亚基
P位
A位
mRNA
E位
tRNA
排出位
氨基酸
新生肽链
大亚基

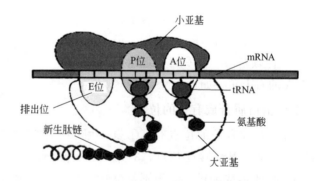

图 13-5 原核生物翻译过程中核糖体结构模式

# 第二节 蛋白质生物合成的过程

翻译过程从阅读框架的 5′-AUG 开始，按 mRNA 模板密码子的顺序延长肽链，直至终止密码子出现。整个翻译过程可分为三个阶段：翻译的起始、肽链的延伸、翻译的终止。蛋白质多肽链的合成是从 N-端开始向 C-端延长的。

## 一、翻译的起始

翻译的起始指 mRNA 与起始氨酰-tRNA、核糖体在起始因子的参与下，形成起始复合物的过程。

能够识别 mRNA 中 5′-端起始密码子 AUG 的 tRNA 是一种特殊的 tRNA，称为起始 tRNA。在原核生物中，起始 tRNA 是一种携带甲酰甲硫氨酸的 tRNA，即 $tRNA^{fMet}$；而在真核生物中，起始 tRNA 是一种携带甲硫氨酸的 tRNA，即 $tRNA^{Met}$。在原核生物和真核生物中，均存在另一种携带甲硫氨酸的 tRNA，识别非起动部位的甲硫氨酸密码子 AUG。

### （一）原核生物翻译的起始

#### 1. 原核生物起始复合物的形成

原核生物蛋白质的合成起始于甲酰甲硫氨酸。起始复合物的形成需要起始因子（IF）的参与。大肠杆菌翻译过程起始复合物的形成经过下列步骤：

**（1）核糖体大小亚基分离** 非功能性的 70S 核糖体在 $IF_1$、$IF_3$ 的作用下发生解离，生成 $IF_1$-$IF_3$-30S 复合物和游离的 50S 大亚基。

**（2）mRNA 在小亚基定位结合** $IF_1$-$IF_3$-30S 复合物与 mRNA 模板相结合。$IF_1$ 占据 A 位，防止结合其他 tRNA，$IF_3$ 则可阻止 50S 大亚基过早结合，帮助 mRNA 的 SD 序列与 16S rRNA 3′-端相结合。

原核生物中，核糖体与 mRNA 结合位点位于 16S rRNA 的 3′-端。mRNA 中与核糖体小亚基 16S rRNA 结合的序列称为 SD 序列，它是 1974 年由 J. Shine 和 L. Dalgarno 发现的，故此而命名。SD 序列一般位于 mRNA 的起始密码子 AUG 的上游 5~10 个碱基处，是富含嘌呤的特殊核苷酸序列（AGGAGGU），同 16S rRNA 3′-端的序列互补。原核生物 mRNA 中的 SD 序列见图 13-6。

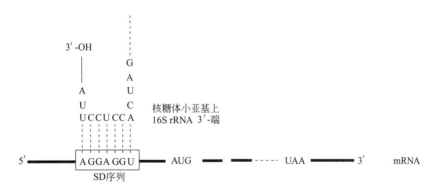

图 13-6 原核生物 mRNA 中的 SD 序列

**（3）起始氨酰-tRNA（fMet-tRNA$^{fMet}$）结合到小亚基** 在 IF-2、GTP 的帮助下，fMet-tRNA$^{fMet}$ 进入小亚基的 P 位，tRNA 上的反密码子与 mRNA 上的起始密码子配对。

**（4）核糖体大小亚基结合，起始复合物形成** 甲酰甲硫氨酰-tRNA 就位后，起始因子 $IF_3$ 就脱离小亚基；随着 $IF_3$ 的脱落，核糖体 50S 大亚基与小亚基结合成 70S 起始复合物；甲酰甲硫氨酰-tRNA 占据 P 位，与此同时 GTP 水解，$IF_1$ 和 $IF_2$ 脱离起始复合物。

原核生物起始复合物的形成过程见图 13-7。

#### 2. 起始因子

原核生物（大肠杆菌）的起始因子（IF）有三种。$IF_3$：与 30S 小亚基结合，阻止大、

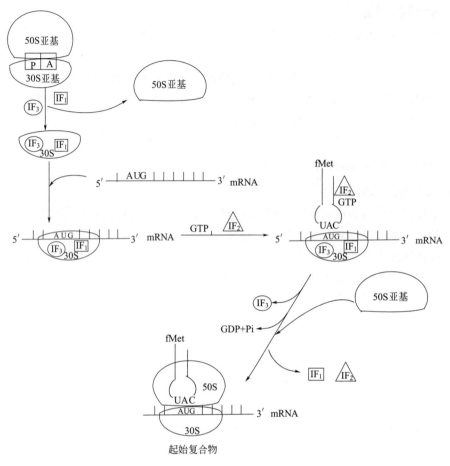

图 13-7 原核生物起始复合物形成过程示意图

小亚基结合；促使 30S 小亚基与 mRNA 结合。$IF_1$：与小亚基 A 位点结合，阻止氨酰-tRNA 的进入，促使 30S 小亚基与 mRNA 结合。$IF_2$：促进 fMet-tRNA$^{fMet}$ 与 30S 小亚基结合。

### （二）真核生物翻译的起始

真核生物翻译起始的过程比原核生物复杂，需要更多的起始因子（eIF），目前发现的真核生物的起始因子有十几种。真核生物 mRNA 无 SD 序列。起始氨酰-tRNA 为 Met-tRNA$^{Met}$，但线粒体、叶绿体多肽链的合成起始于 N-fMet。

真核生物起始复合物的形成过程：①eIF$_3$ 与 40S 小亚基结合，并阻止 60S 大亚基结合；同时，在 eIF$_2$B 的帮助下，eIF$_2$ 水解 GTP 获能，与 Met-tRNA$^{Met}$ 结合于 P 位。②eIF$_3$、eIF$_4$A、eIF$_4$B、帽结合蛋白（CBP）和 eIF$_4$E 等多种蛋白质因子通过衔接蛋白 eIF$_4$G 结合于 mRNA 5′-端"帽子"处，同时，mRNA 3′-端 Poly A 通过 Poly A 结合蛋白（PABP）结合到衔接蛋白上。③结合于小亚基上的 eIF$_3$ 与衔接蛋白结合，使小亚基与 mRNA 结合。然后小亚基沿 mRNA 移动，扫描至核糖体结合位点，通过 Met-tRNA$^{Met}$ 上的反密码子与起始密码 AUG 识别并结合。扫描过程需要消耗 ATP 解开 mRNA 的二级结构。④脱去其余的蛋白质因子，eIF$_5$ 帮助大、小亚基结合，形成起始复合物。

原核生物与真核生物翻译起始的区别见表 13-3。

表 13-3 原核生物与真核生物翻译起始的区别

| 项目 | 原核生物 | 真核生物 |
| --- | --- | --- |
| 起始密码子 | AUG、GUG、UUG | AUG |
| 氨酰-tRNA | fMet-tRNA$^{fMet}$ | Met-tRNA$^{Met}$ |
| 起始密码识别机制 | 小亚基与 mRNA 的 SD 序列结合,起始因子帮助 mRNA 起始密码子落在小亚基 P 位点 | 在起始因子的帮助下,小亚基沿 mRNA 5'-端"帽子"结构扫描至核糖体结合位点,Met-tRNA$^{Met}$ 与起始密码子识别并结合 |
| 起始复合物形成 | mRNA 先与 30S 小亚基结合,然后 tRNA$^{fMet}$ 与小亚基结合 | 小亚基先与 Met-tRNA$^{Met}$ 结合,再与 mRNA 结合 |
| 起始因子 | 3 个 | 十几个 |
| 起始是否需要 ATP | 不需要 | 需要 |

## 二、肽链的延伸

肽链的延伸是指根据 mRNA 密码子序列的指导,次序添加氨基酸,使肽链从 N-端向 C-端延伸,直到出现终止密码子,肽链合成终止的过程。

肽链延伸在核糖体上连续性循环式进行,又称为核糖体循环,每次循环增加一个氨基酸,包括三步反应:进位、转肽、移位。

延伸过程所需的蛋白因子称为延伸因子(EF)。原核生物的延伸因子是 EF-T(EF-Tu, EF-Ts)、EF-G;真核生物是 EF$_1$A、EF$_1$B、EF$_2$。

### (一)原核生物肽链的延伸

**1. 延伸因子**

肽链延伸过程中延伸因子的功能见表 13-4。

表 13-4 延伸因子的功能

| 原核生物延伸因子 | | 延伸因子的功能 | 对应的真核生物延伸因子 |
| --- | --- | --- | --- |
| EF-T | EF-Tu | 促进氨酰-tRNA 进入 A 位,结合分解 GTP | EF$_1$A |
| | EF-Ts | 调节亚基 | EF$_1$B |
| EF-G | | 有转位酶活性,促进 mRNA-肽酰-tRNA 由 A 位前移到 P 位,促进卸载 tRNA 释放 | EF$_2$ |

**2. 肽链延伸的过程**

(1) **进位** 起始复合物形成以后,第二个氨酰-tRNA 在延伸因子 EF-Tu 及 GTP 的作用下,生成 AA-tRNA·EF-Tu·GTP 复合物,然后结合到核糖体的 A 位上,同时,GTP 被水解成 GDP 和 Pi。反应需要 GTP 和 EF-T 参加。EF-Ts 催化 GDP-GTP 交换,使 EF-Tu·GDP 变成 EF-Tu·GTP 才能重新参与下一轮反应。肽链延伸的进位过程及延伸因子循环见图 13-8。

(2) **转肽** 在肽酰转移酶的催化下,P 位上的 fMet-tRNA$^{fMet}$(或肽酰-tRNA)活化的羧基从相应的 tRNA 上解离下来,并转移到 A 位氨酰-tRNA 的氨基酸的氨基上形成肽键,产生肽酰-tRNA,把无负荷的 tRNA 留在 P 位。肽链延伸的转肽过程见图 13-9。

(3) **移位** 核糖体沿 mRNA 5'→3'的方向移动一个密码子位置,使肽酰-tRNA 从 A 位移到 P 位,空出 A 位,接受下一个氨酰-tRNA。已失去甲酰甲硫氨酰基或肽酰基的 tRNA

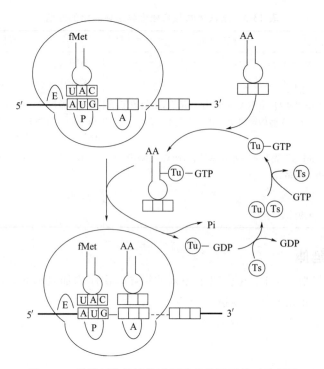

图 13-8 肽链延伸的进位过程及延伸因子循环示意图

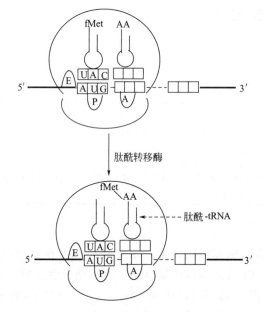

图 13-9 肽链延伸的转肽过程示意图

（空载 tRNA）从核糖体 E 位上脱落。延长因子 EF-G 有转位酶活性，可结合并水解 1 分子 GTP，促进核糖体向 mRNA 的 3′-端移动。肽链延伸的移位过程见图 13-10。

重复进位、转肽、移位，肽链不断延长。

### （二）真核生物肽链的延伸

真核生物肽链合成的延伸过程与原核生物基本相似，但有不同的反应体系和延伸因子。

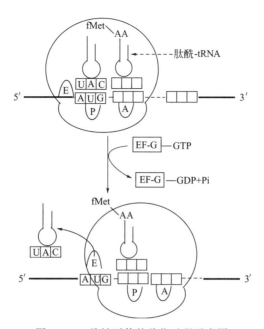

图 13-10 肽链延伸的移位过程示意图

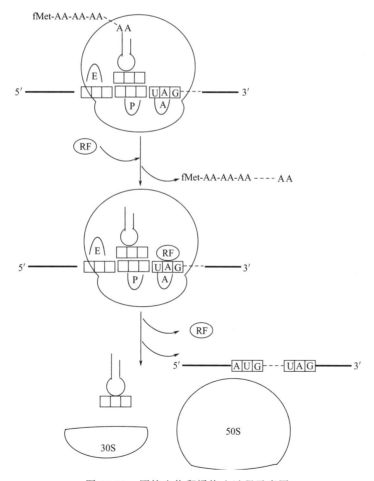

图 13-11 原核生物翻译终止过程示意图

另外，真核细胞核糖体没有E位，移位时卸载的tRNA直接从P位脱落。

## 三、翻译的终止

当mRNA上的终止密码子出现后，多肽链合成停止，肽链从肽酰-tRNA中释出，mRNA、核蛋白体等分离，这些过程称为翻译的终止（肽链合成终止）。

肽链的延伸过程中，当终止密码子UAA、UGA或UAG出现在核糖体的A位时，没有相应的氨酰-tRNA能与之结合，而释放因子能识别这些密码子并与之结合，水解P位上的多肽链与tRNA之间的酯键。接着，新生的肽链和tRNA从核糖体上释放，核糖体大、小亚基解体，蛋白质合成结束。原核生物翻译终止过程见图13-11。

参与翻译终止的蛋白质因子称为释放因子（release factor，RF）。原核生物的释放因子有$RF_1$、$RF_2$、$RF_3$，真核生物的释放因子是eRF。释放因子可以识别终止密码子，使肽链合成终止，如$RF_1$识别终止密码子UAA、UAG，$RF_2$帮助识别终止密码子UAA、UGA。释放因子的另一功能是协助肽链释放，如$RF_2$或$RF_3$可以使肽酰转移酶活性转变为水解酶活性，水解肽酰-tRNA中的氨基酸与tRNA之间的酯键，从而使完整的肽链释放出来。

蛋白质生物合成是耗能过程，细胞用于合成蛋白质消耗的能量可占到所有生物合成总耗能的90%。延长时每个氨基酸活化为氨酰-tRNA消耗ATP的2个高能键，进位、移位各消耗GTP的1个高能键，每增加一个肽键实际消耗可能多于4个高能键。

---

**知识拓展** 　　　　　　　　**蛋白质合成后的折叠、加工和转运**

新生多肽链一般不具备蛋白质的生物活性，必须经过复杂的翻译后加工过程才能转变为具有特定构象的有活性的蛋白质。蛋白质合成后的加工包括多肽链折叠为天然的三维结构，多肽链一级结构和高级结构的加工修饰，蛋白质的定向运送。

一、蛋白质合成后的折叠

多肽链合成后，伸展的肽链卷曲折叠成特定的三维结构，才能成为成熟的、有活性的蛋白质，这一过程称为蛋白质合成后的折叠。

新生肽链的折叠在肽链合成中、合成后完成，新生肽链N-端在核糖体上一出现，肽链的折叠即开始。可能随着肽链的不断延伸逐步折叠，产生正确的二级结构、结构域直到形成完整的空间构象。一般认为，多肽链本身的氨基酸序列中储存着蛋白质折叠的信息，即一级结构是空间结构的基础。

一些新生的多肽链可借助于其一级结构中某些氨基酸残基的侧链基团相互作用或肽链中原子或基团的相互作用，形成氢键、离子键、疏水键、二硫键和范德华力等次级键，使肽链折叠卷曲形成特定的空间结构。细胞中大多数天然蛋白质的折叠都不是自动完成的，而是需要有关的蛋白质辅助完成。参与多肽链折叠过程的蛋白质统称为助折叠蛋白，主要有分子伴侣（molecular chaperon）、蛋白质二硫键异构酶（protein disulfide isoerase，PDI）、肽酰-脯氨酰顺反异构酶（peptide prolyl cis-trans isomerase，PPI）。

（一）分子伴侣

分子伴侣是细胞中的一类保守蛋白质，可识别多肽链的非天然构象，帮助蛋白质进行正确组装、折叠、转运及介导错误折叠的蛋白质进行降解。

分子伴侣有两类，即热休克蛋白（heat shock protein，HSP）和伴侣素（chaperonins），

均含有疏水区域，可与未折叠或错误折叠的多肽链（疏水区）作用，经过一个依赖 ATP 的过程帮助多肽链正确折叠。目前，人们对真核细胞内蛋白质的折叠过程还知之甚少，有关分子伴侣的许多问题还有待深入研究。

### 1. 热休克蛋白

热休克蛋白又称为热激蛋白，属于应激反应性蛋白，高温应激可诱导该蛋白合成增加，广泛存在于各种生物体中。在大肠杆菌中参与蛋白质折叠的热休克蛋白包括 HSP70、HSP40 和 Gre E 三族，其中 HSP70 由基因 *dnaK* 编码，故 HSP70 又被称为 Dna K。

HSP 促进蛋白质折叠的基本过程是 HSP70 反应循环。HSP70 含两个结构域：一个是存在于 N-端的高度保守的 ATP 酶结构域，能结合并水解 ATP；另一个是存在于 C-端的多肽链结合域。蛋白质的折叠需要这两个结构域的相互作用。在大肠杆菌中，Dna J 首先与未折叠或部分折叠的多肽链结合，将多肽链导向 Dna K-ATP 复合物，并与 Dna K 结合。Dna J 激活 Dna K 的 ATP 酶，使其水解 ATP 生成 ADP，产生稳定的 Dna J-Dna K-ADP-多肽复合物。在 Grp E 的作用下，ATP 与复合物中的 ADP 交换，使复合物变得不稳定而迅速解离，释放出被完全折叠或完成部分折叠的蛋白质，其中尚未完成折叠的蛋白质既可以进入新一轮 HSP70 反应循环，又可以进入 Gro EL 反应循环，最后完成折叠过程。HSP70 促进蛋白质折叠的基本过程见图 13-12。

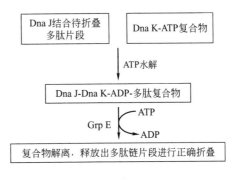

图 13-12　HSP70 促进蛋白质折叠的基本过程

### 2. 伴侣素

伴侣素也称为伴侣蛋白，是分子伴侣的另一家族，为寡聚蛋白，包括 HSP60 和 HSP10（原核细胞中的同源物分别为 Gro EL 和 Gro ES）。伴侣素主要为非自发性折叠蛋白质提供能折叠形成天然空间构象的微环境。

大肠杆菌中的伴侣素是 Gro EL 和 Gro ES。Gro EL 是由 14 个相同亚基组成的，每 7 个亚基组成一个环，两个环组成一个环形柱状体的四级结构，每个环的中央有一个空腔，每个空腔能结合 1 个蛋白质底物。Gro EL 具有 ATP 酶活性，每个亚基都含有一个 ATP 或 ADP 的结合位点。Gro ES 是由 7 个亚基组成的圆顶状的蛋白质，每个亚基有一个与 Gro EL 功能密切相关的环状区域，它从圆顶部突出，可将 Gro ES 锚定在 Gro EL 上，形成 Gro EL-Gro ES 复合物。在 Gro ES 的帮助下，Gro EL 的 ATP 酶活性增强。未折叠蛋白进入 Gro EL 空腔，ATP 与 Gro EL 亚基结合，Gro ES 与 Gro EL 结合成复合物。蛋白质在密闭的 Gro EL 内折叠，此时 Gro EL 的顶部结构域进行大幅度的转动和向上移动，导致空腔扩大并使表面从疏水转变成亲水，有利于蛋白质折叠。折叠完成后，ATP 水解，肽链及 Gro ES 从 Gro EL 上释放。肽链如未完成折叠可再进入新一轮循环。伴侣素 Gro EL/Gro ES 系统促进蛋白质折叠过程见图 13-13。

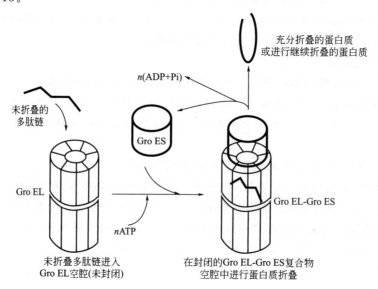

图 13-13 伴侣素 Gro EL/Gro ES 系统促进蛋白质折叠过程示意图

### （二）蛋白质二硫键异构酶

多肽链内或肽链之间二硫键的正确形成对稳定分泌蛋白、膜蛋白等的天然构象十分重要，这一过程主要在细胞内质网进行。

二硫键异构酶在内质网腔的活性很高，可在较大区段肽链中催化错配二硫键断裂并形成正确的二硫键连接，最终使蛋白质形成热力学最稳定的天然构象。

### （三）肽酰-脯氨酰顺反异构酶

多肽链中肽酰-脯氨酰间形成的肽键有顺、反两种异构体，绝大部分为反式构型。肽酰-脯氨酰顺反异构酶可促进顺、反两种异构体之间的转换。肽酰-脯氨酰顺反异构酶是蛋白质三维构象形成的限速酶，在肽链合成需形成顺式构型时，可使多肽在各脯氨酸弯折处形成准确折叠。

## 二、蛋白质合成后的加工

### （一）一级结构的修饰

**1. 肽链 N-端的修饰**

多肽链合成起始的第一个氨基酸，在真核生物中是甲硫氨酸，在原核生物中是甲酰甲硫氨酸。大多数天然蛋白质中，N-端第一位氨基酸不是甲硫氨酸（甲酰甲硫氨酸）。原核生物中，细胞内的脱甲酰基酶可以除去 N-甲酰基；真核生物中，在氨肽酶的作用下，切去 N-端甲硫氨酸或几个氨基酸残基。在真核生物中，50% 多肽链的 N-端被乙酰化修饰，乙酰 CoA 是酰基供体，经 N-乙酰转移酶催化完成。

**2. 个别氨基酸的修饰**

蛋白质合成后，一些多肽链中的个别氨基酸被化学修饰，如磷酸化、羟基化、甲基化等。个别氨基酸的修饰具有重要的生物学意义。

(1) 磷酸化 许多酶活性中心上有磷酸化的丝氨酸、苏氨酸和酪氨酸，它们是在蛋白质合成后由特异的蛋白激酶催化，将ATP中的磷酸基团转移到上述氨基酸残基的羟基上形成的。

（2）羟基化　胶原蛋白中的羟脯氨酸和羟赖氨酸是在氨基酸羟化酶（辅酶是维生素C）的作用下，由脯氨酸和赖氨酸羟基化形成的。

（3）甲基化　经N-甲基转移酶催化，由S-腺苷甲硫氨酸为甲基供体，可使精氨酸、组氨酸和谷氨酰胺残基侧链的氮甲基化。一些蛋白质中，半胱氨酸被甲基化。一些肌肉蛋白和细胞色素c中，有单甲基或二甲基赖氨酸。大多数生物的钙调蛋白在特定位点有三甲基化赖氨酸残基。

3. 二硫键的形成

二硫键是由两个半胱氨酸残基的巯基氧化形成的。二硫键可以在肽链间或肽链内形成，在维持蛋白质的天然构象中起重要作用。

4. 多肽链的水解修饰

某些无活性的蛋白质前体可经蛋白酶水解，切去一些不必要的肽段，生成有活性的蛋白质、多肽。

信号肽是分泌性蛋白和膜蛋白合成时引导蛋白质转运的一段短肽，位于多肽链的N-端，由15~40个氨基酸组成。在信号肽酶的作用下，信号肽被从新生肽链上切除。如胰岛素是胰腺β细胞首先合成前胰岛素原，经酶的作用切除信号肽形成胰岛素原，再经折叠、二硫键连接，切除一段C肽后，成为有活性的胰岛素。前胰岛素原的加工过程见图13-14。

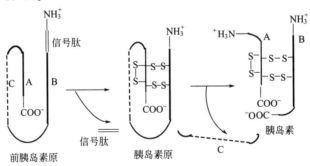

图13-14　前胰岛素原的加工过程

（二）高级结构的修饰

1. 亚基聚合

具有四级结构的蛋白质由2条以上的肽链通过非共价键聚合，成为成熟的功能性蛋白质，此聚合过程发生在翻译后。如，血红蛋白（Hb）是寡聚蛋白，只有它的2个α亚基和2个β亚基聚合后形成的四级结构才能发挥其生理功能。

2. 辅基连接

结合蛋白质需要结合相应的辅基，才能成为有活性的蛋白质。如，生物素是羧化酶的辅基，血红蛋白、肌红蛋白和细胞色素c的辅基都是血红素。

三、蛋白质合成后的转运

蛋白质合成后的去向有：①留在细胞液；②进入细胞核、线粒体或其他细胞器；

③分泌至体液，输送到靶器官、靶细胞。

无论是原核细胞还是真核细胞都是一个高度有序的结构，新生的蛋白质要被准确地运送到细胞的各个部分，如溶酶体、线粒体、叶绿体、细胞液和细胞核等，以更新其结构组成和维持其功能。蛋白质合成后经过复杂的机制，定向输送到最终发挥生物功能的目标地点，这一过程称为蛋白质的靶向输送（靶向运输）。所有靶向输送的蛋白质结构中存在分选信号，主要为N-端特异氨基酸序列，可引导蛋白质转移到细胞的适当靶部位，这一序列称为信号序列。信号序列是决定蛋白质靶向运输特性的最重要的元件，提示指导蛋白质靶向运输的信息存在于蛋白质自身的一级结构中。不同的靶向输送蛋白其信号序列或成分有差别，如分泌性蛋白质的信号序列为信号肽；靶向输送到细胞核的蛋白质，其多肽链内含有特异信号序列，称为核定位序列；线粒体蛋白质前体的N-端含有靶定位功能的导肽等。

蛋白质靶向运输有共翻译转运和翻译后转运两种类型，前者主要是分泌性蛋白质靶向运输的方式，后者主要是细胞器蛋白和细胞核蛋白的转运方式。

（一）分泌性蛋白质的转运

真核细胞分泌蛋白的靶向运输由信号肽介导，边翻译边转运，因此称为共翻译转运。

真核细胞分泌型蛋白质合成后的靶向运输由信号肽控制，通过受体引导多肽合成体系转移至内质网。分泌蛋白在内质网腔继续合成并加工修饰后，形成被膜包裹的小泡，转运到高尔基体进一步糖基化修饰，然后运至细胞表面或溶酶体中。

1. 信号肽

信号肽是新生的分泌蛋白能被细胞识别系统识别的特征性氨基酸序列，通常位于被转运多肽链的N-端，长度为10～40个氨基酸残基。

信号肽有3个功能区：①N-端的正电荷氨基酸。N-端至少含有一个带正电荷的氨基酸，如赖氨酸或精氨酸。②中间疏水区氨基酸。在中部有一段长度为10～15个氨基酸残基的由高度疏水性的氨基酸组成的肽链，常见的为丙氨酸、亮氨酸、缬氨酸、异亮氨酸和苯丙氨酸。③C-端酶切位点。在信号肽的C-端有一个可被信号肽酶识别的位点，此位点上游常有一段疏水性较强的五肽。当蛋白质被运送到细胞的一定位置后，信号肽被位于内质网膜上的信号肽酶切除。信号肽的共同结构见图13-15。

图13-15　信号肽的共同结构示意图

2. 信号识别颗粒（SRP）

SRP也称为信号识别蛋白、信号识别体，是真核生物细胞质中存在的一种由6S rRNA和6种不同的多肽分子组成的复合物，能同时识别正在合成的需要通过内质网膜进行运转的新生肽链和自由核糖体，与新生蛋白的信号肽结合。

3. 信号肽引导真核分泌蛋白进入内质网

蛋白质在核糖体合成，首先合成出信号肽；信号肽被SRP识别并结合，肽链延长暂时终止（此时新生肽一般长约70多个氨基酸残基）；SRP-信号肽-多核糖体复合物被引向内质网膜并与膜上的 SRP 受体（DP）相结合；信号肽部分通过膜上的核糖体受体及蛋白运转复合物跨膜进入内质网内腔，同时，SRP 又被释放到细胞质中，新生肽链重新开始延伸，完成蛋白质合成；位于内质网内膜上的信号肽酶切除信号肽，分泌蛋白被释放进入内质网腔。此过程需要 GTP 驱动。信号肽引导真核分泌蛋白进入内质网的过程见图 13-16。

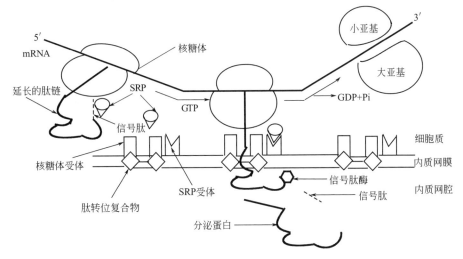

图 13-16　信号肽引导真核分泌蛋白进入内质网示意图

### （二）细胞器蛋白质的转运

大多数线粒体和叶绿体蛋白质由细胞核基因组编码，在细胞液中游离的核糖体上合成后释放，再通过新生肽链上的信号序列直接输送到细胞器（线粒体或叶绿体），这种靶向运输类型为翻译后转运。

线粒体蛋白质前体的 N-端信号序列称为导肽（或前导肽），含 20~35 个氨基酸残基，富含丝氨酸、苏氨酸和碱性氨基酸。蛋白质的转运涉及多种蛋白复合体，即转位因子（translocator），由受体和通道蛋白构成。转位因子主要包括 Tom 复合体、Tim 复合体和 Oxa 复合体。在导肽和 HSP70 的参与下，新生肽链被转移至线粒体膜受体，经通道蛋白进入线粒体基质，导肽被一种或两种多肽酶所水解，完成跨膜和定位后，蛋白质前体被加工为成熟蛋白质。真核细胞线粒体蛋白质靶向运输过程见图 13-17。

蛋白质跨膜运转时的能量来自线粒体 HSP70 引发的水解和膜电位差。

叶绿体蛋白质靶向运输与线粒体蛋白质靶向运输过程相似，但信号序列不同。

### （三）细胞核蛋白质的转运

细胞核蛋白质在细胞液合成后，通过核孔进入细胞核。所有输送到细胞核的蛋白质，其多肽链内都含有特异的信号序列，称为核定位序列（nuclear localization sequence，NLS）。

NLS 由 4~8 个氨基酸残基组成，富含带正电荷的赖氨酸和精氨酸。NLS 可以位于多肽链的不同部位，而不只在 N-端。不同的 NLS 之间，未发现共有序列。蛋白质被输送到细胞核后，NLS 一般都不被切除。

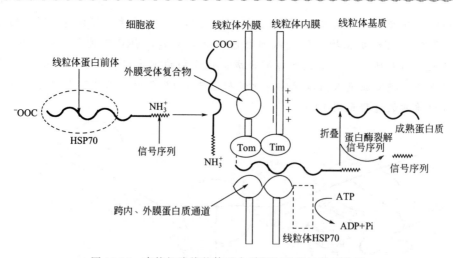

图 13-17 真核细胞线粒体蛋白质靶向运输过程示意图

细胞核蛋白质向核内运输的过程，需要一系列循环于核内和细胞质的蛋白因子参与，包括核运转因子（核输入因子）α、β 和一个分子量较低的 GTP 酶（Ran）。α 和 β 组成的异源二聚体是细胞质蛋白质的可溶性受体，与 NLS 相结合的是 α 亚基。由上述 3 个蛋白质组成的复合物停靠在核孔处，依靠 Ran 水解 GTP 提供的能量进入细胞核，α 和 β 亚基解离，细胞核蛋白质与 α 亚基解离，α 和 β 分别通过核孔复合体回到细胞质中，起始新一轮蛋白质转运。细胞核蛋白的靶向输送见图 13-18。

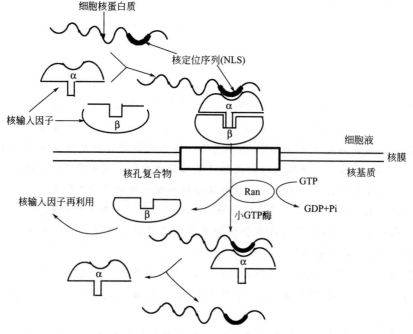

图 13-18 细胞核蛋白靶向输送示意图

# 参 考 文 献

[1] 李庆章，吴永尧. 生物化学. 北京：中国农业出版社，2015.
[2] 王玮. 简明生物化学. 北京：科学出版社，2012.
[3] 刘祥云，蔡马. 生物化学. 北京：中国农业出版社，2010.
[4] 王希成. 生物化学. 北京：清华大学出版社，2001.
[5] 李生其，尚宝来. 动物生物化学. 北京：中国农业出版社，2010.
[6] 刘莉. 动物生物化学. 北京：中国农业出版社，2001.
[7] 曹正明. 生物化学. 北京：中国农业出版社，2001.
[8] 李巧枝，何金环. 生物化学. 北京：中国轻工业出版社，2009.